长石板隧洞进口调研现场

隧洞线路选线优化

夹岩工程截流现场

长石板隧洞5#支洞洞口

猫场隧洞1#支洞

猫场隧洞进口

隧洞污水处理

余家寨隧洞斜井

长石板隧洞5#支洞初期支护

长石板隧洞分台阶开挖1

长石板隧洞分台阶开挖2

水打桥隧洞进口瓦突段开挖

水打桥隧洞进口瓦突段开挖

水打桥隧洞进口瓦突煤层开挖

长石板隧洞开挖

猫场隧洞光面爆破

两路口隧洞光面爆破

余家寨隧洞爆破

水打桥隧洞光面爆破 1

水打桥隧洞光面爆破 2

水打桥隧洞初期支护作业

长石板洞内管棚支护 1

长石板隧洞初期支护 2

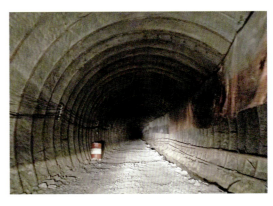

余家寨隧洞初期支护

东关隧洞地表塌陷

猫场隧洞4#支洞涌水

猫场隧洞穿越暗河

猫场隧洞暗河涌水

两路口隧洞涌水

两路口隧洞1#支洞涌泥

夹岩水利枢纽工程
复杂地质深埋长隧洞关键技术与管理

猫场隧洞涌水强排

长石板隧洞果木洼地浅埋段涌泥

长石板隧洞果木洼地浅埋段灌浆

长石板隧洞果木洼地浅埋段灌浆检验

余家寨隧洞溶洞

大坡度斜井混凝土溜槽

夹岩水利枢纽工程
复杂地质深埋长隧洞关键技术与管理

大坡度斜井混凝土运输

长石板隧洞衬砌钢筋

水打桥隧洞衬砌钢筋

水打桥隧洞衬砌

两路口隧洞衬砌

长石板隧洞衬砌

夹岩水利枢纽工程

复杂地质深埋长隧洞关键技术与管理

赵德才　主编

中国铁道出版社有限公司

2019年·北京

内 容 简 介

本书基于作者实际建设管理成果,综合夹岩水利枢纽工程多条隧洞施工建设及管理经验,系统阐述了深埋长隧洞复杂地质情况,在超前地质预报与安全监测、大坡度斜井施工、涌水处治、岩溶处治、浅埋软岩处治、岩爆处治、洞口不良地质边坡处治、有害气体隧洞段处治、腐蚀性地下水处理处治方面关键技术和管理手段;特别是对隧洞煤系地层施工针对杜绝和控制煤与瓦斯突出、瓦斯爆炸等关键建设技术和管理方面等关键技术和管理手段等;并就工程建设过程中的管理模式及机构建设、安全管理、质量管理、进度管理、合同管理、移民征地及水保环保、建设监理工作管理、建设设计管理、建设施工单位管理进行详细的阐述。

本书为工程实例总结,注重理论联系实际,可供从事隧洞和地下工程施工技术及建设综合管理以及其他相关科研人员参考使用。

图书在版编目(CIP)数据

复杂地质深埋长隧洞关键技术与管理:夹岩水利枢纽工程/赵德才主编.—北京:中国铁道出版社有限公司,2019.12
ISBN 978-7-113-26327-0

Ⅰ.①复… Ⅱ.①赵… Ⅲ.①水利枢纽-水利工程-深埋隧道-长大隧道-隧道工程-研究 Ⅳ.①TV554

中国版本图书馆 CIP 数据核字(2019)第 227164 号

书　　名:**复杂地质深埋长隧洞关键技术与管理**
作　　者:赵德才

责任编辑:张卫晓　编辑部电话:010-51873193
封面设计:刘　莎
责任校对:焦桂荣
责任印制:高春晓

出版发行:中国铁道出版社有限公司(100054,北京市西城区右安门西街8号)
网　　址:http://www.tdpress.com
印　　刷:中煤(北京)印务有限公司
版　　次:2019年12月第1版　2019年12月第1次印刷
开　　本:787 mm×1 092 mm　1/16　印张:27.25　插页:1　字数:668 千
书　　号:ISBN 978-7-113-26327-0
定　　价:208.00 元

版权所有　侵权必究

凡购买铁道版图书,如有印制质量问题,请与本社读者服务部联系调换。电话:(010)51873174(发行部)
打击盗版举报电话:市电(010)51873659,路电(021)73659,传真(010)63549480

作者简介

赵德才，男，生于1975年1月，中共党员，本科学历，工程技术应用研究员，一级注册建造师、注册安全工程师、注册造价工程师，长期从事水利水电设计及工程建设管理。现任贵州省水利投资（集团）有限责任公司夹岩水利枢纽工程公司副经理。

1999年7月至2011年12月就职于中国电建集团贵阳勘测设计研究院有限公司，先后参与了南盘江天生桥二级水电站、贵州北盘江光照水电站、贵州乌江索风营水电站、贵州乌江思林水电站等国家西电东送重点水电项目的设计工作，以及云南象鼻岭水电站、贵州洪渡河石垭子水电站、贵州洪渡河高生水电站等水电和瓮福（集团）有限责任公司磷石膏综合利用工业场地原料堆场、瓮福达州化工有限责任公司磷石膏堆场及尾矿库等化工项目的设计工作。历任项目设计专业负责人、项目设总、设计项目经理；2011年12月调入贵州省水利投资（集团）有限责任公司，参与贵州黔中水利枢纽工程、夹岩水利枢纽及黔西北供水工程等国家大（Ⅰ）型水利枢纽工程的建设管理工作，历任夹岩工程公司总工程师、副经理兼总工程师、副经理。工作认真务实，大胆创新，先后获2016年第十九届"贵州省优质工程勘察设计一等奖"、2017年"全国优秀水利水电工程勘测设计银质奖"、2019年贵州省"五一劳动奖章"荣誉称号。

编 委 会

主　编：赵德才

副主编：谭其志　夏云东　姚天波　王　巡

编　委：杨汉铭　郝建宏　王宏文　任映东
　　　　张俊超　吴擎文　李　伟　王鸿运
　　　　任明武　刘骅标　彭　浩　郭振斌
　　　　沈　健　王　可　钟　勋　漆学雷
　　　　方文杰　张　勇　严哲辉　丰启顺
　　　　蔡　润　张　乾　胡　畔　邓　芳
　　　　余　龙　段周平　罗显钧　张小泳
　　　　董兴平　许　列　杨　文　郭　毅
　　　　陆晓霞　李国祥　龙　炎

顾　问：张平俊　李明卫

序

"水是生命之源、生产之要、生态之基",是经济社会发展的重要支撑和保障。我国自古以来对水资源治理及运用高度重视,古有大禹治水,近有南水北调均反映中华民族对水资源治理和运用的智慧。随着经济和社会的发展,对水资源的开发和利用要求越来越高。习近平总书记就保障水安全问题作出重要讲话时提出了"节水优先、空间均衡、系统治理、两手发力"的十六字重要治水思路,是做好水利工作的科学指南。

贵州省水利投资(集团)有限责任公司党委深刻领会习近平新时代中国特色社会主义思想,牢固树立保护生态环境就是保护生产力、改善生态环境就是发展生产力的理念。认真践行新时期治水兴水思路,以"开发水资源,发展水产业,创建水价值,传播水文化"为使命,"以水立业,以人兴业,服务为先,发展至上"为理念,抢抓贵州省水利建设"三大会战"实施机遇,以加快解决贵州工程性缺水问题为出发点,履行国有企业政治责任、社会责任和经济责任,为推进我省水利建设事业发展做出积极贡献。

夹岩水利枢纽及黔西北供水工程是国务院纳入"十三五"期间分步建设的172项重大水利工程之一,也是贵州省水利建设"三大会战"的龙头项目,是贵州省迄今为止最大的水资源综合配置工程。工程以城乡供水和农田灌溉为主要任务,兼顾发电并为区域扶贫开发及改善生态环境创造条件的综合性大型水利枢纽工程,为Ⅰ等大(1)型工程,工程总投资186亿元。随着猫场隧洞、余家寨隧洞等深埋长隧洞贯通的一系列可喜节点完成之际,读到了赵德才同志主持撰写的著作《夹岩水利枢纽工程——复杂地质深埋长隧洞关键技术与管理》,该书以夹岩水利枢纽及黔西北供水工程为切入点,对贵州喀斯特复杂岩溶地区深埋长隧洞建设关键技术和管理进行梳理,提出很多工程建设方案优化思路、不良地质治理技术、管理方法、理念等,并进行系统总结。听闻该书即将出版,感到由衷高兴。

夹岩水利枢纽及黔西北供水工程建设规模大,涉及深埋长隧洞多,最长隧洞长达20.36 km,形成总长约80 km的连续深埋长隧洞群,远远超过我省其他行业在建隧洞工程。在深埋长隧洞建设过程中,和我国其他区域相比,贵州喀斯特岩溶地区面临突水、涌泥、塌方、瓦斯突出与有毒有害气体等安全问题,尤其是穿越地下暗河、复杂岩溶、煤系地层等地质灾害段落,安全风险高,稍有不慎将造成人民生命财产的重大损失和恶劣的社会影响。工程建设中严格落实省水利投资(集团)公司"补充勘察有预判、方案优化提成效、超前预报降风险,安全监测防事故"的总体管控思想,对深埋长隧洞地质灾害有全面的认识和分析,准确把握隧洞复杂地质状况,有效预防深埋长隧洞建设过程中的地质危害,总结形成安全、经济、节能、高效的建设关键技术方案和科学、严谨、创新管理手段,确保工程顺利推进。

赵德才同志作为青年技术工作者和项目建设管理者,有丰富技术工作经历和项目建设管理经验;近年来先后参加乌江索风营、思林电站等"西电东送"重点工程设计,参与贵州黔中水利枢纽工程、夹岩水利枢纽工程等大型水利枢纽工程建设管理。立足工程建设管理和科研第一线,通过大量的工程建设资料分析和经验总结,在实践的基础上采用理论和实际结合的方法,得出很多有益设计、施工和建设管理的新思路。纵观全书,详细阐述了喀斯特岩溶地区深埋隧洞施工重点、难点的管理和对策,在超前地质预报与安全监测、大坡度斜井施工、涌水、岩溶、浅埋软岩、岩爆、洞口不良地质边坡、瓦斯等有害气体、腐蚀性地下水等处治方面,总结出安全有效的关键技术和科学的管理手段;特别对水工隧洞煤系地层施工中从低瓦斯和煤与瓦斯突出情况在瓦斯治理方面,总结形成水利行业瓦斯隧洞施工指导技术和建设管理理念,具有较高的参考和推广价值。

作者依托夹岩水利枢纽及黔西北供水工程建设实例,在深埋长隧洞建设方面进行研究、探索和总结,推动行业管理发展的同时,也对水利行业地下工程建设技术进步起到促进作用,相信广大水利行业深埋长隧洞建设者能从本书中得到有益的启示,并能有所获益。特此,欣然作序!

贵州省水利投资(集团)有限责任公司总工程师

前　言

"黔山巍巍,贵水泱泱"。贵州省地处长江、珠江上游,境内河流众多,水资源丰富,但水利基础设施薄弱,工程性缺水成为制约贵州省经济和社会发展的"瓶颈"之一。从古至今,我国非常重视水利工程建设并取得了辉煌的成就,如芍陂、都江堰、郑国渠、灵渠、大运河等水利工程。特别是都江堰工程,至今仍对经济和社会发展发挥重要的作用。

中共中央、国务院《关于加快水利改革发展的决定》,充分体现了水利事业在国家全局中的重要地位,为加快水利改革发展和推进中国特色水利现代化事业指明了方向。为此,贵州省委省政府抢抓机遇,在全省开展水利建设"三大会战",从根本上解决贵州"工程性缺水"难题。夹岩水利枢纽及黔西北供水工程应运而生。

夹岩水利枢纽及黔西北供水工程是国家"十三五"期间分步建设的172项重大水利工程之一。工程以城乡供水和农田灌溉为主要任务、兼顾发电的综合性大型水利枢纽工程,为Ⅰ等大(1)型工程,工程总投资186亿元。工程建成后将为区域扶贫开发及改善区域生态环境创造条件,能有效解决黔西北地区工程性缺水问题,为贵州省黔西北地区打赢脱贫攻坚战,全面建成小康社会构建起安全的水资源保障体系,有效支撑区域经济社会的跨越式发展。工程灌区骨干输水工程总长约684 km,涉及毕节市、遵义市。工程地处贵州西北部高原屋脊,大部属于乌蒙山区,以喀斯特地形和高山丘陵为主,地势西高东低,山峦重叠,沟壑纵横,褶皱断裂交错发育,岩溶地貌形态多样。工程逢山造洞,遇沟建桥,工程涉及深埋长隧洞总长约80 km,其长度10 km以上4条,15 km以上3条,最长隧洞长20.36 km。

在深埋长隧洞建设过程中,我们遇到许多困难和难题,与我国其他区域相比,喀斯特岩溶地区深埋长隧洞建设遇到的问题更加复杂、多变。建设过程中多次面临突水、涌泥、塌方、穿越地下暗河、溶洞溶腔、有毒有害气体、高瓦斯等安全问题。工程建设过程中高度重视穿越地下暗河、复杂岩溶、煤系地层等地质灾害安全风险极高洞段的施工技术方案和保障安全的管理,确保了工程顺利推进。

基于实际建设管理成果,综合夹岩工程东关取水隧洞、猫场隧洞、水打桥隧洞、长石板隧洞、两路口隧洞、余家寨隧洞施工建设经验,精心编撰完成本书。本书分上篇和下篇:上篇分为7章,第1章介绍了夹岩工程及深埋长隧洞概况以及工程建设难点和重点。第2章主要阐述深埋长隧洞危害性评估及施工组织应对措施。第3章结合工程实际,重点介绍在招投标设置、隧洞线路及断面选择、支洞斜井布置、隧洞进出口等优化。第4章介绍复杂地质情况下深埋长隧洞超前地质预报及安全监测方面的手段和取得的成效。第5章介绍了夹岩工程深埋长隧洞大坡度斜井施工技术,重点对斜井混凝土衬砌、洞内渗漏水处治等进行介绍。第6章结合工程实际,介绍深埋长隧洞不良地质洞段处治技术,对涌水处治、岩溶处治、浅埋软岩处治、岩爆处治、洞口不良地质边坡处治、有害气体隧洞段处治、腐蚀性地下水处理处治方面结合具体工程实例进行全面、系统的阐述和分析。第7章介绍了低瓦斯隧洞和瓦突隧洞洞段处治技术,特别是对隧洞穿煤系地层施工针对杜绝和控制煤与瓦斯突出、瓦斯爆炸等关键建设技术和管理方面,分别从低瓦斯和煤与瓦斯突出情况在超前探测、瓦斯监测和预测、通风保障、瓦斯抽排、防爆设备选型和改装、揭煤防突、煤系地层变形防治等关键技术方面进行系统阐述和分析总结。下篇为第8章建设管理内容,就工程建设过程中的管理模式及机构建设,安全生产管理、质量管理、进度管理、合同管理、移民征地及水保环保、建设监理管理、建设设计管理、建设施工单位管理、深埋长隧洞施工用电管理进行详细的阐述。全书紧密结合工程实际,可供相关工程建设管理和从事工程施工、监理、设计等专业技术人员查阅和借鉴。

  本书在编写过程中,得到了贵州省水利投资(集团)有限责任公司和夹岩水利枢纽工程公司的大力支持和帮助,在此特别致以衷心感谢!特别感谢参与工程建设的中铁十七局集团有限公司、中铁五局集团有限公司、中铁十二局集团有限公司、中铁二十二局集团有限公司、中国水利水电第十一工程局有限公司、中国水利水电第八工程局有限公司、广州新珠工程监理有限公司、中国电建集团贵阳勘测设计研究院有限公司的共同参与和资料整理分析;感谢所有编写人员对作者的帮助和支持;感谢中国铁道出版社有限公司编辑的辛苦劳动。此外,本书引用和参考了大量的文献和专业书籍,在此,对原作者致以真诚的感谢。

  由于水平有限,书中难免有疏漏和不妥之处,敬请广大读者批评和指正。

赵德才
2019年8月于贵州·毕节

目 录

上 篇

第1章 综 述 ········ 3
1.1 贵州夹岩水利枢纽工程概述 ········ 3
1.2 深埋长隧洞工程概况 ········ 7
1.3 工程地质概况 ········ 10
1.4 工程特点和难点 ········ 10
1.5 本章小结 ········ 12

第2章 深埋长隧洞地质危害分析与建管对策 ········ 13
2.1 深埋长隧洞区域工程地质 ········ 13
2.2 深埋长隧洞工程地质危害分析 ········ 19
2.3 深埋长隧洞地质危害建管对策 ········ 32
2.4 本章小结 ········ 35

第3章 深埋长隧洞施工组织优化 ········ 36
3.1 招标标段设置 ········ 36
3.2 隧洞线路和断面的优化 ········ 37
3.3 深埋长隧洞施工斜井优化比选 ········ 39
3.4 隧洞进出口优化 ········ 42
3.5 本章小结 ········ 54

第4章 不良地质洞段地质预报与安全监测 ········ 55
4.1 不良地质洞段地质预报 ········ 55
4.2 深埋长隧洞施工安全监测 ········ 72
4.3 本章小结 ········ 89

第5章 大坡度斜井施工关键技术 ········ 90
5.1 大坡度斜井概况 ········ 90
5.2 斜井洞身施工关键技术 ········ 91
5.3 大坡度斜井工区溜槽衬砌施工关键技术 ········ 107
5.4 大坡度斜井水处治技术 ········ 113
5.5 本章小结 ········ 116

第6章 不良地质洞段建设关键技术 ············ 117
6.1 涌水处治 ············ 117
6.2 岩溶处治 ············ 148
6.3 浅埋软岩处治 ············ 158
6.4 岩爆处治 ············ 190
6.5 洞口不良地质边坡处治 ············ 195
6.6 有害气体隧洞段处治 ············ 198
6.7 腐蚀性地下水处理处治 ············ 202
6.8 本章小结 ············ 217

第7章 瓦斯隧洞建设关键技术 ············ 218
7.1 东关隧洞低瓦斯洞段施工 ············ 218
7.2 煤与瓦斯突出水工隧洞安全施工技术 ············ 236
7.3 本章小结 ············ 276

下 篇

第8章 建设管理 ············ 279
8.1 管理模式及机构建设 ············ 279
8.2 安全生产管理 ············ 281
8.3 质量管理 ············ 318
8.4 进度管理 ············ 346
8.5 合同管理 ············ 352
8.6 移民征地及水保环保 ············ 371
8.7 建设监理工作管理 ············ 386
8.8 建设设计管理 ············ 388
8.9 建设施工单位管理 ············ 401
8.10 施工用电管理 ············ 407
8.11 本章小结 ············ 412

参考文献 ············ 414

上　篇

第1章 综　　述

1.1 贵州夹岩水利枢纽工程概述

水是生命之源、生产之要、生态之基，是经济社会发展的重要支撑和保障。贵州，山川秀丽、气候宜人、水资源丰富，然而，贵州作为喀斯特岩溶发育强烈的山区省份，贵州省水资源开发利用难度大，加上水利建设历史欠账多，水利基础设施落后，有水难留，贵州省"工程性缺水"十分严重，目前的水利现状已经成为贵州经济社会发展的重大瓶颈制约之一，要从根本上解决长期制约贵州省经济社会发展的工程性缺水难题，需大力发展水利工程建设。贵州省夹岩水利枢纽及黔西北供水工程应运而生。

1.1.1 项目建设背景

贵州夹岩水利枢纽及黔西北供水工程（以下简称"夹岩工程"）在贵州经济社会发展进程的历史长河中有着重要的意义和诸多建设依据，对贵州乌江支流六冲河的开发利用，自20世纪70年代起就有较多的研究，鉴于当时社会经济发展条件的限制，主要以水能开发为主要研究对象，贵州省完成了《六冲河干流水电规划报告》等规划；1989年5月5日国家计委国土〔1989〕502号文件同意的《乌江干流规划报告》中夹岩工程在各次规划中多次被提出。

进入21世纪后，由于社会经济发生了重大变化，对水资源综合利用的需求日益凸显，水资源供需矛盾日益突出。特别是2009年～2010年贵州大旱后，水资源供给严重不足已成为制约贵州黔西北地区经济社会发展的主要瓶颈。为解决黔西北地区缺水问题，国务院已批复的《长江流域综合规划（2012—2030年）》，国家发改委已批复的《贵州省水利建设生态建设石漠化治理综合规划》（发改农经〔2011〕1383号），《西南五省（自治区、直辖市）重点水源工程近期建设规划》均提出在六冲河干流兴建夹岩水利工程。

2013年5月以来，贵州降水量持续偏少，干旱再次"烤"验贵州。旱情在持续，如何科学合理开发利用地下水资源，加快解决农村群众饮水安全问题，突破制约贵州发展的水利战略瓶颈，成为贵州省委、省政府面临的最大问题。

2013年8月，贵州省委、省政府专门召开座谈会，研究大力实施水源性工程、提灌工程和地下水利用开发的水利建设"三大会战"。会议强调，贵州的水利建设要以规划为龙头，强化工作措施，统筹抓好各种水利设施建设，大力开发利用地下水，加快解决农村群众的饮水安全问题。一要摸清底子。对饮水安全问题进行一次普查，查明全省环境水文地质和地下水赋存情况，为开发利用地下水资源提供可靠依据。

二要科学编制规划。因地制宜，统筹安排，进一步做好提灌工程规划，加快编制地下水利用开发专项规划。

三要明确目标任务。以解决农村、小城镇群众生活用水为重点,用三到五年时间使缺水地区人畜饮水问题得到基本解决,使缺水小城镇的供水基本上得到满足。

为此,贵州省委、省政府决定在全省开展水利建设"三大会战"。"三大会战"计划用八年左右的时间,即 2013 年至 2020 年间投资 1 431 亿元,兴建水利项目 10 696 个。工程建成后,将新增年供水能力 71 亿 m^3,基本满足民生用水以及工业和城镇化发展用水需求,从根本上解决"工程性缺水"难题。

在国家大力支持,省委省政府的推进下,夹岩工程《项目规划》,2012 年 3 月 27 日获得批复;《项目建议书》2013 年 8 月 27 日获得批复;《项目可行性研究报告》2014 年 11 月 24 日获得批复;《初步设计报告》2015 年 4 月 29 日获得批复。夹岩工程仅仅用了三年多的时间,就顺利经过申报、审查、批复,创造了全国大型水利枢纽工程前期工作罕见的推进速度。2013 年 10 月 28 日,贵州最大的水资源综合配置工程——夹岩水利枢纽及黔西北供水工程正式动工建设,动工仪式如图 1-1 所示。

图 1-1 贵州省水利建设"三大会战"暨夹岩水利枢纽及
黔西北供水工程动工仪式

1.1.2 夹岩工程建设意义

夹岩工程是列入国务院批准的《贵州省水利建设生态建设石漠化治理综合规划》中的重点项目,是国务院纳入"十三五"期间分步建设的 172 项重大水利工程之一,也是贵州省水利建设"三大会战"的龙头项目,是贵州省迄今为止最大的水资源综合配置工程。2013 年 10 月 28 日,夹岩工程的动工,标志着贵州省水利建设"三大会战"正式启动;2017 年 9 月 30 日夹岩工程大坝成功截流,截流现场如图 1-2 所示。

夹岩工程作为黔西北城乡生活、生产供水的重大水资源配置工程,具有较好的水源条件,所控制的大部分受水区能自流供水。建成后黔西北地区可增加农业灌溉面积、提高单位面积产出,提高农民收入,提高城镇供水能力,保障生产生活用水,促进经济发展。随着夹岩工程的建设,将在黔西北地区构建起以大型水利枢纽为支撑的安全有效的水资源保障体系,有效解决黔西北地区城镇及农村经济社会发展的缺水矛盾,支撑区域经济社会的跨

图 1-2 夹岩工程水源枢纽大坝截流现场

越式发展,从根本上解决黔西北地区工程性缺水问题,将对区域城镇化、信息化和农业现代化建设起到重要推进作用,对贵州省黔西北地区脱贫攻坚、改善民生、提高扶贫开发能力、促进经济社会健康发展具有重要意义,是确保毕节试验区与全国同步实现全面建成小康社会宏伟目标的重大水资源配置工程。将为贵州省扶贫攻坚和生态文明试验区建设作出重大贡献。

1.1.3 夹岩工程任务及规模

夹岩工程建设任务以城乡供水和农田灌溉为主要任务、兼顾发电并为区域扶贫开发及改善生态环境创造条件的综合性大型水利枢纽工程,为Ⅰ等大(1)型工程,工程总投资186.489亿元,总工期66个月。

夹岩工程受水区包括毕节~大方城区、遵义市中心城区、黔西县城、金沙县城、纳雍县城、织金县城、仁怀市等7个城镇(区)、8个工业园区及七星火电厂、69个乡镇、365个农村集中居点。工程设计灌溉面积为90.03万亩,其中新增灌溉面积85.52万亩,补水改善灌溉面积4.51万亩。2030年设计水平年多年平均供水量为6.88亿 m^3,其中毕节、遵义城市供水量为2.45亿 m^3、县城供水量为1.27亿 m^3、乡镇供水量为0.55亿 m^3、农村人畜供水量为0.28亿 m^3、农业灌溉供水量为2.33亿 m^3;总供水人口267万人,多年平均发电量2.2亿度。

建设征地范围涉及贵州省毕节市和遵义市两市10个县(区),征收土地总面积53 322亩,其中耕地30 880亩,园地4 666亩,林地9 845亩;征用土地14 227亩,其中耕地9 813亩,园地126亩,林地3 804亩;调查年搬迁23 268人,拆迁各类房屋749 657 m^2。此外,还影响了19处农村小型工业企业,以及等级公路12 km、等外公路84 km、桥梁29座、输电线路38 km、广播通信线路27 km、文物5处、矿产资源18处和小型水利水电设施22处等。至规划设计水平年生产安置人口为27 951人,搬迁安置人口为27 579人。

1.1.4 夹岩工程布置

夹岩工程位于贵州省毕节市和遵义市境内,工程总体布局方案为:在长江流域乌江一级支流六冲河中游潘家岩建坝成库,以夹岩水库为集中供水水源。用已建的附廓水库、文家桥水库为在线调节水库、灌区现有小型水库为屯蓄水库。毕大供水工程自夹岩水库左岸采用隧洞独立取水,经坝后泵站提水至高位连接水池,再向毕节市毕大新城区供水;灌区总干渠从夹岩水库左岸取水经东关隧洞自流输水至猫场隧洞,接北干渠,再经骨干输水工程向受水区供水。

夹岩水库正常蓄水位为 1 323 m,死水位为 1 305 m,校核($P=0.02\%$)洪水位为 1 326.01 m,设计($P=0.2\%$)洪水位为 1 324.07 m。水库总库容为 13.23 亿 m^3,总调水量 6.88 亿 m^3,电站总装机容量 90 MW。总干渠渠首设计流量为 34 m^3/s,毕大供水工程设计流量为 6 m^3/s。

夹岩工程由水源工程、毕大供水工程和灌区骨干输水工程三部分组成,工程总体布置如图 1-3 所示(见插页)。

水源工程:大坝位于长江流域乌江支流六冲河毕节市七星关区与纳雍县界河段。总体布置,即河床布置混凝土面板堆石坝,左岸布置开敞式溢洪道、泄洪洞和放空洞;右岸布置发电引水系统和坝后电站厂房过鱼设施,上游库尾伏流段大、中天桥及小天桥处各布置两条分洪隧洞等组成。工程混凝土面板堆石结构,最大坝高 154 m,坝长 429 m,坝后电站装机容量 90 MW。水源工程布置如图 1-4 所示(见插页),水源工程鸟瞰图如图 1-5 所示。

毕大供水工程:向毕节市毕大新城供水,采用有压隧洞库内取水、一级泵站提水,出水池后自流无压隧洞接有压管道的方式输水,终点接入位于山家寨的连接池。主要包括取水隧洞、提水泵站、输水隧洞等组成。有压取水隧洞长 755 m;泵站出水压力管道线路长 0.4 km;泵站出水池后供水工程线路总长约 26 km。毕大供水工程泵站布设 6 台高扬程水泵(4 用 2 备),提水扬程 164 m,设计流量 6.0 m^3/s,设计年供水量 1.6 亿 m^3。

灌区骨干输水工程:在水源大坝左岸采取有压隧洞取水,由总干渠、北干渠、南干渠、金遵干渠、黔西分干渠、金沙分干渠等 6 条干渠及锦星支渠等 16 条支渠组成,总长 648.19 km,其中 6 条干渠总长 266.79 km,16 条支渠(流量在 1.0 m^3/s 以上)总长 381.4 km。

工程东西向展布,分布在大方县、织金县、黔西县、纳雍县、金沙县、遵义县、仁怀市等区域,如图 1-3 所示。总干渠接水源工程,下至猫场南北干分水闸,长 19.020 km;北干渠始于总干渠尾,先后跨越白甫河、木白河、西溪河,经附廓水库至金沙县赖关,全长 115.311 km;南干渠自总干渠尾分水,跨六冲河至下木空中寨一级泵站处,线路长 11.674 km,渠尾分织金支渠和纳雍供水管线分别向织金县和纳雍县供水;金遵干渠在赖关接北干渠终点,至终点彭古台,总长 40.912 km,渠尾分遵义供水管线和仁怀供水管线,遵义供水管由西向东接至红岩水库,仁怀市供水管由南向北接至樟柏水库;黔西分干渠总长 43.98 km;金沙分干渠总长 35.893 km。

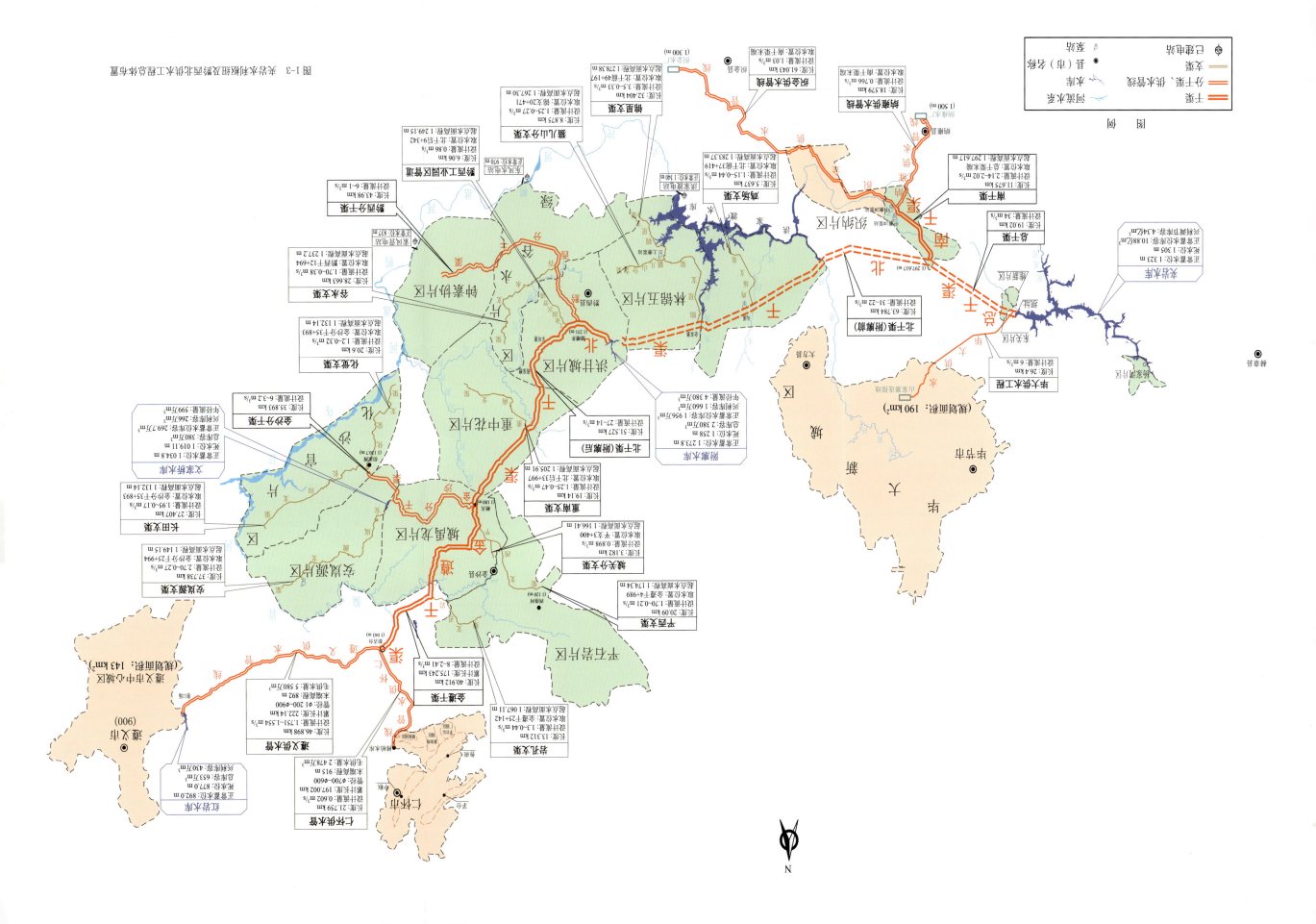

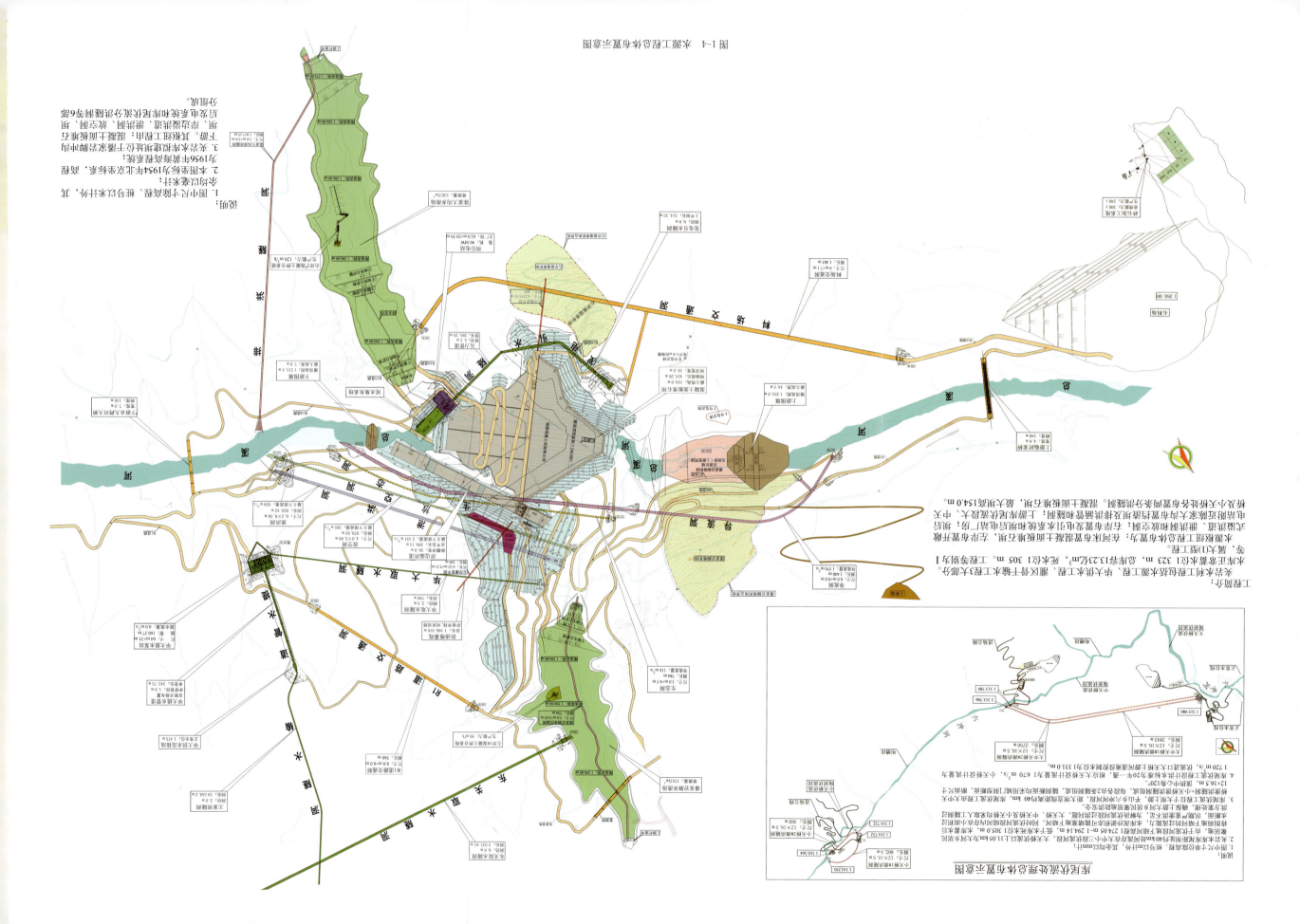

图 1-5 夹岩工程水源工程鸟瞰图

1.2 深埋长隧洞工程概况

夹岩工程所处位置地处云贵高原,纵横沟壑,地形复杂。为实现所控制的大部分受水区能自流供水,降低工程运行成本,提高效益,在工程建设中需保证一定水力坡降,因此,夹岩工程逢山开洞(输水隧洞)、遇沟架桥(管桥、渡槽、倒虹管等),不可避免地出现隧洞工程。夹岩工程灌区骨干输水工程总长 648.19 km。其中,隧洞总长 185 km,隧洞工程占灌区骨干输水工程总长的 29%。

1.2.1 隧洞工程分布情况

夹岩工程中隧洞工程主要如下:

水源工程:主要有左岸布设导流洞、泄洪洞、生态洞、库尾伏流分洪隧洞;右岸引水发电隧洞、料场交通洞;上游库尾伏流段大中天桥、小天桥隧洞。

毕大供水工程:顺输水方向主要有毕大有压取水隧洞、王家坝输水隧洞。

灌区骨干输水工程涉及隧洞:主要由水源工程水库至黔西县附廓水库之间东关取水隧洞、猫场隧洞、水打桥隧洞、长石板隧洞、两路口隧洞、凉水井隧洞、余家寨隧洞、蔡家龙滩隧洞、高石坎隧洞等约 80 km 连续深埋长隧洞群,以及附廓水库后干、支渠的 113 条隧洞,长约 105 km。

1.2.2 深埋长隧洞简介

由于工程地处云贵高原的地理位置及布置区域纵横沟壑,地形复杂的条件,结合水利工程中需依托输水自流的水力陡降要求,导致夹岩工程灌区骨干输水工程在黔西县附廓水库之前的隧洞群埋深较深,隧洞较长,形成深埋长隧洞群,且穿越区域地形地质复杂。本书所述深埋长隧洞主要指灌区骨干输水工程附廓水库前深埋长隧洞,布置情况如图 1-6 所示。

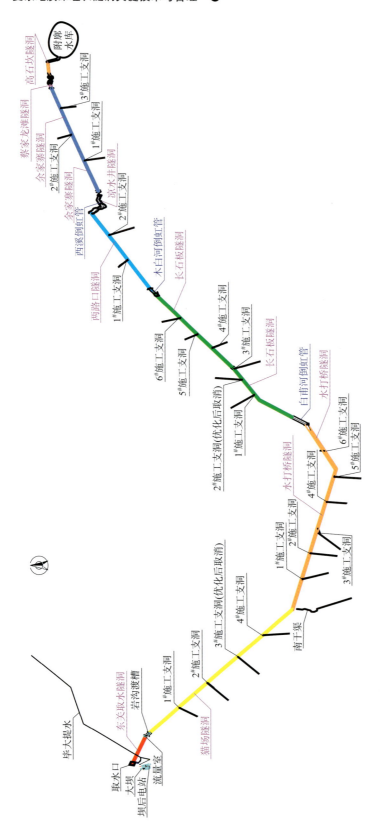

图 1-6 附廓水库前深埋长隧洞布置

本书着重介绍东关隧洞、猫场隧洞等6条深埋长隧洞,各隧洞基本情况见表1-1。

表1-1 深埋长隧洞基本情况表

隧洞名称	洞径(m)	长度(km)	最大埋深(m)
东关取水隧洞	6.9	3.09	395
猫场隧洞	6.6	15.7	442
水打桥隧洞	6.6	20.36	432
长石板隧洞	6.4	15.41	198
两路口隧洞	6.4	8.8	267
余家寨隧洞	6.2	11.34	244

按照输水方向,主要深埋长隧洞如下:

(1)东关取水隧洞:位于总干渠首,紧接取水口,为有压隧洞,隧洞长 3.09 km,隧洞为圆形断面,最大开挖断面直径 6.9 m,全断面钢筋混凝土衬砌,隧洞最大埋深 395 m。东关隧洞出口设流量阀室,阀室控制段长 86.7 m。隧洞设计流量 32.4 m³/s,加大流量 37.79 m³/s。大部分为飞仙关组泥岩、砂岩和粉砂岩,基本为Ⅳ、Ⅴ类围岩。

(2)猫场隧洞:接东关取水隧洞出口,总长 15.7 km,隧洞为圆形断面,最大开挖断面直径 6.6 m,全断面钢筋混凝土衬砌,隧洞最大埋深 442 m。隧洞出口接总干渠分水闸,隧洞设计流量 32.4 m³/s,加大流量 37.79 m³/s。为 P_2m 灰色块状灰岩、白云质灰岩,以Ⅲ类围岩为主,隧洞位于地下水以下受岩溶影响较大。

(3)水打桥隧洞:水打桥隧洞进口接总干渠猫场隧洞出口分水闸,隧洞总长 20.36 km,为无压隧洞,圆形断面,最大开挖断面直径 6.6 m,全断面钢筋混凝土衬砌,隧洞最大埋深 432 m。出口接白甫河倒虹管,隧洞设计流量 $Q=29.411$ m³/s,加大流量 $Q=32.953$ m³/s。隧洞洞身段岩体主要处在 T_1yn^1 层位,大部分处在新鲜岩体内,部分地层受断裂带影响,隧洞进口至桩号 0+961 段含煤层,岩体新鲜完整,以Ⅲ、Ⅳ类围岩为主,局部穿越断层带为Ⅴ类,隧洞位于地下水以下。

(4)长石板隧洞:长石板隧洞进口接北甫河倒虹管管桥,总长 15.41 km,为无压隧洞,圆形断面,最大开挖断面直径 6.4 m,全断面钢筋混凝土衬砌,隧洞最大埋深 198 m。隧洞出口接木白河倒虹管,设计流量 $Q=30$ m³/s,加大流量 $Q=32.7$ m³/s。为 T_1yn^3 灰岩地层、T_1yn^4 溶塌角砾岩以及 T_2g^1 软硬相间地层,以Ⅲ、Ⅳ类围岩为主。

(5)两路口隧洞:总长 8.8 km,为无压流,隧洞进口接长石板隧洞,出口接木白河倒虹管,为无压隧洞,隧洞断面型式采用圆形,最大开挖断面直径 6.4 m,全断面钢筋混凝土衬砌,隧洞最大埋深 267 m。设计流量 $Q=283$ m³/s,加大流量 $Q=30.34$ m³/s。洞身主要为Ⅲ、Ⅳ、Ⅴ类围岩。

(6)余家寨隧洞:总长 11.34 km,为无压隧洞,隧洞断面型式采用圆形,最大开挖断面直径 6.2 m,全断面钢筋混凝土衬砌,隧洞最大埋深 244 m。

1.3 工程地质概况

工程地质情况往往对隧洞工程建设进度、安全造成巨大影响。工程建设中对地质情况的勘察尤为重要,勘察的深度及准确性,是工程建设进度、安全及投资的保障,对于地下工程尤为重要。

1.3.1 深埋长隧洞群穿越地质情况

夹岩工程灌区骨干输水工程深埋长隧洞群线路总体走向为S60°E,从东关取水隧洞至猫场隧洞进口,地层岩性以三叠系碳酸盐岩为主。沿线地形坡度30°~50°,以横向坡为主,沟谷众多,切深30~60 m。线路经过区以峰丛洼地地貌为主,局部三迭系下统碎屑岩地段为侵蚀地貌。线路经过地层依次为三迭系下统 T_1f 粉砂岩夹泥岩,二叠系上统 P_3l+c+d 砂、泥岩,$P_3\beta$ 玄武岩和二叠系中统 P_2m+q 灰岩、白云质灰岩,岩层倾角平缓,倾角15°~25°。线路位于毕节北北东向构造变形区南缘,受维新背斜的影响,断裂构造发育,构造线以 NE 向为主,与输水线路走向呈大角度相交。

猫场至黔西附廓水库段线路走向近东西向,沿六冲河左岸布置,线路穿越乌蒙山脉带,沿线河流深切,沟谷众多,岩溶发育,地表高程一般在1 300~1 730 m,沟谷切割深150~250 m。沿线经过地貌为峰丛洼地岩溶地貌。沿线经过地层为三迭系中统 T_2g 白云岩、白云质灰岩夹泥页岩,三迭系下统 T_1yn 灰岩、泥质灰岩夹泥岩,T_1f 泥质粉砂岩、砂岩夹灰岩。该段位于毕节北北东向构造变形区南缘,紧靠东西向马场断裂带,受其影响,次生断裂构造发育,次生断裂构造走向以 NE 向为主,与输水线路走向线路呈 30°~40°交角相交,无区域性活动断裂发育,区域构造较稳定。

1.3.2 深埋长隧洞群不良地质情况分析

隧洞地质复杂,穿越岩溶发育地质段,地下岩溶暗河管道,穿越煤系地层等不良地质。

煤系地层主要分布于东关取水隧洞和猫场隧洞出口至水打桥隧洞进口段一带,呈南北~北北东向条带状展布。与输水线路相关的煤矿主要有毕节市东关乡良子田煤矿和大方县猫场煤矿,以上煤矿已开采多年,形成一定规模的采空现象。

深埋长隧洞线路横跨大坡暗河系统和狗吊岩暗河系统,两岩溶暗河出口高程分别为1 260 m 和1 180 m,流量分别为120 L/s 和540 L/s,地下水比降约5%。隧洞线位于暗河系统发育高程之下,交叉处地下水位高程1 380~1 390 m。

深埋长隧洞所处区域岩溶发育,地下溶腔、溶洞不可预见较多,且在水打桥隧洞、长石板隧洞、余家寨隧洞有岩溶腐蚀性地下水等不良地质情况。

1.4 工程特点和难点

根据工程的布置,以及地形、地质情况,每个工程均有各自的特点和难点,对工程建设的特点和难点有清晰准确地掌握,可以提前预判工程建设过程中的困难,对提前拟定技术措施和管理手段至关重要。夹岩工程涉及建筑物较多,且技术难度高,主要有大坝、导流设施、泄洪设施、引水发电、过鱼设施、深埋长隧洞、渡槽、高大跨管桥、管道、渠道、倒虹管等,堪称水利工程建设博物馆,沿线地形地质复杂,工程管理难度大。针对工程所涉及的深埋长隧洞,提前进行工程特点及难点分析研判,在工程建设中超前谋划,提前制定针对性的技术及管理措施,有利于快速解决技术难题加快施工进度,有助于降低安全风险,避免安全事故发生,有助于合理控制施工成本、降低工程投资,有助于提高管理效率和水平,进一步推动工程顺利完成。

1.4.1 夹岩深埋长隧洞工程特点

根据夹岩工程深埋长隧洞布置及沿线地形、地质以及周围环境,工程具有如下特点:

(1)埋深深,跨度长:灌区骨干输水附廓水库前隧洞多为处于80~442 m之间,最大埋深442 m。长10 km以上隧洞4条,长20 km以上1条。

(2)洞径小:顺输水方向隧洞逐步减小,最大断面直径6.9 m,较公路和铁路等工程隧洞断面偏小。

(3)大坡度斜井多:隧洞输水自流特性,隧洞沿线降坡,不具备轴线高程调整条件,支洞布置条件受限,多为斜井。

(4)布置集中:隧洞布置连续紧密,如东关取水隧洞、猫场隧洞、水打桥隧洞、长石板隧洞等均基本首尾相连,形成深埋长隧洞群。

1.4.2 夹岩深埋长隧洞工程难点

根据夹岩工程深埋长隧洞特点,结合沿线地形、地质条件,工程具有如下难点:

(1)斜井支洞安全风险大、工效低,制约进度:斜井交通条件较平洞差,洞内遇突发情况,人员及设备不利于撤出,同时斜井有轨运输系统本身管理难度大,安全风险较高。斜井运输功效较低,制约工程进度。

(2)穿煤系地层,技术要求高,安全风险高:东关取水隧洞和猫场隧洞出口至水打桥隧洞进口段一带与毕节市东关乡良子田煤矿和大方县猫场煤矿矿区交叉,以上煤矿已开采多年,形成一定规模的采空现象。工程施工存在瓦斯甚至瓦突,安全风险高,对工程安全、技术要求高,进度及投资影响极大。

(3)穿暗河不良地质处理难度高:猫场、水打桥隧洞横跨大坡暗河系统和狗吊岩暗河系统,隧洞线位于暗河系统发育高程之下。穿暗河技术要求高,安全风险高,对工程安全、进度及投资影响较大。

(4)岩溶发育,渗漏水处理难度大:深埋长隧洞所处区域,地下溶腔、溶洞不可预见较多,且隧洞均处于地下水位以下,各隧洞均不同程度遭遇溶洞,洞内渗漏水较大,排水难度大,封堵要求高。易发生突发涌水、涌泥等灾害,如猫场隧洞、两路口隧洞、余家寨隧洞等均遭遇复杂溶腔涌水、涌泥。对工程安全、进度及投资影响较大。

(5)腐蚀性地下水处治:由于地质复杂,水打桥隧洞多处渗漏水点水样SO_4^{2-}含量超标,对混凝土结构物有硫酸盐型强腐蚀性。对工程运行输水安全、投资影响较大。

(6)有害气体复杂、处治难:由于地质复杂,水打桥隧洞9+340渗水点处测得有毒有害气

体 H_2S 的浓度超标,对工程施工安全及输水安全影响较大。

(7)施工用电负荷大,电力保障困难:沿线电网多为 10 kV 农网,电力负荷不足,电网不稳定,深埋长隧洞工程用电负荷较大,对电网稳定要求高,如何保障电力供应成为工程建设的关键。

1.5　本章小结

本章着重介绍了夹岩工程背景、意义以及规模,特别介绍了输水渠隧洞工程的概况,着重介绍了猫场隧洞等 6 条深埋长隧洞的工程特点,以及工程所处区域工程地质条件复杂,隧洞存在瓦斯突出、涌水突泥、岩溶发育、有害气体等工程难点。

第 2 章 深埋长隧洞地质危害分析与建管对策

随着我国水利工程的发展,深埋长隧洞在长距离的调水工程中大量出现,隧洞工程地质条件越来越复杂,不良地质问题已成为制约工程的重要因素,因此对不良地质情况危害性分析,并采取具有针对性的管控思路对工程顺利推进十分重要。夹岩工程深埋长隧洞应对地质危害主要采取提前预判各类地质引发的问题并提出处理的整体思路,通过补充详细勘察、方案动态优化等方式,成功应对各类不良地质洞段,确保隧洞安全贯通。

2.1 深埋长隧洞区域工程地质

夹岩工程深埋长隧洞穿越区域地质复杂,对地质勘察的准确性对于采取的治理思路和具体方案尤为重要。

2.1.1 地形地貌

深埋长隧洞主要集中于毕节—大方片区,为贵州第一、二阶梯面过渡带,高程 1 200~1 650 m,为乌蒙山脉北东支东延部位,乌蒙山脉北东支贵州段经赫章恒底,横穿毕节乌箐梁子 2 217 m,大方大营上 2 092 m,抵金沙白泥窝大山 1 884 m。该片区地貌类型以峰丛洼地、岩溶峡谷地貌为主,形成残丘坡地、峰林盆地、宽阔河谷、起伏和缓的高原地貌。

线路详如图 2-1 和图 2-2 所示。

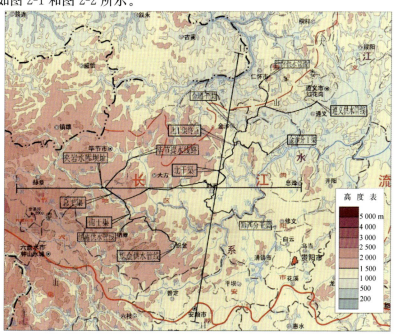

图 2-1 夹岩工程地势平面图

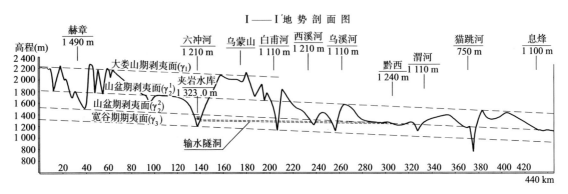

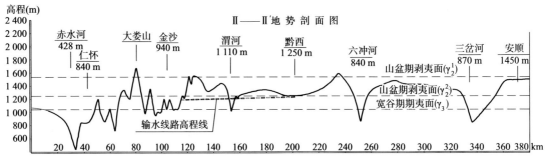

图 2-2 夹岩工程地势剖面图

2.1.2 地层岩性

深埋长隧洞出露地层较全,从元古界到第四系除缺失白垩系地层外均有出露,岩性以碳酸盐岩为主,局部为碎屑岩夹碳酸盐岩地层,输水线路各段主要分布地层岩性见表 2-1。

表 2-1 深埋长隧洞沿线主要分布地层岩性表

序号	位 置		出露地层	岩 性
1	总干渠	夹岩水库~猴场	T_1f、P_3l、$P_3\beta$	砂岩、泥岩、玄武岩
2		猴场~猫场	P_2m、P_2q	灰岩、白云质灰岩
3	北干渠	猫场~黔西	T_1yn、T_2g	灰岩、白云岩、白云质灰岩夹页岩
4		黔西~金沙	T_1y、T_1yn、T_2g	灰岩、白云岩、白云质灰岩夹砂、页岩

2.1.3 地质构造

深埋长隧洞整体位于扬子准地台—黔滇台隆—遵义断拱(I_{1A})三级构造单元内,四级单元除纳雍支渠和织金支渠属贵阳复杂构造变形区外,其余干渠、支渠均属毕节北北东向构造变形区,线路走向与构造线多为大角度相交,未发现区域性活断层存在,区域构造稳定。沿线主要构造形迹见表 2-2。

表 2-2 主要构造线(背斜、向斜、断层)特征表

项目	编号	构造线性质、名称或编号	主 要 特 征
总干渠	1	朱昌断层(F_3)	位于东关一带，横穿东关取水隧洞洞身段，断层走向N30°E，倾向NW，倾角60°~80°，断层破碎带宽5~15 m，断距>100 m
总干渠	2	维新向斜	位于猫场隧洞洞身段，走向NE，两翼岩层产状5°~20°，宽缓背斜
总干渠	3	F_{101}	位于猫场一带，走向南北向，两盘岩层产状20°~25°，断层破碎带宽1~3 m，断距<50 m
北干渠	1	F_{102}断层	位于猫场长冲一带，横穿水打桥隧洞洞身段，断层走向NE，倾向SE，两盘岩层产状平缓，倾角<10°，断层破碎带宽4~6 m，断距<100 m
北干渠	2	落脚河向斜、大方背斜	走向NE、局部扭曲，两翼岩层产状10°~30°，南东翼伴生F_{103}、F_{104}、F_{105}压扭性断层
北干渠	3	F_{103}、F_{104}、F_{105}断层	位于水打桥一带，断层走向NE、岩层产状受背斜、向斜的控制，变化较大，断层破碎带宽5~10 m，断距30~100 m
北干渠	4	F_{109}	位于长石板隧洞北面，断层走向NE，断层面波状起伏，压扭性，断层破碎带宽5~10 m，断距<50 m
北干渠	5	F_{110}、F_{111}、F_{112}断层	位于大方牛落坝—羊场坝一带，断层走向NNE~NE，倾向SE，倾角65°~80°，压扭性，断层破碎带宽5~15 m，断距50~150 m。
北干渠	6	高家压向斜、鸡场背斜	走向NNE、局部扭曲，为紧密褶皱，两翼岩层产状28°~37°，向斜核部伴生F_{113}压扭性断层
北干渠	7	F_{113}断层	为高家庄向斜伴生断层，断层走向NNE，倾向SE，倾角83°，断层破碎带宽5~15 m，断距<80 m
北干渠	8	西溪向斜	位于西溪，沿西溪河发育，走向SN，两翼岩层产状平缓，倾角10°~20°，为宽缓向斜
北干渠	9	煤洞坡背斜	位于余家寨隧洞洞身段，走向SN，两翼岩层产状陡倾，倾角20°~57°
北干渠	10	F_{120}、F_{121}断层	位于余家寨隧洞洞身段，断层整体走向NE，倾向NW，倾角80°，断面呈波状起伏，断层破碎带宽3~10 m，断距<80 m
北干渠	11	F_{122}、F_{123}断层	位于黔西附廓水库一带，断层走向NEE，断层破碎带宽3~5 m，断距<50 m
北干渠	12	F_{124}、F_{125}、F_{119}、F_{126}断层	位于黔西附廓水库一带，断层整体走向NE，倾向NW，倾角75°~80°，断面呈波状起伏，断层破碎带宽3~20 m，断距<80 m
北干渠	13	F_{133}	位于黔西新阳一带，断层整体走向NE，倾向NW，倾角80°，断层破碎带宽3~10 m，断距<80 m

2.1.4 岩溶水文地质条件

1. 岩溶

工程区域碳酸盐岩广布，按岩性差异及其组合形式的不同划分为纯碳酸盐岩、次纯碳酸盐岩和不纯碳酸盐岩，分别代表不同的水文地质结构及水文地质特征，见表2-3。

表 2-3 岩溶发育特征表

类别	地层代号	岩 性	岩溶发育特征
纯碳酸盐岩	T_1yn^1、T_1yn^3、T_1y^2、P_2m	中厚层灰岩、白云质灰岩	洼地、落水洞、地下河、伏流
次纯碳酸盐岩	T_2g^{2-3}、T_1yn^2、T_1yn^4、P_3c	白云岩、泥质白云岩、泥质灰岩	岩溶泉
不纯碳酸盐岩	T_2g^1、T_1y^1	泥灰岩、泥质白云岩	溶隙、溶孔

续上表

类别	地层代号	岩性	岩溶发育特征
非碳酸盐岩	T_1f、T_1y^3、P_3l、$P_3\beta$	砂岩、粉砂岩、泥岩、页岩及玄武岩	

(1)主要岩溶大泉及地下暗河系统测区继燕山运动以后,地壳长时期上升剥蚀,河流下切,为岩溶发育创造了良好的条件,形成了多层水平带与垂直带相互交替的复杂的岩溶形态景观。根据测区岩溶大泉及主要地下暗河系统的分布及特征,可以看出由河谷至分水岭地带,垂直岩溶形态由强变弱,岩溶发育具有明显的差异性,岩溶发育的强度一般随深度增加而减弱,岩溶的发育具有继承性与成层性的特点,区内暗河与岩溶管道,多起源于1 300 m以上山盆期台面上,而乌江期只是继承了山盆期的发育,并使其加强扩大。

(2)岩溶主要发育规律

测区出露地层为二叠系中统茅口组(P_2m)至三迭系中统关岭组(T_2g)地层,岩性为碳酸盐岩夹碎屑岩,碳酸盐岩出露面积占70%以上,加之气候温和湿润,雨量充沛,为岩溶发育提供了良好条件,纵观全区,岩溶发育主要有以下特点:

1)岩性对岩溶发育强度的控制作用极为明显,90%以上的洞穴、暗河均发育在P_2m、T_1yn^1、T_1yn^3、T_2g^2地层中,如水打桥隧洞钻孔CZZK3,从200 m直接掉钻至210 m,掉钻高度达10 m,P_1c、T_1yn^2、T_2g^1地层因含较多的酸性不溶物(泥质),比溶蚀度低,具有明显的岩溶弱化特征。

2)所处地貌部位不同,岩溶发育的形态及强度也不同。分水岭地带地下水垂直运动为主,以垂直岩溶形态多见,主要有落水洞、岩溶洼地等。分水岭至河谷斜坡地带地形切割强烈,冲沟发育,以干的水平溶洞或倾斜溶洞为主,间以少量落水洞。河谷地带以水平岩溶形态为主,有暗河、岩溶管道、水平溶洞及岩溶泉等。

3)岩溶发育受岩性组合控制,特别是T_1yn^1灰岩与T_1f粉砂岩的接触界面上,地表落水洞与进水溶洞呈线性排列,如毕节朱晶滥坝暗河系统、大方以那田坝暗河系统、羊场坝暗河系统、水落洞暗河等。

4)岩溶发育方向受地质构造控制:测区内地下暗河、溶洞多沿地层走向和断裂构造线发育,如在宽缓的维新背斜核部,发育有规模宏大的狗吊岩暗河系统;毕节朱昌花厂暗河系统在很长一段沿朱昌断裂发育。

5)挽近期地壳的间歇性抬升使溶洞发育具成层性,而后期岩溶发育具有继承性。纵观全区,大娄山期和山盆期一期因位置较高,大多已被剥蚀掉,仅在大方至毕节的乌蒙山区残留少量的水平干溶洞。山盆期二期因稳定时间相对较长,岩溶作用强烈,多有宽谷、盆地的形成。如夹岩坝址田坝盆地、朱昌等盆地,一般在台地内侧多有岩溶大泉出露,地下水埋深浅,外边缘岩溶发育,发育深度越向台缘外侧深度越大。

2.水文地质

(1)含水岩组的划分

根据测区出露的地层岩性及地下暗河及泉点流量调查及观测,测区含水层划分为强岩溶含水层、中等岩溶含水层、弱岩溶含水层和非岩溶弱至微透水层4类。各含水层特征及地下水径流模数见表2-4。

表 2-4 测区泉点、地下暗河发育统计表

类别	地层代号	岩性	主要泉点及暗河特征	枯季地下水径流模数 [L/(s·km)]	汛期地下水径流模数 [L/(s·km)]
强岩溶含水层	P_2m、T_1yn^3、T_1yn^1	中厚层灰岩、白云质灰岩	富含裂隙溶洞水,泉点流量10~50 L/s,暗河流量50~1 000 L/s,枯期和汛期流量差较大,汛期是枯期流量8~12倍	6~9	20~45
中等岩溶含水层	T_2g^{2+3}、P_3c	白云岩、泥质白云岩	富含裂隙溶洞水,泉点流量1~10 L/s,暗河流量10~50 L/s,枯期和汛期流量差别较大,汛期是枯期流量8~12倍	4~6	10~20
弱岩溶层含水层	T_1g^1、T_1yn^2	泥质白云岩、薄层灰岩与砂泥互层岩	富含基岩裂隙水,泉点流量1~5 L/s	2~4	3~10
非岩溶层微透水层	T_1y^3、P_2l	砂岩、泥岩、泥灰岩	富含基岩裂隙水,泉点流量小,多小于1 L/s,枯期和汛期流量差别不大	0.2~0.5	1~3

(2)地下水的补、径、排条件

灌区地下水主要靠大气降水补给。区内雨量丰富,多年平均降水量在1 200 mm以上,降雨多集中在5~9月,地下水动态随季节特征变化较大。由于区内碳酸盐岩广泛分布。岩溶发育,可溶岩与非可溶岩相间组合,形成多层次的岩溶水文地质结构。受挽近期构造运动的影响,地表与地下水的补给、径流、排泄多受地层岩性、地质构造、地形地貌及最低浸蚀基准面控制。

1)岩性组合:在纯灰岩分布区溶洞和地下暗河发育,常形成网络状地下河系统,如猫场隧洞的大坡暗河系统和狗吊岩暗河系统;呈条带状展布的碳酸盐岩与碎屑盐岩互层地区,两者溶蚀差异较大,岩溶管道多顺界面发育,出现顺层径流的管道流,如T_1yn^1地层中的灰岩因受下部碎屑盐岩和上部不纯碳酸盐岩制约,地下暗河管道多顺层发育,如大方县白布的以那田坝暗河系统和鼠场暗河系统。

2)构造因素:岩溶水径流在褶皱断裂发育地段,岩石的完整性受到严重破坏,由于节理裂隙发育,有利于岩溶水隙流以及管道流的存在。在褶皱区,特别是向、背斜构造轴部,往往岩溶管道发育,地下水汇集于溶洞、地下河中径流并以紊流为主,如大方猫场沿维新背斜发育的狗吊岩暗河系统。

3)地貌形态:测区黔西—织金一带以西中山丘原区,岩溶水多沿其溶隙和管道向低谷径流、排泄,地下水流速大,多为管道流;以黔西—织金东丘原盆地区,多位于山盆期剥夷面上,岩溶发育,溶洞多呈水平状,在剥夷面上岩溶水于溶洞、溶隙之中流速缓慢,在台地边缘,特别是斜坡地带,则多为管道流,流速大。

4)水文网展布

六冲河为灌区最低浸蚀基准面,受六冲河控制,灌区地表支流、地下呈横向径流排泄。六冲河两岸支流白甫河、乌溪河、西溪河、以那河、纳雍河等河流、水系切割深,地表水资源难以利用。黔西以东灌区地势相对平缓,河流、水系切割不深,比高一般小于200 m,但多为碳酸盐分布区,岩溶发育,河流明暗交替,多属雨源型河流。在谷地及洼地中,地下水埋藏较浅,一般潜水埋深小于20 m,分布差异性大;近深切峡谷岸坡地带,地下水埋藏逐渐变深,局部可达200 m以上。

2.1.5 主要深埋长隧洞地质评价

1. 猫场隧洞

猫场隧洞是灌区总干渠重难点关键隧洞工程,总干渠从夹岩坝址左岸潘家岩脚冲沟取水,经东关取水隧洞、岩沟渡槽和猫场隧洞,其中东关隧洞长 3.09 km,岩沟渡槽长 0.111 km,猫场隧洞长 15.70 km。线路总体走向为 S60°E,猫场隧洞进口至隧洞出口段,出露地层为二叠系中统 P_2m 灰岩,岩层倾角平缓,倾角 8°～15°,隧洞沿线地表岩溶发育,为峰丛洼地岩溶地貌。

线路前段主要工程地质问题是穿越煤系地层不良地质问题和猫场隧洞遇岩溶及地下水问题。煤系地层主要分布于东关和猫场隧洞出口一带,呈南北～北北东向条带状展布。与输水线路相关的煤矿主要有毕节市东关乡良子田煤矿和大方县猫场煤矿,以上煤矿已开采多年,形成一定规模的采空现象,适宜避开或采取特殊处理后通过。根据夹岩水利枢纽工程采空区专项勘察,隧洞线已基本避开良子田煤矿和大方县猫场煤矿的地表变形影响带,煤矿开采对隧洞影响小。

猫场隧洞遇岩溶及地下水问题是影响猫场隧洞工程造价、施工进度最具制约性的地质因素,特别是隧洞穿越大坡地下暗河、狗吊岩地下暗河段,该段预测最大涌水量达 2 m^3/s。

2. 水打桥隧洞

接总干渠猫场隧洞出口为水打桥隧洞。水打桥隧洞总体走向近东西向,沿六冲河左岸斜坡布置,穿越区地貌为峰丛洼地岩溶地貌,地表海拔高程在 1 400～1 850 m,隧洞长约 20.36 km,埋深 50～432 m。隧洞沿线出露地层除进口段有 1.6 km 的二迭系煤系地层外,其余均为三迭系下统飞仙关组(T_2f)和永宁镇组(T_1yn)地层,飞仙关组(T_2f)地层在落脚河向斜西翼 T_1f^1 灰岩成分增多,相变为 T_1yn^2 灰岩。

隧洞横穿落脚河向斜和大方背斜,两褶皱总体走向北东向,延伸长度 20～35 km,北部宽缓,南部紧密,交于东西向的马场断裂带上。隧洞线在南部横跨两褶皱,交角 70°～85°。隧洞线穿越的断裂构造主要有 F_{103}、F_{104}、F_{105}、F_{106}、F_{110}、F_{111},其中 F_{103}、F_{104}、F_{105}、F_{110}、F_{111} 断层走向北东向,以 F_{103} 为主断层,迭式地垒抬升,断层北端撒开,南端交于马场东西向断裂构造带上。

整个隧洞线可溶性碳酸盐岩分布段长 10.78 km,占总长的 54%。隧洞大部分位于地下水位以下,存在岩溶涌水问题。

3. 长石板隧洞

长石板隧洞总体走向 N30°E,为横跨白甫河与木白河之间条带状山脊,山脊宽 15～25 km,隧洞穿越段地表高程在 1 320～1 480 m,穿越区地貌为峰丛洼地、峰丛谷地岩溶地貌,隧洞长约 15.41 km,埋深 50～198 m。受白甫河及木白河下切作用,大娄山期剥夷面和山盆一期(γ_2^1)剥夷面已消失殆尽,但山盆二期(γ_2^2)剥夷面保存较为完整,高程大致在 1 330～1 360 m,分布有牛落坝、金鸡、理化等溶蚀谷地,谷地中多蜿蜒发育有溪流,至谷地边缘多转为伏流。

隧洞沿线出露地层为三迭系下统永宁镇组(T_1yn)和中统关岭组(T_2g)地层,岩性以灰岩、白云质灰岩为主,夹少量泥灰岩、泥质白云岩及泥岩。隧洞线斜穿牛落坝向斜和王家寨背斜,断裂构造主要有 F_{112} 断层。

据岩溶水文地质测绘,长石板隧洞进口段位于牛落坝暗河出口附近,洞身段需穿越理化地下暗河。牛落坝地下暗河进口位于隧洞北部水坝一带,地表河流集中补给,补给高程1 400 m,在水坝入伏,经700 m的伏流段进入K450盲谷,经360 m明流后再次入伏,至白布河右岸1 044 m高程出露,出口流量约150 L/s,管道长约8.3 km,比降3.6%。该暗河总体走向北东向,顺F_{110}断裂发育,发育于T_1yn^1灰岩中;理化地下暗河发育于隧洞中部理化一带,地表为溶蚀洼地补给,出口位于木白河乌溪大桥方右岸坡,高程1 190 m,流量约150 L/s,管道长约4.3 km,比降约2.5%~3%,发育于T_1yn^1灰岩中。

4. 两路口隧洞

两路口隧洞总体走向N30°E,隧洞长约8.8 km,埋深50~267 m;穿越地层岩性主要为下伏基岩为T_2g^1薄至中厚层泥质白云岩、白云岩、泥岩等,底部含"绿豆岩";T_1yn^4中至厚层溶塌角砾岩、泥质白云岩,T_1y^3软质岩等。隧洞洞身岩体大部分处在新鲜岩体内,部分地层受断裂带影响。隧洞中部穿过高家庄向斜、鸡场背斜和F_{113}、F_{115}断层;隧洞位于地下水位以下,因洞身段为强岩溶地层,隧洞受岩溶影响较大,可能出现涌水、涌泥等地质现象。

5. 余家寨隧洞

余家寨隧洞总体走向N14°E,隧洞长15.5 km,埋深50~210 m。穿越地层岩性主要为下伏基岩为T_1yn^3中至厚层灰岩,T_1yn^2薄至中厚层泥岩,T_1y^3薄至中厚层粉砂至泥岩、砂质泥岩、泥岩夹粉砂岩、泥质粉砂岩及泥质灰岩。隧洞中部穿过煤洞场背斜和F_{117}断层;隧洞位于地下水位以下,因洞身段为强岩溶地层,隧洞受岩溶影响较大,可能出现涌水、涌泥等地质现象。部分洞段为碎屑岩,产状平缓,又在地下水位以下,围岩尤其是顶拱岩体的稳定性差,易出现挤压破坏导致塌顶和变形。

2.2 深埋长隧洞工程地质危害分析

深埋长隧洞经过地层较多,岩体结构复杂,且经过不同的相区和复杂褶皱带、断层带,岩层产状变化较大,地质条件复杂。线路主要的工程地质问题主要有煤矿采空区变形稳定问题、长隧洞岩溶涌水问题、隧洞软岩塑性变形稳定问题、岩溶地基稳定问题、建筑物边坡稳定问题和渠基渗漏稳定问题等。

2.2.1 煤系地层不良地质段及采空区变形影响分析

测区煤系地层为二叠系上统龙潭组(P_3l)地层,含可采煤层4~16层,可采煤层一般厚0.6~2.4 m。根据区域地质资料,东关取水隧洞、水打桥隧洞进口段需直接穿越煤系地层,存在不良地质段。

根据现场调查和资料收集,对未形成采空区但影响线路稳定的煤矿需划定禁采保护区,主要有北干渠水打桥隧洞进口段,需从大方鼎新乡赛富地煤矿采空区底部通过。如图2-3和图2-4所示。统计情况见表2-5。

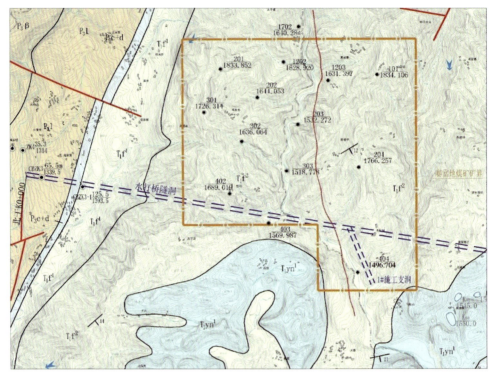

图 2-3 水打桥隧洞进口段与大方鼎新乡赛富地煤矿相对位置图

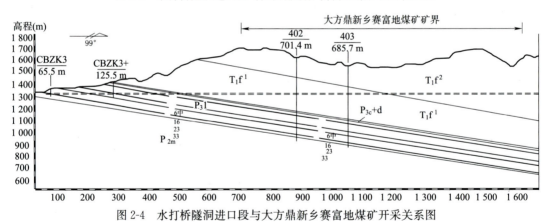

图 2-4 水打桥隧洞进口段与大方鼎新乡赛富地煤矿开采关系图

表 2-5 深埋长隧洞线路沿线煤矿开采情况及采空区分布统计表

线路名称	矿山名称	采空区属性				与隧洞空间关系	地质防护建议
		采空区编号	面积（m²）	开采标高（m）	开采煤层		
总干渠	纳雍县良子田煤矿	①	14 247	1 250～1 280	M6	距离总干渠东关取水隧洞最近 98 m	现有采空区未影响至东关渡槽，需对靠近线路的煤矿资源实施禁采
		②	5 950	1 230～1 270	M6	距离总干渠东关取水隧洞最近 560 m	
	大方县猫场煤矿	①	618 146	1 310～1 410	33#	距离总干渠猫场隧洞最近 1 582 m	无需防护

20

续上表

| 线路名称 | 矿山名称 | 采空区属性 | | | 与隧洞空间关系 | 地质防护建议 |
		采空区编号	面积(m^2)	开采标高(m)	开采煤层		
北干渠	1 大方鼎新乡赛富地煤矿					为民用煤矿,未作动态监测,无实测采空区资料,初步调查采空区位于矿区西北部,开采高程在1 300~1 400 m,目前已停产	为水打桥隧洞进口段,横穿煤矿矿区	采空区对隧洞稳定影响大,隧洞施工时可能导通采空区老窑积水,存在突水的可能,需作好探水及防、治水措施
	2 大方县马场煤矿	①	109 300	1 700~1 760	6中	距离水打桥隧洞最近2 420 m	基本避开,无须质防护
		②	13 744	1 680~1 700	6中	距离水打桥隧洞最近2 350 m	

根据贵州省安全生产监督管理局黔安监管办〔2007〕345号文(关于加强煤矿建设项目煤与瓦斯突出防治工作的意见),输水隧洞穿越矿区属贵州省高瓦斯突出矿区之一,其中大方县更是国家划定的高瓦斯突出矿区,从紧靠隧洞附近的良子田煤矿和大方县猫场煤矿实测瓦斯涌出量数据,见表2-6,瓦斯涌出量值较大,为高瓦斯矿区。

表2-6 部分煤矿实测瓦斯涌出量表

| 煤矿名称 | 与隧洞关系 | 瓦斯涌出量(m^3/min) | | | |
| | | 绝对涌出量 | | 相对涌出量 | |
		CH_4	CO_2	CH_4	CO_2
良子田煤矿	位于总干渠东关隧洞南侧	803	2.77	36.13	12.48
猫场煤矿	位于总干渠猫场隧洞出口、北干渠水打桥隧洞进口附近	1.86	0.87		

另据大方县对江煤矿的煤层瓦斯含量检测资料:该煤矿含可采煤层4层,编号为M18、M29、M51和M78,勘探中煤层共采集煤芯瓦斯样共计88件。检测结果:M18煤层瓦斯含量10.76~35.36 m^3/t,平均17.61 m^3/t;M29煤层瓦斯含量10.58~38.06 m^3/t,平均19.60 m^3/t;M51煤层瓦斯含量11.81~25.56 m^3/t,平均17.21 m^3/t;M78煤层瓦斯含量8.05~26.09 m^3/t,平均17.02 m^3/t。煤层瓦斯含量高于10 m^3/t,为高瓦斯煤矿,如图2-5所示。该煤矿位于北干渠水打桥隧洞洞身段北面,距煤矿矿界最近距离0.9 km,其煤层瓦斯含量检测结果对隧洞瓦斯突出参考意义较大。

埋深越大,瓦斯含量越高,这是瓦斯分布的普遍规律。根据大方县对江煤矿煤层瓦斯含量与埋深变化关系图(图2-5),该关系并不明显,如M18煤层2202孔测得瓦斯含量最高值为35.36 m^3/t,采样点埋深仅56.1 m,说明瓦斯气体存在上逸现象。因此分析,在紧靠煤系地层的上覆$T_1f(T_1y)$地层中的断裂破碎带、封闭性较好的背斜核部均有可能成为瓦斯富集部位,也可能存在瓦斯突出问题。根据夹岩工程附廓前长隧洞地质条件,符合以上条件的、有可能存在瓦斯突出的长隧洞洞段主要有水打桥隧洞大方背斜、两路口隧洞鸡场背斜和余家寨隧洞。因此,在以上洞段隧洞施工中,也应加强瓦斯气体的监测工作,特别是断裂破碎带及封闭性较好的背斜核部。

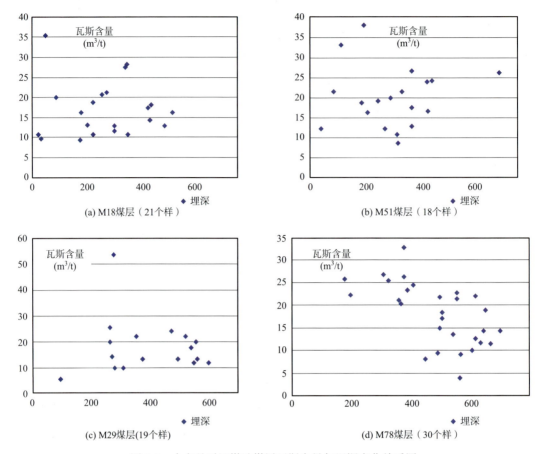

图 2-5　大方县对江煤矿煤层瓦斯含量与埋深变化关系图

经上述分析,夹岩工程隧洞主要有东关取水隧洞、水打桥隧洞进口段直接穿越煤系地层。根据煤矿的瓦斯含量实测数据,参照《煤矿安全规程》的相关规定,该两段隧洞存在煤层与瓦斯突出的安全风险。有可能存在瓦斯突出的长隧洞洞段主要有水打桥隧洞大方背斜、两路口隧洞鸡场背斜和余家寨隧洞洞段。上述洞段施工时还可能导通采空区老窑积水,存在突水的安全风险。

2.2.2　岩溶涌水及外水压力分析

深埋长隧洞分布于附廓水库之前,线路穿越乌蒙山脉段。因隧洞高程位于山盆期二期剥夷面(γ_2^2)附近,岩溶发育,隧洞将遇岩溶涌水、涌泥及围岩稳定等问题。因隧洞线除进、出口靠近岸坡段外基本位于地下水位以下,岩溶涌水问题突出。与深埋长隧洞有关的地下暗河主要有大坡地下暗河、狗吊岩地下暗河、小田坝地下暗河、水落洞地下暗河、以那田坝地下暗河、鼠场地下暗河、牛落坝地下暗河、理化地下暗河管道等,以上地下暗河均分布高程位于隧洞线以上或隧洞线附近,隧洞穿越时将遇岩溶涌水、涌泥的可能性较大。

1. 猫场隧洞

猫场隧洞走向 S27°E 向,沿六冲河左岸斜坡布置,与六冲河相对水平距离 2.0~6.5 km。隧洞穿越区地貌为峰丛洼地岩溶地貌,地表海拔高程在 1 350~1 740 m,隧洞长约 15.5 km,埋深 50~445 m,进口底板高程 1 290 m,纵坡比降 1/2 500。总干渠猫场隧洞整体位于六冲河与白甫河地表分水岭南侧斜坡地带,阶地不发育,冲沟发育,冲沟多为树枝状,沟内常年无水。

猫场隧洞横穿宽缓的维新背斜,背斜总体轴向北东,中部迁就东西、南北向构造,东拐北折,平面呈"S"形展布,背斜核部出露地层为二叠系中统栖霞组灰岩、燧石灰岩,两翼为茅口组灰岩,两翼较为对称,岩层倾角5°~15°,南端隐伏于马场东西向断裂构造带中。根据地质测绘,总干渠猫场隧洞无较大的断裂构造,裂隙主要发育有三组,走向N70°E、N10°W和N60°W的三组陡倾角裂隙,多控制地表冲沟的发育方向。地质剖面如图2-6所示。

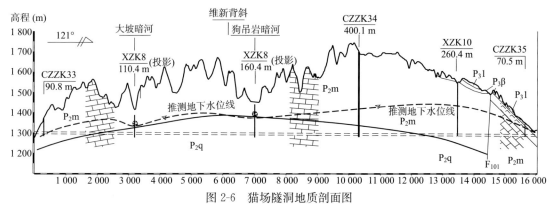

图2-6 猫场隧洞地质剖面图

据岩溶水文地质调查测绘,猫场隧洞除穿越大坡暗河系统和狗吊岩暗河系统,如图2-7和图2-8所示。大坡暗河系统主暗河管道长约6.0 km,总体发育方向为NNE东,进口位于马驼子煤矿附近,高程1 680 m,出口位于六冲河左岸岸边三级阶地附近,高程1 260 m,高于河床约75 m,为高挂岩溶泉水,地下水纵坡比降靠近六冲河较缓,远离河床随地形的抬升迅速升高。根据线路水文观测孔资料,XZK8孔长期稳定水位在1 340~1 341 m,暗河出口至XZK8钻孔之间地下水比降,XZK8钻孔至入伏点之间比降4.1%,XZK8钻孔以上地下水比降增为8%以上。大坡暗河系统总汇水面积约12.4 km²,出口流量据现场流量估算约80~100 L/s(2012年9月),相应地下水径流模数6.5~8.1 L/(s·km²)。

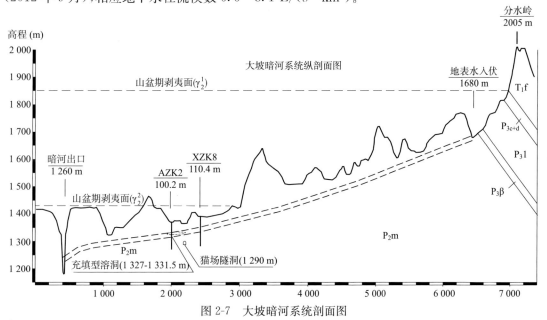

图2-7 大坡暗河系统剖面图

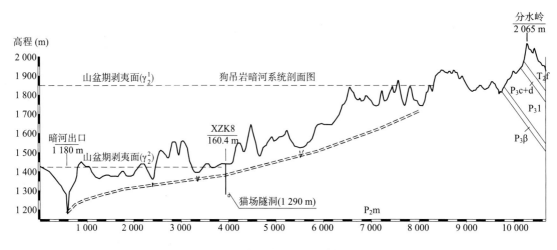

图 2-8 狗吊岩暗河系统剖面图

狗吊岩暗河系统暗河管道长约 7.4 km，总体发育方向为 NNE 东，主管道沿维新背斜核部发育，地表可见串珠状落水洞及岩溶洼地，主管道两侧溶蚀冲沟发育，特别是沿向斜两翼次生的 N70°E 和 N10°W 两组共轭剪节理面发育的溶蚀冲沟极为发育，形成树枝状的地表水系。暗河系统出口位于六冲河左岸河边，出口高程 1 180 m，地下水纵坡比降靠近六冲河较陡，至三级阶地（1 270 m）高程后地下水纵坡比降变缓。根据线路水文观测孔资料，XZK9 孔长期稳定水位在 1 321 m 附近，水位汛期、枯季相差 1.5 m，三级阶地（1 270 m）高程至 XZK9 钻孔之间地下水比降约为 3.8%。狗吊岩暗河系统总汇水面积约 38.1 km², 出口流量据现场流量估算约 250～300 L/s（2012 年 9 月），相应地下水径流模数 6.5～7.8 L/(s·km²)。

经上述分析，猫场隧洞出露地层为 P_2q+m 灰岩，岩溶发育，猫场隧洞分别为隧洞穿越大坡暗河管道和狗吊岩暗河管道段，两段总长约为 1 600 m，雨季涌水量为 0.26 m³/s 和 0.80 m³/s，最大涌水量为 0.87 m³/s 和 2.67 m³/s，涌水量较大。由于岩溶发育的复杂性，隧洞施工中，出现地下水量、位置等变化难以避免，易发生涌水、涌泥风险。

2. 水打桥隧洞

水打桥隧洞总体走向近东西向，沿六冲河左岸斜坡布置，穿越区地貌为峰丛洼地岩溶地貌，地表海拔高程在 1 400～1 850 m，隧洞长约 19.9 km，埋深 50～445 m。隧洞沿线出露地层除进口段有 1.6 km 的二叠系煤系地层外，其余均为三迭系下统飞仙关组（T_1f）和永宁镇组（T_1yn）地层，飞仙关组（T_1f）地层在落脚河向斜西翼 T_1f 灰岩成分增多，相变为 T_1y^2 灰岩。

隧洞横穿落脚河向斜和大方背斜，两褶皱总体走向北东向，延伸长度 20～35 km，北部宽缓，南部紧密，交于东西向的马场断裂带上。隧洞线在南部横跨两褶皱，交角 70°～85°。隧洞线穿越的断裂构造主要有 F_{103}、F_{104}、F_{105}、F_{106}、F_{110}、F_{111}，其中 F_{103}、F_{104}、F_{105}、F_{110}、F_{111} 断层走向北东向，以 F_{103} 为主断层，迭瓦式地垒抬升，断层北端撒开，南端交于马场东西向断裂构造带上。隧洞穿越地层及构造如图 2-9 和图 2-10 所示。

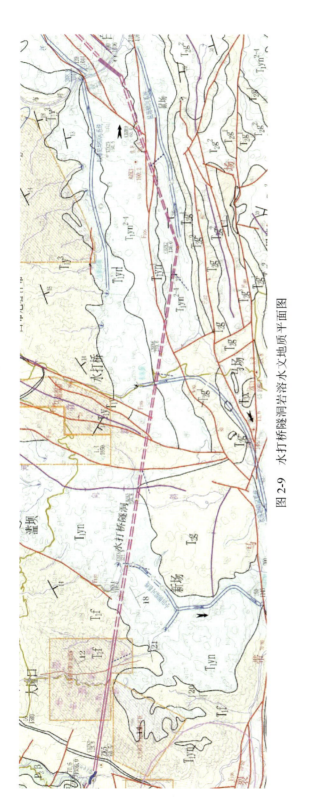

图 2-9 水打桥隧洞岩溶水文地质平面图

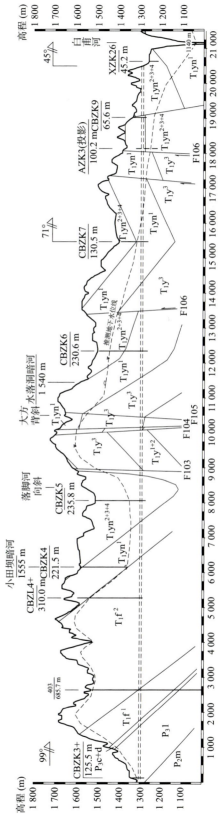

图 2-10 水打桥隧洞地质剖面图

据岩溶水文地质测绘,水打桥隧洞洞身段沿线需穿越小田坝地下暗河、水落洞地下暗河,出口段在以那田坝暗河和鼠场暗河之间穿行。整个隧洞线可溶性碳酸盐岩分布段长10.78 km,占总长的54%。隧洞大部分位于地下水位以下,存在岩溶涌水风险,涌水量较集中于北干6+283~7+293段,为隧洞穿越小田坝暗河管道,该段长约为1 010 m,预测最大涌水量分别为2.54 m³/s。

3. 长石板隧洞

长石板隧洞总体走向N30°E,为横跨白甫河与木白河之间条带状山脊,山脊宽15~25 km,隧洞穿越段地表高程在1 320~1 480 m,穿越区地貌为峰丛洼地、峰丛谷地岩溶地貌,隧洞长约15.5 km,埋深50~210 m,进口底板高程1 280 m,纵坡比降1/2500。受白甫河及木白河下切作用,大娄山期剥夷面和山盆一期(γ_2^3)剥夷面已消失殆尽,但山盆二期(γ_2^2)剥夷面保存较为完整,高程大致在1 330~1 360 m,分布有牛落坝、金鸡、理化等溶蚀谷地,谷地中多蜿蜒发育有溪流,至谷地边缘多转为伏流。

隧洞沿线出露地层为三迭系下统永宁镇组(T_1yn)和中统关岭组(T_2g)地层,岩性以灰岩、白云质灰岩为主,夹少量泥灰岩、泥质白云岩及泥岩。隧洞线斜穿牛落坝向斜和王家寨背斜,断裂构造主要有F_{112}断层。

据岩溶水文地质测绘,长石板隧洞进口段位于牛落坝暗河出口附近,洞身段需穿越理化地下暗河。牛落坝地下暗河进口位于隧洞北部水坝一带,地表河流集中补给,补给高程1 400 m,在水坝入伏,经700 m的伏流段进入K_{450}盲谷,经360 m明流后再次入伏,至白布河右岸1 044 m高程出露,出口流量约150 L/s,管道长约8.3 km,比降3.6%。该暗河总体走向北东向,顺F_{110}断裂发育,发育于T_1yn¹灰岩中;理化地下暗河发育于隧洞中部理化一带,地表为溶蚀洼地补给,出口位于木白河乌溪大桥方右岸坡,高程1 190 m,流量约150 L/s,管道长约4.3 km,比降约2.5~3%,发育于T_1yn¹灰岩中。

长石板隧洞岩溶水文地质情况如图2-11和图2-12所示。

经上述分析,长石板隧洞穿越区地貌为峰丛洼地、峰丛谷地岩溶地貌,出露地层全为可溶性碳酸盐岩,据岩溶水文地质测绘,长石板进口段位于牛落坝地下暗河出口附近,洞身段沿线需穿越理化地下暗河,隧洞施工中存在岩溶涌水问题。涌水量较集中于北干30+475~34+742段,为隧洞穿越理化暗河管道,该段长约为2 267 m,预测枯季涌水量0.16 m³/s,汛期涌水量0.49 m³/s,汛期最大涌水量1.64 m³/s,约占整个隧洞涌水量56%。

4. 两路口隧洞、余家寨隧洞

两路口隧洞和余家寨隧洞,分别跨越木白河与凹水河、凹水河与黔西附廓水库之间带状山脊。其中两路口隧洞总体走向N30°E,隧洞长约9.8 km,埋深50~240 m,进口底板高程1 280 m,纵坡比降1/2 500;余家寨隧洞总体走向N14°E,隧洞长15.5 km,埋深50~210 m,进口底板高程1 380 m,出口底板高程1 273.8 m。

隧洞线沿线出露地层为三迭系下统永宁镇组(T_1yn)和中统关岭组(T_2g)地层,岩性以灰岩、白云质灰岩为主,夹少量泥灰岩、泥质白云岩及泥岩,各段出露地层及岩性如图2-13所示。

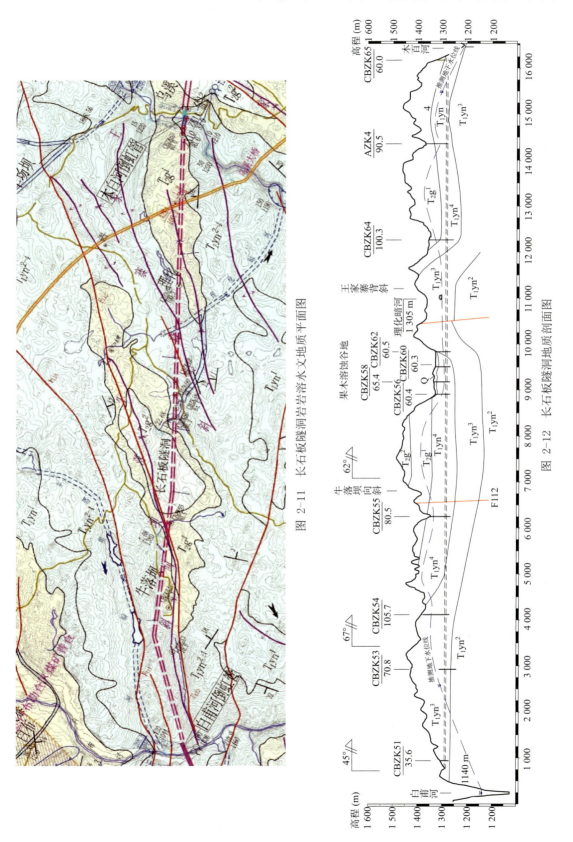

图 2-11 长石板隧洞岩溶水文地质平面图

图 2-12 长石板隧洞地质剖面图

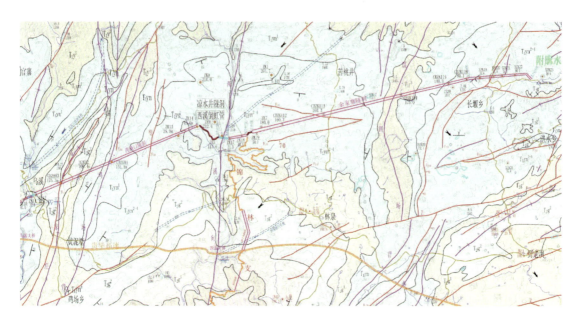

图 2-13 两路口隧洞、余家寨隧洞岩溶水文地质平面图

主构造线为北东向,与输水线路小角度相交,沿线穿越的褶皱主要有高家庄向斜、鸡场背斜、西溪向斜和煤洞坡背斜,其中高家庄向斜、鸡场背斜为尖棱状紧密褶皱,两翼岩层倾角 20°～38°,西溪向斜和煤洞坡背斜和宽缓褶皱,两翼岩层倾角 6°～15°。与之共生的断裂结构面主要有北东向压扭性结构面和北西向的张性结构面。根据地质测绘,沿线穿越的断裂构造主要有 F_{113}、F_{115}、F_{117} 断裂,其中 F_{113}、F_{115} 平行高家庄向斜和鸡场背斜发育,为压扭性结构面,延展长度 3～8 km,断距 30～80 m,断层破碎带一般宽 3～20 m;F_{117} 走向近东西向,为张性结构面,延展长度约 5 km,断距 5～20 m,断层破碎带一般宽 3～10 m。

据岩溶水文地质测绘,穿越区地貌为峰丛谷地和峰林谷地岩溶地貌,地表岩溶洼地、溶蚀谷地发育,岩溶洼地、谷地多发育在 1 360～1 420 m。地表水系不发育,无大型地下暗河及岩溶管道发育。隧洞穿越区地貌为峰丛洼地、峰丛谷地岩溶地貌,出露地层全为可溶性碳酸盐岩。

隧洞岩溶水文地质情况如图 2-14 和图 2-15 所示。

经分析,隧洞处于地下水位以下,施工中存在岩溶涌水问题。

2.2.3 隧洞围岩稳定分析

1. 地应力分布及岩爆问题

根据区域地震大震和小震震源机制解 P 轴方向和贵州实测的地应力情况(图 2-16),贵州新构造应力场主压应力方向总体为北西向至东西向,实测地应力相对较少,仅乌江洪家渡电站、思林电站、南盘江天生桥电站进行地应力测量。实测最大主应力方向为北西(南东)向至东西向,应力值在 16.0～24.5 MPa 之间,倾角 2°～36°,以水平构造应力为主。

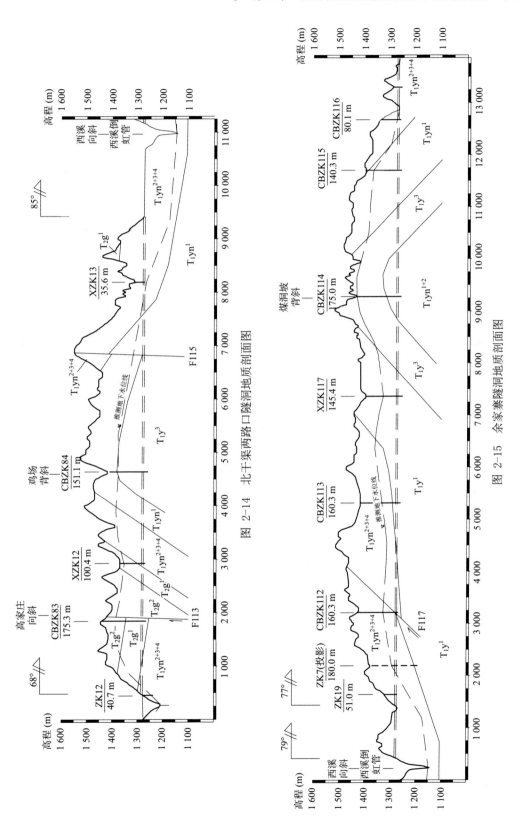

图 2-14 北干渠两路口隧洞地质剖面图

图 2-15 余家寨隧洞地质剖面图

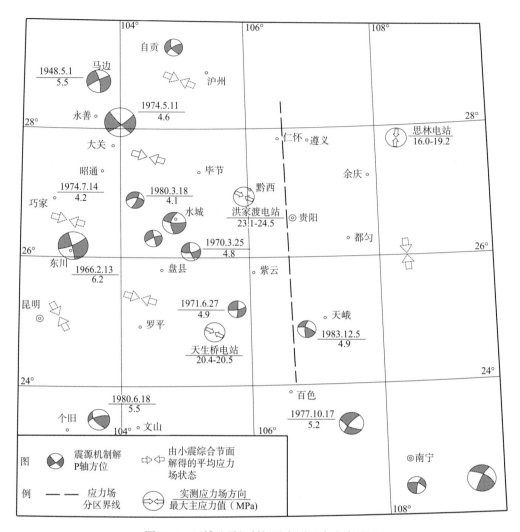

图 2-16 区域地震机制解及实测地应力成果图

为进一步复核工程区地应力情况,勘察阶段对隧洞埋深较大的猫场隧洞、水打桥隧洞洞身段钻孔采取水压致裂法进行原地应力测量,测量结果见表 2-7。

表 2-7 隧洞洞身段钻孔原地应力测量结果

隧洞名称及钻孔编号	测段深度(m)	压裂参数(MPa)					应力值(MPa)			备注
		P_b	P_r	P_s	P_0	T_{hf}	σ_H	σ_h	σ_v	
猫场隧洞 CZZK34	378.00~400.07	8.86	8.39	4.59	0.00	0.47	5.38	4.59	9.91	
水打桥隧洞 CBZK3	301.67~304.01	6.60	5.84	3.55	0.00	0.76	4.05	3.55	7.72	

注:P_b—岩石破裂压力;P_r—裂缝重张压力;P_s—瞬时闭合压力;P_0—岩石孔隙压力;T_{hf}—岩体抗张强度;σ_H—最大水平主应力;σ_h—最小水平主应力;σ_v—垂直向应力。

从表 2-7 分析,猫场隧洞、水打桥隧洞最大水平主应力值 4.1~5.4 MPa,垂直应力 7.7~9.9 MPa,基本为自重应力场形成的应力值,分析原因为隧洞穿越地块受猴场冲沟、猫场槽谷和白甫河切割,形成河间地块,在河间地块切割高程面以上,构造应力易于释放,且隧洞分布远高于最低切割面,加上隧洞下部一般存在P_3l煤系地层,存在泥岩、煤层等较软地层,对区域应力的释放起一定的作用,因此,夹岩工程隧洞区应力场以自重应力场为主。而紧邻工程区附近的乌江洪家渡电站厂区左岸6号平洞内的测试成果,其最大主应力方向为N60°W～N68°W,应力值23.1～24.5 MPa,其应力值偏高,与其测试点位于峡谷岸边的应力增高区(驼峰效应)有关,测试成果仅具参考意义。

经分析,夹岩工程长大隧洞主要位于附廓水库前,最大埋深442 m,而隧洞围岩饱和抗压强度多在40～90 MPa,岩石强度应力比R_b/σ_m大于4,根据GB 50487—2008附录Q中的岩爆分级及判别,无产生中等岩爆的可能,仅局部可能产生轻微岩爆(Ⅰ级)风险。

2. 岩溶不良地质体围岩稳定问题

输水线路长大隧洞主要分布于附廓水库之前。隧洞围岩以可溶性的碳酸盐岩为主,岩溶发育。隧洞沿线需穿越大小不一的地下岩溶管道,主要有大坡地下暗河、狗吊岩地下暗河、北小田坝地下暗河、水落洞地下暗河、以那田坝地下暗河、鼠场地下暗河、牛落坝地下暗河、理化地下暗河管道等。隧洞穿越段遇岩溶洞穴、溶蚀裂隙及溶蚀破碎带等不良地质体段的可能性大,穿越段洞室围岩极不稳定,围岩类别属Ⅴ类,且存在岩溶涌水、涌泥问题。

3. 遇断裂带围岩稳定问题

工程输水隧洞长,沿线需穿越大小不一的区域性断层及断裂带。根据隧洞布置,主要的穿越的断裂构造有水打桥隧洞的F_{102}、F_{103}、F_{104}、F_{105}、F_{106},长石板隧洞F_{112},两路口隧洞F_{113}、F_{114}、F_{115},余家寨隧洞F_{117}等断裂。隧洞穿越断裂带隧洞围岩岩体破碎,在地下水作用下,围岩类别为Ⅴ类,围岩极不稳定,易发生掉块,渗漏水问题。

4. 软质岩隧洞围岩塑性变形问题

围岩的塑性变形与岩体强度、结构特征、初始应力状态及地下水活动特征等因素有关。一般情况下岩体单轴饱和抗压强度R_c小于30 MPa、岩体结构完整性差、强度应力比小于2和地下水活动强烈的地段易发生围岩塑性变形。根据工程输水线路沿线隧洞围岩的工程地质条件,围岩塑性变形可能发生的地层主要为三迭系上统P_3l煤系地层,特别是P_3l地层中的泥岩及煤层,岩体强度较低,围岩强度应力比R_b/σ_m远小于2,存在围岩塑性变形的可能。隧洞围岩洞顶及两侧壁洞室稳定性差,围岩多属Ⅳ～Ⅴ类围岩,易发生掉块等问题。

2.2.4 地下水腐蚀性分析

根据灌区分布的地层岩性,结合贵州已有的工程实例,可能产生地下水腐蚀性的地层有二叠系上统龙潭组(P_3l)煤系地层和三迭系中统关岭组第一段(T_2g^1)底部地层。工程勘察对上述地层地表水样和钻孔水样进行水质分析,共计水样26件,其中煤系地层和关岭组(T_2g^1)底部地层各13件。从水质分析结果,仅煤系地层中有3件存在硫酸盐型腐蚀性,地下水类型[S]CaⅡ,为硫酸盐钙质水,3组水样分别位于东关取水隧洞洞身段地表冲沟水、猫场隧洞出口猫场煤矿排放水和金遵干渠核桃湾倒虹管地表冲沟水,水样中SO_4^{2-}含量分别为337.4 mg/L、1 128.9 mg/L和632.8 mg/L,为弱至强腐蚀性,需采取抗硫酸盐水泥。

根据位于三迭系中统关岭组第一段(T_2g^1)地层的13件地表水样及钻孔水样分析结果,未发现对混凝土有硫酸盐腐蚀性,鉴于贵州在上述地层存在硫酸盐腐蚀性的实例,建议隧洞施工过程中,对上述地层地下水水质进行复核。

2.2.5 隧洞施工对环境影响分析

隧洞施工对环境的影响主要有洞内废水排放可能造成水环境污染问题和地质环境问题。

洞内废水排放可能造成水环境污染问题主要为深埋长隧洞本身开挖及衬砌等作业导致洞内积水和洞内岩溶渗漏水经洞内抽排污染后排放可能对周边水系的污染。

隧洞施工引发的地质环境问题主要有两种,一种为隧洞施工中的抽排水和建成运行期部分改变了隧洞区水文地质条件,因地下水位下降形成降落低槽带,可能引发岩溶塌陷,地表水体漏失,水井、水田干涸等水文地质问题;另一种是隧洞施工扰动,可能会引发地面的房屋、公路及其他构筑物的开裂、变形等工程地质问题。

针对第一种问题,主要以附廓水库前深埋长隧洞为主,猫场隧洞、水打桥隧洞、长石板隧洞、两路口隧洞和余家寨隧洞均不同程度穿越地下暗河管道和山盆期溶蚀盆地,隧洞涌水量较大,隧洞的施工抽排水对当地地表及地下水系影响较大。

针对第二种情况,多出现于埋深较浅的洞段,主要有东关取水隧洞出口、北干渠长石板隧洞部分洞段以及附廓水库后部分隧洞,均不同程度穿越村寨,穿越处隧洞埋深30~80 m,易发生冒顶等。

2.3 深埋长隧洞地质危害建管对策

思路决定出路,针对夹岩工程深埋长隧洞面临的煤层瓦斯、穿越暗河、高地下水位岩溶涌水涌泥等工程建设风险的情况下,建设单位高度重视对上述工程建设难点的管控,在项目推进的同时,明确思路,提前策划,提出相关问题处理要求,保障了工程建设顺利推进。

2.3.1 总体管控思路

工程建设中,建设单位提出"补充勘察有预判、方案优化提成效、超前预报降风险,安全监测防事故"的管理总体管控方针。对待安全风险高,技术复杂难度大,投资费用多的地质危害段优先采取输水线路绕行的技术处理原则。

1. 补充勘察有预判

在项目初步设计勘察的基础上,要求勘察设计单位进一步结合既有地质资料针对高风险隧洞开展补充勘察工作,从区域地质到具体部位,从工程地质到水文地质深入勘察,准确全面预判区域地质构造情况及水文地质具体情况。为设计方案和施工方案的制定提供准确的依据和保障。

针对煤系地层段,要求设计单位通过补充勘察从地层岩性、地质构造、煤矿空间分布等情况,全面勘察和分析掌握煤层分布、煤层特性、隧洞穿越具体部位、瓦斯含量、对瓦斯危害程度及瓦突风险评估,分析对隧洞施工期和运行期的影响。

针对岩溶暗河、管道等岩溶地质问题,要求设计单位采取地质钻孔、地表调查、连通试验等对岩溶地质问题补充勘察,重点对大坡暗河、狗吊岩暗河系统,小田坝、水落洞、以那田坝、鼠场、牛落坝、理化等地下暗河进行全面梳理和补充勘察。从地质构造,地层岩性分析暗河形成机理,分析地下岩溶管道走势。复核暗河出入口,地上、地下集水面积,岩性,空间位置,流量;查明相邻暗河的关联,水源来源、流速,分析岩溶管道及暗河地下分水岭;确定地下集水面积,分析地表与地下差异,水量预测(枯期、汛期)。分析暗河汛枯期径流特点,提出降雨—径流—流量的关联关系;分析暗河系统对施工及运行期的影响,并提出应对措施。

2. 方案优化提成效

要求设计单位结合勘察成果及对深埋长隧洞的补充勘察结果,对不良地质情况提出应对针对性措施和要求。方案先行,对重点问题处治方案要求参建各方提前编制,组织专题会议、专家评审或开展咨询对方案进行评审,保障设计方案的合理性;在施工阶段结合实际揭露地质情况,及时优化设计及施工方案,进一步提高方案可行性、准确性。

3. 超前预报降风险

工程深埋长隧洞施工条件差、工程地质复杂、施工安全突出,开展超前地质预报对于工程安全和正常推进十分必要。要求设计单位根据前期勘察成果,提出系统的超前地质预报方案,方案需结合各隧洞的工程地质和水文地质条件,预报的范围和手段要具有针对性,同时对预报提交成果提出要求。采取超前地质预报手段服务和指导设计及施工,探明对隧洞前方地质情况,岩溶空间位置及分析危害程度。

4. 安全监测防事故

要求加强建设过程跟踪,及时收集工程进展及处理情况,对深埋长隧洞等地质问题采取安全监测实时监控工程治理情况,及时反馈监测结果,确保工程安全。

施工阶段在各类复杂地质问题处理中,形成试验段总结、阶段总结等机制,对发现的问题及时进行方案优化调整。对处治过程查漏补缺。

2.3.2 主要风险处治技术对策

1. 煤系地层段瓦斯及有害气体防治

煤与瓦斯隧洞施工安全风险大,治理投资大,技术复杂。针对有煤与瓦斯突出的情况,源头优先采取优化线路绕行安全通过原则,在不具备条件情况下处治技术要求按照如下基本思路进行。

(1)隧洞直接穿越煤系地层,如东关取水隧洞、水打桥隧洞进口段等。根据煤矿的瓦斯含量实测数据,参照《煤矿安全规程》的相关规定,存在煤层与瓦斯突出的安全风险。需有针对性地建立瓦斯抽、排系统,采取防爆改装,隧洞按照瓦突隧洞强化安全管理。

(2)瓦斯隧洞施工时可能导通采空区老窑积水,存在突水的可能,应充分重视,做好探水及防、治水方案和应急预案。

(3)瓦斯隧洞的瓦斯鉴定、监测要求委托专业机构进行。

(4)设计单位应与有煤矿相关资质设计单位结合,弥补专业短板,提出开挖及衬砌专题设计方案,施工期隧洞瓦斯应采取抽排封堵结合,隧洞永久衬砌需重视止水、分缝的气密性和腐蚀性。

(5)采取超前地质预报,提前判别前方煤层发展及瓦斯情况,指导方案优化。

(6)设计单位需提出煤系地层输水隧洞保护范围,建设单位报送当地政府批准。

2. 岩溶涌水及高外水压力问题处治

岩溶涌水及高外水压力下隧洞施工及运行期安全风险大,治理投资大,技术复杂。特别是暗河和岩溶管道,源头优先采取优化线路绕行,绕开岩溶暗河主通道,避免大涌水,安全通过原则,在不具备条件情况下处治技术要求按照如下基本思路进行。

(1)针对可能击穿暗河管道的最不利情况,因涌水量较大,要求设计单位需对该段进行重点排水设计,提前拟定处理预案,引排为主,恢复原有通道,在尽可能的情况下,尽量不改变地下水,特别是岩溶管道水的径流或渗流途径,保持地下水的原始循环与贮存状态的疏导方法,从而减少地下水的工程性流失,保证施工和环境安全。

(2)对涌水量较为集中的富水破碎带、溶蚀带,外水压力一般位于0.3~0.6MPa,以堵为主,必要时采用超前钻探灌浆处理封堵,既能达到防水堵水目的,亦能改善围岩的力学性能;经过上述处理后仍有少量渗水,给予限量排放措施。

(3)加强地质超前预报,加强超前地质预报及掌子面钻探探水等方法,以有效地预测预防涌水涌泥等事故的发生。

(4)在暗河集水区域设置水情预报系统,进行预报,及时预测暗河水情变化,指导施工。

(5)分析地下水位外水压力情况,指导永久衬砌结构设计,同时根据外水水质及水压,高水位外水压力,且地表无饮用水源连通的情况可考虑洞内排水进入隧洞,降低高地下水位,改善隧洞衬砌受力条件,确保工程安全。

3. 隧洞围岩稳定问题

(1)地应力分布及岩爆问题

经分析,工程深埋长隧洞最大埋深442m,隧洞围岩饱和抗压强度多在40~90MPa,根据岩爆分级及判别,无产生中等岩爆的可能,仅局部可能产生轻微岩爆(Ⅰ级),对施工影响较小。处理思路为针对潜在岩爆洞段,加强一期支护设计,并要求及时跟进一期支护。

(2)遇岩溶不良地质体围岩稳定问题

隧洞穿越段遇岩溶洞穴、溶蚀裂隙及溶蚀破碎带等不良地质体段的可能性大,围岩类别属Ⅴ类,穿越段洞室围岩极不稳定。处理思路如下:

1)加强一期支护设计,并紧跟支护、钢支撑、钢筋混凝土衬砌等处理措施。

2)因岩溶发育的不均匀性及随机性,为防止涌水、涌泥现象,对揭露的溶洞、溶穴及时封闭处理,加强排水措施,对涌水量大洞段尽量避免汛期雨季施工。

3)必要时采取超前支护及超前灌浆固结。

4)施工阶段需加强地质超前预报工作。

(3)遇断裂带围岩稳定问题

穿越断裂带,隧洞围岩岩体破碎,在地下水作用下,围岩极不稳定,围岩类别为Ⅴ类。必要时采取超前支护及超前灌浆固结、钢支撑、钢筋混凝土衬砌处理。施工阶段,重点对断裂带加强超前地质预报工作。

(4)软质岩隧洞围岩塑性变形问题

隧洞围岩洞顶及两侧壁洞室稳定性差,围岩多属Ⅳ~Ⅴ类围岩,采取短进尺、弱爆破、强支护,必要时采取超前灌浆固结,并增加安全监测等。

4. 喀斯特强岩溶地下水腐蚀性危害处治

从水质分析结果,仅煤系地层中洞段存在硫酸盐型腐蚀性,对衬砌混凝土有硫酸盐腐蚀性,影响结构运行安全及输水水质安全。采取衬砌混凝土添加抗腐蚀性外加剂,保障工程运行期混凝土使用寿命,确保结构安全,同时对分缝止水材料提出抗腐蚀性要求,确保缝面密封性的同时保障止水材料安全。增加隧洞固结灌浆,形成固结止水圈,进一步保障结构安全。

5. 隧洞施工引发的地质环境危害处治

为维护当地自然生态,做好环保水保工作,治理思路如下:

(1)洞内废水排放造成水环境污染问题

要求设计单位开展环保水保专题设计,对隧洞废水治理采取洞口修"预沉池＋絮凝沉淀池＋污泥池"涌水处理系统,并添加絮(助)凝剂,确保排放达标。

(2)地质环境问题。

结合国内外隧洞施工和地下水处理的有关经验,隧洞地下水处理遵循"一疏、二堵、三排"因地制宜、综合治理的原则。隧洞地下水处理尽量以"疏"和"堵"为主,尽量保持地下水的原始渗径,从而减少地下水的工程性流失。对揭露的暗河管道以"疏"为主,对开挖后洞壁渗涌水或经超前钻探探明以及已经涌出工作面的大量地下水,大量溶隙(洞)充填物,富水的松散破碎带等宜采用反压灌浆方法封堵,既能达到防水堵水目的,亦能改善围岩的力学性能;对于上述方法处理后仍有少量的渗水现象,给予限量排放的措施。

浅埋段,为防止冒顶和地表塌陷造成地质环境影响,穿越段采用短进尺、弱爆破、强支护施工方案,必要时调整线路绕行或采取灌浆固结加固,防止地表塌陷,使隧洞施工对沿线地质环境的影响降低至最小。

2.3.3 施工组织保障对策

鉴于深埋长隧洞岩溶地质复杂,涌水、涌泥情况潜在风险较大,且有部分隧洞穿越煤系地层,施工安全风险极高。且隧洞较长,从施工安全和施工进度考虑优化施工组织,主要有施工电源保障、支洞优化等。

1. 施工电源保障

深埋长隧洞施工用电较为分散,集中于主洞和支洞洞口。隧洞施工涉及施工通风、开挖用风、抽排水、照明、斜井提升设备、衬砌设备等用电设备,用电负荷大,对电源稳定要求高。

为确保电源稳定及大负荷设备正常运行,保障洞内施工安全,将施工用电建设单独招标实施,源头把控工程概算的同时提高对施工单位用电源头质量。

采取将变电站及线路的运行维护统一招标,集中管理。选用专业人做专业事,建设单位委托电力行业专业运行维护公司负责对项目全过程的管理工作和运行维护。

2. 隧洞支洞优化

初步设计中,深埋长隧洞支洞多为斜井,在施工阶段,结合地形地质情况,适时组织参建各方对具备条件的斜井优化为平洞,避免斜井工效底、安全风险大、洞内人员应急撤离慢的缺点,提高岩溶及穿越煤层不良地质洞段施工应急保障,降低安全风险。

3. 隧洞进出口优化

对隧洞进出口采取"早进洞、晚出洞"的设计原则。避免大开挖,保障边坡稳定,降低工程投资及生态环境影响。

2.4 本章小结

夹岩工程深埋长隧洞因其特殊的地质条件,存在着煤系地层、岩溶涌水、岩溶地基、软质基岩等地质危害。通过结合深埋长隧洞区域工程地质及水文地质对煤系地层不良地质段及采空区变形影响、岩溶涌水及外水压力、隧洞围岩稳定、地下水腐蚀性、施工引发的环境问题等方面进行危害性分析,结合实际提出建设单位管控思路及处治技术基本对策,为施工阶段设计及施工提供指导,并在过程中注重设计方案和施工方案的优化,有力保障了方案的合理性、针对性。对施工阶段处理各类问题提高成效,降低工程建设安全风险,保障工程建设顺利推进。

第3章 深埋长隧洞施工组织优化

夹岩工程地处贵州山区，不可避免穿越山脉，因工程需要设置多条深埋长隧洞。隧洞工程投资巨大，受国民经济发展制约程度大；隧洞方案的可行性和经济效益很大程度上取决于施工技术的发展水平。深埋长隧洞施工组织的可行性直接影响工程的进度和实施效果。深埋长隧洞的施工组织管理一直受人们的关注。夹岩工程输配水区深埋长隧洞工程结合工程实际情况，施工组织方面在标段的设置、隧洞线路、隧洞支洞及进出口优化方面取得了较好的效果。

3.1 招标标段设置

标段的合理划分设置不仅有利于标段招标和工程建设，还能均衡工程建设的难度，保障工程建设均衡推进。工程建设中因标段的划分设置不合理，导致流标、施工进度、施工难度不均衡等一系列问题，致使工程进度目标、投资目标、安全目标无法完全实现，标段的设置对深埋长隧洞工程建设的影响更加直接和显著。夹岩工程深埋长隧洞工程自项目可研阶段就高度重视标段的设置，突破性的按合理均衡造价，均衡潜在技术难点风险、结合工程结构独立性的原则进行标段的设置，创造了半年陆续完成招标入场、连续2年超额完成建设计划的成绩。

3.1.1 标段划分原则

工程总体按照合理均衡造价，均衡潜在技术难点风险，结合工程结构独立性的原则，进行分析并确定分标方案。

（1）合理均衡造价、确保承包商实力：根据水利水电行业施工承包商经营趋势，有实力承包商对小项目势必会不够重视，各类资源投入及管理力度势必会削弱，故会影响项目实施质量。总体按照工程预算2亿至4亿左右，为一个标段进行控制。

（2）把握技术关键、均衡潜在难点风险：结合工程难点分析，在标段划分中使各标段范围内预判的潜在难点等风险均衡，如遇穿煤层瓦斯、暗河、岩溶等不良地质处理难点等风险，确保各标段承担风险相对均衡，确保进度统一。

（3）结合工程结构独立性：在做好合理均衡造价、均衡潜在技术难点风险兼顾工程独立性，尽量保证单个隧洞纳入一个标段，但同时对较长隧洞进行合理分界，形成相连标段比、学、赶、超的施工环境，保证施工进度。

3.1.2 标段划分情况

根据划分原则，结合夹岩工程深埋长隧洞布置及特点、难点情况。灌区骨干输水工程附廓水库前深埋长隧洞共计6条划分为7个标段实施，见表3-1。

表 3-1　深埋长隧洞标段划分表

标段名称	合同内容	合同金额(亿元)	备注
总干1标	东关取水隧洞、猫场隧洞0+000～5+000	2.10	
总干2标	猫场隧洞5+000～15+696	2.60	
北干1标	水打桥隧洞0+000～10+300	2.95	
北干2标	水打桥隧洞10+300～20+360	2.83	
北干4标	长石板隧洞	4.12	
北干5标	两路口隧洞	2.56	
北干6标	凉水井隧洞、余家寨隧洞、蔡家龙滩隧洞、高石坎隧洞	3.18	

3.1.3　相关建议

夹岩工程通过合理均衡标段造价的优化,成功引进强实力的承包商,参建单位均为大型央企。参建单位技术及实力雄厚,抗风险能力强,确保了工程建设的顺利推进。结合夹岩工程建设的实际来看,在今后类似工程建设中,在标段设置时可结合工程结构的独立性和风险性,将招标预算金额增大,建议至少5亿以上,可增大潜在投标人的重视,足够吸引实力强的承包商参与投标;中标后,中标单位在建设中能对项目足够重视,对项目投入更加充足,派遣参加项目主要人员层次更高、经验更加丰富,确保管理水平及专业技术水平,更有利于工程建设。

3.2　隧洞线路和断面的优化

隧洞的线路和断面优化主要在初步设计阶段(以下简称初设阶段)进行,通过现场详细勘测以及对比可研成果,结合地质情况和线路周边地理、人群分布、施工经济性等情况进一步的优化调整。

3.2.1　隧洞线路优化

初设阶段在可研成果的基础上进行分析与研究,对隧洞线位进行优化,主要从以下几个方面优化:

(1)避开矿权地带,减少压矿赔偿金额。

(2)避开村寨和人口密集区,减少沿途房屋搬迁和移民安置,减少施工时与村寨之间的干扰。

(3)避开不良地质地形段,避开高风险段。

(4)因地制宜,合理分配水头,以明渠、渡槽、隧洞、倒虹管等建筑物相结合,发挥各自的优点,选择最佳组合,对隧洞长度、坡度、进出口位置进行优化。

(5)尽可能线短、顺直规整,以减小水位差和工程量,同时要能满足施工支洞的布置。

1. 总干渠隧洞线路优化

主要对总干渠的渡槽方案、倒虹管方案和隧洞方案等三个方案(对应不同的线路)作了比选,推荐工程难度小、移民占地少、工程投资省的隧洞方案。从夹岩水库左岸潘家岩脚冲沟取水,由西向东,经良子田煤矿以北,于东关中学东面冲沟内出露地表,再向东南方向经水井沟、尖山脚、波落嘎农场、壁脚寨、新虎场,于猫场东面冲沟的戚家桥位置穿出地表至总干渠分水闸,然后分南北干渠。

经进一步地勘工作,该线路的主要地质问题是隧洞遇岩溶洞室稳定、涌水、涌泥问题,围岩稳定以及煤系地层施工等问题,经工程处理措施后,能满足引水功能需求。

优化后,总干渠总长 19.02 km,共包括 2 座隧洞、1 座流量阀室、1 座渡槽和 1 座分水闸;2 条隧洞总长 18.804 km,流量控制室段长 86.7 m,渡槽总长 0.111 km,分水闸长 0.105 km。

2. 北干渠(附廓前)线路优化

北干渠(附廓前)输水线路整体走向近东西向,起止地点为大方县猫场镇→附廓水库,所处位置为乌蒙山脉北东支东延部位,线路以深埋隧洞为主,需跨越白甫河(也称白布河)、木白河(也称乌溪河)、凹水河(西溪河段)3 条南北向河流。跨河段建筑物为倒虹管。此 3 条河流均为洪家渡水库的支流,河谷深切,跨河建筑物规模宏大,跨河位置成为输水线路的控制点。同时,由于线路长 60 余公里,线路中段还受煤矿采空区塌陷和危岩崩塌体的分布范围控制,以及施工支洞的布置条件限制。

可研阶段北干渠(附廓前)的输水线路主要受以上 3 个跨河建筑物具体位置的控制,选择北线、南线两个方案经行比选。南、北线路地质条件也无大的差异,北线水文地质条件相对简单,但南线施工排水相对容易。从隧洞埋深和施工支洞的布置来看,南线施工条件相对较好。北线赵家寨隧洞施工困难,且北线压矿损失较大,总体来看南线投资比北线省 1.77 亿元,南线更优。所以综合压矿和施工难度因素,可行性研究阶段优化为南线方案。

本阶段对北干渠(附廓前)线路进行复核,经进一步地勘工作,该线路的主要地质问题是隧洞遇岩溶洞室稳定、涌水、涌泥问题和浅埋段围岩稳定和煤系地层施工问题,经工程处理措施后,能满足引水功能需求,北干渠(附廓前)线路的选择总体上与可研阶段一致。

综上,初设阶段北干渠(附廓前)线路布置:从猫场镇总干渠末端分水,经水打桥隧洞,跨过白甫河,向东进入长石板隧洞,再跨过木白河,进入两路口隧洞,经白马大坡渠道跨越西溪河,经凉水井、余家寨、蔡家龙潭、高石坎、史家槽进入附廓水库。

3.2.2 隧洞断面型式优化

通过对隧洞引水方式和围岩情况的复核,结合经济合理比较,对隧洞的断面型式以及开挖方式进行相应的优化,各隧洞的主要地质情况如下:

(1)东关取水隧洞大部分为飞仙关组泥岩、砂岩和粉砂岩,围岩条件整体较差,基本为Ⅳ、Ⅴ类围岩,只有出口段约 420 m 为灰岩;为有压隧洞,所以选择受力条件最好的圆形断面,采用钻爆法开挖。

(2)猫场隧洞穿越乌蒙山脉,长 15.70 km,最大埋深超过 400 m,大部分洞段地下水位在洞线以上 100~174 m 位置,属深埋长隧洞,较大的外水压力成为隧洞结构型式的关键控制因素。因城门洞形断面抗外水压力能力较差,则考虑马蹄形断面、圆形断面。比较结果,圆形断面相对经济合理,猫场隧洞采用圆形断面。过水断面的形状和尺寸沿程不变,猫场隧洞采用钻爆法开挖。

(3)水打桥隧洞、长石板隧洞、两路口隧洞、凉水井隧洞、余家寨隧洞、蔡家龙潭隧洞、高石坎隧洞等7座隧洞。其中,前5座隧洞为深埋长隧洞,后2座隧洞为一般浅埋短隧洞;长石板隧洞最大外水压力390m水头,可研阶段采用城门洞形,洞身钻设排水孔以消除强大的外水压力。

从环评角度考虑不允许地下水进入引水隧洞,附廓前的7座无压隧洞将不考虑打排水孔消除外水压力的设计方式。因城门洞形断面抗外水压力能力较差,则考虑马蹄形断面、圆形断面经行同精度比较。圆形断面相对经济合理,优化后北干渠(附廓前)的7座隧洞采用圆形断面。隧洞采用钻爆法施工。

3.3 深埋长隧洞施工斜井优化比选

隧洞工程是基本建设中常见的工程项目,为了减小施工难度,节约成本,缩短工期,通常在地形条件允许的情况下,选择适当的位置设置施工支洞。主洞工程一般是永久建筑物,是主体工程,因此在工程前期已纳入项目整体中加以详细讨论,一般主洞由设计单位确定。施工支洞不同,施工支洞一般为临时工程,支洞设置也具有灵活性,除支洞个数有一定灵活性外,各个支洞的支洞口位置及支洞轴线走向灵活性更大。由于支洞设置的灵活性及临时性,导致存在调整的可能性。引水隧洞多设置在地下水位线以下,设计的施工支洞多为斜井,支洞的位置优劣与工程施工安全、工程投资、工期、进度密切关系;因此在工程开工之前,有必要对支洞的选择再做进一步的优化,特别是支洞口位置和施工坡度的选择,从施工的角度再做详细的工作。

3.3.1 施工斜井总体布置情况

灌区骨干输水工程共有猫场隧洞、水打桥隧洞、长石板隧洞、两路口隧洞、余家寨隧洞6条深埋长隧洞,共规划21条施工支洞,其中施工斜井17条,最大坡度45.3%。施工斜井统计情况见表3-2。

表3-2 施工斜井统计表

隧洞名称	斜井名称	支洞长	斜井规模	斜井坡度	备注
猫场隧洞	1#施工支洞	400 m	门洞形,断面尺寸6.0 m×5.0 m	27.12%	已优化为平洞
猫场隧洞	2#施工支洞	680 m	城门洞形,断面尺寸6.0 m×5.0 m	22.17%	已优化为平洞
猫场隧洞	3#施工支洞	700 m	城门洞形,断面尺寸6.0 m×5.0 m	42.56%	已优化取消
猫场隧洞	4#施工支洞	670 m	城门洞形,断面尺寸6.0 m×5.0 m	29.11%	已优化为平洞
水打桥隧洞	1#施工支洞	604 m	城门洞形,断面尺寸6.0 m×5.0 m	36.3%	斜井
水打桥隧洞	2#施工支洞	698 m	城门洞形,断面尺寸6.0 m×5.0 m	33.1%	斜井
水打桥隧洞	3#施工支洞	704 m	城门洞形,断面尺寸6.0 m×5.0 m	35.4%	斜井
水打桥隧洞	4#施工支洞	445 m	城门洞形,断面尺寸6.0 m×5.0 m	40.96%	已优化为平洞
长石板隧洞	2#施工支洞	242 m	城门洞形,断面尺寸6.0 m×5.0 m	35.97%	已优化取消
长石板隧洞	3#施工支洞	378 m	城门洞形,断面尺寸6.0 m×5.0 m	22.64%	已优化为平洞

续上表

隧洞名称	斜井名称	支洞长	斜井规模	斜井坡度	备注
长石板隧洞	4#施工支洞	259 m	城门洞形,断面尺寸 6.0 m×5.0 m	22.83%	已优化为平洞
长石板隧洞	5#施工支洞	242 m	城门洞形,断面尺寸 6.0 m×5.0 m	23.4%	已优化为平洞
长石板隧洞	6#施工支洞	372 m	城门洞形,断面尺寸 6.0 m×5.0 m	27.05%	已优化为平洞
两路口隧洞	1#施工支洞	258 m	城门洞形,断面尺寸 6.0 m×5.0 m	39.2%	斜井
余家寨隧洞	1#施工支洞	482 m	城门洞形,断面尺寸 6.0 m×5.0 m	33.9%	斜井
余家寨隧洞	2#施工支洞	334 m	城门洞形,断面尺寸 6.0 m×5.0 m	39.7%	斜井
余家寨隧洞	3#施工支洞	316 m	城门洞形,断面尺寸 6.0 m×5.0 m	45.3%	斜井

3.3.2 斜井施工难点

大坡度斜井施工采用有轨运输,有轨运输安全风险较高,抵御突发性危险能力弱,抢险救援受限;洞外及主洞内采用无轨运输,无轨转有轨再转无轨运输工序繁琐,施工进度难以保证。

1. 安全管控方面

(1)深埋长隧洞多位于地下水位线以下,穿越典型的喀斯特地貌极度发育地区,深埋长隧洞轴线与地下暗河、落水洞、大型溶洞溶腔、岩溶管道和岩层裂隙等不良地质岩层纵横交错。由于地下岩溶发育的复杂性,施工过程中容易突发涌水、涌泥等事件,大坡度斜井施工遇此等突发事件时,人员、设备撤离困难,参建各方安全管控难度大,较平洞施工安全隐患大。

(2)受地形限制部分斜井支洞口设置在冲沟内,支洞口附近存在大型落水洞。贵州地区主汛期时间较长,极端恶劣天气及大暴雨多发。附近地区雨水汇集至冲沟内,易从斜井倒灌入主洞内;同时汛期为洞内抽排水高峰期,洞内水排出洞口在洼地汇集后又渗流入洞内,形成恶性循环,施工安全风险高。

(3)有轨运输应对地质灾害的能力较差,一旦发生雨水倒灌和涌水涌泥等突发性灾害,现场临时施工用电故障时卷扬机不能正常投入使用,人员、机械撤离缓慢,极易造成人员伤亡及财产损失;同时发生人员伤害事故时,容易错失救援的最佳时间。

(4)有轨运输在运输过程中,易出现脱钩溜车、掉轨、刹车盘不正常抱死等安全事故。

2. 进度管控方面

(1)斜井施工进入主洞后,施工材料、机械设备、隧洞出渣从无轨转有轨再转无轨运输程序较多,耗费时间较长;一旦临时施工用电故障,卷扬机不能正常投入使用时,整个工作面将无法施工,施工进度无法保证。

(2)斜井施工需安排专职人员对卷扬机、钢丝绳、轨道及地滚轮等设备定期进行维修和保养。主洞内大型机械设备故障后较平洞维修困难、耗时较长,施工进度无法保证。

(3)斜井施工进入主洞后,上下游两个工作面同时作业相互干扰较大,较平洞施工效率降低,施工进度无法保证。

3. 其他方面

部分斜井支洞洞口附近存在地方饮用水源,支洞轴线下穿老百姓居住集中区,施工干扰因

3.3.3 施工斜井改施工平洞优化

斜井施工困难较大,施工安全隐患较多,安全管控困难;影响斜井运输因素较多,施工干扰较大,施工进度很难得到保证。从斜井施工坡度、施工长度、施工洞口位置、运输方式等方面进行了优化。斜井改平洞优化统计见表3-2。

3.3.4 斜井优化后施工情况

夹岩工程深埋长隧洞施工中,结合实际地形地质情况对调斜井进行斜改平优化,斜井改平洞后,降低施工难度,保障了总体施工进度,安全风险相对降低,各标段整体施工进度得到保证。在降低施工难度和确保施工进度同时,提高平洞应急处置能力。斜井改平洞优化统计见表3-3。

表3-3 斜井改平洞优化统计表

隧洞名称	支洞名称	设计情况					优化结果					备注
		长度(m)	坡度	运输方式	控制作业工区(m)		长度(m)	坡度	运输方式	控制作业工区(m)		
					上游	下游				上游	下游	
猫场隧洞	1#施工支洞	400	28.38%	绞车	1 303	1 696	785	10.5%	自卸汽车	1 650	1 350	3#支洞优化后取消
	2#施工支洞	680	22.48%	绞车	1 424	1 490	1 382	12%	自卸汽车	2 573	1 981	
	4#施工支洞	670	29.57%	绞车	1 240	1 547	1 502	10%	自卸汽车	2 543	1 160	
水打桥隧洞	4#施工支洞	445	40.96%	绞车	1 389	1 610	1 150	9%	自卸汽车	1 452	1 003	
长石板隧洞	3#施工支洞	378	22.64%	绞车	1 547	800	590	9%	自卸汽车	1 238	1 050	2#支洞优化后取消
	4#施工支洞	259	23.63%	绞车	800	878	600	9%	自卸汽车	471	1 014	
	5#施工支洞	242	23.4%	绞车	878	1 300	560	8.9%	自卸汽车	812	1 554	
	6#施工支洞	372	27.05%	绞车	1 300	1 183	700	8.9%	自卸汽车	1 176	1 371	

1. 猫场隧洞1#施工支洞工区

(1)开工后经过三个主汛期,未发生过汛期雨水倒灌及大型涌水涌泥等现象,机械设备及人身财产安全得到很好的保证,施工安全受控。

(2)通过参建各方共同努力,猫场隧洞1#支洞工区提前半年完成全部施工任务。

2. 猫场隧洞4#施工支洞工区

4#支洞优化为平洞后,较好的应对了4#支洞工区11+316大型暗河,并安全渡过2018、2019两个汛期,提前三个月完成了施工任务。

3. 水打桥隧洞4#施工支洞工区

(1)水打桥隧洞4#支洞工区优化后,安全、高效应对了11+930大型岩溶通道涌水,保障了施工人员生命和财产安全。

(2)通过参建各方共同努力,水打桥隧洞4#支洞工区提前一年半完成施工任务。

4. 北干 4 标(长石板隧洞 3#、4#、5#、6# 施工支洞工区)

(1)四个支洞工区优化后,顺利渡过三个汛期施工,未发生过汛期雨水倒灌及大型涌水涌泥等现象,机械设备及人身财产安全得到很好的保证,施工安全受控。

(2)4# 支洞工区优化后,提前半年进入主洞施工,为主洞浅埋等不良地质洞段提供了工期上的保障。

3.3.5 相关建议

在隧洞地形条件允许的情况下,支洞优化前后投资变化不大时,应该积极主动降低支洞坡度、从有轨运输改无轨运输,不仅能够降低施工期的安全风险,在一定程度上能够加快施工进度。

3.4 隧洞进出口优化

现阶段水利行业内普遍按照确保一定埋深开挖式进洞施工方式。在夹岩工程在设计阶段依然采用开挖式进洞方式,如:长石板隧洞 4# 施工支洞,水打桥隧洞进口,凉水井隧洞进口。结合实际地质情况,引入国内其他行业地下工程经验,对隧洞进洞方式进行了优化,采用了早进晚出、提前进洞的施工技术,快速、安全、高效地进入隧洞工程暗挖施工。

3.4.1 长石板隧洞 4# 支洞进洞优化

长石板隧洞长,部分洞段埋深浅,且大部分洞段位于地下水位线以下,地质条件复杂,以Ⅴ类围岩为主,施工难度大。因此对于如何安全、快速进洞施工,对全隧总体施工进度和其他施工安排具有重要意义。在长石板隧洞进洞施工中,采用了导向墙管棚联合支护进洞施工法提前进洞施工。

1. 工程概况

长石板隧洞全长 15.41 km,为无压流,隧洞断面型式采用圆形,半径 $r=2.6$ m,Ⅲ、Ⅳ、Ⅴ类围岩采用全断面 C25 钢筋混凝土衬砌,衬砌厚度分别为 0.4 m、0.4 m、0.5 m。隧洞坡降 $i=1/3\,300$。

隧洞布置有 5 条施工支洞,施工支洞断面为城门洞形,衬砌后净空为 6 m×5 m(宽×高)。4# 施工支洞进口段为沟谷斜坡地形,支洞长 572 m,坡度 9%。地形坡度 25°~35°,进洞段埋深 2~5 m,上部覆盖层为残坡积黏土加碎石等,下伏基岩为 T_1yn^4 薄层泥质白云岩、泥岩、溶塌角砾岩夹膏岩层等。

4# 施工支洞洞口位于山坡坡脚处,地层稳定性极差,洞口处极易发生塌方风险。洞口现场地质情况如图 3-1 所示。

2. 4# 支洞进洞施工优化情况

优化采用超前大管棚辅助提前进洞,导向墙采用 C20 混凝土,截面尺寸为 0.5 m×2 m,环向长度按照隧洞环向长度确定。导向墙施作前先施作孔口管定位钢架及锁脚锚杆,并将孔口管采用焊接的方式固定于钢架上,再浇筑导向墙混凝土。大管棚规格:热轧无缝钢管,外径 ϕ108 mm,壁厚 6.5 mm,单根长 15 m;施作范围及管距:环向间距 50 cm,施作范围为拱部

图 3-1 洞口地质情况

124°。倾角:不包括路线纵坡,外插角以 1°~3°为宜,可根据实际情况调整;管棚内安放 ϕ18 钢筋笼,每根管棚内布设 4 根,每隔 1 m 设置一处固定环进行固定。

3. 导向墙管棚联合支护进洞施工技术

该施工技术主要施工流程为:施工准备→测量放样→套拱基础施工→套拱施工→搭设工作平台→钻孔、安装→注浆。大管棚布置如图 3-2 所示。

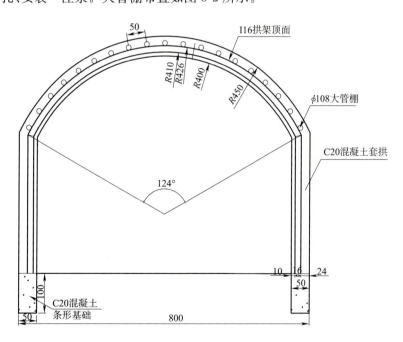

图 3-2 大管棚布置示意图(单位:cm)

(1)施工准备

组织好施工人员,并进行技术安全交底。材料、设备进场并码放整齐。工地实验室做好试验检测工作。

(2)测量放样

根据线路中心线控制桩及高程控制点,在仰坡面标识出隧洞中心线及外拱顶标高;并根据隧洞开挖轮廓线在仰坡面画出外拱弧,作为导向墙立模的依据;根据导向墙的里程控制好导向墙内外模的高度,并预留15 cm沉降量及开挖面操作空间。

(3)套拱基础施工

套拱基础开挖后进行地基承载力试验,地基承载力大于0.3 MPa,套拱基坑临时开挖坡面坡度为1∶1。基础采用C25混凝土条形基础宽50 cm,高50 cm。

套拱基础模板采用竹胶板,钢管背肋;竹胶板打孔对拉$\phi 16$拉杆,拉杆梅花形布置纵横间距采用1 m即可;模板底口内侧以竖向钢筋头做限位,模板顶口设置横向支撑方木。模板安装完后,测定套拱基础的顶标高,并在模板上弹墨线作为标记。套拱两侧和顶部需预埋$\phi 22$接茬钢筋,钢筋长度100 cm、150 cm交错布置间距100 cm,避免钢筋接头在同一截面内,埋入深度50 cm。

(4)套拱施工

为保证管棚施工刚度,导向墙内设4榀I16工字钢架,间距0.5 m。每榀钢架分为5个单元,钢架每节的弧度与尺寸符合要求,每节钢架两端均焊连接板,工字钢各单元通过高强螺栓连接牢固。钢拱架加工完成后进行试拼检查,周边拼装允许偏差为±3 cm,平面翘曲应小于2 cm。钢架安装严格按照设计中线及水平位置架设,安装尺寸允许偏差:横向和高程为0~+5 cm,垂直度±2°,钢架的下端落在条形基础上。

套拱长度为2.0 m,采用30 cm×200 cm×5 cm木板做底模,侧模和顶模采用木模板加工安装。洞口刷坡时预留核心土,在核心土上架立底模和侧模支架,减小支架高度。

钢拱架在现场拼接好后进行导向管的埋设。导向管采用直径为133 mm的无缝钢管(壁厚6.5 mm),导向管的长度为2.0 m,环向间距0.5 m。为了防止导向管在灌注混凝土时发生位移,导向管采用$\phi 16$钢筋焊接在工字钢架上,如图3-3所示。导向管中心线位置允许偏差9 mm,导向管尺寸允许偏差+10 mm或0 mm。

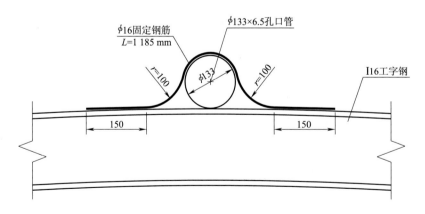

图3-3 导向管固定示意图(单位:mm)

管棚导向管安设的平面位置、倾角、外插角的准确度,直接影响管棚的质量。用全站仪以坐标法在工字钢架上定出其平面位置;用水准尺配合坡度板设定孔口管的倾角;用前后差距法设定孔口管的外插角。孔口管应牢固焊接在工字钢上,防止浇筑混凝土时产生位移。

套拱混凝土的浇筑采用地泵泵送入模,在套拱长边每隔 3 m 设一个浇筑入口,每浇筑 50 cm 采用插入式振捣棒振捣一次。振捣密实的标准:混凝土不在下沉,混凝土不出现气泡。左、右对称浇筑,浇筑过程中保证左、右侧混凝土的高差不能超过 60 cm。

(5)搭设工作平台

搭设钻机施工需要的支架,支架底部采用钢垫板支撑,支架搭设要稳定可靠,搭设完成经验收合格后方可使用。

(6)钻孔、安装

管棚规格:热轧无缝钢管,外径 ϕ108 mm,壁厚 6.5 mm,单根长 15 m。管棚环向间距 50 cm,施作范围为拱部 124°。外插角以 1°~3°为宜。管棚内安放 ϕ18 钢筋笼,每根管棚内布设 4 根,每隔 1 m 设置一处固定环进行固定,如图 3-4 所示。

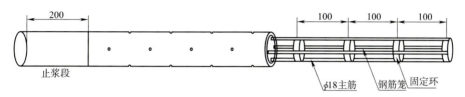

图 3-4 大管棚构造示意图(单位:cm)

管棚钻孔采用潜孔钻钻孔作业,钻机钻孔和机械顶进相结合的工艺,如图 3-5 所示,钻头直径采用 ϕ127 mm,即先钻大于棚管直径的孔,然后用挖掘机将管棚顶进至要求深度,采用高压风将管棚内残渣进行清理。为了便于顶进、安装管棚。对于管棚与孔壁间缝隙,采用注浆进行填充密实。

(7)注浆

注浆采用纯压式注浆,注浆材料采用水泥浆,水灰比:1∶1,注浆压力:0.1 MPa,注浆直至管棚内和管壁缝隙饱和即可。现场如图 3-6 所示。

图 3-5 钻机钻孔

图 3-6 管棚注浆

4. 质量保证措施

(1)施工前,组织技术人员和施工管理人员仔细阅读设计文件,了解方案意图,明确施工技术重点、难点,进行技术交底。

(2)严格测量放线工作,测量要求准确,放线及时,做到正确指导施工。

(3)大管棚套拱要保证中线、法线的准确,其安设误差在允许误差范围之内,保证其不偏、不斜、不前俯、不后仰,套拱基础底应夯实坚固,以防止其不均匀沉降。混凝土套拱浇筑后应进行养护,保证混凝土的强度。

(4)钻孔时钻机立轴方向必须准确控制,以保证钻孔的方向正确,钻孔中应经常采用测斜仪量测管棚钻进的偏斜度,发现偏斜超过设计要求,及时纠正。

(5)钻孔前,精确测定孔的平面位置、倾角、外插角,并对每个孔进行编号。

(6)钻孔进程中,做好围岩取样和地质变化状况登记记录,以便为后续施工方法判定依据。

(7)严格控制钻孔平面位置,管棚不得侵入隧洞开挖线内,相邻的钢管不得相撞和相交。

(8)经常量测孔的斜度,发现误差超限及时纠正,至终孔仍超限者应封孔,原位重钻。

(9)掌握好开钻与正常钻进的压力和速度,防止断杆。

5. 安全保证措施

(1)施工操作人员进入现场时必须佩戴安全帽,电工、电焊工必须穿绝缘鞋。电源接线连接必须规范;

(2)现场施工配置专职安全员,负责现场的安全管理工作,并建立安全保证体系;

(3)对各种施工机具要定期进行检查和维修保养,以保证使用的安全,所有施工机械由专人负责,其他人不得擅自操作;

(4)在设备显著位置悬挂操作规程牌,规程牌上标明机械名称、型号种类、操作方法、保养要求、安全注意事项及特殊要求等;

(5)超前支护机械工作平台应平整、坚实,防止施工中机械重心偏差及机械倾覆;

(6)压力注浆设备应由专人操作和管理,不得随意加压,不得对人、机械设备喷射,使用前严格检查,防止因爆管伤人、损物等事件发生。

6. 施工效果

隧洞洞口是整个隧洞工作面人员和设备进出门户,是隧洞安全的起始点。采用大管棚支护,支护效果较好,洞门处土层处于稳定状态;在洞身开挖时,洞门地表处基本没有发生沉降和位移,为后续洞身段快速、安全施工提供了基础和有力保证。洞门支护效果如图3-7所示。

图3-7 洞门支护效果图

3.4.2 水打桥隧洞进口进洞施工优化

水打桥隧洞进口段,地质及水文条件复杂,易出现各种地质灾害,其中以隧洞洞口段滑坡、偏压、地表下沉及掌子面崩塌为主。合理选择洞口位置及进洞方案,并选择一些施工辅助措施提前进洞,能有效解决洞口施工问题,降低洞口防护成本。

结合夹岩工程水打桥隧洞进口地质条件,对进口端进洞施工进行优化。

1. 工程概况

水打桥隧洞总长 20.36 km。为无压流,隧洞进口接总干渠末分水闸,出口接白甫河倒虹管,隧洞设计流量 $Q=31\ m^3/s$,加大流量 $Q=34.61\ m^3/s$,隧洞断面型式采用圆形,衬砌后净空半径 $r=2.7\ m$,设计水深 $h=3.998\ m$,加大水深 $h=4.356\ m$。Ⅲ、Ⅳ、Ⅴ类围岩采用全断面 C25 钢筋混凝土衬砌,厚度分别为 0.4 m、0.4 m、0.5 m;高外水压力洞段Ⅳ、Ⅴ类围岩厚度分别为 0.5 m、0.8 m。隧洞坡降 $i=1/3\ 300$。

2. 施工重难点

水打桥隧洞设计进口段位于强风化带~弱风化内,覆盖层为残坡积砂质黏土,厚 0.5~2.0 m,下伏基岩为 P_3l 中厚及薄层细砂岩、粉砂岩、泥质粉砂岩夹粉质泥岩、泥岩等,含煤层。岩体强风化厚度 10~15 m,弱风化厚度 10~20 m。岩体呈碎裂~镶嵌状结构。洞口地形地貌如图 3-8 所示,设计位置如图 3-9 所示。

图 3-8　进洞前地形地貌

图 3-9　原设计洞口位置

(1)洞口地质条件和成洞条件均较差,洞脸开挖坡为逆向坡,上部土质,下部为强风化基岩,稳定性较差,易生产滑坡。

(2)开挖深度达到 16 m,对山体扰动及植被破坏较大,不利于水土保持。

(3)水打桥隧洞进口煤系地层发育,煤层埋深 2~5 m,煤层厚度为 0.3~2.5 m,开挖后煤层的暴露面积较大,易引起当地村民进入施工场地抢煤、私自掏煤引发的安全风险较大。

(4)原洞口位置有三户民房需拆除,拆迁进度无法满足施工需求,工期需延迟。

3. 提前进洞优化

(1)总体施工思路

为保证水打桥隧洞安全、顺利进洞施工作业,减少边、仰坡开挖对山体的扰动及破坏,同时达到水土保持原则要求,采取进洞口位置较比原设计提前25 m的方案,如图3-10所示。

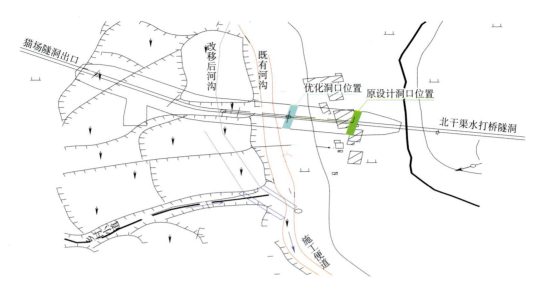

图3-10 提前进洞平面布置

提前进洞辅助措施采用超前大管棚,洞口采用C25混凝土套拱施工,套拱长2 m(采用I16工字钢架,间距为0.5 m,套拱混凝土厚0.5 m),管棚长度30 m,进洞25 m范围内采用22#轻轨。

(2)施工工艺

1)测量放样

根据线路中心线控制桩及高程控制点,在仰坡面标识出隧洞中心线及外拱顶标高;并根据暗洞开挖轮廓线在仰坡面画出外拱弧,作为导向墙立模的依据;根据导向墙的里程控制好导向墙内外模的高度,并预留相应的沉降量。

2)洞顶边仰坡截水沟施工

在刷坡前,在离洞脸坡顶线2 m以外施工C15混凝土0.3 mm×0.3 mm截水沟,将洞顶汇水引入原河沟内,施工便道与截水沟交叉处埋设0.4 m混凝土圆管。

3)边仰坡开挖

边仰坡按设计坡度和台阶刷坡,采用挖掘机自上而下分层挖土,自卸汽车运至弃渣场。对边坡的松散土石方及地表草皮、树根进行清除(清表土弃至指定地方,集中堆放),严禁采用大削坡开挖的方式,为保证洞口边仰坡稳定,开挖完成后及时按设计要求进行支护。

4)坡面防护

坡面支护采用锚杆挂网喷混凝土防护:边仰坡采用$\phi 25$锚杆,长度为3 m的砂浆锚杆防护,梅花形布置,同时坡面挂$\phi 8$钢筋网,喷10 cm厚C20混凝土封闭坡面。

5)套拱施工(图3-11)

①套拱基础开挖

套拱基础开挖后做地基承载力试验,达到要求的地基承载力后进行基础施工,套拱基坑临时开挖坡面坡度为1∶0.5。基础采用C25混凝土条形基础。

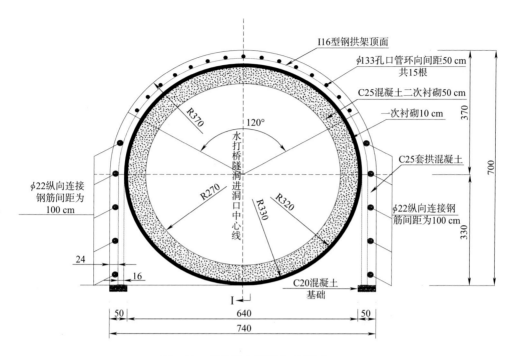

图 3-11 套拱及大管棚布置(单位:cm)

②套拱基础模板、预埋筋安装

套拱基础模板采用竹胶板,后背方木或钢管背肋,安装方式为竹胶板打孔对拉 $\phi16$ 拉杆,拉杆梅花形布置纵横间距采用 1 m,模板底口内侧以竖向钢筋头做限位,模板顶口设置横向支撑方木。模板安装完后,由测量组将套拱基础的顶标高放出,并在模板上弹墨线作为标记。套拱两侧和顶部需预埋 $\phi22$ 接茬钢筋,钢筋长度 100 cm、150 cm 交错布置间距 100 cm,避免钢筋接头在同一截面内,埋设在 C25 混凝土内 20 cm。

③套拱基础浇筑 C25 混凝土

安装固定好的模板经过检查合格后,开始浇筑 C25 混凝土,每浇筑 50 cm 混凝土进行振捣一次,按此过程循环直至浇筑到拱墙基础设计标高为止。

④套拱拱架安装施工

a. 为保证管棚施工刚度,导向墙内设 5 榀 I16 工字钢架,间距 0.5 m。

b. 套拱长度为 2.0 m,采用 30 cm×200 cm×5 cm 木板做底模,侧模和顶模采用木模板加工安装。仰坡刷坡时预留核心土,在核心土上架立底模和侧模支架,减小支架高度。

c. 根据施工交底图加工 I16 工字钢,在现场拼接好后进行导向管的埋设,导向管采用直径为 133 mm 的无缝钢管(壁厚 6.5 mm),导向管的长度是 2.0 m,环向间距 0.5 m。为了防止导向管在灌注混凝土时发生位移,导向管按照设计要求采用 $\phi16$ 钢筋焊接在工字钢架上。安装导向管时,应严格控制导向管的环向间距及纵向位置。可先在工字钢架顶面标示出导向管的位置,并按间距、方向角要求布置导向管,导向管纵向与线路方向需一致,外插角角度为 3°,防止管棚侵入洞身开挖断面。为避免混凝土浇筑时砂浆进入并堵塞导向管,安装导向管时需与端模抵紧,管口用胶带封闭并采取措施使其牢牢固定在端模上。

d. 浇筑套拱混凝土

套拱混凝土的浇筑采用地泵泵送入模,在套拱长边每隔 3 m 设一个浇筑入口,每浇筑 50 cm 采用插入式振捣棒振捣一次,左、右对称浇筑。

6) 大管棚施工

①管棚钻孔采用 JK590(D) 履带式潜孔钻进行钻孔作业,采用大孔引导和管棚钻进相结合的工艺,即先钻大于棚管直径的引导孔,然后利用钻机的冲击和推力将按有工作管头的棚管沿引导孔钻进,接长棚管,直至孔底。按设计将管棚钢管全部打好后,用钻头掏尽管内残渣,进行棚管补强。

②在管棚施作前,首先完成施工支架搭设,测量放样工作。长管棚作为超前支护,在暗洞开挖前施作完毕。管棚中心布置在开挖线外 0.2 m。施工时先施工隧洞洞顶的管棚,然后分别向两侧以 0.5 m 的环向间距施工间隔的管棚,最后再施工每两个间隔管棚间的管棚。

③管棚采用 ϕ108 mm 无缝钢,壁厚 6.5 mm,每节长度为 4～6 m;分节制作,以丝扣或焊接连接,丝扣长度不小于 150 mm,钢管接头应在隧洞横断面错开;钢管上管壁四周钻四个间隔 30 cm 的 ϕ15 的注浆孔,每两排之间错开 15 cm 成梅花形布置。施工时沿隧洞周边以 2°外插角打入围岩(不包括路线纵坡),方向与路线中线平行,打入钢管后,再灌注水泥砂浆。

④管棚施工时,为保证施工精度,利用全站仪进行精确定位,严格控制好管棚的方向,并作好每个钻孔的地质记录。检查时若发现有个别长管棚侵入隧洞开挖线内时或相邻长管棚孔相交于一处时,必须进行注浆处理后待注浆强度达到后再重新钻孔;坍孔后也按此方法进行压浆处理。

⑤钻孔完成后,用高压风进行管内泥砂清除,清除完毕后采用单液注浆进行管棚注浆施工。

大管棚施工工艺流程如图 3-12 所示。

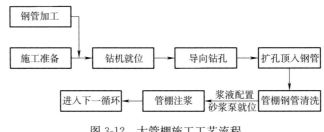

图 3-12 大管棚施工工艺流程

4. 实施效果

水打桥隧洞进口采取提前 25 m 进洞的方式,有效地避开了地质条件差的地段,隧洞洞口位置选择在了一个围岩相对稳定的部位,如图 3-13 所示。自 2016 年 1 月 11 日开始洞脸刷坡、支护,在洞口位置进行了沉降及位移观测,经过连续 3 年的监测观察,数据无异常(图 3-14),地表无裂缝,洞脸初期支护无开裂剥落现象;且改变进洞位置后的洞脸开挖量仅为原设计的20%,保证了现场的施工进度及安全,取得较好的效果及经济效益。

图 3-13 洞口全景图

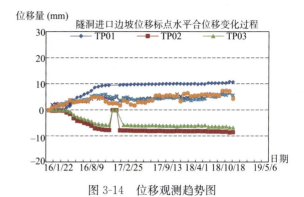

图 3-14 位移观测趋势图

3.4.3 凉水井隧洞进口出洞优化

凉水井隧洞进口洞脸边坡长 59.156 m、横向开挖最大宽度约为 35 m,底部高程 1 275.133 m,顶部高程约为 1 307 m,表面覆盖层厚度为 2.0~6.0 m。凉水井隧洞进口段前接西溪河倒虹管消力池。成洞条件较差。洞脸边坡为斜向坡,上部为土质边坡,下部为强风化、弱风化岩体。洞脸开挖时,土质、强风化带边坡稳定性差。设计建议开挖坡比:覆盖层 1∶1,强风化岩体 1∶0.75,弱风化岩体 1∶0.5。

凉水井隧洞进口边坡开挖至高程 1 291.3 m,马道下部 1 286.3 m 高程,优化前开挖 1∶0.5 坡比已开挖成形的边坡高约 5.0 m,该边坡经开挖揭露,为薄~中厚层白云岩夹泥层白云岩,强风化态,岩层倾角平缓,洞脸左侧、右侧小构造发育受其影响,岩层产状变化较大,边坡以岩层边坡为主,多为斜向坡,局部为顺向坡,主要发育 3~4 组节理裂隙,局部密集发育,岩体破碎,经现场勘察,按 1∶0.5 坡比开挖难度较大,成形差,局部形成倒悬,表层局部开裂明显,有垮塌趋势。

1. 处理措施

隧洞自出口向进口方向掘进,开挖至进口洞口位置,现场边坡岩体风化严重较为破碎,稳定性较差,无法达到出洞条件,延迟出洞后再开挖进口渐变段,并对洞口采取大管棚支护,减缓设计边坡坡度,有效防止边坡失稳,洞口开挖措施如图 3-15 所示。

(1)鉴于洞脸底部为泥质粉土,按 1∶0.5 坡比开挖,边坡稳定性和安全性差,将原设计凉水井进洞桩号起点隧 0+15.5 调整到隧 0−3.73。

(2)洞脸段锚杆参数调整为 $\phi25@1\,m\times1\,m$,$L=6\,m$,1 286.833 m 以下洞脸边坡坡比调整为 1∶1,进口左侧边坡(边坡长 19 m×边坡高 2.5 m)锚杆孔造孔过程中塌孔,成孔困难,将该部位的常规锚杆调整为自进式锚杆,加强围岩支护。

(3)0−3.73~0+15.5 段拱顶 90°范围采用长 24 m、管径 108 mm@30 cm 的管棚超前支护后进行隧洞开挖。

2. 处理效果

凉水井隧洞进口端通过推迟出洞的方式,度过围岩破碎的斜坡段,在埋深相对较浅部位出

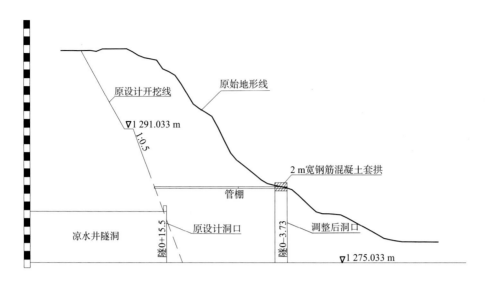

图 3-15 推迟出洞优化施工

洞,出洞后边坡自上而下分层揭露,确保了施工安全和洞口山坡的稳定。

3.4.4 蔡家龙滩隧洞出口延迟出洞

夹岩工程蔡家龙潭隧洞出口边坡延迟出洞技术措施,运用超前小导管、喷锚及钢支撑联合支护技术,实现了延迟出洞,减缓设计边坡坡度,避免了隧洞出洞边坡失稳,对类似工程具有借鉴作用。

1. 蔡家龙潭隧洞出口边坡简介

蔡家龙潭隧洞设计长度 595 m。隧洞出口段前接高石坎暗渠,为槽谷冲沟缓坡地形,地形坡度 5°～15°,隧洞埋深 0～30 m。覆盖层为残坡积黏土夹碎石,厚 0.0～3.0 m,下伏基岩为中至厚层灰岩,上部夹少量中至厚层泥质白云岩及白云质灰岩。岩体强风化厚度 3～5 m,弱风化厚度 6～8 m。隧洞出口段未发现较大的构造通过,岩层产状为 133°∠10°,岩层走向与隧洞洞线交角 58°左右。地下水类型为岩溶溶隙水,埋藏较浅,隧洞出口段位于地下水位变动带内。隧洞进出口段位于强风化带～弱风化内,溶沟溶槽发育,岩体呈碎裂～镶嵌状结构,隧洞围岩为Ⅴ类围岩。

针对围岩极不稳定情况,需及时支护和超前支护处理。出口段成洞条件较差,对不稳定洞壁需及时支护处理。洞脸边坡为斜向坡,上部为土质边坡,下部为强风化基岩,自然边坡处于稳定状态。洞脸开挖,土质及强风化带边坡稳定性差,易产生滑坡,对洞脸和两侧边坡作好临时和永久支护处理,原设计开挖坡比:覆盖层 1∶1,强风化岩体 1∶0.75,弱风化岩体 1∶0.5。

2. 处理措施

根据现场边坡岩体风化严重较为破碎,稳定性较差,采用超前小导管、喷锚及钢支撑联合支护技术措施;实现延迟出洞,减缓设计边坡坡度,有效防止了边坡失稳,延迟出洞技术措施如图 3-16 和图 3-17 所示。

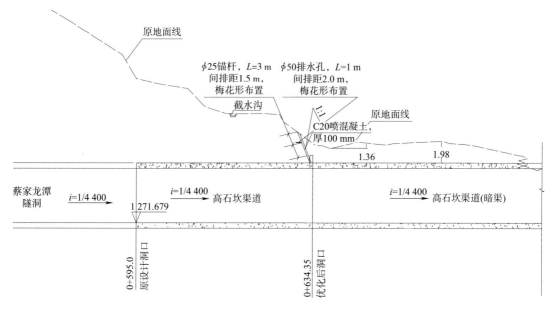

图 3-16 延迟出洞纵剖面图

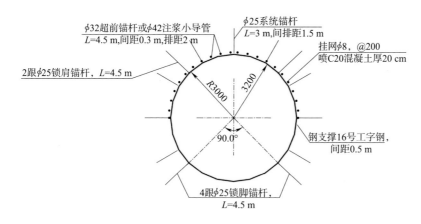

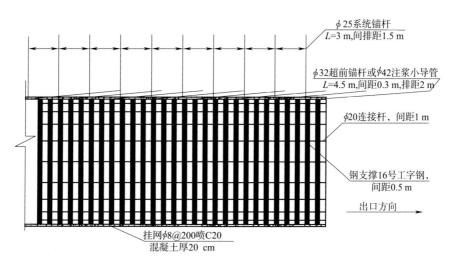

图 3-17 延迟出洞技术措施图

(1)延迟 39.35 m 出洞,出洞边坡土石方开挖量及支护工程量约减少 90%。

(2)超前注浆小导管(破碎岩石和土层),小导管布置,小导管直径为 $\phi42$,长度 4.5 m,外插角一般为 $10°\sim20°$,小导管间距按 0.3 m 布置,沿顶拱 180°范围布置,小导管之间的搭接长度为 2.5 m。

(3)隧洞初期支护采用间距 0.5 m 的 I16 钢拱架支撑与喷锚联合支护形式。

3. 处理效果

通过延迟出洞,由埋深深、边坡稳定性差的部位,延迟至坡度较缓的部位,对出洞段洞顶边坡基本实现"零扰动",施工完成后两年多隧洞出口土质边坡稳定,边坡支护未出现变形量超标情形。

3.5 本章小结

深埋长隧洞受前期勘察条件的限制,最初的设计施工方案与现场实际情况存在一些差异,经施工过程中的优化成功克服了隧洞洞口工程中的不利条件。夹岩工程深埋长隧洞综合考虑施工难度、征地拆迁难度、施工投资和后期维护运行等方面,通过线路和断面优化、调整隧洞进洞位置、改变施工支洞性质(降低斜井坡度)、改变隧洞进出洞方式,确保施工安全,施工效率得到提升。

对于类似的深埋长隧洞工程,在施工初设和招标阶段,条件允许的情况下,支洞尽量选择平洞的型式;相对斜井隧洞施工,在施工安全、进洞条件和经济方面都更加优越。隧洞洞口位置勘察可作为重点内容,为选择进、出洞位置提供更加详细的地质资料,能够有效地减少施工中的变更,并减少安全隐患。

第4章 不良地质洞段地质预报与安全监测

4.1 不良地质洞段地质预报

近年来在修建的水工隧洞、铁路隧洞、公路隧洞中时常发生因岩溶造成不同程度的地质灾害,有的甚至造成重大事故。如2006年1月21日10时50分,正在建设中的宜万铁路马鹿箐隧洞突发灾害性涌水事故,高达3.5 m水头,15 min涌水量达到约18万 m^3,马鹿箐隧洞出口位于利川市团堡镇境内。2017年6月21日上午,云南省临沧市凤庆县境内的大(理)临(沧)铁路红豆山隧洞1号斜井在施工过程中,掌子面突冒硫化氢气体并突泥涌水。2018年6月10日,贵州省荔波县朝阳镇一在建高铁贵南客专K170+671处朝阳隧洞发生透水事件,现场隧洞口大量水似洪水涌出,部分乡镇农田被淹。

4.1.1 夹岩工程深埋长隧洞工程超前地质预报概述

1. 夹岩工程隧洞建设中主要的工程地质问题

夹岩工程因隧洞长,穿越地貌单元多,岩性多样,构造复杂,且需穿越强岩溶地层,水文地质条件复杂。因此,隧洞将遇岩溶及地下水、断层带和隧洞穿煤系地层、瓦斯突出等一系列的工程地质及水文地质问题。其中,遇岩溶及地下水问题较为突出,经初步估算,隧洞穿越暗河管道时,最大涌水量可达2 m^3/s以上,涌水量较大。由于岩溶发育的复杂性,隧洞施工中,出现地下水量、位置等变化难以避免,应根据所了解掌握的地质情况,密切观察隧洞开挖施工中地层岩性、节理裂隙、溶隙、地下水的动态变化,在可能揭露富水断层、岩溶发育的富水段,加强超前地质预报及掌子面钻探探水等方法,以有效地预测预防涌水涌泥等事故的发生。

2. 深埋长隧洞超前地质预报方法研究现状

我国是最早进行超前地质预报工作的国家之一,早在20世纪50年代中期,时任原铁道部第二勘测设计院川黔铁路凉风垭隧洞施工设计配合组地质工程师的陈成宗先生,根据隧洞施工掌子面的地质情况,开展对掌子面前方地质情况的预报工作;70年代,以我国工程地质界老前辈谷德振教授等根据矿巷施工进度和掌子面地质形状做出的矿巷前方将遇到断层并引发塌方的成功预报为序,真正开始了我国隧洞施工期超前地质预报的研究和应用。目前,我国隧洞施工期超前地质预报主要采用工程地质调查法、超前平行导坑法、地球物理探测法(TSP、HSP、地震反射负速度法、地质雷达法、陆地声呐法等,有的还利用PIT桩完整无损检测仪等)和以地质为基础结合物探的综合方法。

3. 存在的问题

超前地质预报工作是在分析既有地质资料的基础上,采用地球物理探测法对掌子面前方的不良地质体进行预报,在一定程度上保证了施工安全,但就目前超前地质预报发展的现状仍然还有不足之处。

(1)目前地球物理探测法市场上有十余种,国家还没有统一的规范作为指导,超前地质预报探测成果的准确性,很大程度上依赖于预报人员的经验和对地质情况的认识,很难保证预报的准确性。

(2)隧洞施工现场条件极为复杂,而地球物理探测法对现场条件要求相对比较苛刻,如现场的施工台车及钢拱架对很多电磁类方法影响很大。现场复杂的环境影响了数据采集。

(3)目前隧洞掘进过程中只有铁路行业对超前地质预报有强制性要求,其他行业在施工过程中没有专门的超前预报工序,导致超前地质预报工作时常常与施工工序冲突,存在漏报的可能。

4.1.2 深埋长隧洞超前地质预报的目的及意义

隧洞工程属于隐蔽工程,工程地质、水文地质条件复杂,掌握掌子面前方及隧洞周边的水文地质和工程地质问题是确保安全施工的前提。隧洞施工过程中做好超前地质预报以达到预报断层及软弱夹层的位置及规模、岩溶发育的位置及规模、破碎岩体的位置及规模的目的。

4.1.3 深埋长隧洞超前地质预报的技术方法

根据隧洞超前预报工作基本流程,对王家坝隧洞、猫场隧洞、水打桥隧洞、长石板隧洞、两路口隧洞和余家寨隧洞等施工中存在的岩溶涌水(泥)、断层带围岩稳定问题、瓦斯突出等一系列问题,采取了地质法、TSP探测技术、地质雷达探测技术、超前钻探法进行超前地质预报。

1. 地质法

地质法是超前地质预报最重要的预报方法之一,也是超前地质预报的排头兵。地质法是根据隧洞已有勘察资料、地表补充地质调查资料和隧洞内地质素描,通过地层层序对比、地层分界线及构造线地下和地表相关性分析、断层要素与隧洞几何参数的相关性分析、临近隧洞内不良地质体的前兆分析等,利用常规地质理论、地质作图和趋势分析等,推测开挖工作面前方可能揭示地质情况的一种超前地质预报方法。

优点:地质调查法不占用施工时间,该方法设备简单(地质罗盘)、操作方便、预报效率高、效果好、费用低,且能为整座隧洞提供完整的地质资料。

缺点:对与隧洞交角较大而又向前倾的结构面容易产生漏报,对操作人员地质知识水平要求较高,一般要求专业地质人员来完成。

2. TSP探测技术

(1)探测方法

沿着隧洞边墙的岩体内引爆少量炸药,便可产生地震波信号。信号在岩体中以球面波的形式传播(图4-1)。当岩石强度(波阻抗)发生变化,如破碎带或岩层变化,一部分信号发生反射,而其余信号继续在岩体中传播。可以测量反射信号到达高灵敏度接收器的时间,通过分析波在岩层中的传播速度,就可以将反射信号的传播时间转换成距离(深度)。因此,根据这些信息,就可以确定岩性不连续的位置、与隧洞轴的交角及其到掌子面的距离。

TSP超前地质预报系统用于预报隧洞前方0~150 m范围内及周围临近区域地质状况,预测掌子面前方围岩的类别;主要是对地质结构面、地质构造及地下水的预报,包括地层岩性界面、构造破碎带、富水带、岩溶发育带等不良地质体,确定其位置、规模及大致产状,推测其性质。

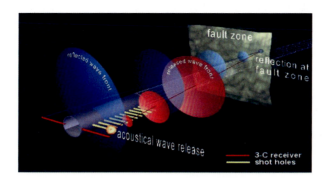

图 4-1 TSP 探测原理图

(2)观测系统

TSP 超前预报观测系统布置如图 4-2 所示。根据不同预报目的,爆炸孔可选择不同的边墙。在复杂的地质条件下,为了相互验证,需在左、右边墙都安装接收器和爆炸孔,以求最佳效果。如果只是对断层的预报,根据反射原理,炮孔与接收器应布置在与断层走向交角小的边墙内,即可节约资金,又能解决问题。其炮孔及接收孔的具体布置要求如图 4-3 及表 4-1 所示。

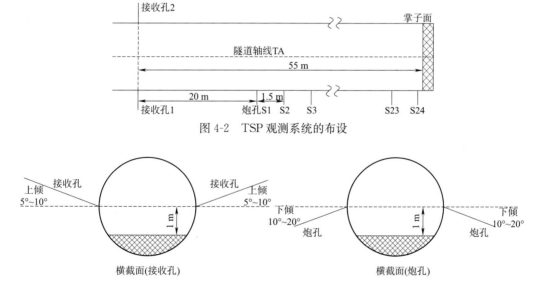

图 4-2 TSP 观测系统的布设

图 4-3 炮孔及接收孔的具体布置

表 4-1 炮孔及接收孔的具体要求

	接收器孔	炮 孔
数量	2 个,位于隧洞左右边墙(各 1 个)	24 个孔,位于隧洞左、右边墙(面对掌子面)
直径	φ45 mm(钻头钻孔)	φ38 mm(钻头钻孔)
深度	2 m(切勿超过 2 m)	1.5 m
定向	垂直隧洞轴向,上倾 5°~10°	垂直隧洞轴向,下倾 10°~20°
高度	离地面(隧底)高 1 m	离地面(隧底)高 1 m
位置	距离掌子面约 55 m	第 1 个炮孔离同侧接收器孔 20 m,炮孔距 1.5 m

(3)数据采集技术

野外数据采集是 TSP 预报技术的关键阶段,原始资料的好坏,直接关系到预报的准确性,因此,它是 TSP 预报工作中非常重要的环节之一。要获得高质量的原始数据,除了 TSP 本身提供了高灵敏的数据激发接受系统外,还涉及以下几个方面:即观测系统的设计、数据采集控制、地震波的激发与接收以及环境对地震波的干扰等。

1)数据采集控制一般在检查地震波显示的特征时进行(图 4-4)。将光标移至任何信号处,在标题栏中会显示对应的直达波(纵波)传播时间。一般从接收器往掌子面方向依次放炮,因此,可用数据控制功能检查炮点顺序是否正确,方法十分有效。

为防止信号放大器输入的非线性或过载,第一炮的信号电平不能超过 5 000 mV。图 4-5 显示了第一炮(离接收器最近的炮)直接信号 y 分量振幅输入过载的典型情况。出现这种情况的原因是炸药量太大,故应将前 3 炮的炸药量减少 50%。如果没有过载,就可以继续进行测量记录。TSP 探测的效果很大程度上依赖于原始数据的质量,因此,数据质量控制尤为重要,在记录第一炮后合格后,再进行下炮工作,现场数据采集过程得到控制后,为下步室内资料处理奠定坚实基础。

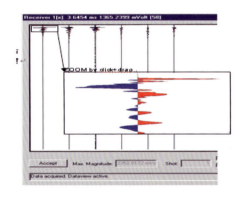

图 4-4 记录波形放大显示

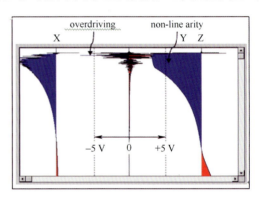

图 4-5 振幅输入过载和非线性显示

2)激发能量的确定

地震波的激发是 TSP 预报中的一个重要环境,即要有一定的能量,又要有较宽频带和较好的重复性。TSP 数据采集要求信号电平在 100~5 000 mV 之间,如果信号小于 100 mV,将严重影响探测距离和探测精度;如果信号大于 5 000 mV,仪器无法接收到完整的信号。因此,工作时先进行药量试验,调节药量的大小,以达到最佳的能量和效果,同时也可以检查接收波的质量状况,即不能因为能量过小影响探测距离,也不能因过能量过大产生的方波降低分辨率。图 4-6 是高质量的 TSP 原始记录,图 4-7 中第 1~11 炮是典型的信号输入过载。为了提高信噪比,通过大量工作试验得到不同岩石炸药量与接收间距关系表 4-2。

表 4-2 TSP 在不同岩石中使用时的装药配置情况

炮孔序号	炮孔接收器的距离(m)	乳化炸药质量(g) (爆炸速度 5 600 m/s)	
1~2	20~21.5	50	75
3~4	23~24.5	75	100
5~24	26~54.5	100	150

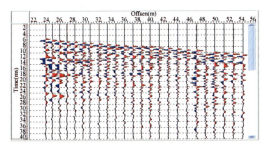 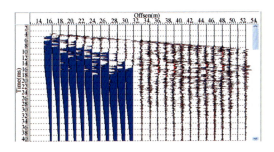

图 4-6　高质量的 TSP 原始记录　　　　图 4-7　TSP 的信号输入过载

3）炸药与激发介质的耦合

要取得良好的激发效果，需要选择良好的激发方式。TSP 的观测系统要求炮孔向下倾斜 10°～20°，目的是便于向孔内注水，这样可以改善炸药与周围介质的几何耦合关系，有利于提高爆炸能量的利用率和作功能力以及增大波在岩层内部的穿透能力。但从辅助洞的测试工作来看，用水封堵并不是很理想。经过对比试验，用锚固剂封堵，待锚固剂凝固后，再向炮孔里注水，使炸药与围岩紧密结合，然后放炮，能获得最佳的激发效果，图 4-8 中第 16～24 炮是炮孔没封堵或炮孔深度不够的 TSP 原始记录。

4）传感器与围岩介质的耦合

地震波接收的主要问题是传感器与套管的耦合以及套管与围岩之间的耦合问题。前者出厂时已经设计好，关键是后者，即套管与围岩之间的耦合问题。传感器与围岩之间耦合得好，就是使传感器和围岩组成一个阻尼较好的振动系统，以提高对波的分辨能力。图 4-9 传感器套管与围岩耦合不好的记录。从图 4-9 中可以看出明显存在因为耦合不好导致的多次振荡现象（类似鸣振）。

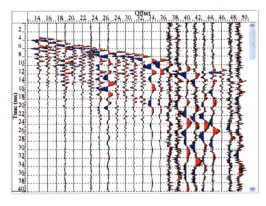 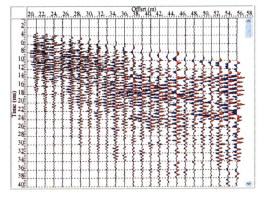

图 4-8　炮孔没封堵或炮孔　　　　　图 4-9　传感器套管与围岩深度不够的
　　　　　　　　　　　　　　　　　TSP 原始记录耦合不好的 TSP 记录

（4）资料分析与判释

1）TSP 成果的解释基本准则

反射层能反映探测范围内几何空间上的构造物理信息（包括反射强度和反射极性），TSP 处理成果的解释应遵循下述准则：

①反射振幅越强，说明反射系数越大，则弹性阻抗差越大。弹性阻抗是岩石密度与波速的乘积。

②正的反射振幅表明正的反射系数,也就是坚硬岩石;负的反射振幅则表明是软弱岩石。对于同一个构造,进行纵波和横波反射振幅的比较非常有用。

③如果横波(S)反射比纵波(P)反射强,则表明在反射岩石中富含有水或饱和水。

④v_p/v_s增加或泊松比突然增大,常常是由流体的存在而引起。

⑤若纵波波速(v_p)下降,则表明裂隙度或孔隙度增加。

⑥固结的岩石$v_p/v_s<2.0$,泊松比$\delta<0.33$;当岩石的孔隙充满水时,v_p/v_s从1.4→2.0;当岩石的孔隙充满气时,v_p/v_s从1.3→1.7;水饱和的未固结地层$v_p/v_s>2.0$。

⑦当岩石中含流体时,v_p与孔隙度ϕ和孔隙中流体的性质有关,v_p会明显降低;v_s只与骨架速度有关而与孔隙中流体无关,v_s不发生明显变化。

2)解释需要注意的事项

岩体的动态特性不等同于静态条件下测得的特性。一般来说岩体的静态特性小于岩体的动态特性,并且遵从下面的规律:岩体中包含的裂隙越多、岩石越软,则静态参数相对于动态参数就越低。如果能将振动测量获得的有关岩体的动态特性经过适当的修正换算成岩体的静态特性,更能反映围岩的特性,对隧洞的稳定性及变形的评价起到了积极的作用。在此基础上进行力学分析,将能更准确和有效地指导隧洞的施工和支护。在TSP资料解释时必须注意以下几个方面:

①超深埋隧洞的物理参数,如纵波速度、杨氏模量等的高低,在不同的工程环境中难以反映或判断出掌子面前方是否有不良地质结构面存在和具体的岩性。

②超深埋大理岩环境中,受断层、岩层产状的性质不同影响,即便在大的结构面、断层与破碎带,地下水并非随时都存在。

③纵波速度的高低可以识别岩石是否完整,能给深埋工程地质环境中岩爆预防提供有价值的物理信息。

3. 地质雷达探测技术

(1)探测方法

地质雷达探测方法是采用连续扫描电磁波反射曲线的叠加,利用电磁波在隧洞掌子面前方岩体中的传播、反射原理,通过信号采集系统接收反射信号,判断隧洞掌子面前方反射界面(断层、软弱夹层等)距隧洞掌子面的距离来进行隧洞施工期地质超前预报的一种方法。

电磁波遇到不同电性反射界面后振幅和相位发生变化,介质电性差异大小决定了电磁波反射的振幅强弱程度和其相位变化。岩石破碎程度及其含水率情况是影响其电性常数的主要因素,根据测量结果判定掌子面前方的围岩变化情况。

由于电磁波的这种传播特性,地质雷达探测方法被认为是目前分辨率最高的地球物理方法,但由于预报距离短,易受隧洞内施工机械、管线的干扰,目前多用于短距离内的地层岩性界面、较大节理与构造、富水带、溶蚀通道及地下水等的预报,进而判断不良地质体的位置及规模,推测地下水的大致富水程度。

(2)观测系统

所谓观测系统是指激发点与接收排列的相对空间位置关系,隧洞工程施工中由于工期较为紧张,为了能够满足快速掘进的施工要求,地质雷达探测不能占用太多施工时间,为了能够最大限度地降低雷达探测对施工的影响和保证预报的准确率,雷达探测分初步探测和精确探测,精确探测又分表面雷达精确探测及钻孔雷达精确探测。

初步探测的观测系统为"Ⅱ"字形观测系统,其具体做法是在掌子面低部及临近开外洞段两边墙底部约 1 m 高位置作一条测线进行雷达探测。如图 4-10 所示,根据其初探结果,确定是否进行精确探测。如果在初探结果中发现掌子面前方或边墙未发现明显异常,则不进行精确探测,隧洞正常掘进;如果发现存在明显异常,根据初探结果,大致判断异常性质及异常位置,然后针对可能存在的不同不良地质体性质在掌子面上增加"井"字形测线及钻孔,进行精确探测。

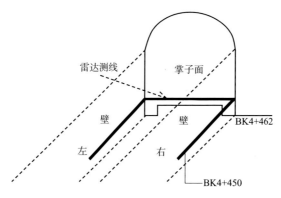

图 4-10 "Ⅱ"字形观测系统

(3)图像特征

不同的岩性具有不同的介电常数与电阻率,而物性的差异影响着雷达波的传播速度和衰减速度。地质雷达图像在不同介质的中,有不同的图像特征,要针对不同的地质条件布置相应的观测系统,选择最佳的工作参数。因此,在岩溶发育区时应通过对地质雷达细部剖面信号和二维谱相结合来分析岩溶的特征及属性。其典型地质体与地质雷达图像波形特征关系见表 4-3。

表 4-3 典型地质体与地质雷达波形图像特征关系表

地质体名称	波形图像特征				
	分布	变化	同相轴	型态	振幅强度
完整岩体	均匀	按一定规律缓慢衰减	连续	均一	低幅
断层破碎带	不均匀	衰减快,规律性差	不连续	杂乱	波幅、变化大
裂隙密集带	不均匀	衰减较快,规律性差	时断时续	杂乱	高幅
富水带	不均匀	按一定规律,快速衰减	与含水量有关	基本均一	高、宽幅
岩性变化带	不均匀	规律性差	不连续	杂乱	一般为高幅
岩脉破碎带	不均匀	衰减较快,规律性差	不连续	杂乱	高幅

(4)资料分析与判释

各种地球物理方法在野外采集得到的原始数据,需要经过数据处理,得到有助于解释的数据或图像。原始资料中既包含有用信息,也包含各种噪声,某些情况下有用信息可能被噪声掩盖,数据处理的目的是压制噪声,增强信号,提高信噪比,以便从数据中提取有用的特征信息,如速度、振幅、相位、电阻率、极化率等,帮助解释人员对资料进行地质解释。地质雷达的数据处理流程一般可分三部分。第一部分数据编辑:包括数据的连接与合并、废道的踢除、数据观测方向的一致化、飘移处理等几方面;第二部分常规处理:数字滤波、振幅处理、反褶积和偏移等;第三部分包括剖面修饰的相干加强,以及数字图像处理技术中的一些图像分割方法等。

地质雷达测量的目的是进行地质解释,要把地下介质复杂的电磁特性分布情况转化为地质体的分布,必须把地质、钻探及其他勘探资料有机地结合起来,建立各地层的反射波组特征,识别反射波同相性、相似性与波形特征等,这些特征往往不是孤立的,有时几种特征同时存在,有些特征表现得更为突出。因此,需要建立测区的地质—地球物理模型,去伪存真,获得更为准确的地下地质信息。

4. 超前钻探法

(1)基本工艺要求

超前水平钻孔是在隧洞内安放水平钻机进行水平钻进,根据隧洞中线水平方向上钻孔资料来推断隧洞前方的地质情况。钻孔的数量、角度及钻孔长度可人为设计和控制。一般可根据钻进速度的变化、钻孔取芯鉴定、钻孔冲洗液的颜色、气味、岩粉以及在钻探过程中遇到的其他情况来判断。这种方法可以反映岩体的大概情况,比较直观,施工人员可根据现场的地质情况来安排下一步的施工组织。

一般而言,在坚硬岩石中,钻进速度低;在软质岩石中,钻进速度高;在节理裂隙发育岩体和断层两侧破碎带岩体中钻进,易发生卡钻现象,钻进速度相对较低;遇到空洞时,钻进速度突然急剧加快。长距离水平钻探应采用套管跟进,取芯采用钢丝绳取样式或反循环双套管式。钻机转速不得低于 350 r/min;钻孔长度超过 20 m 后需配潜孔锤。对于砂砾岩或软硬岩石错综复杂的围岩,宜采用旋转式—钢丝绳—拼合管取芯方式或采用冲击式—潜孔锤—钢丝绳取芯方式。

(2)主要优缺点

主要优点:采用超前水平钻探方法不仅可以确定隧洞掌子面前方地质情况,而且可以起到探水的作用。

主要缺点:

1)在复杂地质条件下预报效果较差,很难预测到正洞掌子面前方的小断层和贯穿性大节理,特别是与隧洞轴线平行的结构面,其预报无反映。

2)钻孔与钻孔之间的地质情况反映不出来。

3)速度慢,与掌子面施工时间相交叉。且其探测成果只是一孔之见,难以形成"面"的概念,需要和其他预报方法综合解释。

4.1.4 夹岩工程深埋长隧洞超前地质预报的工作流程

1. 地质条件分类

根据隧洞各段施工过程中可能存在的岩溶涌水特征,按高、中、低划分各段风险等级。

高风险洞段主要指岩溶强烈发育,以大型暗河、较大规模溶洞、竖井和落水洞为主,地下洞穴系统基本形成,施工过程中可能发生特大型涌突水[涌水量>100 000 m³/(d·100 m 洞长)]、大型涌突水[涌水量>10 000 m³/(d·100 m 洞长)]、突泥和高压水头现象。隧洞遭遇大型断层破碎带,在富水及导水性极强的洞段,施工中可能引起大型的涌水涌泥现象,也属于高风险洞段。

中风险洞段主要指岩溶中等发育,沿断层、层面、不整合面等有显著溶蚀,中小型串珠状洞穴发育,地下洞穴系统未形成,有小型暗河或集中径流,施工中可能存在较大型的涌水[涌水量

1 000～10 000 m³/(d·100 m 洞长)]及突泥现象。

低风险洞段主要指岩溶弱发育,沿裂隙、层面溶蚀扩大为岩溶溶蚀,扩大为岩溶化裂隙或小型洞穴,裂隙连通性差,少见集中径流,常有裂隙水流,施工中能遇中型及小型涌水[涌水量小于 1 000 m³/(d·100 m 洞长)]及涌泥现象。

2. 一般预报体系的建立

一般预报体系是以地质分析为基础,物探方法为手段,宏观预报(区域地质调查、地表调查、洞内地质素描)、中长距离预报(TSP203)为主、视情况增加短距离预报相结合的预报体系。主要针对低风险洞段及以下隧洞:

(1)地形简单,地貌类型单一,埋深较浅的隧洞。

(2)地质构造简单,岩性单一,岩土体工程地质性质良好的隧洞;

(3)工程地质、水文地质条件良好,通过分析已有地质资料或通过地表调查,能完全查清隧洞的工程地质和水文地质状况,并通过评估认为不良地质体不会对施工安全造成影响的隧洞;

(4)非可溶岩地段,发生突水突泥可能性极小的隧洞。

一般预报体系如图 4-11 所示。在实施常规预报体系过程中,如果发现常规预报体系不能满足预报的需要,可将预报等级提升为加强预报。

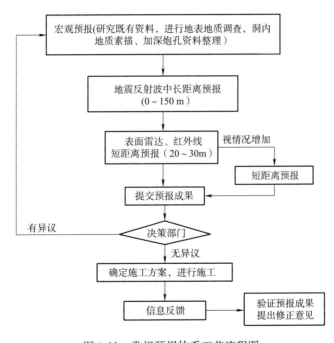

图 4-11 常规预报体系工艺流程图

3. 加强预报体系的建立

加强预报主要采取以地质分析为基础、物探方法为手段,宏观预报(区域地质调查、地表调查、洞内地质素描)、中长距离预报(TSP 预报或瞬变电磁预报)、短期预报(以地质雷达为主)为主,视情况增加特殊方法预报相结合的预报体系,主要针对中风险洞段及以下隧洞:

(1)地形与地貌类型中等复杂,隧洞埋深有一定规模;

(2)地质构造中等复杂,岩性变化一般,岩土体工程地质性质、水文地质条件一般复杂,通过分析已有地质资料或通过地表调查,能基本查清隧洞的工程地质和水文地质状况,并通过评估认为不良地质体对施工会有一定影响,但不会造成灾害性事故的隧洞;

(3)地下水不发育的碳酸盐岩地段、小型断层破碎带,通过评估认为发生突水突泥、塌方的可能性较小的隧洞。

常规预报体系如图 4-12 所示。在实施常规加强预报体系过程中,如果发现加强预报体系不能满足预报的需要,可将预报等级提升为重点预报。

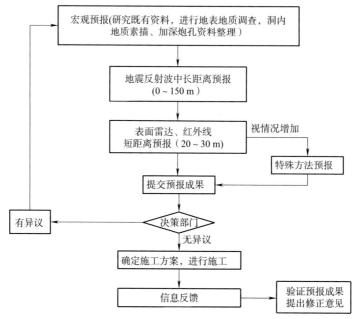

图 4-12　加强预报体系工艺流程图

4. 重点预报体系的建立

重点预报主要采取以地质分析为基础、物探方法为手段,宏观预报(地区域地质调查、地表调查、洞内地质素描)、中长距离预报(TSP 预报及瞬变电磁预报)、短期预报(表面地质雷达、红外探水、加深炮孔、超前钻孔等)、特殊方法预报(钻孔地质雷达、钻孔全景数字成像、钻孔声波及钻孔声波 CT 等新技术新方法)相结合的综合预报体系如图 4-13 所示。主要针对高风险洞段及以下隧洞:

(1)地形与地貌类型、地质构造复杂,岩性岩相变化大,岩土体工程地质性质、水文地质条件较差,可能发生重大环境地质灾害的隧洞;

(2)可能存在重大地质灾害隐患的隧洞,如大型暗河系统,软弱、破碎、富水、导水性良好的地层和存在大型断层破碎带的隧洞;

(3)前期勘探存在重大物探异常的隧洞,可能产生大型、特大型突水突泥的隧洞。

4.1.5　猫场隧洞 4# 支洞工区暗河预报实例

1. 风险等级划分

猫场隧洞总长 15.696 km,为无压流。总干渠猫场隧洞走向 S27°E 向,沿六冲河左岸斜坡布置。隧洞穿越地貌为峰丛洼地岩溶地貌,地表海拔高程在 1 350～1 740 m,隧洞长约 15.696 km,埋深 50～445 m,进口底板高程 1 299.48 m,出口底板高程 1 293.88 m。

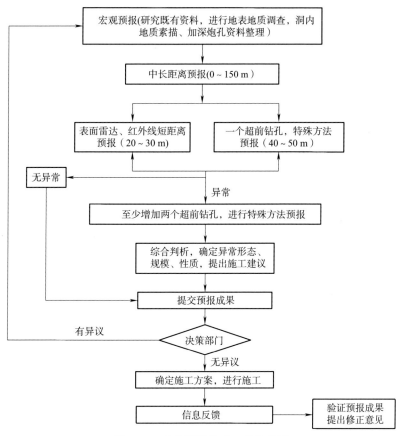

图 4-13 重点预报体系工艺流程图

隧洞沿线出露地层为二叠系地层,隧洞进口段为二叠系上统峨眉山玄武岩($P_3\beta$)和龙潭组(P_3l)细砂岩、砂岩和黏土岩;洞身段为二叠系中统栖霞、茅口组(P_2m+q)灰岩,厚度大于 300 m,为宽缓的维新背斜,出口段为维新背斜西翼二叠系上统峨眉山玄武岩($P_3\beta$)和龙潭组(P_3l)细砂岩、砂岩、黏土岩夹煤层。

隧洞横穿宽缓的维新背斜,背斜平面呈"S"形展布,背斜核部出露地层为二叠系中统栖霞组灰岩,两翼为茅口组灰岩,两翼较为对称,岩层倾角 5°～15°。隧洞除洞身段横穿 F_{101} 断层外,无较大的断裂构造;裂隙主要发育有三组,走向 N70°E、N10°W 和 N60°W 的三组陡倾角裂隙,多控制地表冲沟的发育方向。

隧洞沿线岩溶发育,岩溶洼地、落水洞呈条带状分布,隧洞沿线发育有大坡暗河系统、狗吊岩暗河系统和马落洞岩溶管道,若隧洞揭穿以上地下暗河,存在岩溶涌水危险,各洞段风险等级划分见表 4-4。

表 4-4 猫场隧洞洞室涌水特征及风险等级统计表

桩　　号	分段长度(m)	主要岩性	岩溶涌水特征	风险等级
0+111～0+811	700	P_2m灰岩	隧洞位于地下水位附近,地下水活动轻微,雨季隧洞掘进有滴水、渗水现象,裂隙密集带有涌水现象,水量不稳定,最大涌水量一般小于 0.02 m³/s	低

续上表

桩号	分段长度(m)	主要岩性	岩溶涌水特征	风险等级
0+811～2+271	1 460	P_2m灰岩	隧洞位于地下水位以下及附近,地下水活动较强烈,易出现涌水、涌泥现象,最大涌水量小于 $0.2 \ m^3/s$,涌水压力 $0.1～0.5 \ MPa$	中
2+271～3+161（大坡暗河）	890	P_2m灰岩	隧洞位于地下水位以下,穿越大坡地下暗河段,地下水活动强烈,存在突发性涌水、涌泥的可能,最大涌水量 $0.9 \ m^3/s$,涌水压力 $0.3 \ MPa$	高
3+161～6+275	3 114	P_2m灰岩	隧洞位于地下水位以下,地下水活动强烈,隧洞掘进有涌水、涌泥现象,最大涌水量 $0.3～0.5 \ m^3/s$,水压力 $0.8～1.4 \ MPa$	中
6+275～7+116（狗吊岩暗河）	841	P_2q灰岩	隧洞位于地下水位以下,地下水活动强烈,隧洞穿越狗吊岩地下暗河,掘进有涌水、涌泥现象,最大涌水量达 $2.6 \ m^3/s$以上,涌水压力 $0.4～0.6 \ MPa$	高
7+116～15+354	8 238	P_2q+m灰岩	隧洞位于地下水位以下,地下水活动强烈,隧洞遇岩溶洞穴及涌水、涌泥的可能性较大,预计最大涌水量 $2.6 \ m^3/s$以上,涌水压力 $0.4～0.6 \ MPa$	高
15+354～15+826	472	P_3l砂泥岩及煤层	岩溶不发育	低

2. 预报体系

4#支洞位于猫场隧洞7+116～15+354洞段,该洞段地质风险程度为高风险,相应的预报等级为重点预报。即采取以地质分析为基础,物探方法为手段,宏观预报(区域地质调查和地表补充调查)、中长距离预报(TSP203)、短距离预报(地质雷达)、特殊方法预报(超前水平钻探)相结合的综合超前预报体系。

(1)宏观预报:通过地质分析及地表补充调查,宏观预报洞体施工可能遇到的不良地质类型、规模、位置和方向,以及发生施工地质灾害的类型和发生的可能性,以指导中期、短期预报。

(2)中长距离预报:主要以TSP超前预报系统为主,初步判断掌子面前方0～150 m范围内可能存在的较大异常情况及岩体的完整状况。

(3)短期预报:主要以地质雷达预报为主,每次预报掌子面前方0～25 m范围内的地质情况,在宏观预报和中长距离预报基础上,针对重点部位,可加强预报频度和洞内地质素描。

(4)特殊方法预报:当短距离预报发现前方可能存在较大含水层带或通道时,通过水平超前钻孔查明其形态、规模及发育方向,钻孔数量根据预报成果现场确认。预报体系如图4-14所示。

3. 4#支洞1+349掌子面预报实例

(1)宏观预报

隧洞为深埋长隧洞,地质条件复杂,高风险隧洞,隧洞主要不良地质体为岩溶、地下暗河发育,施工中可能发生大规模的涌水、涌泥情况。

(2)中长距离预报

根据宏观预报结论,为保证隧洞安全施工,在4#支洞1+349掌子面开展了TSP预报工作。预报成果:1+388～1+418段相对于前段密度ρ、静态杨氏模量E降低,泊松比σ、纵横波速比v_p/v_s升高,推测此段溶蚀裂隙发育密集,溶蚀破碎影响带,富水。TSP超前预报成果如图4-15所示。

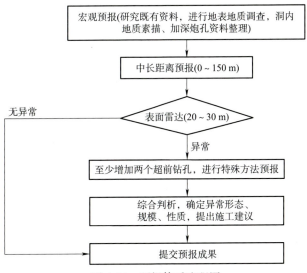

图 4-14 预报体系流程图

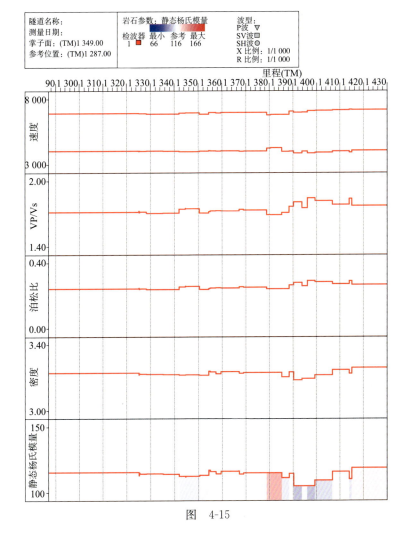

图 4-15

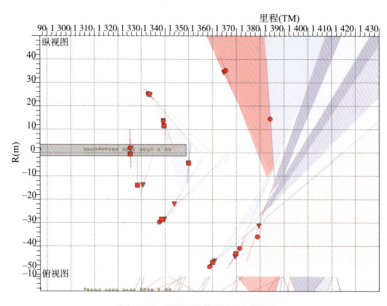

图 4-15　TSP 超前预报成果图

（3）短距离预报

地质雷达：为了进一步探明掌子面前方的不良地质体情况，在 1＋387 掌子面上布置了雷达测线进行探测（图 4-16），探测结果如图 4-17 所示。

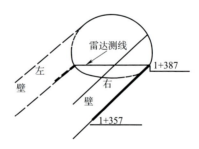

图 4-16　TSP 超前预报成果图

（4）特殊方法预报

特殊方法预报主要采取的方法为加深炮孔和超前水平钻探。在 1＋349 掌子面施作超前水平钻孔，当钻孔钻进至 1＋388 时，钻孔中有地下水喷出，水体压力较大。

（5）预报结论

综合上述各类预报成果，可以得出如下预报结论：

预报结论：掌子面前方 1＋388～＋394 段发育一条跟洞轴线交约为 45°宽约为 1.5 m 的溶蚀破碎带，溶蚀裂隙发育密集，局部溶成宽缝；掌子面前方 1＋402～＋412 段溶蚀破碎，富水；左边墙 1＋379～＋387 在 2～5 m，10～25 m 深度范围内发育一条约为 45°宽约为 1.5 m 的溶蚀破碎带，在溶蚀裂隙发育密集，局部溶成宽缝；右边墙 1＋357～＋387 段在 10～25 m 深度范围内溶蚀裂隙发育密集，富水。

4．预报成果评价

结合超前地质预报的成果及地质成果分析，优化将 4# 支洞往右壁方向进行改线，成功避

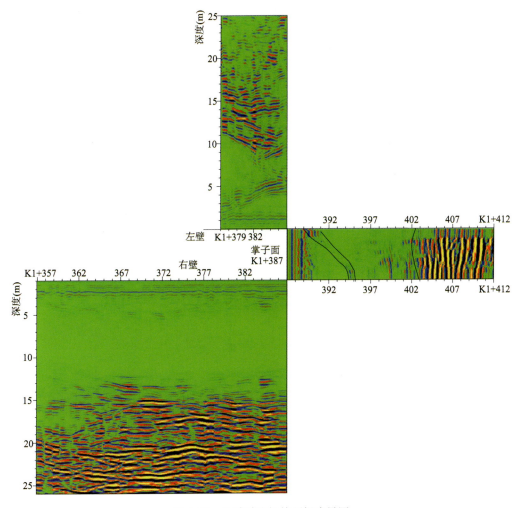

图 4-17 地质雷达超前预报成果图

开了原掌子面前方的富水段,保证了施工安全,同时节省了投资。

4.1.6 两路口隧洞大型溶腔预报实例

1. 风险等级划分

两路口隧洞整体位于六冲河左岸,横穿木白河与西溪河之间条带状山脊,隧洞穿越地貌为峰丛洼地岩溶地貌,岩溶发育,隧洞总体走向 N30°E,隧洞长约 8.8 km,最大埋深 267 m。

隧洞穿越地貌为峰丛谷地和峰林谷地岩溶地貌,地表岩溶洼地、溶蚀谷地发育,岩溶洼地、谷地多发育在 1 360~1 420 m。地表水系不发育,地下岩溶暗河发育。

隧洞线沿线出露地层为 T_2g^1 薄至中厚层泥质白云岩、白云岩、泥岩等,底部含"绿豆岩"; T_1yn^4 中至厚层溶塌角砾岩、泥质白云岩, T_1y^3 软质岩等。

两路口隧洞沿线主构造线为北东向,与洞线大角度相交,沿线穿越的褶皱主要有高家庄向斜、鸡场背斜,两褶皱为尖棱状紧密状,两翼岩层倾角 20°~38°。与之共生的断裂结构面主要有北东向压扭性结构面和北西向的张性结构面。根据地质测绘,沿线穿越的多条断裂构造,最大断裂构造延展长度3～8 km,断距30～80 m,断层破碎带一般宽3～20 m。

隧洞沿线主要发育有水厂暗河和安坪至西溪岩溶管道。水厂暗河与两路口隧洞洞身段斜交,交叉处地下水位高程1 310～1 320 m,对隧洞涌水影响大。安坪至西溪岩溶管道与两路隧洞直交,发育于隧洞高程以下,对隧洞影响小,隧洞可能揭露早期的岩溶管道。

两路口隧洞洞室涌水特征及风险等级统计见表4-5。

表4-5 两路口隧洞洞室涌水特征及风险等级统计表

桩号	分段长度(m)	主要岩性	岩溶涌水特征	岩溶涌水风险等级
0+000～1+484	1 484	T_2g^1泥质白云岩、白云岩	隧洞位于地下水以下,岩溶发育弱,沿溶蚀裂隙存在涌水、渗水现象,最大涌水量小于0.1 m³/s	低
1+484～1+644	160	F_{113}断裂带	隧洞位于F_{113}断层带及影响带,发育有水厂岩溶管道,存在涌水涌泥现象,预测最大涌水量0.8 m³/s,涌水压力0.1～0.3 MPa	高
1+644～2+484	840	T_2g^1泥质白云岩、白云岩	隧洞位于地下水以下,岩溶发育弱,沿溶蚀裂隙存在涌水、渗水现象,最大涌水量小于0.1 m³/s	低
2+484～3+644	1 160	T_1yn^4溶塌角砾岩、T_1yn^3灰岩、T_1yn^2泥岩夹泥灰岩、T_1yn^1灰岩	隧洞位于地下水位以下,隧洞位于地下水以下,地下水活动强烈,隧洞掘进有涌水、涌泥现象,最大涌水量小于0.6 m³/s,涌水压力0.3～0.6 MPa	中
3+644～6+054	2 410	T_1y^3紫红色泥岩	岩溶不发育,裂隙密集带有涌水现象,最大涌水量一般小于0.1 m³/s,涌水压力0.1～0.3 MPa	低
6+054～6+394	340	F_{115}断层带及影响带,T_1yn^1灰岩	隧洞位于地下水位以下,为断层带及影响带,且可溶岩与非可溶岩接触位置,岩溶强烈发育,存在大型岩溶涌水的可能,预测最大涌水量0.8 m³/s,涌水压力0.3～0.5 MPa	高
6+394～8+800	2 406	T_1yn^3灰岩、T_1yn^2泥岩夹泥灰岩、T_1yn^1灰岩	隧洞大部分位于地下水位以上,存在早期的上层岩溶洞穴,多为干洞,汛期或暴雨工况下存在涌水涌泥的可能,需及时封堵	低

2. 预报体系

两路口隧道原设计1#施工支洞,布置于两路口隧洞桩号约3+260处,洞段地质风险程度为中风险,相应的预报等级为加强预报。加强预报主要采取以地质分析为基础、物探方法为手段,宏观预报(区域地质调查、地表调查、洞内地质素描)、中长距离预报(TSP预报或瞬变电磁预报)、短期预报(以地质雷达为主)为主,视情况增加特殊方法预报相结合的预报体系。

3. 两路口隧洞3+300～600段大型溶腔预报实例

(1)宏观预报

隧洞为深埋藏隧洞,地质条件较复杂,为中风险隧洞,隧洞主要不良地质体为岩溶、地下暗河发育,施工中可能发生大规模的涌水、涌泥情况。

(2)中长距离预报

根据宏观预报结论,为保证隧洞安全施工,在3+300掌子面开展了TSP预报工作。预报结论:3+290～3+350段相对于前段密度ρ、静态杨氏模量E降低,泊松比σ、纵横波速比v_p/v_s升高,推测此段岩溶发育,富水富泥。TSP超前预报成果如图4-18所示。

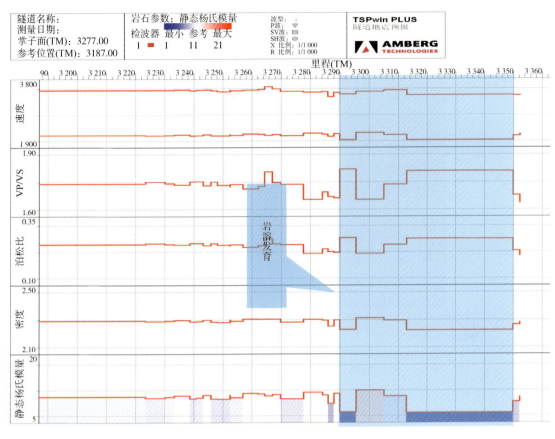

图 4-18 TSP 超前预报成果图

(3) 短距离预报

地质雷达：为了进一步探明掌子面前方的不良地质体情况，在 3+300 掌子面上布置了雷达测线进行探测，探测结果如图 4-19 所示，掌子面前面 3+303~3+315 段岩体破碎，围岩富水。

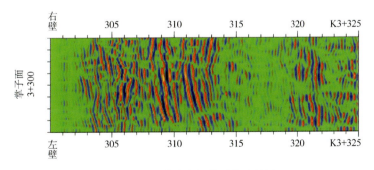

图 4-19 地质雷达超前预报成果图

(4) 特殊方法预报

特殊方法预报主要采取大地电磁法(EH_4)在地面洞轴线方向桩号 3+200~3+580 范围内进行探测。通过对数据反演分析发现该区域范围内岩溶发育。成果如图 4-20 所示。

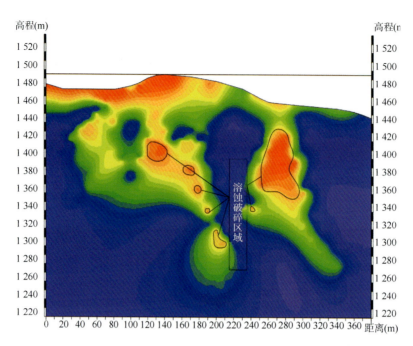

图 4-20　EH_4 探测成果图

(5) 预报结论

综合上述各类预报成果,可以得出如下预报结论:掌子面前方 3+300～+600 段岩溶特发育,围岩裂隙发育,富水。

4. 预报成果评价

运用超前地质预报的成果及地质成果,对支洞及主洞部分洞段进行改线绕行后,施工未发现异常,避免了人员伤亡的发生,取得了良好的安全效果及经济效益。

4.2　深埋长隧洞施工安全监测

夹岩工程受线路长、地质情况复杂、不可预见性强等因素影响,对安全监测系统的建设提出了新的、更高的要求。

4.2.1　安全监测概述

国际隧洞协会把长度 3～5 km 的隧洞定义为长隧洞;我国水利水电系统将长度大于 3 km (钻爆法施工)的隧洞定义为长隧洞。世界各国已经在水利水电、铁路、公路等领域建成近 200 多条接近或超过 10 km 的长大深隧洞。

我国水利水电工程隧洞发展大致经历了 3 个阶段:钻爆法阶段;TBM 深埋长隧洞发展阶段;世界高难度的深埋长隧洞发展阶段。随着我国水利水电事业的蓬勃发展,水工隧洞总体呈现出"长、大、深"的特点,国内典型深埋长隧洞工程如引大入秦工程、引黄入晋工程、新疆 DB 隧洞工程、新疆 ABH 隧洞工程等世界级难度工程的成功建设,极大推动了我国地下工程技术的发展,同时在勘测设计、监测与反馈分析、关键问题处理等方面积累了丰富的经验。

现有规程规范《水利水电工程安全监测设计规范》(SL 725—2016)、《水工隧洞设计规范》

(SL 279—2016)、《水工隧洞设计规范》(DL/T 5195—2004)等,对水工隧洞安全监测工作提出了相应的要求,强调安全监测应重点监测围岩稳定性、进出口建筑物及边坡稳定性,监测项目选择应尽可能考虑施工期监测,体现了隧洞开展安全监测工作的重要性,促进了安全监测工作的规范化。

近年来,隧洞安全监测技术虽发展迅速,但对于深埋长隧洞而言,要真正发挥安全监测系统的作用,使其更好地服务于工程建设,仍然面临诸多挑战。主要有:深埋长隧洞围岩变形规律、发展情况、量值等与常规经验存在显著差异,依托工程经验并结合监测数据判断结构物是否安全的难度加大;深埋隧洞围岩及衬砌的变形及应力受复杂地质条件影响的不确定性大,如何有针对性、科学高效的开展监测工作要求更高;在深埋长隧洞恶劣的环境条件下,对监测仪器自身性能、埋设安装工艺、仪器保护措施、组网通信方式等方面提出了新的要求和标准;另外需要充分考虑现场实施的可行性和便利性,方便监测工作的及时开展。

4.2.2 监测目的与意义

深埋长隧洞安全监测的主要目的是为工程各阶段安全评估提供依据,确定隧洞是否处于预计的工作状态。同时可检验设计方案的合理性、验证设计计算参数取值、计算模型及方法的准确性。通过分析总结监测成果,可为评价施工质量的可靠性提供数据支撑,进一步的可深入研究隧洞结构的变化规律、各种参数对工程性能的影响,从而为科学研究提供服务。

4.2.3 监测设计项目选取

监测设计项目的选取既要考虑系统的时空分布,还要考虑局部的重点控制。在掌握工程基础资料的前提下,根据工程规模、结构物等级、经费等因素综合考虑,在满足工程安全监测需求前提下,力求精简、易于实施和管控。

1. 设计基本原则

重视总体设计,监测设计前应对测绘、勘探、试验及设计等工程资料进行广泛的收集分析,必要时进行现场调查、勘测和试验,对工程特性进行总体把控。要对从施工期到运行期的监测进行系统、全方位的考虑,选取典型监测断面布置监测项目,对重点区域的监测断面要做到主次分明,以相互验证。监测总体设计要充分考虑施工开挖阶段围岩的稳定性、运行阶段整体结构承载力、内外水力联系以及进出洞口的边坡稳定性等监测。

重视现场设计,监测设计工作需要在充分掌握地质勘探资料及支护结构设计的基础上进行。但是,对于深埋长隧洞,覆盖区域广、地质条件复杂,受现有勘察技术和成本控制等多方面因素影响,在开挖之前准确地确定隧洞围岩类别及等级、支护形式,大多数时候是难以实现的。因此,对于深埋长隧洞的监测设计除了重视前期的总体设计外,还要特别重视现场设计。现场设计需根据隧洞掌子面开挖后所揭示的地质情况,会同地质、水工、施工等相关单位专业人员,有针对性对原监测设计进行动态调整,从而最大化发挥监测设施作用。

2. 监测项目设置

对于深埋长隧洞,尤其需要根据工程特点对监测项目进行优化设计。譬如,软岩洞段在开挖后变形量相对较大且持续时间长,埋设多点位移计能够很好地掌握围岩不同深度的变形情况,确定围岩松弛扩展范围和松弛持续时间。而深埋硬脆性岩石在开挖后弹性变形量相对较小,洞壁围岩的破裂及发展是导致变形的主要机制。采用多点位移计监测围岩的这种方式的变形时不够敏感,即在监测破裂导致的变形时,在灵敏性和安全预警两方面的适应性不足,此时锚杆应力更为敏感。由于深埋硬脆性围岩变形不再是反映围岩安全性的首选指标,变形监测的作用和实际效果也不及预期,在监测设计上可以相应减少布置多点位移计,增加围岩应力计支护结构受力的监测。

对于覆盖层浅、揭露地质条件差、地面有建筑物的洞段,应尽量控制衬砌变形,重点应监测围岩应力、支护结构应力以及地面建筑物的变形。对于覆盖层厚、围岩可能发生挤出、膨胀变形的洞段,应重点监测围岩变形、压力及支护结构应力等。通常设置的监测项目详见表4-6。

表4-6 深埋长隧洞监测项目一览表

监测项目类型	监测内容	常用仪器	备注
围岩监测	围岩收敛变形及变形速率	收敛计、位移计、精密水准仪、全站仪	
	围岩内部不同深度位移	多点位移计、测斜仪	
	围岩锚杆应力变化	锚杆应力计	
结构监测	锚索荷载	锚索测力计	
	喷混凝土应力	混凝土压应力计	
	衬砌混凝土应力	应变计	
	钢筋应力	钢筋计	
	渗流水压力	渗压计	
	围岩与衬砌接缝开合度	测缝计	
	围岩结构裂缝开合度	裂缝计	
进、出口建筑物	表面变形	表面变形观测墩	
	内部变形	测斜孔	
巡视检查	现场人工巡查	地质锤、罗盘、卡尺、照相机等	

4.2.4 监测仪器设备选型及检验

监测仪器设备是安全监测的工具,其可靠性、准确性和长期稳定性将直接影响到监测的成果,并最终决定人们对结构物工作性态和安全的评估。不同于常规隧洞,深埋长隧洞安全监测所选用的仪器设备不仅应具备良好的耐久性、可靠性、适用性,满足量程和精度的要求,而且还要考虑数据采集的传输距离以及后期自动化组网的需求。

1. 仪器设备选型

应保证所选用的仪器设备性能稳定、质量可靠、耐用、技术参数符合设计要求。仪器的生产厂家具有"制造计量器具许可证(CMC认证)",并已通过ISO 9000系列质量体系认证,且具有在不少于3个同类型工程中有成功应用的实例和项目经验。

应确保所选用和采购的仪器设备是全新的合格产品,所有监测仪器设备及其附件,具有产品制造厂家提供的产品说明书、检定表、检验证书及厂家长期售后服务证明。

深埋长隧洞与常规隧洞相比,线路长、通信条件差是客观条件。常规的振弦式、差阻式等传感器受自身工作原理所限,信号传输距离一般在2 km以内,且有一定的绝缘度要求,即使采用一些信号放大措施可以增加传输距离,但仍然无法适应长距离隧洞工程的应用环境。基于光纤光栅的FBG传感器信号传输距离可达到数十公里,且能够实现半自动化监测,故长距离隧洞中可选用光纤光栅式仪器。

2. 仪器设备检验

监测仪器设备埋设安装后一般无法进行检修和更换，因此在埋设安装前必须进行检验率定。检验项目包括环境条件、力学性能、温度性能、防水性能等，以判断仪器的性能指标是否可靠，搬运过程中是否存在损坏情况。

(1) 要求生产厂家在监测仪器设备出厂前，完成全部监测仪器设备的装配、调试和率定等检验工作，并提供检验合格证书。

(2) 仪器及其辅助设备运至现场后，会同监理工程师对厂家提供的全部监测仪器设备进行检查和验收，检验合格方可入库存放和保管。

(3) 保证用于检验、率定的设备，必须经过国家标准计量单位或国家认可的检验单位检定、检验合格，并且检验结果在有效期内，逾期必须重新送检。

(4) 严格按《大坝安全监测仪器检验测试规程》(SL 530—2012)和设计提出的有关技术要求，对全部监测仪器设备进行全面测试、校正、率定。光纤光栅式仪器的现场检验依据《光纤光栅仪器基本技术条件》(DL/T 1736—2017)进行。

(5) 根据检验、率定的结果编写监测仪器设备检验、率定报告。检验流程如图 4-21 所示。

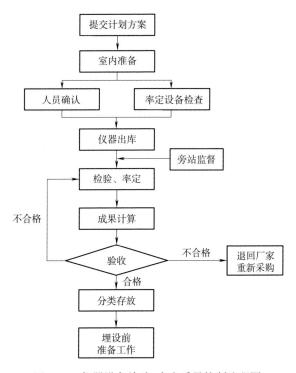

图 4-21　仪器设备检验、率定质量控制流程图

4.2.5　仪器设备埋设安装

安全监测贯穿于工程整个生命周期内，监测仪器及电缆的长期稳定运行，是获取可靠、准确、连续监测数据的基础，是安全监测实施成败的关键。

深埋长隧洞应用较多的光纤光栅式仪器,相较于传统的振弦式、差阻式传感器,其安装工艺更为复杂,安装质量控制的难度大。光栅式仪器外观尺寸与传统仪器基本一致,埋设安装步骤和方法大致相同,但存在一定的差异。

1. 锚杆应力计

(1)选择监测部位附近的系统支护锚杆,进行锚杆应力计的安装埋设。

(2)按锚杆直径选配相应规格的锚杆应力计,将仪器两端的连接杆分别与锚杆同轴线对焊接在一起或采用螺纹连接,连接强度不低于锚杆强度。焊接过程中采取措施避免温升过高而损伤仪器。

(3)在已焊接锚杆应力计的观测锚杆上安装排气管,将组装检测合格后的观测锚杆送入钻孔内,引出电缆和排气管,插入灌浆管,用水泥砂浆封闭孔口。

(4)安装检查合格后进行灌浆。

2. 钢筋计

(1)按钢筋直径选配相应规格(一般选择等直径)的钢筋计,将仪器两端的连接杆分别与钢筋焊接在一起,焊接强度不低于钢筋强度。焊接过程中采取措施避免温升过高而损伤仪器。

(2)安装、绑扎带钢筋计的钢筋,将电缆引出点朝下。

(3)混凝土入仓应远离仪器,振捣时振捣器至少距离钢筋计 0.5 m,振捣器不可直接插在带钢筋计的钢筋上。

(4)对带钢筋计的钢筋绑扎后作明显标记,留人看护。混凝土浇筑之前,用篷布遮盖保护。待仪器周围 50 cm 范围内混凝土浇筑完毕后,守护人员方可离开。

3. 测缝计

(1)测缝计(预埋式)

在先浇块混凝土中埋设点部位安装带有加长杆的套筒,筒口与缝面齐平。然后将螺纹口涂上机油,筒内填满棉纱,旋上筒盖。

后浇筑块混凝土浇至高出仪器埋设位置 20 cm 时,挖去捣实的混凝土,打开套筒盖,取出填塞物,预拉传感器量程的 1/4,旋上测缝计,回填混凝土。

(2)测缝计(钻孔式)

在岩体中钻孔,钻孔孔径 $\phi 76$ mm,孔深 100 cm。

在孔内回填 M20 微膨胀性水泥砂浆,将带有加长杆的套筒放入孔中,筒口与孔口齐平。然后将螺纹口涂上机油,筒内填满棉纱,旋上筒盖。

待浇筑混凝土时,打开套筒盖,取出填塞物,预拉传感器量程的 1/4,旋上测缝计,回填混凝土。

(3)测缝计(表面式)

在混凝土浇筑过程中,在结构缝两侧混凝土内预埋或表面安装固定支架(角钢或厂家配件)。

按仪器安装说明安装好测缝计的各个组件,两端锚固点分别位于预埋在结构缝两侧混凝土内的固定支架上,保持测缝计轴线与所监测方向一致。

测缝计安装在距结构缝表面 5 cm 处,固定时预拉传感器量程的 1/4。两锚固点距离超出仪器有效长度时需加接过度杆件。

安装完成后,在测缝计外部安装保护罩。

4.2.6 仪器设备保护

对监测仪器埋设安装过程中的保护,是确保其埋设过程中不受损坏,埋设后即可投入使用的关键。同时,要保证其在埋设完成后相当长的一段时期内处于完好状态,才能真正发挥仪器的作用。

对于深埋长隧洞,施工环境复杂、交叉作业多,较传统项目的仪器埋设安装条件更恶劣、保护难度更大。因此从施工期至运行期,高度重视对监测仪器及电缆的埋设和保护工作,建立切实可行有效的措施,确保仪器及电缆的完好是监测工作的重难点。

针对深埋长隧洞仪器及线缆常见损坏形式,主要要重视做好埋设安装时的保护、土建施工影响的保护、日常的维护以及避免人为的损坏。

1. 埋设安装时保护

安装埋设过程中由于措施不当或安装埋设条件不完全具备,造成仪器设备的损坏,仪器埋设质量达不到设计的要求。如仪器设备安装以后方向发生改变、电缆牵引不合理或被损坏、观测孔埋设过程中被堵塞等。可采取的措施有:

(1)安装埋设前制定详细的施工计划和技术要求,并进行预安装,明确安装人员各自的职责,安装过程中细致认真。

(2)安装埋设过程中随时用仪表监测仪器设备的工作状况,发现异常立刻返工。

(3)安装埋设的人员应是经验丰富的人员,熟练掌握各种仪器的埋设安装要求,现场对仪器设备的保护意识强,保护措施得当。

(4)仪器设备安装以后以及覆盖过程中,应在埋设前派专人值班看守。

2. 土建施工影响的保护

主要是指在施工过程中,监测部位与施工区域发生冲突,造成监测设施被施工和机械损坏,采取的防范保护措施有:

(1)熟悉施工的情况和方法,与施工方密切配合,在具备监测仪器安装埋设技术条件后,才进行监测仪器的安装埋设,确保埋设仪器性能良好。

(2)建立现场看护巡视制度,加强现场保卫,在施工期间做到 24 h 有人值守及巡视,发现异常情况及时汇报。

(3)向现场施工人员宣传保护安全监测设施的重要性,在安全监测设施部位标识"监测设施,严禁破坏"字样,并附上监测项目部责任人的联系方式,通告周围有关人员注意保护。

(4)实测监测仪器和电缆的位置坐标,绘制详细的监测设施埋设位置、管线及电缆走向图,及时报送监理人及土建承包人,避免开挖、回填、碾压等施工造成仪器及电缆被损坏的质量事故。密切保持与监理和施工单位的联系和配合,当发现土建施工作业有可能损坏或打断观测电缆时,及时制止并报告监理人,由监理人进行协调。

(5)对监测点(孔)位置作适当调整,避开施工干扰区、交通道路等,当无法避开时,由监理人报请业主和设计,调整设计布置或施工方案。

(6)对位于道路旁的监测设施除设醒目标记外,需采取修建保护墩、加装孔口保护装置、加宽基础、设隔离墩或防护栏等措施。

3. 日常维护

(1)仪器设备运输、保管和使用等过程中,严格按厂家仪器设备使用说明要求进行防压、防击、防震、防热、防潮和防冻保护。

（2）仪器率定和组装时，严格遵照仪器使用说明和规范要求进行，不违规操作。

（3）现场进行仪器安装时，严格按照施工技术规程规定的程序、工艺和技术控制标准进行操作。

（4）监测过程中若发现仪器测值异常，及时判断、查找原因并进行修复或补埋。

（5）电缆进入永久观测站前可建立临时测站，在牵引过程中用护管加以防护，电缆集中部位用铁箱保护。日常观测及巡视检查时，检查电缆标识是否受损、清晰可见，电缆头部防水设施是否完好，如有受损现象，立即进行处理。做好临时测站或永久观测房的安全防护。

（6）仪器运行期间按照运行期的仪器设备和观测管理规定进行及时的维护和检验，设置警示标志，同时提醒其他现场施工人员，提高对监测仪器重要性的认识。

4．避免人为损坏

主要是指监测设施受到人为有意的损坏，如电缆被剪断、监测仪器和监测点被砸毁、监测孔被堵、监测设施被盗等。针对人为损坏，采取的防范保护措施：电缆均穿管保护、并挖电缆沟埋设。观测孔孔口均浇筑钢筋混凝土保护墩，外露部分进行防护和加锁封闭。加强巡视看护，与现场保卫机关共同防范偷盗等因素造成的监测设施失效。

4.2.7 观测及资料分析反馈

对于深埋长隧洞，布置的监测仪器断面及数量不可能覆盖全线，加之施工期难以实现自动化，如何及时观测并对数据进行整编分析，尽早发现异常，并对隧洞结构的工作状态及安全性作出评价，这是监测工作的重难点。

1．日常观测及巡视检查

各阶段观测频次可按照表4-7进行。对隧洞已完成开挖支护洞段的巡视检查工作应适时进行，发现异常迹象时，应立即上报。

表4-7 深埋长隧洞监测频次表

监测项目类型	监测内容	观测频次			备注
		施工期	运行初期	运行期	
围岩监测	围岩收敛变形及变形速率	1次/周	—	—	按需要调整
	围岩内部不同深度位移	4次/月	8次/月	1次/月	
	围岩锚杆应力变化	4次/月	8次/月	1次/月	
结构监测	锚索荷载	4次/月	8次/月	1次/月	
	喷混凝土应力	4次/月	—	—	
	衬砌混凝土应力	4次/月	8次/月	1次/月	
	钢筋应力	4次/月	8次/月	1次/月	
	渗流水压力	4次/月	4次/月	1次/月	
	围岩与衬砌接缝开合度	4次/月	8次/月	1次/月	
	围岩结构裂缝开合度	4次/月	8次/月	1次/月	
进、出口建筑物	表面变形	1次/周	4次/月	1次/月	按需要调整
	内部变形	4次/月	4次/月	1次/月	
巡视检查	现场人工巡查	按需要，但不应少于1次/月			

2. 资料整编分析

观测资料整编、分析严格按照相应要求实施,确保观测项目、观测频次、观测方法符合国家规范规程的要求,绝不漏项、漏测,保证观测资料连续、完整、准确、满足精度要求,资料整编分析客观、公正、科学,绝不虚报、谎报、改报,确保全面真实反映观测现状,发现异常情况及时反馈,发挥安全监测反馈设计、指导施工的作用。

(1)对监测资料及时进行整理和整编。资料整编分析报告包括周报、月报和年报,并及时提交。

(2)对建筑物安全监测仪器埋设的竣工图、各种原始数据和有关文字、图表(包括影像、图片)等资料,进行收集、统计、考证、审查,综合整理监测成果,用硬盘备份保存。

(3)监测资料整编工作包括日常资料整理和定期资料整编。确保整理和整编的成果做到项目齐全,考证清楚,数据可靠,图表完整,规格统一,说明完备。

(4)每次仪器监测和巡视检查后,随即进行日常资料整理。主要是查证原始监测数据的可靠性和准确性,将其换算成所需的监测物理量,按规范规定的格式及时存入计算机,并判断测值有无异常。如有异常或疑点,及时复测、确认。

(5)原始监测资料的收集:

原始监测资料的收集包括观测数据的采集、人工巡视检查的实施和记录、其他相关资料收集三部分。主要包括以下内容:

①详细的观测数据记录、观测的环境说明;
②监测仪器设备及安装的考证资料;
③监测仪器附近的施工情况资料;
④现场巡视检查情况资料。

(6)原始监测资料的检验和处理:

每次监测数据采集后,随即检查、检验原始记录的可靠性、正确性和完整性。如有漏测、误读(记)或异常,及时补(复)测、确认或更正。

原始监测数据检查、检验的主要内容有:

①作业方法是否符合规定;
②监测仪器性能是否稳定、正常;
③监测记录是否正确、完整、清晰;
④各项检验结果是否在限差以内;
⑤是否存在粗差;
⑥是否存在系统误差。

经检查、检验后,若判定监测数据不在限差以内或含有粗差,立即重测;若判定监测数据含有较大的系统误差时,及时分析原因,并设法减少或消除其影响。

(7)原始监测资料的整理和初步分析:

①随时进行各监测物理量的计(换)算,填写记录表格,绘制监测物理量过程线图或监测物理量与某些原因量的相关图,检查和判断测值的变化趋势。

②每次巡视检查后,随即对原始记录(含影像资料)进行整理。巡视检查的各种记录、影像和报告等均按时间先后次序整理编排。

③随时补充或修正有关监测设施的变动或检验、校测情况,以及各种考证表、图等,确保资料的衔接和连续性。

④根据所绘制图表和有关资料及时作出初步分析,分析各监测物理量的变化规律和趋势,

判断有无异常值。如有异常,及时分析原因。

(8)监测成果的分析反馈

在上述工作基础上,对整编的监测资料进行分析,采用定性的常规分析方法、定量的数值计算方法和各种数学物理模型分析方法,分析各监测物理量的变化规律和发展趋势,各种原因量和效应量的相关关系和相关程度。根据分析成果对工程的工作状态及安全性作出评价,并预测变化趋势,提出处理意见和建议。

4.2.8 夹岩工程实施案例

夹岩工程在灌区骨干输水工程中,选取东关取水隧洞、猫场隧洞、水打桥隧洞、长石板隧洞、两路口隧洞,共5条隧洞进行监测。

1. 监测设计项目选取

夹岩工程监测设计重视总体设计,强调工程全生命周期控制。同时重视现场设计,注重实时跟踪,动态调整。在满足工程安全监测需求前提下,亦节约工程投资。

(1)总体设计

项目总体设计时,选取5个深埋长隧洞作为重点监测区域,主要考虑设置隧洞的结构监测项目,布置的监测项目:围岩与衬砌接缝开合度、衬砌结构钢筋应力、外水压力;共布置了26个监测断面,每个断面布置4支测缝计、8支钢筋计、2支渗压计。典型监测断面布置如图4-22所示。

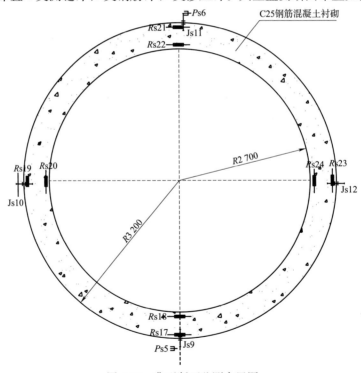

图 4-22 典型断面监测布置图

(2)现场设计

现场设计时,根据揭露地质情况和工程需求,动态调整监测设计,适量增设部分监测设施,主要有:

1)水打桥隧洞进口段开挖揭露出围岩为泥质粉砂岩夹粉质泥岩、泥岩、煤层,并含有少量渗水，属于软弱围岩。为掌握围岩应力分布规律及变化情况，选取5个典型监测断面，增设了3点式锚杆应力计。监测布置如图4-23所示。

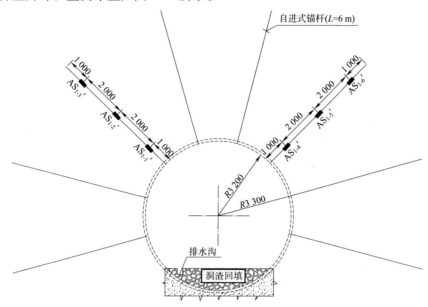

图4-23 水打桥隧洞进口监测布置图（单位：mm）

2）两路口隧洞出口右侧边坡，在下部施工道路开挖后出现裂缝，为判断边坡变形趋势，设计及时增设临时表面变形监测设施。后期为判断边坡加固设计方案的合理性和施工质量的可靠性，并了解边坡长期稳定性，设计选取3个主监测断面，又增设了抗滑桩钢筋应力、边坡深部位移及表面变形等永久监测项目。监测布置如图4-24所示。

图4-24 两路口隧洞出口边坡监测布置图

3）长石板隧洞在经过果木洼地浅埋段时，掌子面发生明显涌泥现象，同时地表局部出现坍塌坑洞，为掌握隧洞开挖所引起的地表变形情况及影响范围，确保地表房屋建筑安全，设计沿洞线方向增设了地表沉降监测项目。监测布置如图4-25所示。

2. 监测仪器设备选型及检验

夹岩工程深埋长隧洞安全监测仪器设备选型，通过市场调研和工程比选，所选用的仪器设备均为国内外知名企业生产的产品，且经过大量工程的运用和检验，仪器的可靠性、稳定性、技术指标均能满足要求。

（1）仪器设备选型

1）东关取水隧洞总长度3.09 km，最远监测断面距离隧洞进、出口距离为1 200余米，现

图 4-25 长石板隧洞果木洼浅埋段地表沉降监测布置图

有的各类型监测仪器均可满足需求。考虑到该隧洞运行期为有压流,因此选用耐水性能好、性价比高的差动电阻式监测仪器。

国内生产差阻式仪器的厂家较多。产品选择主要考虑在水利水电行业应用广泛,仪器稳定性、耐久性、可靠性、精度较好,方便接入自动化系统,在多个大型工程应用效果良好产品。

2)猫场隧洞、水打桥隧洞、长石板隧洞、两路口隧洞的洞长均远超过 2 km,振弦式、差阻式等传感器已无法满足工程需求,故全部选用光纤光栅式传感器。

国内外生产光纤光栅式仪器的厂家主要有基康仪器、杭州珧光、上海紫珊光电等,其中,××仪器在水利水电行业应用广泛,技术实力较强,仪器设备性能较好,技术服务优良,在小湾、大岗山双曲拱坝等工程的应用效果良好,故用工程的光纤光栅式仪器及配套调制仪选择该公司产品。

3)国内外生产测量仪器的厂家主要有徕卡、拓普康、索佳、天宝等,其中××测量仪器在水利水电及岩土变形监测的应用广泛,测量自动化已经发展得比较成熟,仪器设备性能优良,技术服务体系较好,在小湾、大岗山双曲拱坝等工程的应用效果良好,故用于工程的测量仪器选择××测量仪器。

(2)仪器设备检验

严格按 SL530—2012、DL/T 1736—2017 及设计技术要求,对全部监测仪器设备进行全面测试、校正、率定,具体操作步骤和计算方法在规范中均有详尽描述,在此不再赘述。

3. 监测仪器设备埋设及保护

夹岩工程深埋长隧洞主要采用钻爆法施工,沿线地质条件复杂、施工干扰大。因此在实施监测项目前,针对工程深埋长隧洞的特点,建立完善的监测仪器及线缆的保护方案及保障措施体系;针对不同类型的仪器,特别是光纤光栅式仪器提出详细的埋设施工及保护方案,有效确保仪器埋设质量和完好率。

(1)仪器设备埋设安装

主要监测仪器埋设安装工艺流程及控制重点如图 4-26～图 4-28 所示。应用较多的差阻式的仪器埋设安装工艺相对成熟,而光纤光栅式仪器对埋设安装的工艺要求很高,结合夹岩工程实施经验,主要需注意以下几点:

1)埋设的时机

围岩监测仪器应在钻爆施工后及时进行安装,而下一次钻爆施工势必会对已埋设的仪器造成影响,因此为最大程度降低这种施工影响,可用废旧汽车轮胎保护仪器引出尾纤并悬挂于孔壁上的方式进行有效保护。对于衬砌内监测仪器,应在混凝土浇筑前埋设仪器,并对引出尾纤进行穿管保护,在混凝土浇筑时安排专人值守。

2)光缆的熔接

与传统仪器不同,光纤光栅仪器尾缆采用自动熔接机熔接;为保护接头,可自制专用钢管对接头部位进行保护。熔接后,要对光缆接线损耗测试,判断连接是否完好。

3)光缆的牵引

光缆在衬砌钢筋上绑扎、仪器间熔接以及引出到光纤接续盒内部时,光缆弯曲弧度不宜过大,否则数据在传输过程中会有功率损耗,长时间后可能无法读数,因此需控制牵引曲率半径 >5 cm,曲率 <0.2 cm^{-1}。光缆在盘绕时,注意曲率半径和放置整齐。对于无压流隧洞,提出对尾缆、主光缆采用明线方式敷设,即将监测仪器尾缆集中牵引至顶拱部位,然后集中沿顶拱牵引,过程中对所有主光缆进行穿管保护,并逐段打挂钩和夹具进行悬挂固定。

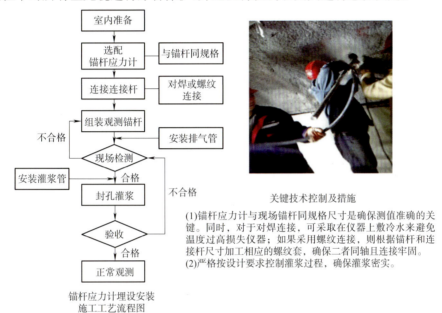

图 4-26　锚杆应力计施工工艺流程及控制重点

图 4-27　钢筋计施工工艺流程及控制重点

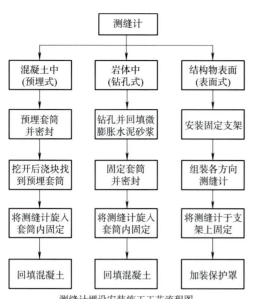

测缝计埋设安装施工工艺流程图

关键技术控制及措施

(1)测缝计套筒内严禁进入砂浆等,要保证测缝计在套筒内可被自由拉压。因此,预埋套筒时,桶内填塞满棉纱;测缝计安装后,套筒内填充黄油后,再进行回填。
(2)根据监测位移的方向,严格按设计要求控制测缝计的安装方向及固定端。

图 4-28 测缝计施工工艺流程及控制重点

(2)仪器设备保护

1)组织机构保障

加强施工现场保护工作的组织领导,以项目经理为第一责任人,专门设立仪器维保部,全面负责监测仪器及电缆的保护工作。

项目经理主要负责各项资源的调配,全力支持仪器保护各项工作的开展,并定期对相关人员进行考核。工程技术、质量检查、安全巡视及综合管理等部门则积极配合开展各项保护工作。

2)工作流程制定

仪器维保部根据实际情况,列出详细的仪器保护计划,内容至少包括:

①近期需要安装的仪器类型、埋设部位及相应的保护措施。
②现场需要提前沟通协调的参建单位负责人名单。
③埋设前所需要准备的保护材料、工具等列清单,并在内部提前组织学习。
④埋设过程中的实时指导、监督,实施效果的考核指标制定以及总体目标。

监测仪器及电缆的保护工作流程如图 4-29 所示。

3)采取的具体措施

①集中资源,以利于仪器完好率目标实现。监测人员均具有类似工程经验,同时项目部根据仪器保护的需要,在材料、机械设备、资金等方面给予现场全力的支持。

②加强沟通,实现仪器保护信息资源共享。跟踪现场土建进度,事前将仪器埋设参数及保护要求等方面的资料上报业主负责人、土建监理配合负责人、土建施工单位对应工点负责人,最大限度地减小土建施工对监测仪器的影响。

③加强宣传,有效增强参建各方保护意识。监测项目开工前,监测人员进场后,与业主、土建监理共同组织相关参建单位,进行一次有关"安全监测仪器保护"的宣传联络会,展示各类型

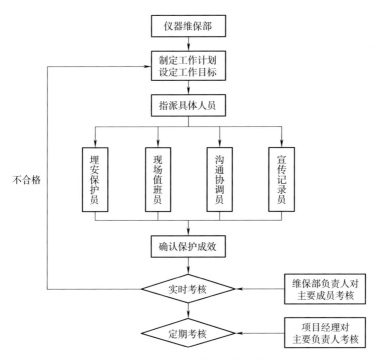

图 4-29　监测仪器及电缆的保护工作流程图

工程中导致安全监测仪器损坏的典型案例，从而加深参建各方的感性认识，提高其对监测仪器的保护意识。

监测人员在每次现场完成仪器的埋设安装后，除在相应部位设置"监测仪器，注意保护"等标识外，现场值守人员对作业面相关单位主要负责人就监测仪器的保护进行详细的讲解，使其认识到仪器保护的重要性。

④加强培训，不断提高保护专业技术水平。监测项目部应结合工程特点，定期对项目部现场技术人员进行培训。同时，不定期组织与仪器生产厂家的交流学习，熟练掌握仪器工作原理、安装埋设工艺和特殊保护措施。

⑤合理建议，建立土建工程施工会签制度。在布置有监测仪器的部位进行土建施工前，需取得监测及相关单位会签同意后，方可开始施工，可有效避免盲目施工造成监测仪器的损坏。

4. 监测成果反馈

夹岩工程深埋长隧洞在建设阶段遇到了较多不良地质情况，通过安全监测的实施，及时整编分析观测数据，判断各监测物理量的变化规律和发展趋势，为评价各主要建筑物的工作状态及安全性提供了有力依据，为工程安全运行保驾护航。

(1)水打桥隧洞

1)进口不良地质段

开挖初期，即出现喷射混凝土脱落、开裂、顶拱围岩下沉，拱架扭曲变形等不利现象，故增设 3 点式锚杆计，监测围岩应力变化情况，如图 4-30 所示。

3 点式锚杆计埋设完成后，实测应力均有不同程度的增大，其中 3 m 深度处的测点变化速率和幅度最为明显，监测单位密切关注该部位，加大观测频次和巡视检查力度，及时反馈监测成果。

仅1个月,该测点应力测值达到峰值287.18 MPa,期间的变化速率为7.43 MPa/d,又正值主汛期,降雨频繁,监测单位初步判断地表水入渗将引起围岩自稳条件进一步恶化,可能造成围岩垮塌险情。根据监测成果及时调整支护方案。加强支护措施实施一周后,该测点应力值未继续增加,并逐步趋稳,表明施工效果达到了设计预期,监测成果起到了指导施工的积极作用。

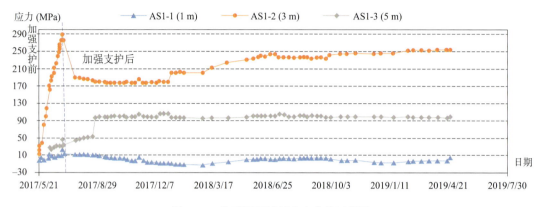

图4-30 典型断面锚杆应力变化过程线

2)已完成二次衬砌的洞段

已完成二次衬砌的洞段设计了5个永久结构监测断面,每个断面布置4支测缝计、8支钢筋计、2支渗压计,典型断面监测数据过程线如图4-31～图4-33所示。

监测成果显示,二次衬砌结构钢筋主要呈受压状态,测值受局部施工有小幅波动,但总体趋稳;二次衬砌与围岩之间的开合度仅-0.10～0.29 mm,且基本收敛,表明二次衬砌与围岩接触良好,灌浆效果良好;二次衬砌外水压力渗压计基本处于无压状态,无异常。

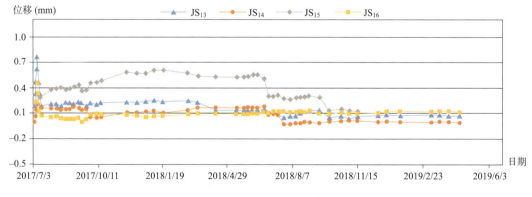

图4-31 典型断面测缝计开合变化过程线

(2)两路口隧洞进口边坡变形监测

1)临时监测

两路口隧洞进口边坡为河谷岸坡、斜坡地形,地表覆盖层为残坡积黏土夹碎石及崩塌堆积物,厚0.6～17.6 m,地下水类型为基岩裂隙水,埋藏浅,隧洞进口位于地下水位变动带。2016

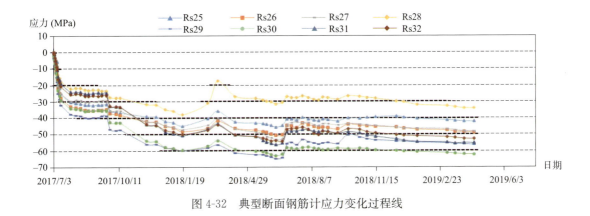

图 4-32　典型断面钢筋计应力变化过程线

图 4-33　典型断面渗压计水压力—温度变化过程线

年 5 月发现隧洞进口右侧边坡出现多条裂缝,表观有滑动崩塌风险,随后立即组织现场勘察,确定先对边坡进行临时表面变形监测,掌握边坡位移变化情况。

2016 年 6 月 5 日对边坡临时监测点取得初始值,随后进行持续的高频次的观测,根据监测数据,两路口隧洞进口边坡变形可以分为两个阶段:

汛期:2016 年 6 月至 2016 年 9 月,边坡测点累计水平向位移量在 2.6~3 261.3 mm,累计沉降量在 3.7~2 101.4 mm。边坡急剧变形期主要集中在 2016 年 6 月 26 日暴雨后至 7 月 8 日,在此期间各测点变形量处于急剧增大趋势,最大水平和位移变化量 2 465.1 mm,最大沉降变化量 1 374.7 mm,现场巡视检查发现边坡出现大量裂缝,裂缝贯穿整个进口边坡中上部,裂缝最大深度超过 2 m,最大缝宽超过 0.5 m,与监测数据情况较吻合。

非汛期:2016 年第四季度内,边坡坡脚混凝土挡墙修筑完成,以及降雨量减少,边坡各测点水平和位移及沉降速率有所降低,各测点的水平位移变化量在 0.5~9.5 mm 之间,累计沉降变化量在-0.2~-5.8 mm 之间,边坡变形速率相对较低。

两路口隧洞进口边坡属不稳定坡体,受降雨影响变形较大,根据监测成果在下一个雨季来临之前完成对该边坡的加固处理,防止边坡出现滑坡、崩塌等意外情况,保证隧洞施工人员安全,保证隧洞进口开挖的顺利进行。

2)永久监测

两路口隧洞进口边坡前期变形量较大,根据监测数据情况,制定边坡加固处理方案,为判断边坡加固设计方案的合理性和施工质量的可靠性,并了解边坡长期稳定性,在边坡加固处理同时布置监测仪器。

边坡位移标点水平位移量在 5.2~111.5 mm;沉降量在 1.8~41.9 mm。其中位于测斜孔孔口处位移标点,水平合位移量在 25.7~111.5 mm,沉降量在 12.9~41.9 mm,位于抗滑桩冠梁上的位移标点水平位移量均不超过 9 mm,沉降量均不超过 6 mm。

边坡测斜孔孔口位移量与之对应的位移标点位移量数据吻合,其中位于边坡下部两个测斜孔均未出现深部位移迹象,在距孔口 2~3 m 深度处存在朝向边坡临空面浅层滑动面,位于边坡中部的测斜孔在距孔口 8 m 深度处存在一个朝向临空面的滑动层,未见更深层滑动趋势。

边坡抗滑桩内钢筋计均处于受拉状态,抗滑桩内钢筋应力呈现随深度加深而变大,各钢筋计应力值在 14.12~45.67 MPa。

两路口隧洞进口边坡在加固处理完成之后经历了两个汛期的考验,边坡浅覆盖层受降雨影响易产生蠕变现象,但深部较为稳定,抗滑桩能够承受来自边坡浅覆盖层的侧方挤压力而保持相对稳定状态。

(3)长石板隧洞果木洼地浅埋段

长石板隧洞在经过果木洼地浅埋段时,出现了明显涌泥和地表局部塌陷情况,土建施工暂停近 6 个月。所增设的地表沉降监测点累计水平位移 1.2~4.6 mm,累计沉降量 1.6~5.1 mm,变形量值和速率均较小,沿线巡视检查亦未见异常,地表建筑物尚未出现影响结构安全的风险。

5. 监测实施的效果

(1)采用总体设计结合现场设计的设计方式,根据施工实际情况,开工至今仅增加仪器设施 53 支,设计思路较为灵活,既满足了工程安全需求,又有效节约了投资。

(2)在掌握工程特点的基础上,充分调研国内外知名厂家的产品与工程应用情况,对于长度 2 km 以内的有压流隧洞段采用性价比高、耐水性能好的差阻式仪器;对于长度超过 2 km 的无压流隧洞段采用传输距离远、易于集中牵引的光纤光栅式仪器;测量设备均为原装进口,从源头上保证了仪器性能和质量。

(3)重视仪器的现场检验、埋设安装质量和保护,强调事前、事中、事后的全过程控制与经验总结。已完成的各类型监测仪器设施 128 支,合格率 100%,优良率 97.5%,完好率 100%,特别是在光纤光栅式仪器的应用方面,积累了大量成功经验。

(4)通过及时分析和反馈监测成果,为隧洞的开挖支护、边坡的加固处理、工程验收等提供了有力依据,同时可为工程的长期安全稳定运行提供服务。

4.2.9 展　　望

(1)深埋长隧洞的建设复杂程度明显高于常规隧洞,不可预见的问题多,现有法律法规、规程规范的实施对监测设计、施工、运行管理等方面起到了积极的指导和推动作用,提高了各方对安全监测工作的重视程度,但是仍无法覆盖工程各阶段的主要问题。因此,随着对深埋长隧洞工程认识的不断深入,设计理念的逐步成熟,设计深度和广度的逐步拓展,寻求更加科学合理的监测手段和优化方法,力争在能够充分反映各建筑物全生命周期内的工作状态前提下,以最少的投入获得最大的效果,充分发挥安全监测的作用,这将是未来监测技术的发展趋势。

(2)深埋长隧洞安全监测目前主要依靠点式布置的监测仪器设施,针对特殊地质洞段、存在安全风险或已出现问题的局部变形、应力、渗流等进行重点监测与分析,在材料和结构的老化等方面涉及很少。随着科学技术的发展,深埋长隧洞的安全评价将不仅局限在对宏观物理量的分析,应综合监测、设计、施工、运行全部资料,重视运用地质雷达、电阻率电磁剖面仪、超声波检测仪等现场检测手段,结合巡视检查信息、结构数值分析、图像分析信息,对工程运行性态进行综合评价。

(3)深埋长隧洞较常规隧洞,受通信条件差、永久供电难以保证、施工干扰大等因素影响,施工阶段难以实现自动化,日常的监测工作需要耗费大量的人力、物力,效率低且无法保证监测数据的实时性,运行期即使实现自动化,也存在成本高且不易于管理维护的问题。近年来,安全监测仪器逐步走向小型化、高集成化、高可靠性、智能化,未来如果其能够具备无线自组网功能,将为深埋长隧洞安全监测自动化和高效管理提供解决途径。

4.3 本章小结

夹岩工程深埋长隧洞工程地质条件复杂,通过超前地质预报的提前预判隧洞前方的围岩地质情况和施工风险,安全监测的运用能够科学系统的了解隧洞施工中重点部位应力应变的变化,对于异常洞段和异常情况,能够准确地指导制定相应处理应对措施,为隧洞施工的眼睛,能很好地指导隧洞的施工。

第5章　大坡度斜井施工关键技术

随着我国水利基础设施的日趋完善,以及对安全、质量、工期和标准化的要求越来越高,特长水工隧洞运用在设计及施工中逐渐增多。受地形条件的限制,采用大坡度的长大斜井,成为进入主洞的辅助手段。大陡坡的长大斜井,有轨运输斜井存在空间有限、地质条件复杂多变、安全风险大等特点,成为直接影响长大隧洞快速、安全施工的主要因素。如何应用长大斜井的施工技术已成为隧洞能否快速、安全施工的关键所在。在夹岩供水工程中,7条大坡度斜井的施工支洞运输均采用绞车提升矿斗车有轨运输技术,实现斜井安全高效运输。

5.1　大坡度斜井概况

5.1.1　工程概况

夹岩工程的斜井均为城门洞形,初期支护后净空为 6 m×5 m。7条斜井分别为水打桥隧洞的1#斜井、2#斜井和3#斜井;余家寨隧洞1#斜井,余家寨隧洞1#斜井,余家寨隧洞3#斜井;两路口隧洞1#斜井。详见表5-1,本节主要介绍水打桥隧洞2#支洞施工关键技术。

表5-1　施工斜井统计表

隧洞名称	斜井名称	支洞长	斜井规模	斜井坡度
水打桥隧洞	1#施工支洞	604 m	城门洞形,断面尺寸6.0 m×5.0 m	36.3%
水打桥隧洞	2#施工支洞	698 m	城门洞形,断面尺寸6.0 m×5.0 m	33.1%
水打桥隧洞	3#施工支洞	704 m	城门洞形,断面尺寸6.0 m×5.0 m	35.4%
两路口隧洞	1#施工支洞	258 m	城门洞形,断面尺寸6.0 m×5.0 m	39.2%
余家寨隧洞	1#施工支洞	482 m	城门洞形,断面尺寸6.0 m×5.0 m	33.9%
余家寨隧洞	2#施工支洞	334 m	城门洞形,断面尺寸6.0 m×5.0 m	39.7%
余家寨隧洞	3#施工支洞	316 m	城门洞形,断面尺寸6.0 m×5.0 m	45.3%

5.1.2　斜井隧洞运输方式介绍

斜井均采用绞车提升矿斗车运输,斜井工区主洞段的运输方式:水打桥隧洞和两路口隧洞采用自卸汽车运输;余家寨隧洞采用轨道运输。如主洞采用自卸汽车运输,在隧洞开挖时能够及时清理出隧洞掌子面的洞渣,运输至主洞与斜井支洞的交叉口处,由装载机配合斜井矿斗车出渣,能够保证施工掌子面的连续作业,但在交叉口需要扩挖较大的临时储渣场地;主洞内使用电瓶车头牵引矿斗车在轨道上运输的方式,随着隧洞开挖长度的增加相对汽车运输效率较低,但洞内施工环境相对汽车运输有很大的提高。

5.2 斜井洞身施工关键技术

斜井施工受坡度影响,普通运输设备难以运行,材料运输和隧洞出渣须采用绞车提升矿斗车经由轨道运输。轨道铺设的平直度以及斜井坡度和排水对后期施工影响巨大,在斜井开挖过程中受地质条件影响,采取了底部换填以及排水沟结合集水井排水等措施。

5.2.1 井身施工

斜井井身开挖是斜井施工的关键工序,由于井身断面小,大型设备无法进洞,在进行钻爆方案设计前认真调查和研究地质情况对钻爆设计十分重要。在施工过程中,根据不同的地质情况不断修正各项参数,钻爆设计一般以直眼掏槽、光面爆破为主,根据围岩的稳定情况确定每环进尺,当围岩稳定性差时采取短进尺、弱爆破。手持风钻钻孔作业时要求做到:稳、准、直。炮眼精度要求按主洞施工要求。循环开挖时尽量采取全断面开挖。在斜井的一侧设置排水沟,每 100～150 m 设置一集水井由水泵抽排至洞外。

为了保证施工安全,在斜井围岩较差段一般采取锚喷支护。锚杆间距根据围岩类别及稳定情况定,必要时采取型钢支护;对富含水、纯土质软弱围岩隧道的支护方法,按照新奥法原理设计,自进式注浆锚杆和双液小导管超前支护加固,打设环向系统锚杆,挂钢筋网,喷射混凝土初期支护,支护紧跟开挖作业面。斜井支护如图 5-1 和图 5-2 所示。

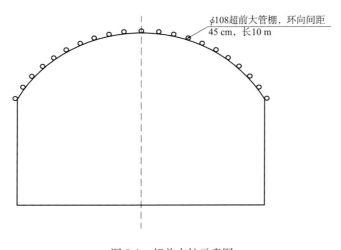

图 5-1 超前支护示意图

超前支护在拱顶 120°范围采取长 10 m、环向间距 0.45 m 的 ϕ108 超前大管棚注浆(大管棚前部呈梅花形开孔)。

初期支护采取 I16 工字钢架,钢架间距 0.5 m,钢架直墙部分较设计增长 1 m。为防止钢架下沉及施工机械破坏,两侧钢架脚趾处垫设 2 块长 0.20 m×宽 0.40 m×厚 0.16 m 预制混凝土块;为增强钢架脚趾受力的整体性,同侧前后钢架垫块间用 C20 现浇混凝土填充,宽 0.4 m,厚 0.5 m。为防止钢架边墙挤压变形,在同榀钢架左右侧脚趾处增设一榀 I16 横向支撑,形成闭合环。钢架与钢架连接采用 ϕ25 钢筋,环向间距 1 m。系统锚杆间距 1.5 m,长 4.5 m,与岩

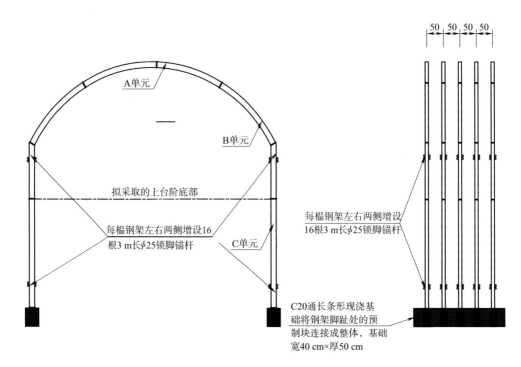

图 5-2 初期支护示意图

面垂直;锁脚锚杆在同一环钢架连接处左右侧增设 16 根长 3 m $\phi25$ 的砂浆锚杆,锚杆端头弯成 90°并焊接在钢架上。$\phi6.5$ mm@20×20 钢筋网挂设应在钢架临空侧,以保证与壁面足够空隙。其搭接长度不应小于 20 cm,与锚杆或刚架点焊要牢固。

喷射混凝土时将喷射机布置在洞口,用管道作远距离压风送料。这样喷射机不必频繁移动且可减少井内噪声及粉尘。喷射机的工作风压需随输料管距离的增长而增大,以确保喷射混凝土质量。

5.2.2 交叉口段落设置与施工

主洞与支洞交叉部位,因洞渣和材料都要在此倒运,还是洞口至洞内通信的中转站,直至隧洞施工结束,安全至关重要。交叉口布置直接关系主洞施工的物料组织、施工通风、施工交通运输。主要采用扩挖中转场式布置扩挖交叉口段。斜井进主洞前,先采用 TSP 超前地质预报系统进行一次中长距离的地质预报,提前对一定规模的溶隙、地下水、软弱岩层带进行预报,以便施工中提早采取措施。交叉口布置如图 5-3 和图 5-4 所示。

(1)水打桥隧洞 2# 支洞施工至 2ZD+647.311 桩号后,进行支洞扩挖段预加固施工(开挖及支护参数按 A—A 断面支护图施工)。斜井洞身开挖断面如图 5-5 所示。

(2)预加固段施工至 2ZD+653.311 桩号后,为方便与扩挖段顺接及进洞高压风水管、通风风筒的布置,向进洞方向左右侧开始扩挖,2ZD+653.311 至支 2ZD+657.311 段扩挖。如图 5-6 所示。

(3)按 B—B 断面施工至 2ZD+657.311 桩号后,2ZD+657.311 至 2ZD+670.311 段(装渣及卸料区)扩挖断面由 B—B 断面扩挖至 C—C 断面,(开挖及支护参数按 C—C 断面支护图

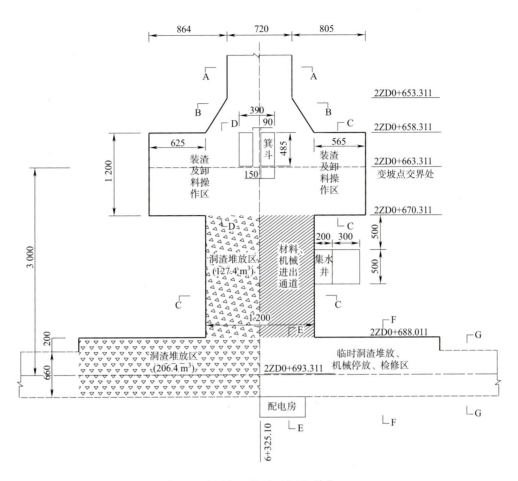

图 5-3 支洞交叉段平面布置(单位:cm)

图 5-4 施工完成交叉口

施工)。2ZD+657.311 及 2ZD+670.311 施工交叉口按 D 型断面进行支护(靠近交叉口 4 榀 I22b 型工字钢拱架焊接并列),为方便交叉口挑顶钢架施工,在 4 榀钢架顶面采用钢板支垫方式通焊水平,并预留挑顶钢架的水平单元,方便挑顶钢架其他单元相接。如图 5-7 所示。

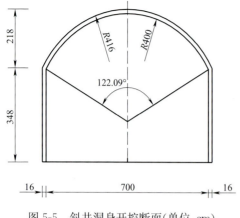

图 5-5 斜井洞身开挖断面(单位:cm)

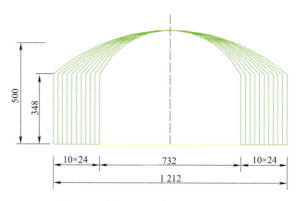

图 5-6 渐变段开挖断面(单位:cm)

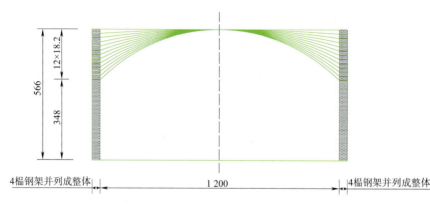

图 5-7 装渣及卸料开挖段面(单位:cm)

(4)装渣及卸料区施工完毕后,按 C—C 断面施工洞渣堆放区及材料、机械进出通道,至 2ZD+688.011 桩号。

(5)支洞作业区施工完毕之后,按 F—F 断面分别施工主洞上下游洞渣堆放区、机械停放及检修区,上下游各 20 m。如图 5-8 所示。

(6)施工主洞上下游处交叉口挑顶门架横梁施工与(3)相同(4 榀 I22b 型工字钢拱架并列焊接),并加固。

(7)扩挖段、交叉口处每榀钢架左右侧拱腰、拱脚处各施工 3 根 3 m 长 $\phi 25$ 锁脚锚杆。

(8)交叉口及主洞扩挖段二次衬砌施工于最后收口施工,主洞加宽段按设计断面进行施工,采用 2 m 厚 M10 浆砌片石墙回填,其余超宽部分采用与衬砌同强度等级混凝土回填,如图 5-9 所示。

1. 洞底泵站施工

支洞进入主洞后反坡排水施工,先向出口开挖 100 m,需设置临时泵站进行抽水。临时泵站设于材料、机械进出通道右侧,施工中可根据现场情况调整位置。

2. 变压器设置

隧洞长度增长后,洞内电压难以满足正常施工,需要在支洞或主洞段设一临时变压器,供

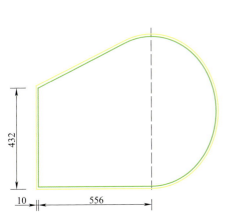
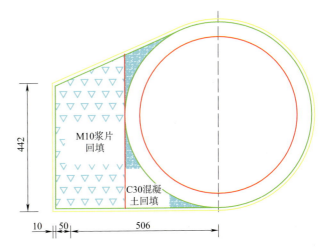

图 5-8 主洞扩挖段开挖断面(单位:cm)　　图 5-9 主洞扩挖段二次衬砌施工措施(单位:cm)

隧道施工。

3. 临时排水

横洞内与主洞交叉口至泵房段为反坡排水段,其余支洞内的渗水通过底板排至洞底沉淀池,再通过多级分离泵排至洞外。

4. 施工通风

支洞安装 1 根直径 1.0 m 通风管,配备 1 台 2×37.5 kW 轴流通风机压入式通风,能满足施工需要。

进主洞后,在洞内安装 1 根直径 0.8 m 通风管,向进出口方向通风。同时主洞与支洞交叉口处配置 1 台射流风机向隧道主洞内吹风,供应向隧道内通风的新鲜空气;射流风机则将隧道主洞内的污风向支洞方向排出。

5. 提升设备选型

斜井的倾斜度为 37%,倾斜角度 $α=21.7°$;提升斜长 $L=688$ m,选用 $V=6$ m³ 箕斗提升;容器自重 $Q_r=5.0$ t,选用双滚筒提升机提升;岩石的松散容重 $C_V=1.6$ t/m³;交叉口车场增加的运行距离 $L_H=12$ m;栈桥上的运行距离 $L_B=12$ m。

(1)最大速度的确定:

根据煤矿安全规定:斜井箕斗提升速度不得超过 7 m/s;当铺设固定道床、采用重型钢轨时,箕斗提升最大速度不得超过 9 m/s。根据施工需要,初步选定最大速度为 $v_{max}=3.0$ m/s。

(2)提升循环需要的总时间确定:

$$T_g' = \frac{L}{v_{max}} + \frac{L_B}{v_B} + T_B + T$$

$$= \frac{688}{3.0} + \frac{12}{1.5} + 65 + 5 = 250 \text{ s}$$

式中　v_B——在场内运行的速度,取 $v_B=1.5$ m/s;

　　　T_B——在场内装卸车时间,取 $Q_B=65$ s;

　　　T——提升机换向时间,取 $Q=5$ s。

(3)小时提升循环次数的确定:3 600÷250=14.4 次。

(4)每次提升量的确定:
$$Q = K_m V C_V = 0.9 \times 6 \times 1.6 = 8.64 \text{ t}$$

式中 K_m——容器的装满系数,取 $K_m=0.9$。

(5)确定每米钢丝绳的重量:
$$P = \frac{Q_d(\sin\alpha + f_1\cos\alpha)}{\dfrac{1.1\delta_B}{m} - L(\sin\alpha + f_2\cos\alpha)}$$
$$= \frac{13.64 \times 1\,000 \times 9.8 \times (\sin 21.7° + 0.015 \times \cos 21.7°)}{\dfrac{1.1 \times 16700}{6.5} - 688 \times (\sin 21.7° + 0.2 \times \cos 21.7°)} = 20.99 \text{ N/m}$$

式中 m——安全系数,主斜井提升物料,取 $m=6.5$;

δ_B——钢丝绳公称抗拉强度,取 $\delta_B=16\,700 \text{ N/mm}^2$;

f_1——提升容器在井筒轨道上的阻力系数,取 $f_1=0.015$;

f_2——钢丝绳摩擦阻力系数,取 $f_2=0.2$;

Q_d——提升总重量,$Q_d = Q + Q_r = 8.64 + 5 = 13.64$ t。

根据上述 P 值选取 $6 \times 19S + F_C$ 三角股钢丝绳;其相关参数为 $d=26$,$P=24.30$ N/m,$\sigma_b=1\,670$ MPa,$F_s=1.214 \times 373 = 452.8$ kN。

(6)校核钢丝绳安全系数:
$$M = \frac{F_s}{Q_d \times 1\,000 \times 9.8 \times (\sin\alpha + f_1\cos\alpha) + L \cdot P(\sin\alpha + f_2\cos\alpha)}$$
$$= \frac{452\,800}{13.64 \times 1\,000 \times 9.8 \times (\sin 21.7° + 0.015 \times \cos 21.7°) + 688 \times 24.30 \times (\sin 21.7° + 0.2 \times \cos 21.7°)}$$
$$= 7.47 > 6.5。$$

符合要求。

(7)提升机的选择

滚筒直径的确定

$D_g = 80 \times 26 = 2\,080 < 2\,500$,选用 2.5 m 双滚筒提升机。

其参数为:

型号:2JK-2.5×1.2P

直径:$D_g = 2\,500$ mm;宽度 $B = 1\,200$ mm

最大静张力:$F_{j\max} = 60$ kN;最大提升速度:8.8 m/s

容绳量:一层:325 m;二层:655 m;三层:990 m

滚筒缠绕宽度验算:
$$B' = \frac{L + L_m + 7\pi D_g}{K_c \pi D_p}(d + \varepsilon)$$
$$= \frac{688 + 30 + 7 \times 3.14 \times 2.5}{3 \times 3.14 \times 2.552} \times (26 + 3) = 932.4 \text{ mm} < 1\,250 \text{ mm}$$

式中 L_m——试验钢丝绳长度,取 $L_m=30$ m;

ε——钢丝绳绳圈间的间隙,取 $\varepsilon=3$ mm;

K_c——钢丝绳在滚筒上的缠绕层数,按缠绕3层,取 $K_c=3$;

D_p——钢丝绳在滚筒上缠绕平均直径 $D_p = D_g + (K_c - 1)d = 2.552$ m。

滚筒宽度按缠绕 3 层,符合要求。

提升机的最大实际静拉力:

$$F_{j\max}=Q_d(\sin\alpha+f_1\cos\alpha)+LP(\sin\alpha+f_1\cos\alpha)$$
$$=13.64\times1\,000\times9.8\times(\sin21.7°+0.015\cos21.7°)$$
$$+688\times24.3\times(\sin21.7°+0.2\cos21.7°)$$
$$=60.61\text{ kN}<90\text{ kN}$$

符合要求。

提升机最大静张力差:

$$F=Q(\sin\alpha+f_1\cos\alpha)+LP(\sin\alpha+f_1\cos\alpha)$$
$$=8.64\times1\,000\times9.8(\sin21.7°+0.015\cos21.7°)$$
$$+688\times24.30\times(\sin21.7°+0.2\cos21.7°)$$
$$=41.80\text{ kN}<60\text{ kN}$$

符合要求。

提升系统的内外偏角计算:

选取提升机两天轮间的距离:$S=B+a=1\,250+90=1\,340$ mm(B 为卷扬机滚筒宽度、a 为两天轮底座间距)

则提升机内、外偏角相等、$\tan a_1=\tan a_2=625\div25\,000=0.024$

$a_1=a_2=1.43°<1.5°$

符合要求。

(8)电动机功率计算:

由于用户前期使用此提升机作单滚筒提升;故:

$$N=\frac{K_1F_{j\max}V_{\max}}{102\eta}=\frac{1.1\times60\,614\times3.9}{102\times0.92\times10}\times=277.10\text{ kW}$$

式中 K_1——备用系数,取 $K_1=1.1$;

η——传动效率,取 $\eta=0.92$。

据计算结果,选用 YTS-400S1-8 电动机,其参数为:

额定功率 $N=280$ kW,额定电压 $U=380$ V,额定效率 $\eta=0.94$,额定转速 $n_d=740$ r/min。所选电机功能满足需要。

减速器的选择:

根据所选电机 280 kW/380 V、八极电机查表选取减速器型号为:NBD710-25 行星减速器,其最大输出扭矩为 108.6 N·m。

小时实际提升量:$Q_2=8.64\times12=103.68$ t。

(9)选用提升机型号及参数

综上所选定提升机型号及参数见表 5-2。

表 5-2 提升机型号及参数

型 号	2JK-2.5×1.2P
滚筒个数	2
滚筒直径 (mm)	2 500
滚筒宽度 (mm)	1 200
钢丝绳直径(mm)	26
钢丝绳缠绕层数	3 层

续上表

型　号	2JK-2.5×1.2P
钢丝绳最大静张力	90 kN
钢丝绳最大静张力差	60 kN
最大容绳量（m）	990（三层）
最大绳速（m/s）	3.00
减速器型号	NBD710　$i=31.5$
电机参数	YTS-400S-8　280 kW/380 V

6. 运输

斜井有轨运输系统主要包括提升设备、钢丝绳、天轮、栈桥、矿车及轨道组成，如图 5-10～图 5-14 所示。

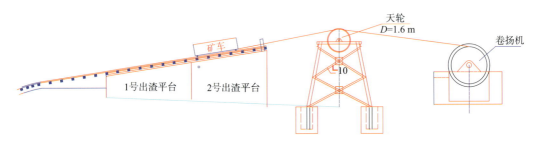

图 5-10　卸渣台布置图

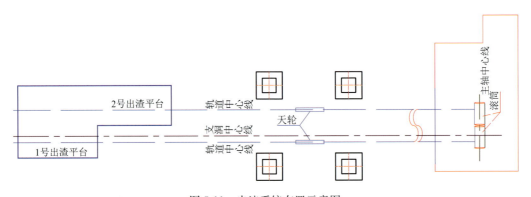

图 5-11　出渣系统布置示意图

图 5-12　卷扬机控制室图

图 5-13　轨道运输

图 5-14　轨道卸载台

(1)斜井开挖施工阶段

斜井进洞 100 m 范围洞内材料运输及出渣采用装载机。进洞期间同时做好斜井有轨运输提升系统的安装工作,由于相互干扰比较大,工序衔接协调任务较重。提升系统采用 2JK-2.5×1.2P 单绳缠绕式矿井提升机。因后续主洞大量机械进入,需预留一线作为机械出入通道;故斜井施工阶段采用 WZL-220P 履带挖掘式装载机装渣至 4 m^3 侧缺式矿斗,卷扬机单筒单绳通过单线提升至洞外栈桥卸料台,由洞外装载机装入自卸汽车并运至弃渣场。轨道 43 kg/m 标准钢轨,轨距 900 mm,160 mm×160 mm×10 mm 方木轨枕,间距 800 mm,轨枕长 1 600 mm,将洞内级配较好的洞渣作为道砟,填厚平均 30 cm,其中轨枕埋入道砟 10 cm。轨道安装效果如图 5-15 所示。

(2)主洞开挖支护施工阶段

主洞施工阶段斜井运输仍采用 2JK-2.5×1.2P 单绳缠绕式矿井提升机,与斜井施工阶段不同的是采用双筒双绳双线。主洞采用无轨运输,有轨运输与无轨运输之间的衔接通过对设计斜井坡底的平洞段净宽 6 m 扩挖成 12 m,在扩挖段分别掏槽设置汇水井及泵房、装载机倒车洞卸料区等。

主洞的洞渣通过 WZL-220P 履带挖掘式装载机装入自卸式汽车,如图 5-16 所示。另一台在靠近工作面的会车洞处等待,考虑到斜井的运输能力,通常主洞开挖长度超过 500 m 之后,增设第三台自卸车,第四台备用。为发挥斜井最大运输能力及保障主洞段上下游正常掘进,通常主洞上下游工序错开。

主洞段洞渣卸至扩挖段处的装卸区后,用 ZL400C 装载机铲渣至 4 m^3 侧卸式矿斗,通过斜井有轨运输至洞外泄料台。

由于单绳缠绕式矿井提升机在提升过程中,矿斗在斜井中采用的是一上一下错开式运行,故在洞底矿斗等待过程中,洞外另一线可通过装载机将喷浆料、钢架或其他需进洞的物资装入矿斗并固定,通过双线矿斗上下运行过程中均有荷载,达到提升机受力尽可能平衡。

 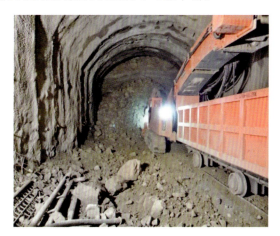

图 5-15　轨道安装　　　　　图 5-16　WZL-220P 履带挖掘式装载机挖装作业

7. 安全技术

斜井提升设备必须按以下规定进行日常检查与定期检查试验(并作出记录),检查时间与项目见表 5-3。

检查现场如图 5-17 和图 5-18 所示。

表 5-3　设备检查及时间表

检查与试验项目	检查时间	负责部门或人员
主要提升设备	6 个月/次	项目部、厂家
过速、过载装置、天轮、卸渣台	1 个月/次	机电部
钢丝绳	每日/次	检查工
地滚、轨道、行车限界	每日巡查一次	养道班工长

图 5-17　钢丝绳检查

图 5-18　其他构件检查

施工期间采用矿斗运送人员与其他物料时,应遵守下列规定:牵引提升速度小于 3.5 m/s,接近洞口和交叉口时速度不大于 2 m/s,升降加速度不得超过 0.5 m/s,矿斗与提升钢丝绳的连接,通过钩头连接的方式,防止脱钩。

运输斗车之间,斗车与钢丝绳之间应有可靠的连接装置,并应加装保险绳。

当矿斗接近洞口和交叉口时,均应减速。

严禁人员乘坐斗车上下。

每一提升装置,必须装有从交叉口联络员发给洞口联络员的信号装置。联络员发出信号后,除常用的信号装置外,并必须有备用装置。交叉口的信号必须经由洞口联络员转发,井底车场不得直接向卷扬机司机发信号。

(1)钢丝绳和连接装置

提升用的新钢丝绳,应根据不同安全系数核定允许载重量,并在使用现场挂牌标明。

提升钢丝绳必须有专人负责,每日检查一次,对易损坏、断丝和锈蚀较多的部位,应停车详细检查,断丝的突出部分应在检查时剪下,检查结果记入钢丝绳检查记录。

提升或制动钢丝绳直径减少到 10% 时,必须更换。

钢丝绳的钢丝有变黑、锈皮、点蚀麻坑等损坏时,不得使用。

单绳缠绕式提升用的新钢丝绳,在升降时如遭受卡矿、突然停车等猛烈拉力时,必须立即停车检查。遭受猛力拉力的一段,发现有损坏和其长度增长 0.5% 以上时,必须更换。钢丝绳使用后期,断丝数或伸长发展突然加快(例如连续三天出现显著伸长,或在某一捻距内每天都有断丝出现),必须立即更换。

钢丝绳作定期试验时,如果小于安全系数,必须更换。

各种钢丝绳在一个捻距内断丝截面积同钢丝总截面积之比达不到规定值,必须更换。

开凿斜井时,升降人员和物料的提升装置的连接装置,不得作其他用途,使用前必须用其最大静荷重两倍的拉力进行试验;使用期内,至少每三个月做同样试验一次,每两年至少更换一次。

(2)斜井轨道相关规定

1)轨道质量要求

斜井轨道按标准铺设。轨道的铺设质量符合下列要求:

①扣件必须齐全、牢固并与轨型相符。轨道接头的间隙不得大于5 mm,高低和左右错差不得大于2 mm。

②钢轨顶面的高低差不得大于5 mm。

③轨距上偏差为+5 mm,下偏差为−2 mm。

④轨枕的规格及数量应符合标准要求,间距偏差不得超过50 mm。道砟的粒度及铺设厚度应符合标准要求,轨枕下应捣实。对道床应经常清理,应无杂物、无积水。

⑤同一线路必须使用同一型号钢轨。

2)轨道铺设及安全间隙

轨型38 kg,轨距900 mm,双轨道铺设。

①材质及标准:轨型:38 kg/m;

轨枕:15 cm×15 cm×1 500 cm方木;

道床铺设:采用20~40 mm石子;

轨距:900 mm;

接头连接方式:悬接;

中部轨枕距:0.8 m;

接头轨枕距:0.5 m;

左边轨外侧距巷道中心线0.8 m;

右边轨外侧距巷道中心线1.9 m;

两轨道中心距:1.8 m;

道床厚度:0.2 m。

斜井断面布置如图5-19所示。

②铺设要求:严格按照《矿井轨道质量标准》进行铺设作业,轨距、水平、轨缝、接头平整度、方向、轨枕距(包括:接头枕、过度枕间距)不得超过标准允许偏差、道夹板、扣件(包括:皮垫)齐全紧固。

③安全间隙:两轨道中心距1.4 m时,固定式矿斗安全间隙0.35 m,重型平板车安全间隙0.10 m,固定式矿斗与重型平板车安全间隙0.225 m;但在500~600 m处两轨道中心距1.55 m时,固定式矿斗安全间隙0.5 m,重型平板车安全间隙0.25 m,固定式矿斗与重型平板车安全间隙0.375 m;轨道中心线对比巷道中心线偏移(下行方向),左轨偏移0.625 m,右轨偏移0.775 m。轨道按设计质量要求敷设。

3)轨道维护

矿井轨道使用期间必须加强维护,定期检修;轨道工必须对轨道运行线路每班进行巡回检

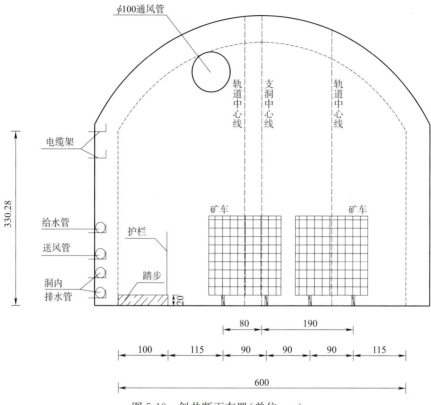

图 5-19 斜井断面布置（单位：cm）

查，检查部位（内容）主要有：轨道轨距、轨道接头、轨枕、道床等。发现轨道阴阳、接头错接、夹板螺丝松动、轨距超标、轨枕吊板或损坏等影响安全行车的情况时，必须按轨道质量标准要求及时进行处理，保证行车顺畅、安全。如图 5-20 所示。

图 5-20 施工轨道通畅、稳定

(3)通信、信号装置

1)通信装置要求

运输斜井必须安装可靠的通信装置，便于工作及处理问题时相互联系。当通信系统出现故障时,打点人员须及时汇报区队值班员,安排维修人员进行处理。

2)通信装置安装

提升机房、洞口值班室、交叉口、掌子面均设有通信电话互相联系,斜井内装卸物料时,使用对讲机、打铃设备与值班室进行提升信号联系。

3)信号装置要求

①运输斜井各场口必须安装可靠的信号装置。

②信号要清晰,杜绝失效。

③矿斗必须安装行车指示报警灯。

④当信号系统出现故障时,值班员须及时汇报工区领导及项目部主管领导,在维修人员未处理好信号系统故障前,严禁无信号行车。

(4)卷扬机操作安全措施

卷扬机操作司机为关键岗位,规定如下:

1)一般规定

①提升机司机必须由经过特种作业人员资格培训,并考试合格,取得资格证书的人员担任并持证上岗。

②提升机司机必须熟悉所操作绞车的结构、性能、工作原理及操作方法,熟知信号联系方法,会处理一般性故障。

③必须严格遵守并执行《煤矿安全规程》《操作规程》《工种岗位责任制》,精力集中、谨慎操作,不得擅自离岗,不做与本岗无关的事情,行车时不准与他人交谈。

④司机必须穿防静电工作服,接触计算机和电控元器件时必须戴防静电手套。

⑤提升机必须配备正、副司机,每班不得少于2人。

⑥司机严格执行交接班制度、岗位责任制以及其他制度。

⑦搞好设备及机房的环境卫生,并将工具、备品摆放整齐,认真填写各种记录。

2)操作前的准备

①检查各紧固螺栓不得松动,连接件应齐全、牢固。

②减速机温度、声音无异常,联轴器间隙应符合规定,防护罩应牢固可靠。

③轴承润滑油油质清洁,油量适当,油环转动灵活,平稳;吸油站系统管路完好可靠。

④各种保护装置及电气闭锁必须完整可靠,声光和警铃都必须灵敏可靠。

⑤盘式制动器不得漏油,间隙适当。

⑥各种仪表应指示准确。

⑦信号系统应正常。

⑧数字和模拟深度指示器的显示准确。

⑨检查中发现的问题,必须及时处理,并向当班领导汇报,处理符合要求后方可开车。

3)操作

司机应熟悉各种信号,操作时必须严格按信号的指令开车。

①司机不得无信号动车。

②当信号不清或有疑问时,应与打点人员联系,重新发出信号,确认后再开车。

③司机接到信号后,因故未能开车,应通知洞口值班人员,解除故障后,与打点人员联系,重新发出信号,再进行操作。

④矿斗在洞口位置,若因绞车其他原因需要动车,应与打点人员联系,按信号指令动车。

⑤矿斗在斜井中,若因绞车检修需要动车,应通知打点人员,在允许情况下方可运行操作,完毕后通知打点人员。

4)进行特殊吊运时,速度应符合下列规定

①使用矿斗运送炸药、雷管时,运行速度不得超过 2 m/s。

②运送上述物品时,应缓慢启动和缓慢停止,避免矿斗发生碰撞。

③运送特殊大型设备及长材时,其运行速度不应超过 1 m/s。

④人工验绳速度,一般不大于 0.3 m/s。

5)提升机启动前应做以下工作:

①顺序送上低压柜、控制柜、操作台电源。

②合上计算机供电电源、UPS 电源。

③合上信号电源,开启计算机,使其正常工作。

④启动辅助设备(启动液压站、启动润滑油站、直流可控硅送电)。

⑤观察电压表、油压表、电流表、速度表、力矩表、深度指示器、显示屏应正常。

⑥操纵台各转换开关的位置应与所要操作的相符。

6)提升机的启动与运行

启动顺序:

①按下启动按钮。

②手动启动时,根据信号确定提升方向,操作制动闸手柄,主令手柄起动提升机,使提升机均匀加速至所需的速度,达到正常运行。

③自动运行时,将"手动/自动"转换开关置于自动位置,使提升机在信号的指令下自动运行。

提升机在起动和运行过程中,应随时注意观察以下情况:

①电流表、电压表、油压表、速度表、加速度表等各仪表的指示是否正常。

②深度指示器、显示屏显示的位置是否正常。

③各运转部位的振动、温度、声音正常。

④各种保护装置运行正常。

7)提升机正常停车

①将主令手柄拉回零位,将制动闸手柄拉到制动位置。

②按下停止按钮。

8)紧急制动

①运行中出现下列情况之一,应立即按下紧急停止按钮紧急停车:

a. 电流过大、加速太慢、不能启动;

b. 运转部位发生异常;

c. 出现不明情况的意外信号;

d. 出现主要部件功能失灵;

e. 加、减速段出现意外信号时;

f. 保护失效时;

g. 出现其他必须紧急停车的故障。

②立即上报主管部门,通知维修工处理,事后将故障及处理情况认真分析原因,并填好事

故记录。

9)司机进行的班中巡回检查

①巡回检查每小时不少于一次。

②巡回检查要按主管部门规定的检查路线和检查内容依次逐项检查,不得遗漏。

③在巡回检查中发现的问题要及时处理。

a. 司机能处理的应立即处理;

b. 司机不能处理的应及时汇报,并通知维修工处理;

c. 对不能立即产生危害的问题,要进行连续跟踪观察,监视其发展情况,汇报上级部门;

d. 所有发现的问题及处理经过必须认真填入运行记录中。

10)提升机司机应遵守的操作纪律

①司机操作时,手不准离开手柄,严禁与他人闲谈,开车后不得接打电话。

②在操作期间不得离开操作台及做其他与操作无关的事情,操作台上不得放与操作无关的异物,两司机应轮换操作,但中途禁止换人。

③对监护司机的示警性喊话,禁止对答。

11)提升机司机应遵守以下安全守则

①禁止超负荷运行(电流不超限)。

②矿斗脱轨时,禁止用绞车牵引复轨。

③司机不得擅自调整制动闸。

④司机不得变更继电整定值和安全装置定值。

⑤检修后必须试运1小时。

⑥检修人员进入滚筒工作前,必须切断电源,并在制动手柄上挂"滚筒内有人工作,禁止操作"警示牌。

⑦停车期间司机离开操作位置必须做:

a. 运行方式转换开关置于"手动"位置;

b. 主令给定手柄置于零位,制动手柄处于制动状态;

c. 切断主控电源。

⑧在设备检修和处理事故期间,司机应坚守岗位,不得擅自离开机房,特殊情况必须留一人坚守岗位,检修需动车时,要有专人指挥。

⑨在检修和处理事故后,司机会同检修人员认真检查验收,并做好检修记录,发现问题及时处理。

(5)有轨运输事故应急准备与响应

1)应急准备

①钢丝绳断裂:长期运行的钢丝绳与地辊产生摩擦,其外层钢丝的直径会变小,甚至会出现断丝。提升机的运输量大,长期疲劳运行也会出现内层钢丝的疲劳、屈服、断裂,当断丝达到一定程度,在突然外力或紧急变速时就有可能出现钢丝绳断裂而导致溜车事故的发生。

②钢丝绳绳卡损坏:钢丝绳绳头采用卡子固定连接,卡子在运行过程中会与地辊等发生撞击、摩擦,造成卡子损坏或螺母松动,可能会突然发生钢丝绳抽头而导致溜车事故发生。

③车辆牵引销子损坏:长期使用中销子会出现磨损,长期突然外力作用下也会因疲劳而出现销子内部损坏,运行中销子也有可能突然上窜。在这些情况下,车辆都会脱离钢丝绳而出现

溜车事故。

④车辆掉道：

a. 落石掉在轨道附近清理不及时极易掉道；

b. 轨道的养护不到位，轨道道钉、螺丝等松动出现轨距偏差，轨道两侧高低不平，甚至出现钢轨接头等处的损坏；

c. 轨道上钢轨的型号不统一造成两钢轨连接处的突变极易掉道。

上述掉道后很难及时发现而继续牵引钢丝绳，就有可能出现某牵引部件的损坏而导致溜车。

⑤车辆相碰撞：在道岔处操作过程中，因为操作失误和机械故障（尖轨与钢轨不密贴），会出现两车进入同一轨道，如不能及时发现，两快速运行的车辆就会相撞，就有可能导致某连接部件的损坏而出现溜车事故。

⑥操作失误：在轨道上临时进行矿车检修、作业、调车等情况时，由于提升机司机和信号工的失误或没有听清、看清信号等，在不具备车辆运行的条件下拉动车辆，造成牵引部件的损坏而可能出现溜车事故。

2）预防措施

①加强对钢丝绳的检查：钢丝绳每天必须由专职的检测人员进行检测，检测有人工法和仪器法两种。现场操作以仪器法为主，人工法为辅，两种方法互相印证，确保检测的准确。在钢丝绳受到突然停车等猛烈拉力的时候，必须进行检查。当钢丝绳的磨损和断丝达到报废标准后，要及时更换，不得再继续使用。

②重视绳卡的日常检查：必须使用经技术监督部门检测合格的重型钢丝绳卡子，确保卡子的质量。在使用过程中，必须坚持每天对卡子进行检查，查看是否松动或损坏，确保不出现钢丝绳抽头。

③严防销子脱落：销子的直径和穿孔的直径要相配合，间隙不宜过大，避免在牵引时销子与孔壁频繁相撞而出现损坏。在销子的上方一定要设置门锁，防止销子上跳。销子的日常检查一定不能忽视，要仔细查看磨损和损坏情况，发现问题要及时更换。

④防止车辆掉道：

a. 安排专业的养道人员，配备相应的养护、检测工具，在运行间歇及时对轨道进行养护维护，确保轨道几何尺寸的正确。

b. 要保证轨道的铺设质量，同一轨道上一定要采用同一型号的钢轨。

⑤消除车辆碰撞措施：

a. 要加强道岔处的管理，要有专人检查巡视道岔，避免道岔处出错而导致车辆相撞。

b. 轨道在铺设后，要有专业的检测工具和专职的人员进行养护，要达到轨道的平、顺、直、实。

c. 两车辆错车的安全距离要满足相关规范的要求，同一提升机的主副车辆的错车安全距离不小于 30 cm，不同提升机的两相邻车辆的安全距离不小于 50 cm。

d. 做好安全设施的管理：对于防过卷等安全装置，在每个作业班接班后，要先检查防过卷开关是否正常，在确认过卷开关正常后方能运行提升机。防过卷开关要由专职的电工进行维修保养，要真正起到作用。洞口的挡车门要有专人负责启闭，在车辆停止后及时关闭。发现损坏要及时维修，保证随时能使用。车辆的抓钩要与车辆连接牢固，连接部位必须用专制的销子,不得用铁丝等简单绑扎。抓钩在使用中如出现变形等损坏时要及时修复。轨道道心的道砟要经常清理,做到轨枕高于道砟,不得出现道砟完全覆盖轨枕的情况。

5.3 大坡度斜井工区溜槽衬砌施工关键技术

自水利工程建设进入"加快发展黄金期",长距离的输水工程项目逐渐增多,受复杂地形地质和施工技术等方面的影响,不可避免地在深埋长隧洞施工支洞中选用大坡度斜井。斜井隧洞工区混凝土运输,特别是大坡度长距离的斜井,混凝土如何安全有效的运输至隧洞底部是一大难题,是保障衬砌施工的关键环节。目前常见的斜井混凝土运输方式各有优缺点,适用的范围也各不相同,其中溜槽运输方式因其运输能力大,成本低,相对使用较广,但多使用在短距离的斜井运输上,受坡度和长度的增加,混凝土离析现象越难控制。距离 600 m 以上及 200 m 以上高差的运输在水利施工中并不常见。夹岩工程施工中,7 条大坡度斜井工区衬砌均采用溜槽方式运输混凝土,浇筑隧洞长度达到 17 km,在溜槽运输混凝土方面,总结出了大量的经验。

5.3.1 工程概述

夹岩水利枢纽工程深埋长隧洞共有 7 条施工支洞为斜井,隧洞衬砌混凝土均采用溜槽运输。斜井长度在 300～700 m 之间,坡度 33%～45%,其中水打桥隧洞的 3 条斜井高差大、坡度陡、距离长,施工难度最大(水打桥隧洞 1#斜井、2#斜井、3#斜井坡度分别为 36.3%、33.1%、35.4%,斜长分别为 604 m、698 m、704 m)。其中,水打桥隧洞 1#支洞斜井为夹岩工程第一个开始隧洞衬砌施工的工作面,为有效掌握斜井运输关键数据,在斜井溜槽混凝土运输方面做了 15 次的现场试验验证和溜槽形式调整,保证了混凝土顺利运输至斜井底部。

5.3.2 各类运输方式的优缺点

目前,常见的斜井混凝土运输方式有:轨行式混凝土灌车运输、溜槽运输、带式运输、竖井投料运输等。

溜槽运输方式一般溜槽沿斜井支洞一侧顺坡布置,溜槽断面多做成敞口式的 U 形结构,底部为圆弧形,溜槽材质一般采用钢板加工而成。溜槽运输混凝土最大特点是运输能力大,成本低;但混凝土容易产生离析现象,影响混凝土质量,常用在短距离的混凝土运输中。

轨行式罐车运输也是斜井混凝土运输常见的一种方式,在铺设的轨道上行驶的轨行式专用混凝土罐车,斜井采用绞车牵引运行,平洞中使用车头牵引运行。轨行式运输方式,运输混凝土质量有保证,可避免产生离析。但通过轨行式罐车运转至主支洞交叉口后,再通过车头牵引至混凝土浇筑作业面;存在二次牵引力转换,且洞内道路不平顺时电瓶车牵引速度较慢,其运输强度低;混凝土运输占用斜井时间长,与钢筋等材料运输干扰大;同时斜井运输安全风险大。

带式运输方式是使用皮带机运输混凝土。以水平运送较好,斜坡道运输向下输送时,坡度不应大于 6°～8°,坡度太大皮带机运行容易产生飞车现象,对人员和设备有极大的安全隐患。且带式运输方式仅适用坍落度较小的混凝土。

竖井投料孔运输方式,是重新设置竖井投料孔进行混凝土运输。一般有两种方式,一种是利用已有的通风竖井,紧靠井壁布置钢管作为混凝土投料孔;另一种是混凝土浇筑前专门采用冲击钻钻设直径约 50 cm 的孔,然后再孔内装内套钢管。竖井投料钢管下部设置储料斗以缓解混凝土离析。竖井投料孔高度小于 150 m 的运行情况良好,特别是小于 100 m 的有很多成功案例。一旦出现问题不易处理,造成很多竖井直接废弃,且重新钻设竖井工期较长。

5.3.3 溜槽运输的重难点

斜井溜槽运输方式的主要难点是混凝土离析的控制和混凝土下滑过程中堵塞、下滑不顺畅现象的控制。隧洞衬砌施工时,混凝土入仓多为输送泵入仓,混凝土在满足溜槽运输的同时还应达到正常泵送的标准,混凝土的坍落度应控制在 140～220 mm。根据溜槽的长度和坡度不同,所适用运输的混凝土坍落度都不相同,如何在坍落度范围内选择最优的配合比是重要控制点。

混凝土在溜槽中下滑的速度决定着运输的效率,同时速度的大小也直接关系到堵塞和离析的可能性。长距离溜槽在混凝土重力加速度的影响下,越容易造成溜槽堵塞和骨料离析现象,如何控制溜槽口下料的数量和初始运输速度,是溜槽运输的难点。

长距离斜井运输过程中,难免会有溜槽堵塞等异常情况,建立有效的联络通信机制,降低异常情况的出现以及控制损失的扩大,是溜槽运输的重点。

5.3.4 溜槽形式设计

夹岩工程溜槽材质均选用钢板,在施工现场使用加工的模具卷制,溜槽断面大小结合施工需要和经验计算最初值。

1. 效率验算

按照混凝土平均下溜速度 2 m/s,上料斗控制下料速度每分钟 0.5 m³,混凝土过流面高度 5～8 cm,过流面积为 0.008～0.015 m²。

罐车在下料斗每分钟装料:$V_{min} = 0.008 \times 2 \times 60 = 0.96$ m³;$V_{max} = 0.015 \times 2 \times 60 = 1.8$ m³。

计算得出每个小时溜槽输送混凝土可达 57.6～108 m³,一个循环衬砌混凝土为 92～187 m³,溜槽能满足衬砌混凝土施工需要。

2. 溜槽制作

溜槽材料主要采用 4 mm 厚薄钢板,断面尺寸和现场照片如图 5-21 和图 5-22 所示,长度为 2 m 单元节,溜槽与溜槽间连接为瓦片状搭接,四周点焊。

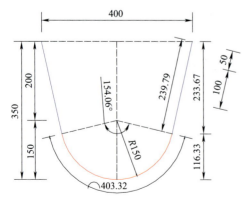

图 5-21 溜槽尺寸图

图 5-22 溜槽

3. 溜槽的组成和安装

溜槽分为三个部分，洞口部分、洞身部分、井底交叉口部分。洞口设置1个容量为2 m³的集料斗（钢板焊接而成），集料斗与混凝土拌和站之间由溜槽相连；洞身部分由溜槽组成；井底交叉口设置1集料斗配合罐车装料。

（1）洞口部分

从拌和站至斜井变坡点，由于拌和站到斜井口距离较短，坡度比洞身相差较大，通过在洞口设置集料斗，集料斗的出料口设置挡板，控制混凝土下放的连续性及下放量、运输速度，如图5-23所示。

图 5-23　溜槽洞口集料装置

（2）洞身部分

洞身部分主要是溜槽。溜槽安装前先测量放线，保证溜槽安装后坡度一致、线形顺畅。一般共分为两段，正常为满足井底混凝土罐车装料，底部溜槽抬高3.8 m，分别采用钢筋和工字钢作为溜槽支撑架。如水打桥隧洞1#施工支洞中0～500 m段溜槽固定在C25钢筋加工而成支撑架上，自500 m位置开始溜槽逐渐抬高高度超过1 m，该段支撑架均采用22型钢，如图5-24所示。

图 5-24　洞身段溜槽装置

（3）井底交叉口部分

井底设置一集料斗，储料容量为2 m³。在集料斗上安装一道密闭的闸阀，人工控制，可以自由开合且不漏浆。集料斗设在3.8 m位置，在混凝土罐车到集料仓下方时开启闸阀快速装车，如图5-25所示。

图 5-25 溜槽末端集料装置

5.3.5 溜槽运输试验

试验的主要目的是验证初拟混凝土配合比能否正常运输至斜井底部,以及通过罐车运输至工作面后能够正常泵送入仓,混凝土的强度、抗冻、抗渗指标能否达到设计标准,溜槽运输速度能否满足正常混凝土浇筑。

1. 试验配合比的选择

夹岩工程隧洞主洞为圆形隧洞,采用针梁台车一次浇筑成形,需要使用混凝土输送泵入仓,混凝土指标为 C25W6F50,部分洞段添加防腐剂。其中水打桥隧洞 1# 施工支洞为 C25W5F50 的防腐混凝土,混凝土选择为坍落度为 180～220 mm。经试验室试配,初拟混凝土配合比见表 5-4。

表 5-4 混凝土配合比

1 m³ 混凝土材料用量(kg)								
水	水泥	粉煤灰	砂/砂率	小石	大石	减水剂	防腐剂	气密剂
162	294	74	846/46%	498	498	4.42	17.4	17.4

试验通过以加水上下浮动 5kg,调整混凝土坍落度,保持水胶比不变,拌制 3 种不同配合比的混凝土,在拌和站出机口和斜井底部分别检测坍落度、含气量数据,制作强度、抗渗、抗冻性试件。分别记录混凝土在溜槽内的运行情况、速度、连续性,从中选取最优配合比作为现场施作溜槽混凝土的最终配合比。

2. 试验过程

(1)试验准备阶段。召开试验专题会,成立试验工作组,明确各位试验参与人员职责,介绍试验程序,对于试验中可能出现的异常情况进行分析,安排专人负责处理,安排溜槽各段人员记录和汇报相关数据。

(2)试验开始前的检查。混凝土进行溜槽输送前,由各点技术人员及作业工人(沿斜井长度每 100 m 配置 1 名技术管理人员及工人,对讲机 1 部,榔头一把,圆铲 1 把。便于处理混凝土运行过程中的突发情况)分别汇报所属管段检查结果,是否有杂物,如有杂物容易造成混凝土局部集聚并溢出,同时还影响混凝土的坍落度,容易造成混凝土离析。检查模板是否有缝隙,防止混凝土漏浆,检查模板是否有变形或不顺直,防止混凝土堵塞。如图 5-26 所示。

图 5-26　跟踪试验

(3)各分布点人员检查完毕汇报无误后,对拌和楼及集料斗、溜槽系统进行冲洗,保持集料斗、溜槽表面湿润,防止黏结混凝土内的水泥浆,防止后续表面粗糙及影响混凝土的坍落度。冲洗完毕后,通过各点布置人员及洞内视频确认溜槽内无积水后,先拌制 2 m³ 水泥砂浆润滑溜槽,如图 5-27 所示。

图 5-27　溜槽砂浆

(4)按配合比拌制 4 m³(每盘料为 1 m³),出机坍落度为 190 mm,洞口集料斗内 2 m³ 料时下料挡板提升高度 8 cm 开始放料。洞口位置混凝土在溜槽内的流水面约为 5 cm 高,从洞外集料斗开始放料到洞底交叉口处罐车开始接料,运输时间为 22 min。运输过程中无混凝土外溢、漏浆、堵塞,运行连续均匀,骨料分离现象较少,和易性较好。通过斜井底部罐车二次搅拌后取样,测出坍落度为 181 mm,含气量为 2.8%。如图 5-28 所示。

(5)第一组混凝土全部溜完后,间隔 10 min(间隔时间不易太长,防止溜槽内的砂浆黏结于模板内,增加溜槽混凝土的运行阻力及增加清洗难度),拌制配合比为(水较基准配合比增加

图 5-28 输送效果

5 kg,水胶比 0.45 不变,其他掺合料相应变化),出机坍落度测量为 200 mm。洞口下料挡板提升高度 12 cm 开始放料,运输时间约 27 min,斜井底检测坍落度为 175 mm,含气量为 3.0%。通过视频监控及洞内人员汇报发现,在运输至 300 m 位置处有 2 m 长度的溜槽范围混凝土有堵塞及溢出现象,其他段无异常,经分析由于洞外集料斗控制挡板提相对第一组高出 4 cm 且混凝土坍落度较大,导致运输速度过快所致。

(6)拌制第三组配合比 4 m³(水较基准配合比降低 5 kg,水胶比 0.45 不变,其他掺合料相应变化),洞口下料挡板提升高度 10 cm 开始放料,洞外、洞底坍落度分别为 182 mm、173 mm,洞底搅拌后混凝土含气量 2.7%,混凝土运行时间约为 27 min,混凝土在溜槽内运行均匀,无堵塞溢出现象。

5.3.6 溜槽运输的注意事项

通过现场试验验证,以及施工过程中的总结分析,针对斜井溜槽运输方式的弊端主要存在混凝土骨料离析和混凝土下滑过程中堵塞、下滑不顺畅等情况。施工过程中从管理调度、技术优化等方面提出了如下的措施。

溜槽坡度和线形的平直,对于混凝土的运输至关重要。架设溜槽时,溜槽底部需保持同一坡度并在同一直线上,不能出现上陡下缓的情况,也不能出现平面转折的情况。对于坡度相对较缓的斜井,可视情况分段增加振动装置促进混凝土下滑。

溜槽运输试验十分必要,因施工场地的不同,溜槽架设的长度和坡度都各不相同,且可调整的空间不大,在溜槽固定的情况下,调整混凝土配合比适应溜槽运输是最直接有效的办法,这要通过现场试验进行验证。影响溜槽运输的主要因素是混凝土的坍落度,溜槽试验不但能优化调整混凝土配合比,还能检验溜槽运输能力及薄弱环节,且能提升施工操作人员的熟练度。

溜槽堵塞的最主要原因是混凝土的坍落度和下料口的放料速度。混凝土坍落度通过调整配合比优化。下料速度人为控制失误可能性大,在夹岩工程中通过在洞口设置集料斗,并在集料斗出口安装挡板,以挡板的提升高度来控制溜槽下料的速度,从人的主观控制转变为数字控制。对于坡度和长度的不同应通过多次试验去选择最优的下料速度。

混凝土在运输过程中,在加速度的作用下,往往越往后越容易出现溜槽堵塞的现象。溜槽的下半段适当加高溜槽侧板的高度,加大断面,可以有效地避免堵塞情况;也可结合施工情况,对于易堵塞的溜槽段适当调整高度。

长距离斜井,通信和监控系统的建立不但能够保证卷扬机运行的安全,还能及时发现溜槽运输过程中的各类事故,能够及时调度处理,避免损失的扩大。通信系统一般采用固定电话和对讲机结合的方式。

部分溜槽段离地面相对较高,一旦出现堵塞情况,疏通处理困难。溜槽建设时可适当增加支架宽度延伸出来作为通行平台,有益于溜槽的维护的应急处理。

混凝土运输至斜井底部,不可避免有些离析现象。在斜井底部混凝土罐车接料后,混凝土罐车在运输过程中至卸料前调整储料罐转速,进行二次搅拌,能够有效提高混凝土的和易性。

溜槽面的光滑度对混凝土运输也有很大的影响。溜槽运输完成后应及时清洗混凝土砂浆;混凝土运输间隔不应太长,应连续运输;中断时间不大于水泥砂浆初凝时间为宜。如果遇异常状况,无法连续运输需要及时清洗溜槽。

5.3.7 取得的成效

夹岩工程的 7 条大坡度斜井施工工区,均采用的溜槽运输方式。已连续施工 1 年时间,每仓混凝土约 120 m³,浇筑施工基本都在 10 个小时左右,溜槽运行良好,混凝土性能都能满足设计要求。

5.4 大坡度斜井水处治技术

5.4.1 基本地质概况

夹岩工程的深埋长隧洞处贵州第一、二阶梯面过渡带,高程 1 200~1 650 m。该片区地貌类型以峰丛洼地、岩溶峡谷地貌为主,形成残丘坡地、峰林盆地、宽阔河谷,起伏和缓的高原景观。

该段输水线路输水距离长,覆盖面积大,出露地层较全,从元古界到第四系处缺失白垩纪地层均有出露,岩性以碳酸盐岩为主,局部为碎屑岩夹盐酸盐岩地层。与输水线路有关的地层主要为三叠系关岭组、永宁镇组、夜郎(飞仙关)组;二叠纪长兴大隆组、龙潭组、茅口组、栖霞组地层。主要岩性为灰岩、泥质灰岩、白云岩、泥质白云岩等碳酸岩间夹条带状砂岩、泥岩、泥页岩夹煤等碎屑岩。

夹岩水利枢纽工程深埋长隧洞经过地区多年平均年降水量为 1 049 mm,位于地下水位以下;经过的地区地下水丰富,岩溶、暗河发育,洞身段位强岩溶地层,地表岩溶洼地、落水洞呈串珠状分布,易出现涌水、涌泥等地质现象。因此,做好隧洞的抽排水是为施工的安全、质量、进度等做好保障。

5.4.2 斜井概况

水打桥隧洞 3#支洞长 $L=704$ m,与水打桥隧洞相接部位桩号为 8+864.026,施工支洞 0+000~0+666.606 段底坡 $i=35.4\%$;0+666.606~0+696.606 段底坡 $i=0$,施工支洞断面为城门洞形,衬砌后净空为(宽×高)6 m×5 m。

3ZD+000~+180(以下"3ZD"代表水打桥隧洞 3#支洞)段之前,掌子面岩体为灰岩、白云岩、泥质白云岩夹层,呈强风化,裂隙发育,且夹泥,岩体破碎,自稳性较差,围岩类别为Ⅴ类围岩。

3ZD+180～+400段,掌子面岩体为黏土夹细砂,含水量大,围岩自稳能力极差,塌方严重,围岩类别为Ⅴ类围岩。

3ZD+400段之后,掌子面岩体为泥质白云岩夹层、分层较薄、呈强风化,裂隙发育,岩体破碎,自稳性较差,掉块严重,围岩类别为Ⅴ类围岩。

5.4.3 渗水情况

在水打桥隧洞 3# 施工支洞开挖过程中,前期掌子面分别在 3ZD+180 右侧、3ZD+250 右侧、3ZD+300 左侧、3ZD+350 右侧、3ZD+430 左侧段出现较大的明水;随着开挖掘进,洞内出现了更多的出水点,随着汛期降雨量的增加,洞内的出水量增大,实测最大出水量 100 m³/h。斜井施工地下水对掌子面施工影响较大。现场情况如图 5-29 和图 5-30 所示。

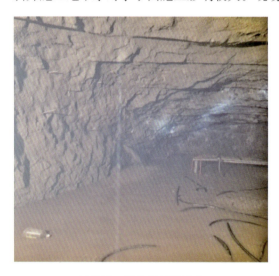
图 5-29 斜井掌子面积水

图 5-30 斜井掌子面积水

5.4.4 开挖方式

针对 3 号支洞斜井段可能出现的涌水情况,通过在拱顶及边墙适当位置施工 3 孔 30 m 长的超前探孔(或 TSP 及红外探水的辅助措施);每次开挖时,拱顶及拱腰先施工一个 5 m 探孔,探明掌子面前方出水情况,防止涌水造成安全事故。根据探明地下水情况,分两种形式的开挖:

(1)若涌水点随掌子面移动,则采取左右错开式开挖,使前进一侧形成自然集水井,保障未开挖一侧作业环境良好。

(2)若涌水点固定,则采取在涌水点左右两侧开挖水仓,防止水流向掌子面。

5.4.5 处理措施

采用分散收集集中,再分段集中抽排,3# 支洞施工中在 3ZD+200、3ZD+255、3ZD+305

进洞右侧设置长 2.5 m、宽 1.2 m、高 1 m 的钢板水箱,搁置 1 台 11 kW 潜水泵;掌子面的水通过 5.5 kW 或 7.5 kW 潜水泵抽排至水箱内,采取接力的方式通过管径 200～300 mm 的钢管或软管直排至洞外排水沟内,抽排水设备及管线布置随开挖调整。

在 3ZD+340 处设置了中水仓,长 3 m、宽 5 m、高 1.5 m,该处安装 2 台 MD80-150-55 型及 1 台 MD120-150-110 离心泵,1 台 QY40-150-45 潜水泵。通过 3 根管径 100 mm、1 根 150 mm 的排水管抽排至洞外。通过引排、截流的方式将底板上的明水引至该中仓内。随着掘进的深入,现场根据新的出水点,在 3ZD+370、3ZD+410 处设置了长 2 m、宽 3 m、高 1.5 m 的小水仓,分别安装 1 台及 2 台 QY40-150-45 潜水泵,掌子面的渗水通过 2 台 11 kW 潜水泵将水抽至 3ZD+410 小水仓,再通过接力的方式引至 3ZD+340 中仓,然后排出洞外。

在 3ZD+435 右侧处设置蓄水能力 60 m³ 的中型水仓,长 5 m、宽 6 m、深 2 m,安装 2 台 MD120-150-110、2 台 MD80-150-55 型离心泵,1 台 QY40-150-45 潜水泵(备用)。抽排水能力相对于目前 3ZD+340 处的配置搞高了 1.5 倍。水仓及平台施工完毕之后,先安装 1 台 MD120-150-110 型离心泵,将 3ZD+410 水仓内的水引至该处,重新安装 $\phi150$ 的排水管,然后将 3ZD+340 处 2 台 MD80-150-55 型及 1 台 MD120-150-110 离心泵逐步拆除;截流水、排水管引至 3ZD+435 处,考虑 3ZD+340 里程处截流水较大,该处保留 1 台 QY40-150-45 潜水泵,以备应急。

施工至平洞交叉口后,在平洞段适当位置安装 2 台 MD120-250-132 型离心泵通过 $\phi150$ 的排水管至洞外,3 台 MD80-150-55 型离心泵(1 台备用)至 3ZD+435 处中仓。根据实际涌水量,泵房内排水管路及水泵可相应增加,同时亦可增加水泵功率。3# 支洞抽排水示意如图 5-31 所示。

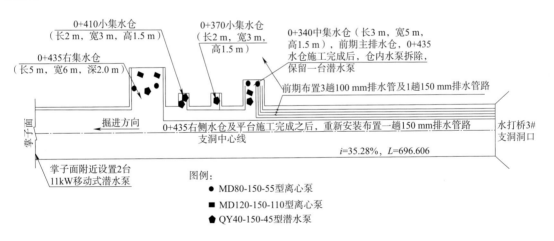

图 5-31　3 号支洞抽排水布置

若斜井发生涌水后,现场仍有 2 台 QY40-150-45 潜水泵。因潜水泵较重且为斜井施工,要求工区加工运输水泵的平台车,通过钢丝绳挂在箕斗后,根据水位线高低移动水泵位置。淹没洞室的水基本排干之后,为保障开挖作业正常进行,距离掌子面 50 m 的地方必须配备足够的潜水泵及水管安装人员,通过扒渣机扒斗移动水泵,保证开挖及出渣过程中涌水不影响作业人员的安全。

蓄水仓淤泥每 5 天进行清淤,确保蓄水仓蓄水效果。

5.4.6　抽排水供电

在斜井未贯通之前,中间水仓泵站抽水用电由洞外的 800 kVA 箱式变压器提供,贯通后,交叉口处的泵站采用引入洞内的 630 kVA 箱式变压器供电。

洞外变压器至洞内电源控制箱采用 $3\times240\ mm^2$ 低压 $+2\times120\ mm^2$ 高压电缆线,控制箱到泵站水泵及集水坑水泵采用 $25\ mm^2\times3$ 铜芯电缆。

5.5　本章小结

本章选取了夹岩工程深埋长隧洞设置的大坡度斜井中比较有代表性的水打桥隧洞 2#、3# 大坡度施工支洞进行总结,主要介绍了大坡度隧洞施工运输方式、斜井洞身施工关键技术、大坡度斜井施工布置、施工通风、轨道安全技术、大坡度斜井工区溜槽衬砌施工关键技术、地下水处置的关键技术。特别详细的从大坡度斜井工区混凝土衬砌施工运输方式的优缺点比选、溜槽形式设计、溜槽制作、溜槽的组成和安装、溜槽运输试验、溜槽运输的注意事项和主要控制项目、效果论证等方面介绍了大坡度斜井长距离溜槽混凝土衬砌施工技术。

大坡度地下工程的施工,施工运输方式一直是制约工程建设投资目标和进度目标,本章所述关键建设技术,是具体工程经过比选和实践验证的结果。

第6章 不良地质洞段建设关键技术

喀斯特岩溶地区隧洞工程,不良地质复杂,施工中经常会出现岩溶、塌方、涌水、变形、有毒有害气体、瓦斯、岩爆、地层下陷等不良现象,严重威胁工程顺利建设和建设者的生命安全。在不良地质地段隧道施工中,根据施工现场的实际情况采取相应的施工措施,对施工现场的内在隐患和外部问题进行详细的调查研究,制定切实可行的技术措施和管控手段,才能保障施工过程中的安全性和可靠性。

6.1 涌水处治

隧道工程是一项技术复杂、涉及学科众多的学科。目前,在隧道施工过程中遇到的涌水地质灾害问题日趋突出,被勘察设计部门列为隧道修建过程中必须首先考虑的重点问题之一。夹岩工程深埋长隧地处喀斯特岩溶发育区,隧洞埋深深且均处于地下水位线以下,建设过程中涌水情况非常多,涌水的类型、规模、形式等复杂多变。建设过程通过采取相应的技术措施,成功完成了多种类型涌水的处置,在一些典型的涌水处置中采取了行之有效的技术措施,对类似地下工程涌水处治有较好的参考价值。

6.1.1 猫场隧洞涌水处治

能否成功地解决施工中的涌水问题、特别是既涌水又突泥的问题,是深埋超长隧洞工程成败的关键。夹岩水利工程猫场隧洞4号支洞上游控制段11+316暗河处理、运用堵排结合技术,主要情况如下。

1. 工程概况

猫场隧洞全长15 696 m,其中4#支洞工区控制主洞施工3 407 m。主洞采用净空直径为5.4 m的圆形施工断面,支洞采用净空宽6 m×高5 m的城门形施工断面,控制主洞段埋深340 m。4#支洞全长1 515 m,施工坡度8.8%,埋深0~295 m。如图6-1所示。

主要存在穿越溶洞、岩溶管道、地下暗河等不良地质,有发生涌水、涌泥等不良地质灾害的施工风险。

2. 施工难点

猫场隧洞4#支洞工区上游控制段隧11+316掌子面开挖爆破后,发生涌水、涌泥地质灾害。涌水含沙子和卵石,导致800 m隧洞全部被淹没,造成掌子面停工。涌水为与地下暗河系统连通水系,洞内最大涌水量85 000 m^3/d,涌水颜色及水量随降水规律性变化,枯水期涌水量达17 000 m^3/d。现场照片如图6-2和图6-3所示。

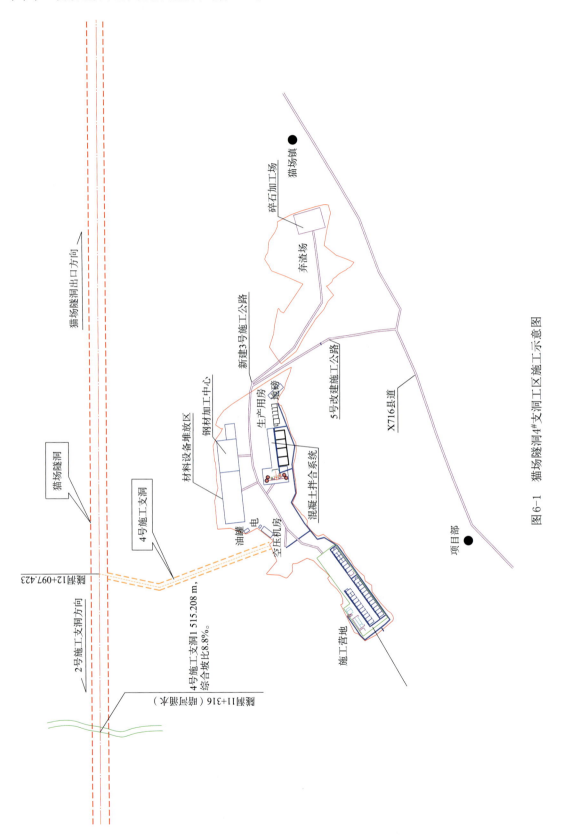

图6-1 猫场隧洞4#支洞施工区施工示意图

图 6-2 涌水淹没洞段照片

图 6-3 掌子面涌水处照片

3. 地质特点

隧洞位于九洞天景区附近,受六冲河下切作用,岸坡地表、地下水强烈溯源浸蚀、溶蚀,各期剥夷面已消失殆尽,层状地貌不明显,仅在靠近地表分水岭地带残留有少量山盆一期(γ_2^1)剥夷面,高程大致在 1 640~1 800 m。该段六冲河为深切峡谷,两岸阶地不发育。地表水系不发育,冲沟发育,冲沟多为树枝状,沟内无水。涌水段为 11+316,地面高程为 1 635 m,埋深为 340。地表调查以冲沟、洼地为主。

隧洞 11+316 沿线出露地层为二叠系中统茅口组(P_2m)灰岩,厚度大于 300 m,其分布受宽缓的维新背斜控制,分布范围较大,整个支洞穿越茅口组(P_2m)厚层~块状灰岩。

隧洞 11+316 走向为 N30°W。涌水洞段位于维新背斜南翼,隧洞沿线岩层单斜产出,岩层产状为 155°∠5°~8°。根据洞室开挖情况洞内主要发育有两组裂隙分别为:一组 N40°~50°E/SE∠85°~90°,为张性裂隙,裂面起伏较大,溶蚀现象较为严重,延伸长度较大,隧洞 11+316 溶蚀宽缝由该组裂隙发育而来。另一组 N40°~50°W/NE∠80°,裂面平整,为挤压性质裂隙裂面较为紧密,延伸长度一般小于 1 m。裂隙均属于维新背斜构造运动期间形成的,为维新背斜次生构造。

隧洞 11+316 沿线岩溶主要分为地表岩溶和地下岩溶,地表岩溶为洼地、落水洞、溶蚀裂隙等。洼地是由地表向心流形成封闭的负地形,是地壳抬升时期产物。洼地为地表水汇流主要场地,落水洞及裂隙为地表水转化为地下水的运移通道。测区槽谷性落水洞较为发育,由溶蚀裂隙发育而来。地下岩溶主要表现为溶洞,溶洞多为充水、充泥型隧洞 11+316,以及支洞 0+886 揭露溶洞均为充水、充泥型。岩溶发育主要受构造控制,如裂隙性落水洞、溶洞以及洼地长轴方向多沿着场区主控裂隙走向发育。洼地底部分布高程集中在 1 600~1 800 m 之间。

地下水类型为溶洞—管道水,含水介质以溶洞—管道组合为主。地下水多集中径流,并以暗河形式出现,导致富水性极不均一。如图 6-4 所示。

岩溶发育强烈,纯石灰岩分布区溶洞和管道等岩溶形态发育,岩溶水多以快速管流为主,地下水类型为溶洞—管道水,埋深较大。维新背斜是猫场隧洞最大的汇水构造,地下水向背斜谷地

图 6-4 溶蚀地质填充物

汇流。六冲河为区内最低侵蚀基准面,是岩溶地下水排泄的主要场所。大泉、地下河出口大多分布于此,为集中排泄型,如马落洞岩溶管道排泄点为九洞天伏流河内。如图6-5所示。

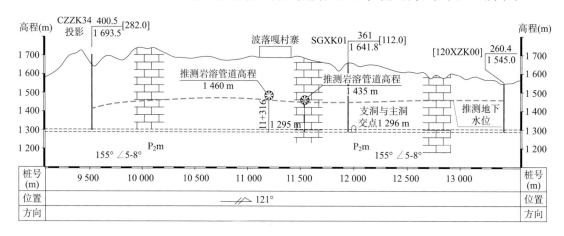

图6-5　猫场隧洞11+316剖面图

4. 技术方案

技术方案总体为引、排水及封堵处理,具体如下:

对隧洞11+312～11+320段(即暗河前后洞段)进行扩挖,在原开挖基础上向四周扩挖1.5 m,扩挖后直径9.4 m,前后渐变段长各2.0 m;对隧洞11+322～11+326段两侧扩挖闸阀井。

根据地下水水位情况并结合该暗河的各项特性,考虑混凝土的抗冲击、抗裂、耐磨等多方面因素,最终采取C25钢筋混凝土封堵。C25钢筋混凝土封堵体厚度设计为1.5 m,纵向长度为8 m。采取C25钢筋混凝土封堵的主要目的封堵暗河与隧洞连接通道、恢复原暗河水系;创造注浆止水空间;创造隧洞开挖作业空间和时间段;保障隧洞主体结构安全可靠;降低后期安全隐患,使处理方案达到性价比最优、效果最好。同时考虑该掌子面还剩余开挖任务较重,为保证该掌子面以最快的速度复工,因此在开挖贯通前一直采取将暗河水引排,不进行堵水处理,减少安全隐患,确保开挖施工期安全。

扩挖段采用C25钢筋混凝土进行封堵,衬砌厚度1.5 m,受力钢筋采用$\phi 28@200$,分布钢筋采用$\phi 18@200$,根据需要设置$\phi 18$架立钢筋,钢筋混凝土保护层厚50 mm。

封堵之前在隧洞两侧各埋设1#、2#排水钢管($\phi 300$ mm钢管),钢管壁厚5 mm,设置闸阀及测压计,在管内水压力过大情况下打开闸阀排水泄压,钢管采取钢筋锚固在岩壁上。

混凝土浇筑前,为保证混凝土干处施工,采用3号排水管($\phi 500$ mm钢管)进行排水,钢管采取钢筋锚固在岩壁上。混凝土浇筑完成后,在管末采用设置闸阀及测压计。

扩挖过程中溶槽段存在拱顶掉块或掉石风险,在溶槽前后安装两榀I16工字钢进行支撑保护,顶拱120°范围打设一轮$\phi 25$超前锚杆,根长3.0 m,环向间距0.35 m;另外混凝土浇筑前,利用此工字钢及锚杆固定外模板。如图6-6～图6-8所示。

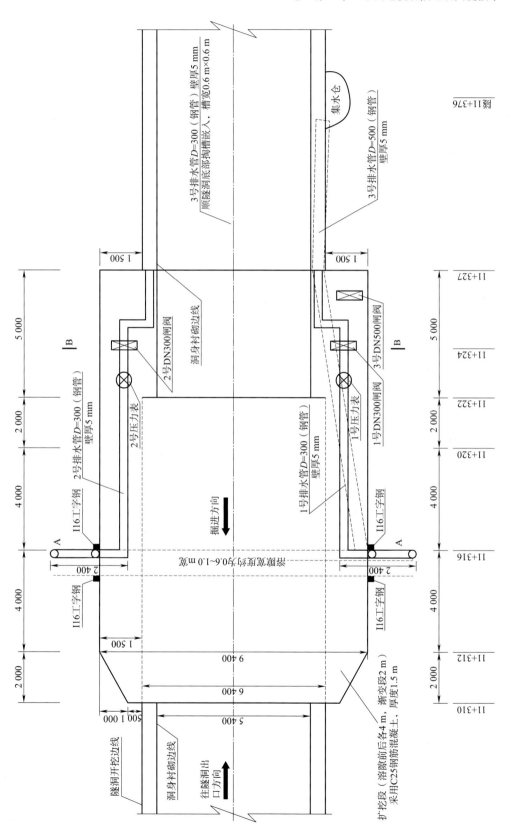

图 6-6 技术方案平面示意图 (单位: mm)

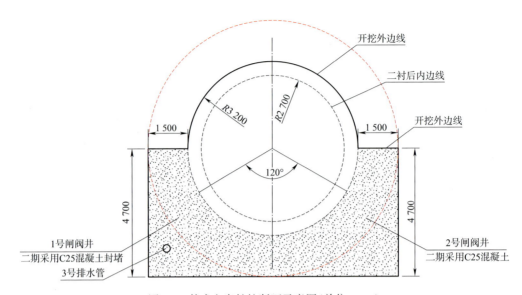

图 6-7　技术方案扩挖断面示意图（单位：mm）

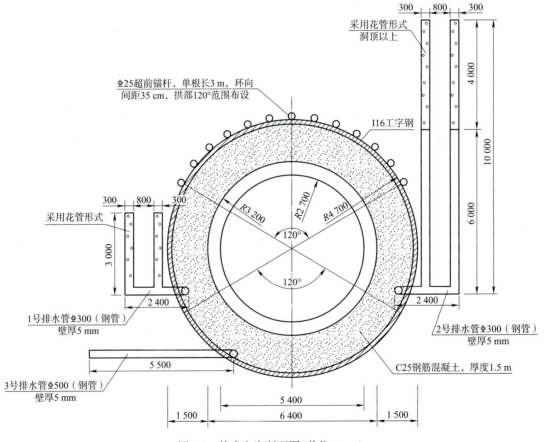

图 6-8　技术方案断面图（单位：mm）

5. 技术方案施工

施工过程严格遵守技术方案的要求,保障技术方案的效果。

(1)抽、排水系统施工

1)暗河水引排处理(钢管施工)

①钢管制作

1#、2#、3#排水钢管,均采用5 mm厚Q235材质钢板加工而成,钢管两端焊接法兰盘,如图6-9所示。后期安装采用高强度螺栓连接(钢管接头中间放置橡胶垫片,由于该规格橡胶垫片无法购买,因此只能现场利用橡胶皮自行加工而成)。其中1#和2#钢管管径为300 mm,3#钢管管径为500 mm,钢管加工时单根钢管长度为2.0 m,确保现场安装轻便。由于暗河水中含沙子和卵石,因此将1#竖向排水钢管顶部3 m范围加工成花管,2#竖向排水钢管顶部4 m范围加工成花管。

图6-9 排水钢管

②钢管安装

钢管安装前将溶槽(暗河)进行扩挖,扩挖后将3#排水管先进行安装。钢管安装坡比为2‰,安装完成后在钢管入水口处施作一道纵向混凝土挡水墙围堰,将溶槽内流动水进行拦截(提升暗河水位),从而形成暗河水全部从排水钢管后进入水仓,确保掌子面施工时不受水影响。

a. 1#、2#排水钢管:竖管段(设置在隧洞两侧溶槽内)采用φ25钢筋锚固在基岩上与排水管焊接固定,锚固钢筋单根长度3.0 m,竖向间距1.0 m/根,如图6-10所示;水平段(设置在隧洞左右侧边墙)采用φ25钢筋锚固在基岩上与排水管焊接固定,锚固钢筋单根长度3.0 m,锚固钢筋纵向间距1.0 m/根,将钢管挂设在侧墙岩壁上,如图6-11所示。

b. 3#排水钢管(设置线右边墙),采用φ25钢筋锚固在基岩上与排水管焊接固定,锚固钢筋单根长度3.0 m,锚固钢筋纵向间距1.0 m/根。将钢管挂设在侧墙岩壁上,出水管设置在隧11+376处水仓内。考虑钢管安装完成后下一步将进行爆破作业,因此将钢管自暗河开始20 m范围内表面喷射10 cm厚混凝土保护层,减少爆破时对钢管的损坏。

图6-10 竖向引水钢花管

图6-11 水平排水钢管

③闸阀安装

钢管安装完成并在混凝土封堵完成后,及时在钢管出水口安装闸阀,且对1#钢管和2#钢管端头安装压力表,以便测量水压大小,如图6-12和图6-13所示。

图6-12 排水钢管闸阀

图6-13 闸阀控排水效果

2)抽排施工

根据暗河水量1 250 m³/h,在原斜井抽水能力上再新安装5套抽水系统,将暗河来水从斜井与主洞交叉口处直接抽直斜井洞口外。抽水设备为多级单吸离心泵(型号0155-30×8),扬程为240 m(斜井高差为130 m,长度1.5 km),流量为155 m³/h,功率为160 kW,水泵出水口直径为150 mm。同时在支洞内增加2台630 kW变压器,以满足新增水泵用电需求。如图6-14所示。

(2)扩挖施工

扩挖施工采取台阶法,人工钻爆作业。

图6-14 排出洞外地下水

对11+327~11+316已开挖洞段进行二次扩挖,11+327~11+320段为渐变段;扩挖深度由0.5 m扩挖至深度1.5 m(半径),11+320~11+316段扩挖深度为1.5 m;其余洞段按扩大后断面直接进行开挖,11+316~11+312段扩挖深度为1.5 m,11+312~11+310段为渐变段,扩挖深度由1.5 m缩小至深度0.5 m;掌子面至11+310里程处时,断面恢复为原正常隧洞开挖断面。最后开挖闸阀井。闸阀井设置在11+326~11+322段左右两侧,深度为1.5 m,高度为3.2 m,纵向长度为4 m。

11+316~11+327长度11 m扩挖洞段,扩挖一段支护一段,鉴于该洞段岩体为完整性较好、自稳性较好的灰岩,为中硬质岩类,采用Ⅲ类围岩支护措施:6 cm厚的C20喷射混凝土加ϕ25随机锚杆对扩挖断面进行喷射混凝土临时支护。掌子面自11+316里程处开始往小里程开挖后洞身支护,采取Ⅲ类围岩支护+超前锚杆支护。

11+316~11+327段扩挖段完成后,先对溶槽拱部进行安全防护处理,处理完成后再对掌子面继续开挖。安全防护措施为:在拱部120°范围内打设ϕ25超前锚杆,长度为3 m,环向间距0.35 m;打设长度为3 m的ϕ25固定锚杆;挂设双层ϕ8钢筋网片,网格间距20 cm×20 cm;喷射20 cm厚C20混凝土。之后对溶槽段前后安装2榀全环I16工字钢,每榀工字钢拱脚分别设置2根3.0 m长的ϕ25锁脚锚杆及拱腰分别设置2根3.0 m长的ϕ25锁肩锚杆,设置4.5 m长超前小导管,最后喷射C20混凝土。如图6-15和图6-16所示。

图 6-15 连通溶槽

图 6-16 溶槽防护棚

11+316～11+310 未开挖段开挖采用台阶法开挖(底部预留 2 m 左右最后开挖);开挖采用光面爆破技术,减少对围岩扰动,充分发挥围岩及固结岩盘的自承能力;开挖过程中按照浅孔、小药量、多循环钻爆施工方法组织施工。最后将 11+310～11+298 正常段开挖并支护,目的为在封堵混凝土施工完成后,下一步开挖时减少爆破作业影响封堵混凝土;同时预留操作空间。

(3)衬砌封堵施工

11+322～11+310 段采用 ϕ25 钢筋混凝土进行封堵。其中,11+322～11+320 段混凝土由 0.5 m 厚渐变至 1.5 m 厚;11+320～11+312 段混凝土厚度为 1.5 m;11+312～11+310 段混凝土厚度由 1.5 m 渐变至 0.5 m。受力钢筋采用Φ28HRB400 钢筋,纵向间距 20 cm;分布钢筋采用Φ18HRB400 钢筋,环向间距 20 cm;拉筋采用Φ14HRB400 钢筋,间排距为 0.4 m。钢筋保护层厚度为 10 cm。考虑暗河水含泥沙及卵石,为减少对混凝土的摩擦,因此在混凝土顶部设置沙袋做保护层。

钢筋混凝土采用分部、分层施工方法,即先施工隧底部 120°范围内的钢筋混凝土,再施工上部 240°钢筋混凝土,混凝土接头部位采用铜片止水防水。

钢筋混凝土模板采用散装钢模板(长度 1.5 m,宽度为 0.3 m)结合钢支撑立模(钢支撑间距为 0.75 m)。模板应与混凝土有适当的搭接(≥10 cm),检查模板各节点连接要牢固、无错动移位情况,模板是否翘曲或扭动,位置是否准确,以保证衬砌净空;模板安装必须稳固牢靠,接缝严密,不得漏浆。模板表面要光滑,与混凝土的接触面必须清理干净并涂刷隔离剂。内模内部加设 100 mm 钢管支撑加固。如图 6-17 和图 6-18 所示。

采用 8 m³ 混凝土罐车作为混凝土水平运输,利用输送泵将混凝土送入仓内。

图 6-17 底部混凝土施工

图 6-18 混凝土封水衬砌

浇筑混凝土时,由下向上,对称分层,倾落自由高度不超过2.0 m。在混凝土浇筑过程中,观察模板、支架、钢筋的情况;当发现有变形、移位时,应及时采取加固措施。施工中如发现泵送混凝土坍落度不足时,不得擅自加水,应当在试验人员的指导下用追加减水剂的方法解决。

混凝土浇筑应连续进行。当因故间歇时,其间歇时间应小于前层混凝土的初凝时间或能重塑的时间。当超过允许间歇时间时,按接缝处理,衬砌混凝土接缝处必须进行凿毛处理。

采用插入式振动棒捣固,每一振点的捣固延续时间宜为20~30 s,以混凝土不再沉落、不出现气泡、表面呈现浮浆为度,防止过振、漏振。采用插入式振动器振捣混凝土时,振捣器的移动间距不大于振捣器作用半径的1.5倍,且插入下层混凝土内的深度宜为50~100 mm,与模板应保持50~100 mm的距离,并避免碰撞钢筋、模板等。当振捣完毕后,应竖向缓慢拔出,不得在浇筑仓内平拖。泵送下料口应及时移动,不得用插入式振动棒平拖驱赶下料口处堆积的拌和物将其推向远处。施工后效果如图6-19和图6-20所示。

图6-19 衬砌施工完成效果(一)

图6-20 衬砌施工完成效果(二)

钢筋混凝土浇筑后,根据测压计监测水压情况,利用1#、2#排水钢管进行限量排放。最终在二次衬砌施工时将排水钢管(闸阀井)全部用混凝土封堵。

6. 质量保障措施

(1)加强对技术及施工人员的培训,提高作业人员的安全、质量意识。

(2)施工中应加强监控量测工作,严格按设计交底施工,确保该洞段扩挖及回填封堵施工安全、顺利完成。

(3)每循环进行测量放样,严格控制超欠挖。定期对测量控制点进行检查、复核,避免由于隧底下沉、上鼓、不均匀变形及人工或机械碰撞等原因对控制点的损害;开挖后应按施组要求的量测项目及频率进行围岩量测,及时反馈量测信息。

(4)隧洞开挖中,应在每次开挖后及时观察、描述围岩裂隙结构状况、岩体软硬程度、出水量大小,核对设计情况,并绘制地质素述,判断围岩的稳定性。

(5)地层含水量大时,掌子面一侧开挖一处汇水池,将水通过抽水设备抽排出洞外,以免浸泡拱脚,影响安全质量。

(6)所用原材料必须使用规定的原材料,不合格材料严禁进场。

(7)施工前,应认真核对设计文件和技术交底,严格按设计和规范施工。应对控制桩、水准基点桩进行闭合复测,确保中线、水平在误差允许范围之内。

(8)C25钢筋混凝土施工前对中线、标高、断面尺寸和净空大小进行检查,满足设计要求。关模前应先检查断面尺寸,有欠挖必须先处理,尽量不超挖;并放出隧洞中线、水平和模板位置。关模必须保证模板支撑稳固可靠,位置、高程符合技术交底。模板必须打磨平整、干净;严禁使用废机油作为脱模剂。浇筑前必须将混凝土与岩面接触处虚渣、杂物及积水清理干净,并应采取防、排水措施,当模板有缝隙时应予堵塞,不得漏浆。

(9)浇筑时,安排专人对边模、堵头模等进行监控,发现模板变形或移位,要采取停浇、缓浇,放慢浇筑速度等措施,及时进行加固处理。

(10)按规定配足试验人员及质量工程师,对工程施工开展各项测试工作。使每种建筑材料、半成品质量、配合比、试件均符合规范要求,杜绝因材料质量不符合要求而发生工程质量事故。

(11)配合比由试验室负责设计和管理。配合比选定后,严格按照规范要求,制作试件试验,确保设计的配合比满足设计要求。

(12)混凝土施工采用自动计量的搅拌设备,严格按照设计配合比拌制混凝土。

(13)对混凝土施工中的每道工序坚持质量"三检制",检查验收合格后由三检员和监理工程师进行联合检查验收,保证施工中的每道工序都要经过严格检查,使其得到有效控制。

7. 安全保证措施

(1)在开挖掘进前采用超前水平钻探对掌子面进行超前地质预报预测,以准确掌握前方地质围岩情况,保证洞身开挖支护施工安全。

(2)施工中存在涌水风险,为保证施工安全,施工中详细记录每天涌水量变化情况,当水量变化时及时通知相关单位,若涌水量突然变大或出现浑水等特殊情况时,隧洞内施工作业人员,立即撤离施工现场,并及时上报。

(3)隧洞开挖存在拱顶掉块或涌泥的风险,为确保施工安全,隧洞的施工除了按设计要求及时进行支护外,还需建立日常的巡视、排险登记制度。

(4)施工期间实行工区管理人员轮流值班制,对作业过程及安全操作进行全面监控与指挥。

(5)加强对围岩的变形量测,随时掌控围岩收敛情况,及时做好应对措施和围岩的加强支护。

(6)严格执行火工品管理措施,进行爆破作业时必须遵守爆破安全操作规程。

(7)临时及辅助工程按相应的国家有关标准、规范要求施工。

(8)临时供电及照明线路满足《电力施工技术安全规则》要求,电线接头牢固,电力安全工具定期检查。

(9)凡进洞人员须经过安全教育,各工种人员必持证上岗,对身体不适或存在缺陷者要认真落实其工作岗位。

(10)进洞人员须佩戴安全帽,严禁酒后上班。

(11)各位职工认真贯彻落实岗位责任制。

(12)带病作业的机具、设备等均停止使用,应及时修理或更换。

(13)坚持每周一次安全大检查,坚持安质人员每日巡检,每日交班会安全汇报工作;各领工员及承包人在交接班中要认真记录当日当班安全情况;安质人员要进行检查,并向相关领导汇报。

(14)凡存在安全隐患的地方要及时进行处理,安全部门要认真落实处理结果是否达到要求。

(15)要及时进行收敛量测,如发现异常情况要及时向领导汇报。

(16)开挖:

1)钻眼人员到达掌子面时,应首先检查工作面是否处于安全状态,如支护有无表观变形、裂纹;拱部、两帮岩面有无松动现象或岩层面与层面间有无夹薄泥层现象,在风钻水喷洒后是否软化剥落、掉块、坍方,若存在应在开钻前及时处理,领工员或班长要现场指挥,专人负责。处理措施诸如打锚杆、找顶、找帮、补炮、挂网等。

2)掌子面各用电设备严禁出现漏电伤人,尤其是台车上的各用电设备和掌子面抽水设备,避免漏电造成高空坠落伤人。

3)风钻支架应放在妥当位置,以免支架弹出伤人;同时各风管接头的连接以及各风管在不用时要保证绑扎好;在开关风时要认真清理被开关风管头对象,以免风管头摆动伤人。

4)严禁套钻残眼,在出渣中严禁立爪硬挖有瞎炮的炮眼,以防撞出雷管伤人。

5)在进退台车时,要预防台车跳道后倾斜伤人,尤其在台车两侧的工作人员。

6)严禁边钻眼边装药的习惯性施工方法。

7)严禁装药时携带烟火,尤其禁止抽烟、明火等。

8)领用火工品、装药、连线工序需有专人负责,并经培训合格的员工操作,装药时严禁用铁器(铁捧、锚杆、钻杆等)装填,最好用竹竿。

9)工作面岩石破碎、局部未及时进行处理严禁爆破,以免给出渣带来安全隐患。

10)在起爆前各工班长、领工员要认真检查雷管连线。

11)火工品在洞内临时存放要专人看管,以免遗漏在工作面或被运输车辆及人员碰掉落入地面被其他物体撞击引起爆炸(如遗落在轨道上或被接道班装卸钢轨或钻杆时碰撞)。

12)放炮前应将所有机具拆离到距掌子面80 m以外、人员撤离至200 m以外,必须由专人检查有无遗留机具及人员后再起爆。

13)放炮后由于通风管道较长,使用时风管漏风处较多,造成掌子面风量小,因此通风不少于15 min,人员才可以进入掌子面。

14)放炮后掌子面找顶工照明设备要良好,找顶工要及时处理好危石,开挖班要检查围岩有无变形、瞎炮或残余炸药、雷管等可疑现象,并进行处理。

15)若遇停电现象,人员要立刻撤离掌子面,到达支护好的安全地带。

16)各支护紧跟掌子面,尤其关键部分或软岩或节理密集带、破碎带要及时支护后才能继续施工,严防蛮干。

17)运输:

①各运输机械在使用前(上班前)必须要认真检查,运输责任人要亲自抓,保证机械状态良好,凡存在隐患者严禁使用。

②运输车与立爪装渣处严禁站人,以防大石块从车中滚出伤人。

③调车人员和立爪人员要注意电缆线位置,以防被运输车辆、立爪等损坏触电伤人,同时

各插座、开关要良好,严防漏电。调车人员和拉电缆线人员在操作电器设备时必须戴绝缘手套。

④立爪人员要认真检查出渣部位的围岩变化情况。

⑤各车辆停放下班时应做好检查。

⑥运输车辆在经过衬砌台车、钻爆台车处,要减速行驶。

⑦运输车辆在经过仰拱施工地段,由于轨道变形大故要减速行驶。

⑧通风、排水:

a. 在爆破和喷射混凝土时,要有足够的通风时间。

b. 洞内仰拱内严禁长时间积水,以避软化岩层。

c. 隧洞施工必须要在超前地质预报安全可靠的情况下施工。超前地质探孔(探水孔)施工时,应详细记录钻孔情况,以准确预报前方地质情况。一旦发生特殊情况时立即采取必要的措施并立即上报。当探明有涌水存在时,要测试水压、水量和水的浑浊程度,以便采取不同的处理方法。当水量和水压较大时,施工人员不得冒险靠近,应停止掘进,待水量减少水压降低到常压,再进行施工。

d. 施工过程中若发现突水突泥现象,立即报告应急组织领导小组,现场施工人员根据实际情况迅速打随机排水孔,并移动水泵站进行抽水;及时喷锚进行围岩封闭。如果围岩破碎,可在初喷混凝土结束后迅速安置钢拱架,然后再进行复喷混凝土封闭围岩,加强支护。

⑨隧洞突水突泥事故的预防:

a. 设计的地质资料,加强可能出现涌水涌泥区域的超前地质预测预报工作。采用超前钻探进一步明确该异常体的具体情况,在钻孔出现喷水时采用相似比拟法对涌水量、水压、富水规模、补给情况等进行分析预测。正确使用地质超前预测预报系统、对不良地质地带以及探测到的可疑地层采用预注浆加固措施,严格规范施工,加强施工监测,设立隧洞逃生通道,以防止在施工过程中出现意外情况,保证人员能迅速撤离工作面。

b、隧洞经超前地质预报确定含水不良地质地带时,不能按常规施工方法开挖,必须采取一定的地层加固方法,这种处理措施必须在隧洞开挖到该地层之前处理。具体采取加固位置必须由超前探孔进一步判明,以保证掌子面预留一定的止浆墙,防止泥水突然涌出。探孔施工必须特别谨慎,采用帷幕注浆时,首先按探孔设计图进行分区分片探测,进一步确定不良地质地层含水状况。为防止钻孔过程中揭穿含水地层的突泥突水导致施工安全,因此,在遇到可能出现地下水地带,应造设止浆墙,安设孔口管及防突水装置,准备好堵水、防灾材料,必须准备好各种救护材料并防止高压水冲出钻杆。

c. 隧洞施工中,超前探孔钻进一定深度后,埋设孔口管,一旦发生突水,可在孔口管上安装闸阀,并连接注浆管进行注浆堵水。在超前预注浆钻孔时,也要在孔口预设孔口管,做到快速堵水。钻孔时出现大量涌水时,立即停止钻进,在钻孔部位安设孔口管,掌子面喷射混凝土封闭。当水量很大喷射而出时,在稳固好孔口管排水的同时,采用造设止浆墙的方式封闭掌子面,止浆墙厚度 2 m 以上;然后用闸阀逐步关闭出水孔。通过注浆方式填充堵塞出水通道,进行全断面注浆加固地层。顶水注浆结束标准按定压原则进行控制。当注浆压力达到设计终压,扫孔后无水流出,即结束注浆。

⑩隧洞突水事故应急处理：

a. 在支洞口设置安全门。

b. 突水段施工时，掌子面施工作业人员配备救生服，遇突水时，所有抢险人员必须穿救生服。

c. 当洞内出现突水时，突水量超过正常抽排水能力时，首先组织指挥作业面施工人员撤离，并随时切断掌子面的电源，以保证撤离人员和抢险人员的安全，启动洞内涌水处的备用抽水设施，启动泵站备用水泵，以增大排水能力。

d. 仍不能满足排水时，应组织尽快启用洞外移动泵站进洞，增大排水能力。

e. 当洞内积水继续增长时，组织增设排水管路和移动泵站数量，关闭小型水泵，采用泵站大扬程、大流量水泵直接抽排水。

f. 积水下降后，对积水浸泡段、隧道初期支护进行检查；对有裂纹、松动处壁墙及时进行处理，避免初期支护因长时间浸泡软化产生脱落，伤及作业人员。

⑪隧洞突泥事故应急措施：

a. 在支洞口设置安全门。

b. 作业时，必须进行超前钻探，做好预防突泥事件事故发生。

c. 当探明前方确实存在泥砂填充型溶腔，有涌泥的可能时，在掌子面合适位置设置安全厚度的砂袋挡墙，以减缓突泥时泥浆急速后涌的速度，为人员撤离留足更多时间。

d. 一旦发生突泥时，组织先撤离掌子面施工人员。

e. 出现人员伤亡时，启动"安全事故报告和现场保护"程序。

f. 没有人员伤亡时，待洞内无险情再组织撤离机械设备。

g. 突泥能量释放后，再组织抢险人员进洞，用钢筋、钢管和型钢为骨架，用草袋、坑木进行缺口封堵，用喷射混凝土将其封闭，并将周围洞身加固。

h. 在断面附近设置监控测量点，收集围岩收敛变化的情况，待稳定后组织人员恢复生产。

⑫物资堆放：可燃、易爆物质堆放相互距离不得小于 10 m，在运输中采用专用车辆，严禁人货混装。

8. 注意事项

(1)在进行扩挖及安装钢管前，必须将拱部溶槽进行防护，严防在施工过程中拱顶发生安全事故。

(2)由于暗河水头较大，因此，钢管在制作及安装时要确保牢固，焊接及螺栓连接质量要满足要求。竖向刚花管对后期作用非常大，因此必须严格按要求安装加固，确保后期不受杂物影响保证水流畅通。

(3)模板及内支撑加固要牢固，确保混凝土浇筑过程中不发生坍塌事件。同时必须控制好混凝土浇筑质量，确保混凝土强度满足要求，以抵御暗河水压力。

(4)后期待排水钢管闸阀关闭及水位上升后，要对封堵混凝土和暗河前后未二次衬砌洞段围岩进行监控量测(拱顶下沉及水平位移)和水位变化(查看压力表)情况，及时开闸减少水压对混凝土的影响，确保安全。

9. 施工效果

因该处暗河涌水导致隧洞掌子面停工，严重影响施工进度，经过封堵及引排处理后，起到了较好的效果，暗河水基本从预埋钢管排出，涌水得到控制。经过两个汛期后，提前30天完成隧洞开挖任务。

6.1.2 水打桥隧洞斜井涌水注浆堵水技术

水打桥隧洞支洞施工先后遇多次涌水、涌泥,采用注浆堵水等技术后,成功穿越多个富水段落,确保了主洞正常施工。

1. 工程概况

水打桥隧洞总长 20.36 km。为无压流,隧洞进口接总干渠末分水闸,出口接白甫河倒虹管,隧洞设计流量 $Q=31$ m³/s,加大流量 $Q=34.61$ m³/s,隧洞断面型式采用圆形,衬砌后净空半径 $r=2.7$ m,设计水深 $h=3.998$ m,加大水深 $h=4.356$ m。Ⅲ、Ⅳ、Ⅴ类围岩洞段采全断面 C25 钢筋混凝土衬砌,厚度分别为 0.4 m、0.4 m、0.5 m,高外水压力洞段Ⅳ、Ⅴ类围岩洞段衬砌厚度分别为 0.5 m、0.8 m。隧洞坡降 $i=1/3\ 300$,隧洞共布置 3 条支洞,其中 2# 施工支洞长 $L=663.082$ m,底坡 $i=32.45\%$,施工支洞断面为城门洞形,初期支护后净空为 7 m×5.5 m,如图 6-21 所示。

图 6-21 水打桥 2# 支洞平面布置

2. 施工难点

隧洞围岩为中厚～厚层状灰岩,位于中硬质岩类,泥灰岩、泥质灰岩属中硬岩类,洞身段位于新鲜岩体带,岩体局部破碎,呈层状结构,局部渗水较大,围岩为Ⅳ类。岩体位于 T_1f^2 隔水层及 T_1yn^1 强透水层分界线附近,岩溶强烈发育,小田坝暗河系统从该段洞身上部通过,连通性地下涌水风险大。

施工中,受连日暴雨影响,2ZD0+625～+630 段(以下"2ZD"代表 2# 支洞)多处出现涌水,涌水量达到 210～240 m³/h;2ZD0+650 处右侧发生直径 50 cm 的股状涌水,水质浑浊,含大量泥砂,正洞 1 650 m 被淹,斜井淹没至 2ZD0+430 处,涌水量为 1 100 m³/h,涌水含泥、卵石等。如图 6-22 和图 6-23 所示。

图 6-22 股状涌水

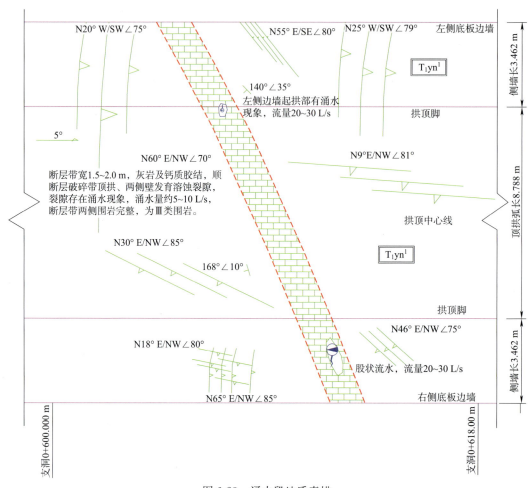

图 6-23　涌水段地质素描

2ZD0+600～2ZD0+650 段仍有三处大出水,其中 1 处位于左侧起拱线位置,另两处位于右侧边墙位置,对洞内正常施工造成极大影响,主要表现在以下几个方面:

(1)受长期水流冲刷影响,运行轨道基底围岩变软,需经常维护轨道运输系统,潮湿的环境对人员上下、洞内供电系统存在较大安全隐患。

(2)两次大的涌水均发生在主汛期连续降雨期间,且涌水点附近地表汇水区水位在洞内水量突然增大后迅速下降或消失,估计洞外与洞内排水管道连通,很有可能会对地表环境造成破坏。

(3)暴雨期间发生涌水后,涌水含泥、卵石,造成堵塞抽水管路、抽水设备故障率高,更换时间较长,抽排水能力下降,洞内被淹的严重后果。

(4)汛期特别是大雨、暴雨时涌水情况严重影响施工进度,淹水期间造成施工机械、设备、材料受损。

3. 注浆止水处治技术

采用灌浆堵水,灌浆浆液原则采用纯水泥浆液,对表层严重漏浆、渗水较大、钻孔出水量大部位,采用水泥—水玻璃双液浆灌注。灌浆材料采用 P·O42.5 水泥、40 玻美度水玻璃。浆液水灰比 1∶1、0.5∶1 两级,水玻璃的掺入量为水泥质量的 5%～15%。

布孔采用洞壁布孔、渗水段加密方式。灌浆孔、排(环)距为 1.5 m,梅花形布置,每环 16 孔。边墙与底板,边墙与拱顶孔端扩散半径不超过 3 m,故该处孔带有一定的倾角。按环间分序、环内加密的原则施工,钻孔孔径 50 mm,灌浆深度 0~8 m,灌浆压力 0.3~0.5 MPa。根据现场实情况,加密孔布置在集中渗水点、渗水带周围,相关参数采取同上标准。为更好地达到灌浆效果,灌浆施工遵循先易后难、先下后上的原则。先灌浆封堵非集中渗水点、渗水带岩面,再灌浆处理集中渗水点。非集中渗水点、渗水带灌浆遵循分排(环)分序的原则,集中渗水点、渗水带遵循灌、排相结合的原则,最终达到基本封堵渗水通道。灌浆采用纯压式。由于集中渗水点、渗水带均位于边墙上,灌浆前,先钻孔导水,然后在渗水处浇筑 C20 混凝土止浆墙,再进行灌浆。止浆墙厚 50 cm,尺寸超过渗水范围 1 m。注浆工艺流程图如图 6-24 所示。

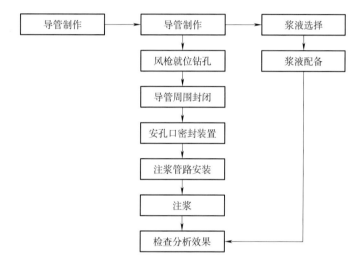

图 6-24 注浆工艺流程

(1)分流孔和主出水孔的施工

①分流孔和主出水孔分两段施工:第一段 2 m,钻孔孔径 120 mm,卡塞灌浆结束后埋设直径 108 mm 套管;第二段 2 m 至终孔,钻孔孔径 90 mm,在主出水管上安设压力表及闸阀,并将水引至集水井。

②对分流孔和主出水孔进行灌浆时,为防止相邻出水孔串浆,影响灌浆效果,首先采用灌注惰性材料水泥砂浆以充填通道,然后注入水泥—水玻璃双液浆。

③分流孔和主出水孔灌浆压力初定实测地下水压力加 0.5 MPa。

④考虑到堵水灌浆的实际情况,灌浆结束标准为:在设计灌浆压力的作用下,当灌浆流量小于 5 L/min 时,持续 10 min 可结束该段灌浆;灌注水泥、水玻璃双液浆时,达到设计压力,当灌浆流量小于 10 L/min 时可结束该段灌浆。

⑤有涌水的灌浆孔,灌浆结束后应闭浆不少于 72 h。

⑥灌浆效果检查:灌浆 72 h 后现场检查无较大渗水,灌浆合格。灌浆技术要求遵守《水工建筑物水泥灌浆施工技术规范》(SL 62—2014)。注浆布孔如图 6-25 所示。

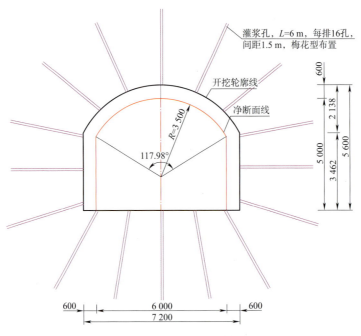

图 6-25 注浆处理示意(单位:mm)

(2)灌浆施工

采用 $\phi 50$ 脚手架管、木板、竹跳板等搭设施工平台。为了保证平台稳定及施工安全,大致分三次三段搭设,每段长至少 25 m,顶部为分段小平台。

钻孔设备选用小型潜孔钻机,备用重钻 2PC 地质钻机(考虑取芯)。开孔直径为 76 mm,终孔直径不得小于 40 mm。钻孔附近有小的渗、涌水时,调整孔位至渗、涌水处。钻孔附近有大的渗、涌水,按集中渗水的处理原则处理。采用 $2\times ZJ400$ 高速制浆机制浆,人工配合,通过 $\phi 50$ 管输送至现场使用。

灌浆采用 3SNS 型高压灌浆泵、专用高压灌浆管灌浆,螺杆式灌浆塞卡塞。双液浆采用小型灌浆泵灌注。灌浆按设计及规范要求,遵循分环分序加密原则按两序进行,先灌注Ⅰ序孔,后灌Ⅱ序孔。由于单孔设计灌浆长度为 7 m,原则上采用一段灌注。若钻孔时遇渗水,停止钻进立即进行灌浆。

管口设置球形闸阀 2 个,一个进浆(水泥浆),另一个进水玻璃浆。灌浆结束同时关闭两个闸阀,至少闭浆 8 h 以上。

灌注时由稀至浓变换,开灌采用水灰比 1∶1 的浆液,当该级浆液灌浆量达到 300 L 后灌浆压力或流量无明显改变,变成 0.5∶1 的浆液灌注。无渗水的灌浆孔灌浆,开灌流量不大于 40 L/min,限流时不大于 20 L/min;渗、涌水量大的孔,开灌流量限制在 60 L/min 以内,后期适当减小。

灌浆压力为涌水压力加 0.5 MPa。压力表安装在回浆管路上,灌浆压力以压力平均值为准。灌浆过程中应保持灌浆压力和注入率相适应。灌浆过程中应经常转动和上下活动灌浆管,回浆管宜有 15 L/min 以上的回浆量,防止灌浆管在孔内被水泥浆凝住。

采用闸阀进行闭浆,灌浆结束后关闭阀门再停泵,一般孔至少闭浆 4 h 以上,有涌水的灌浆孔应闭浆 8 h 以上。

(3)特殊情况处理

1)冒浆处理

灌浆过程中发生冒(漏)浆现象时,采取嵌缝、封堵方法处理后,再采用降压、加浓浆液、限流、限量、间歇灌注、双液灌浆等方法处理。

2)串浆处理

灌浆过程中发生串浆时,应堵塞串浆孔,待灌浆孔灌浆结束后,再对串浆孔进行扫孔、冲洗、灌浆。如注入率不大,且串浆孔具备灌浆条件,也可一泵一孔同时灌浆。

3)灌浆因故中断处理

灌浆须连续进行,若因故中断,应按下列原则处理:

①应尽快回复灌浆。如无条件在短时间内恢复灌浆时,应冲洗钻孔,再恢复灌浆。若无法冲洗或冲洗无效,则应进行扫孔,在恢复灌浆。

②恢复灌浆时,应使用开灌比级的水泥浆进行灌注。如注入率与中断前相近,即可采用中断前水泥浆的比级继续灌注;如注入率较中断前减少较多,应逐级加浓浆液继续灌注;如注入率较中断前减少很多,且在短时间内停止吸浆,应采取补救措施。

4. 实施效果

2ZD0+600~2ZD0+650 出水口周围未发现较大含水体及大型溶洞,通过灌浆止水和出水点处安装 ϕ150 引水管(图 6-26),在引水管上安装泄压闸,在汛期排水泄压,汛期施工安全进度可控,该段除零星有滴水现象外,该段围岩初期支护稳定,主洞受水淹的现象再无发生,保障了洞内人员及通行机械的安全。洞内情况如图 6-27 所示。

图 6-26 集中引排

图 6-27 洞壁无渗水

6.1.3 水打桥隧洞高压突泥突水处理

1. 工程概况

(1)工程简介

水打桥隧洞设计流量 $Q=31$ m³/s,加大流量 $Q=34.61$ m³/s,隧洞断面形式采用圆形,衬砌后净空直径 $r=2.7$ m,水深 3.998 m,加大水深 4.356 m。Ⅲ、Ⅳ、Ⅴ类围岩洞段采用全断面 C25 钢筋混凝土衬砌,衬砌厚度分别为 0.4 m、0.4 m、0.5 m,高外水压力洞段Ⅳ、Ⅴ类围岩衬砌厚度分别为 0.5 m、0.8 m。

(2)水文地质情况简介

1)水打桥隧洞水文情况简介

区间无较大河流途径,地势北高南低,地貌类型以峰丛洼地、岩溶峡谷地貌为主,形成残丘坡地、峰林盆地、宽阔河谷、起伏和缓的高原景观,土壤以黄壤分布面积最大,其余为山地黄棕壤、石灰土和紫色土等。大方县植被属亚热带常绿阔叶林带,境内植被种类繁多,但由于人类活动的长期影响,原生植被已被破坏,被次生植被和以松为主的人工林所取代。气候属于亚热带湿润季风气候。

根据大方气象站资料统计,多年平均降水量为1 120.6 mm,多年平均气温11.8 ℃,最冷月1月平均气温1.8 ℃,最热月七月平均气温20.7 ℃,极端最高气温32.7 ℃(1988年5月6日),最大积雪深度17 cm。多年平均日照时数为1 295.6 h,日照率29%。多年平均相对湿度为84%。全年平均雾日数13.5天,冰雹日数2.7天,雷暴日数56.7天。多年平均风速为2.8 m/s,全年以SE风居多,最大风速17.0 m/s(1980年5月22日),风向为ENE。

区域洪水具有以下特征:洪水是由暴雨形成,多集中发生在6～9月,具有陡涨缓落、峰量集中,涨峰历时短等山区性河流的特点,同时还受到暴雨分布、暴雨强度、暴雨历时和岩溶等共同影响。

2)水打桥隧洞(11+399～18+387)地质情况简介

①基本地质条件

隧洞埋深67～287 m,穿越底层依次为T_1yn^1中厚层灰岩、T_1yn^2薄层泥质灰岩夹泥页岩、T_1yn^3中厚层灰岩,岩体以中硬岩为主,岩层倾角平缓,倾角8°～20°,走向线与洞线小角度相交,沿线需要穿越F_{106}、F_{106}-1等断层,隧洞位于地下水以下,以岩溶管道水和岩溶裂隙水为主。

②主要地质问题

隧洞位于地下水位线以下,需横穿水落洞地下暗河,地下暗河发育高程高于隧洞顶板,隧洞施工导通该地下暗河系统的可能性大,存在岩溶涌水、涌泥的可能。在马场镇附近存在地表岩溶泉,隧洞施工可能疏干地表泉水等环境问题。

2. 突泥突水情况简介

2016年8月19日05:30,水打桥隧洞(4#支洞承担下游段)工作面施工至11+930(距交叉口163 m),在该桩号掌子面进行超前加深炮孔时,3个孔施工至1.8 m深度遭遇涌水。探孔内涌水喷出约12 m远,水质浑浊,估算涌水量约5 000 m³/d,估测涌水压力约0.4 MPa。此后又在掌子面钻设1个探孔,涌水喷出20 m左右(水平距离),致使4#支洞下游工作面涌水量达约8 000 m³/d。水打桥隧洞4#支洞区域布置如图6-28所示,涌水孔位置如图6-29所示。

之后几天涌水点压力不变,水质变化较大,涌水点水质浑浊时携带大量泥砂和砂砾。8月27日早上7:30,探孔被砂石堵塞,水压减少,只有两个孔(4号孔和2号孔)出水,4号孔喷约5 m,2号孔喷出约2 m。之后水压一直保持不变。涌水相关照片如图6-30～图6-34所示。

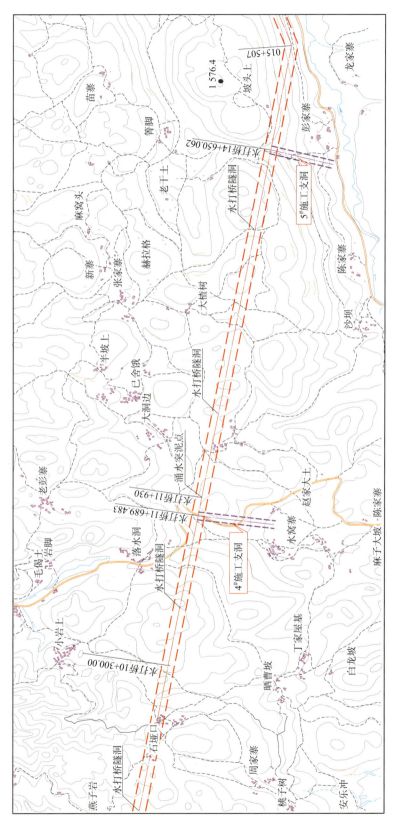

图 6-28 水打桥隧洞 4#支洞区域布置图

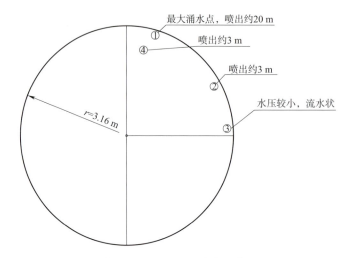

图 6-29　11+930 涌水点示意图

图 6-30　钻孔过程中涌水图

图 6-31　拔出钻杆后涌水情况

图 6-32　涌水稳定后涌水情况

图 6-33　现场勘察

应急处理措施：

(1)发生涌水后,立即撤离了隧洞内的施工人员与设备,并启动备用抽排水设备,加大隧洞内抽排水能力,确保隧洞不被涌水淹没。安排专人在安全地带观察隧洞内积水变化。

(2)立即对隧洞地表进行排查,观察既有泉点是否发生变化,是否存在地表塌陷等地质灾

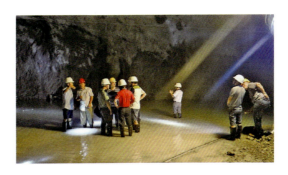

图 6-34 洞内积水现场勘察

害,并将隧洞涌水的信息告知地方政府,确保隧洞周边村民知情并保证村民安全。

(3)根据地质情况,分析岩溶影响段的大致范围,对未开挖地段进行超前地质预报。

3. 处理方案

根据隧洞涌水涌泥情况,通过 TSP 超前地质预报探明未开挖洞段岩溶发育情况,地质雷达探明地下水发育情况,并结合超前探孔,详细探明隧洞主线方向岩溶影响情况后,确定进行帷幕灌浆堵水施工方案。

(1)探明未开挖洞段围岩地质水文情况

1)超前地质预报探测

①超前地质预报探测结果

为探明未开挖洞段详细的地质情况,对水打桥隧洞 11+930 向下游未开挖洞段进行 TSP 超前地质预报及地质雷达探测,探测未开挖洞段富水情况及岩溶裂隙发育情况。超前地质结果见表 6-1。

表 6-1 超前地质预报(TSP203)探测结果

序号	里程	长度(m)	推断结果	围岩推断级别
1	11+930~11+954	24	岩体较完整,局部节理裂隙较发育,地下水发育强烈,岩溶发育	Ⅴ
2	11+954~11+989	35	岩体较完整,裂隙减少。局部节理裂隙较发育,地下水较发育	Ⅳ
3	11+989~12+029	40	岩体较完整,裂隙增加,局部节理裂隙较发育,地下水较发育	Ⅳ
4	12+029~12+070	41	岩体较完整,裂隙增加,局部节理裂隙较发育,地下水较发育	Ⅳ

②超前地质探测结果说明

a. 11+930~11+954(24 m)该段围岩强度较掌子面围岩强度有较小幅度上升,岩体较完整,局部节理裂隙较发育,地下水发育强烈,岩溶发育,围岩级别推断为Ⅴ类。

b. 11+954~11+989(35 m)该段围岩强度较前方围岩强度较小幅度上升,岩体较完整,裂隙减少。局部节理裂隙较发育,地下水较发育,围岩级别推断为Ⅳ类。

c. 11+989~12+029(40 m)该段围岩强度较前方围岩强度有小幅度下降,岩体较完整,裂隙增加,局部节理裂隙较发育,围岩级别推断为Ⅱ类。

d. 12+029~12+070(41 m)段围岩强度较前方围岩强度有小幅度下降,岩体较完整,裂隙增加,局部节理裂隙较发育,地下水较发育,围岩级别推断为Ⅳ类。

综上所述:掌子面前方11+930～12+070段,围岩强度整体变化不大,在11+930～11+954段地下水发育强烈,岩溶发育;在11+954～11+989、12+029～12+070段地下水较发育。施工时应多注意观察,避免地质灾害发生。

2)地质雷达探测

地质雷达探测结果如图6-35～图6-37所示。

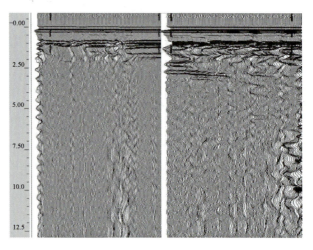

图6-35　11+900～11+930洞身段地质雷达检测结果时间剖面图

4#支洞下游子面11+930地质预报结果如下:

(1)掌子面前方11+930～11+933岩体灰岩,较破碎,裂隙发育,岩层裂隙水发育。

(2)掌子面前方11+933～11+945岩体为灰岩,岩体破碎,裂隙较发育。

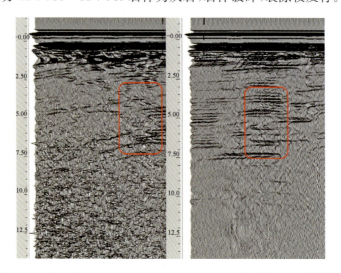

图6-36　11+917～11+918、11+920～11+922拱顶雷达时间剖面图

3)超前水平地质钻孔

在完成超前地质预报后,根据超前地质预报和地质雷达结果,对工作面进行超前水平探

孔,进一步探明未开挖地段地质情况。探测孔布置如图 6-38 所示。

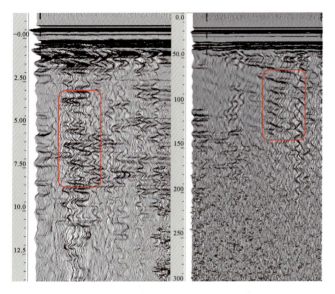

图 6-37　11+913～11+915 左侧拱腰、
11+915～11+917 右侧拱腰雷达时间剖面图

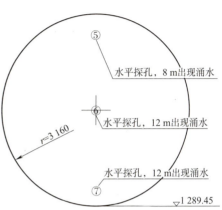

图 6-38　11+930 水平探孔布置图

通过对地质雷达检测成果图 6-36 和图 6-37 综合分析得出如下主要结论:

①11+917～11+918 拱顶,深 2～4 m 处有裂隙发育,岩体破碎,裂隙密集带,富水程度高。

②11+920～11+922 拱顶,深 2～5 m 处有裂隙发育,岩体破碎,裂隙水发育,岩层富水程度高。

③11+930～11+915 左侧拱腰,深 3～7 m 处裂隙发育,岩体破碎,裂隙密集带,富水程度高。

④11+915～11+917 右侧拱腰,深 2～4 m 处有裂隙发育,岩体破碎,裂隙密集带,富水程度高。

由于检测手段比较单一,现场条件较为复杂,地质雷达无法非常准确完成检测任务,需综合其他手段方可较准确预报,实际情况具体以实际现场为主。

通过水平探孔探测,上部 5#孔、中部 6#孔和下部 7#孔分别在 11+938、11+942、11+945 出现涌水,水压较大,压力 1.0 MPa,直接将钻具冲出,探孔难以实施。通过超前探孔探测,隧洞前方存在较大的富水层,只有对隧洞周边岩溶裂隙水进行封堵,才能保证隧洞正常安全施工。

(2)超前帷幕灌浆

1)施工止浆墙,封堵隧洞工作面,防止灌浆过程中,浆液通过围岩裂隙流失,影响灌浆效果。

2)对已实施的除 6#孔外的超前水平探孔进行灌浆封堵,封堵岩溶通道及节理裂隙,在 6#孔安装闸阀并安装压力表,监测灌浆过程中和灌浆后的水压变化。

3)对 11+930～11+945 段隧洞进行帷幕灌浆以封堵渗水,灌浆孔沿洞壁周边环向单排布置,共计 24 个孔,钻孔直径 φ90 mm,孔距 0.76 m,钻孔向外倾斜 12°,孔深 15.4 m。灌浆分Ⅲ

序施工。

4)灌浆材料为 P·O42.5 普通硅酸盐水泥,水灰比 0.5~1,掺入水玻璃稀释液,水泥浆与水玻璃体积比为 1:1~1:0.6。

5)灌浆压力初定为单个灌浆孔测得的地下水压力加 0.1 MPa。

6)灌浆结束 7 天后,打开前期 6# 勘探孔闸阀观测渗水量,若水量明显减少并具备隧洞开挖施工条件,则进行 9 m 段隧洞开挖施工,开挖完成后在掌子面布置 3 个 15 m 深的勘探孔,以探明前方渗水情况,若渗水情况不影响正常施工,则灌浆结束,若渗水量大,无法施工,则按照原钻孔布置及灌浆参数,进行下一轮堵水帷幕灌浆,直至顺利通过岩溶影响段。钻孔布置图如图 6-39 和图 6-40 所示。

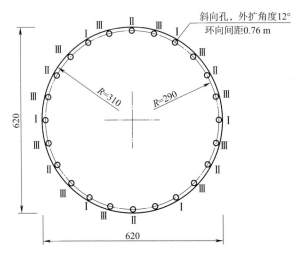

图 6-39　帷幕灌浆横向布置(单位:cm)

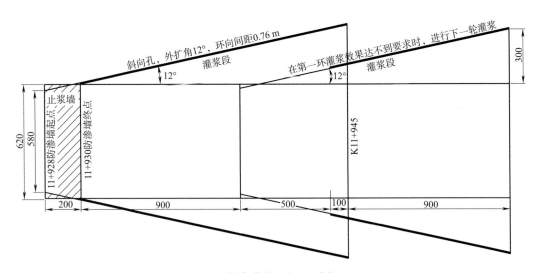

图 6-40　帷幕灌纵向布置(单位:cm)

4. 主要资源投入

(1)人力资源投入见表 6-2。

表 6-2 人力资源投入统计表

序号	工种	单位	数量	备注
1	隧洞抽排水人员	人	10	抽排地下水
2	钻孔	人	6	帷幕灌浆钻孔
3	制浆、灌浆	人	8	帷幕灌浆
4	司机	人	4	农用车、挖掘机、装载机
5	杂工	人	6	清理淤泥及辅助灌浆
6	安全员	人	2	观察围岩及现场安全监督
7	技术员	人	3	帷幕灌浆现场技术指导及监督
	合计		34	

(2)主要机械设备投入见表6-3。

表 6-3 机械设备投入统计表

序号	设备名称	型号	单位	功率(kW)	数量	备注
1	潜孔钻机	YQ100	台		1	
2	空压机	24 m³	台	132	4	
3	注浆机	160	台	15	2	
4	排污泵	30 kW	台	30	2	
5	搅拌桶	XB-12×12	台	2.2	2	
6	自动制浆机	ZJ-400	台	15	2	
7	储浆桶	800(1.2 m 高)	台		2	
8	电焊机	BX-500	台	35	4	
9	操作台架		台		1	

5．质量保证措施

管理措施

1)坚持技术、安全交底,发现问题及时解决。

2)认真执行三检制度。

3)对现场施工人员加强质量教育,强化质量意识,开工前技术交底,确保每一个参与施工的人员清楚规章制度。

4)建立质量奖罚制度,明确奖罚标准,做到奖罚分明,杜绝质量事故的发生,对质量事故严肃处理,坚持四不放过的原则对质量事故进行处理。

6．技术措施

(1)钻孔质量要求

1)钻孔位置与设计位置偏差不得大于10 cm。

2)孔深、孔径应符合设计规定。

3)钻孔孔壁应平直完整。

4)钻孔必须保证孔方向准确。

(2)制浆质量要求

1)制浆材料必须称量,称量误差应小于5％。水泥等固相材料宜采用重量称量法。

2)各类浆液必须搅拌均匀并测定浆液密度。

3)纯水泥浆液的搅拌时间,使用普通搅拌机时,应不少于 3 min;使用高速搅拌机时,宜不少于 30 s。浆液在使用前应过筛,自制备至用完的时间宜小于 4 h,水玻璃采用孔内加入法。

4)高速搅拌机搅拌转速应大于 1 200 r/min。搅拌时间宜通过试验确定。细水泥浆液自制备至用完的时间宜小于 2 h。

5)集中制浆站制备水灰比为 1∶1 的纯水泥浆液。输送浆液流速宜为 1.4～2.0 m/s。

6)炎热季节施工应采取防热和防晒措施。浆液温度应保持在 5～40 ℃之间。

(3)灌浆设备和机具

1)搅拌机的转速和拌和能力应分别与所搅拌浆液类型和灌浆泵的排浆量相适应,并应能保证均匀、连续地拌制浆液。

2)灌浆泵性能应与浆液类型、浓度相适应,容许工作压力应大于最大灌浆压力的 1.5 倍,并应有足够的排浆量和稳定的工作性能。灌注纯水泥浆液应采用多缸柱塞式灌浆泵。

3)灌浆管路应保证浆液流动畅通,并应能承受 1.5 倍的最大灌浆压力。

4)灌浆泵和灌浆孔口处均应安设压力表。使用压力宜在压力表最大标值的 1/4～3/4 之间。压力表应经常进行检定,不合格和损坏的压力表严禁使用。压力表与管路之间应设有隔浆装置。

5)灌浆塞应和采用的灌浆方式、方法,及灌浆压力及地质条件相适应。胶塞(球)应具有良好的膨胀性和耐压性能,在最大灌浆压力下能可靠地封闭灌浆孔段,并且易于安装和卸除。

6)所有灌浆设备注意维护保养,保证其正常工作状态,并应有备用量。

(4)注浆质量保证措施

1)确保钻孔深度和角度,做好钻孔记录,为保证注浆效果奠定基础。

2)严格按照技术交底作业,按照注浆工艺流程施工,做好注浆记录确保孔口管与管壁之间封闭密实,防止孔口处跑浆;注浆开始时宜采用小流量以免堵塞浆液渗透通道,注浆结束标准必须达到设计要求的注浆压力或注浆量,确保注浆质量。

3)注浆结束后,应综合分析钻孔注浆记录,并在出水量较大或注浆薄弱处打检查孔,检查注浆效果,如不能满足要求,则要补注。

4)注双液浆时,注浆压力突然升高,应停止水玻璃注浆泵,只注入水泥浆或清水,待泵压恢复正常时,再进行双液注浆。

5)当进浆量很大,压力长时间不升高,则应调整浆液浓度及配合比,缩短凝胶时间,进行小泵量、低压力注浆,以使浆液在岩层裂隙中有相对停留的时间,以便凝胶;有时也可以间歇注浆,但停注时间不能超过浆液凝胶时间;当需停止时间较长,则先停水玻璃泵,再停水泥浆泵,使水泥浆冲出管路,防止堵管。

6)当发生跑浆时,则应缩短浆液的凝胶时间,进行小泵量、低压力注浆,以使浆液快速凝固,堵塞裂隙。

7)当单液注浆效果达不到目的时,采用双液注浆的方法,加水玻璃以达到止水的目的。

7. 安全保证措施

隧洞施工必须要在安全可靠的情况下施工。超前地质探孔(探水孔)施工时,应详细记录钻孔情况,以准确预报前方地质情况。一旦发生特殊情况时,立即采取必要的措施并立即上报。当探明有涌水存在时,要测试水压、水量和水的浑浊程度,以便采取不同的处理方法。当水量和水压较大时,施工人员不得冒险靠近,应停止掘进,待水量减少,水压降低到常压,再进行施工。

施工过程中若发现突水突泥现象,立即报告应急组织领导小组,现场施工人员根据实际情况迅速打随机排水孔,移动水泵站进行抽水,并及时喷锚进行围岩封闭。如果围岩破碎,可在初喷混凝土结束后迅速安置钢拱架,然后再进行复喷混凝土封闭围岩,加强支护。

(1)隧洞突水突泥事故的预防

加强可能出现涌水涌泥区域的超前地质预测预报工作。采用超前钻探进一步明确该异常体的具体情况,在钻孔出现喷水时采用相似比拟法对涌水量、水压、富水规模、补给情况等进行分析预测。正确使用地质超前预测预报系统、对不良地质地带以及探测到的可疑地层采用预注浆加固措施,严格规范施工,加强施工监测,设立隧洞逃生通道,建立隧洞防水闸门系统,以防止在施工过程中出现意外情况,能保证人员迅速撤离工作面。

隧洞经超前地质预报确定含水不良地质地带时,不能按常规施工方法开挖,必须采取一定的地层加固方法,这种处理措施必须在隧洞开挖到该地层之前处理。具体采取加固位置必须由超前探孔进一步判明,以保证掌子面预留一定的止浆墙,防止泥水突然涌出。探孔施工必须特别谨慎,采用全断面注浆时,首先按探孔设计进行分区分片探测,进一步确定不良地质地层含水状况,防止钻孔过程中揭穿含水地层的突泥突水导致施工安全问题。因此,在遇到可能出现地下水地带,应造设止浆墙,安设孔口管及防突水装置,准备好堵水、防灾材料,必须准备好各种救护材料并防止高压水冲出钻杆。

隧洞施工中,超前探孔钻进一定深度后,埋设孔口管,一旦发生突水,可在孔口管上安装闸阀,并连接注浆管进行注浆堵水。在超前预注浆钻孔时,也要在孔口预设孔口管,做到快速堵水。钻孔时出现大量涌水时,立即停止钻进,在钻孔部位安设孔口管,掌子面喷射混凝土封闭,当水量很大喷射而出时,在稳固好孔口管排水的同时,采用造设止浆墙的方式封闭掌子面,止浆墙厚度 2 m 以上,然后用闸阀逐步关闭出水孔,通过注浆方式填充堵塞出水通道,进行全断面注浆加固地层。顶水注浆结束标准按定压原则进行控制。当注浆压力达到设计终压,扫孔后无水流出,即结束注浆。

(2)隧洞突水事故应急处理

1)在支洞口设置安全门。

2)突水段施工时,掌子面施工作业人员配备救生服,遇突水时所有抢险人员必须穿救生服。

3)当洞内出现突水时,突水量超过正常抽排水能力时,首先组织指挥作业面施工人员撤离,并随时切断掌子面的电源,以保证撤离人员和抢险人员的安全,启动洞内涌水处的备用抽水设施,启动泵站备用水泵,以增大排水能力。

4)仍不能满足排水时,应组织尽快启用洞外移动泵站进洞,增大排水能力。

5)当洞内积水继续增长时,组织增设排水管路和移动泵站数量,关闭小型水泵,采用泵站大扬程、大流量水泵直接抽排水。

6)积水下降后,对积水浸泡段、隧道初期支护进行检查,对有裂纹、松动处壁墙及时进行处理,避免初期支护因长时间浸泡软化产生脱落伤及作业人员。

(3)隧洞突泥事故应急措施

1)在支洞口设置安全门。

2)作业时,必须进行超前钻探,做好预防突泥事件事故发生。

3)当探明前方确实存在泥砂填充型溶腔,有涌泥的可能时,在掌子面合适位置设置安全厚度的砂袋挡墙,以减缓突泥时泥浆急速后涌的速度,为人员撤离留足更多时间。

4)一旦发生突泥时,组织先撤离掌子面施工人员。

5)出现人员伤亡时,启动"安全事故报告和现场保护"程序。

6)没有人员伤亡时,待洞内无险情时,再组织撤离机械设备。

7)突泥能量释放后,再组织抢险人员进洞,用钢筋、钢管和型钢为骨架,用草袋、坑木进行缺口封堵,用喷射混凝土将其封闭,并将周围洞身加固。

8)在断面附近设置监控测量点,收集围岩收敛变化的情况,待稳定后组织人员恢复生产。

8. 处理后效果评价

通过11+930段不良地质洞段TSP、地质雷达、超前探孔等超前预报,止浆墙及帷幕灌浆等施工措施,有效的封堵了岩溶裂隙,增强了围岩的稳定性,封堵了隧洞岩溶涌水,确保了处理完成后隧洞正常开挖,确保了隧洞的施工安全。处理效果如图6-41~图6-44所示。

图6-41 开挖裂隙中水泥结石

图6-42 开挖裂隙中水泥结石

图6-43 灌浆后岩壁无明显渗水

图6-44 灌浆后工作面无明显渗水

6.1.4 余家寨隧洞涌水处治

1. 余家寨隧洞涌水简介

余家寨隧洞3#施工支洞隧洞长度316 m,为城门洞形断面,具体设计参数表6-4。

表6-4 施工支洞设计参数表

名 称	长度(m)	倾角(°)	高差(m)	断面尺寸(m)	备 注
3#支洞	316	23.75	139.0	6×5	

2016年6月13日余家寨隧洞3#施工支洞掘进至支洞下平段3ZD0+306.6时,掌子面突然出现约1 000 m³/h流量的涌水,作业人员紧急撤离,洞挖设备短时间内被淹,洞挖施工被迫停止,现场涌水状况如图6-45所示。

2. 工程地质及水文地质简介

余家寨隧洞3#施工支洞进口位于为沟谷斜坡地形,地形坡度30°～40°。支洞进口地表大部基岩裸露,沟谷底部及宽缓台地上的覆盖层为残坡积黏土夹碎石等,厚0.5～3.5 m,下伏基岩为T_1yn^3中至厚层灰岩。岩体强风化厚度6～8 m,弱风化厚度8～12 m。支洞进口段未发现较大的断裂构造通

图6-45 涌水照片

过。岩层产状为110°∠20°,岩层走向与洞线交角37°左右。隧洞右侧约50 m有泉水水源点,泉水出漏点高程比隧洞进口底板低约1 m。地下水类型为基岩裂隙水。

开挖揭露3ZD0+002～3ZD0+120为泥质砂岩,3ZD0+120～3ZD0+315.828为灰岩。

进行超前地质预报(TSP)、红外探水、地质雷达探测及超前探孔等地质探测工作。发现3ZD0+313～3ZD0+337段发育一条跟洞轴线交约为45°,宽为约为1.5 m及约为1 m宽溶蚀破碎带。其中,3ZD0+324～+332段溶蚀成溶洞,岩体破碎,水体充满岩溶管道及裂隙。

3. 处理措施

鉴于涌水流量较大,长期涌水流量稳定,受地表水补给影响不大,初步判定为岩溶管道裂隙水。处理措施采用排、堵结合,即对前方破碎岩体进行超前灌浆堵漏,控制涌水流量在可控范围内后,采用抽水强排方式,确保施工正常。涌水处理措施如图6-46所示。

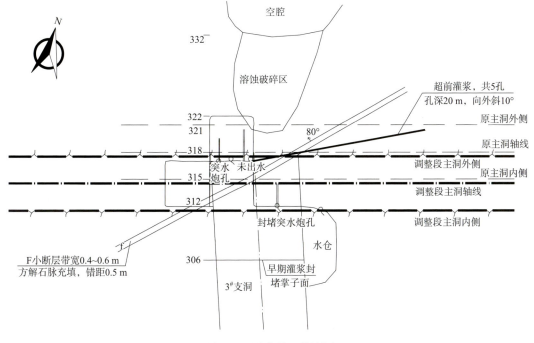

图6-46 涌水处理措施图

采取措施如下：

(1) 为避开支洞与主洞交叉口区域富水地层,保证现场施工安全,将主洞轴线在原设计基础上往右偏移 3.5 m,往上下游各先施工 100 m。

(2) 主洞段堵水灌浆布孔。对主洞下游侧 8+162.7～8+182.7 段隧洞进行灌浆以封堵渗水。灌浆孔沿洞壁左上部周边环向单排布置,共计 5 个孔,钻孔直径 ϕ90 mm,孔距 1.0 m,钻孔向外倾斜 10°,孔深 20.3 m。堵水灌浆布孔如图 6-47 所示。

(3) 灌浆材料为 P·O42.5 普通硅酸盐水泥浆,水灰比 0.5～1,掺入水玻璃稀释液,水泥浆与水玻璃体积比为 1:(1～0.6)。

(4) 灌浆压力为单个灌浆孔测得的地下水压力加 0.2 MPa。

(5) 在支洞平洞段右侧形成 200 m³ 容量的集水仓,以便于对继续开挖过程中的渗水进行抽排。

4. 处理效果

余家寨隧洞 3# 支洞主支洞交叉口位置经过止水灌浆(双液灌浆)处理集中渗漏点,涌水点流量大幅度减少,止水灌浆洞段掌子面及洞壁基本无渗水。上下游各 1 km 左右洞挖施工得以顺利施作,施工过程中高峰期渗水量控制在 500 m³/h 以内。通过治理保障施工进度,顺利实现贯通。

6.2 岩溶处治

6.2.1 猫场隧洞大型复杂溶腔处治

溶洞的存在给隧洞的施工安全及后期运行带来隐患,溶洞的处理至关重要。夹岩工程猫场隧洞 6+110 处溶洞采用回填处治技术成功度过了溶洞段施工。

1. 工程概况

(1) 工程概况

猫场隧洞断面型式采用圆形,衬砌后净空半径 $r=2.7$ m,Ⅲ、Ⅳ、Ⅴ类围岩洞段采用全断面 C25 钢筋混凝土衬砌,厚度分别为 0.4 m、0.4 m、0.5 m。衬砌断面如图 6-48～6-50 所示。

图 6-47 堵水灌浆布孔图

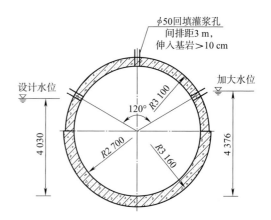

图 6-48 猫场隧洞衬砌断面(A 型)图

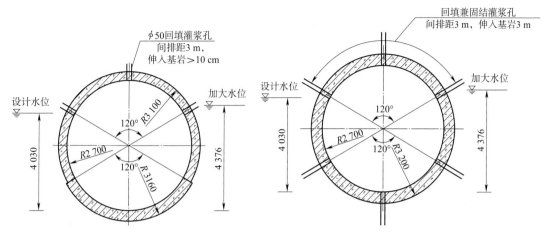

图 6-49　猫场隧洞衬砌断面(B型)图　　　　图 6-50　猫场隧洞衬砌断面(C型)图

(2)溶洞段地质特点

猫场隧洞 6+103.69～6+129.55 段洞身处于 P_2q 层位，岩层产状 259°∠10°，倾角缓，岩层走向与隧洞洞线交角 46°～48°；大坡暗河系统从该段洞身上部通过，围岩不稳定，大型溶洞、集中涌水、涌泥风险高。

猫场隧洞 6+122.4～6+110.75 揭露大型溶洞，溶洞为裂隙性溶洞，溶洞走向与隧洞走向近直交，如图 6-51 所示。溶洞最大宽度约为 12 m，最小处约为 3 m 左右，如图 6-52 所示。洞内钟乳石较发育，如图 6-53 所示，无充填；溶洞中部发育一平台，如图 6-54 所示，左侧底部有水流，初步估计水量约为 200 L/s，为大坡暗河系统。

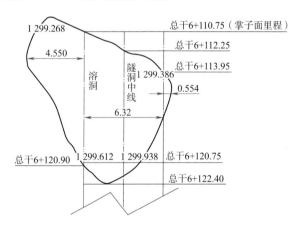

图 6-51　猫场隧洞 6+122.4～6+110.75 溶洞平面示意图(单位:m)

2. 施工难点

溶洞为裂隙性溶洞，地质构造复杂，断裂构造发育，岩体破碎。在溶蚀及构造等多因素的影响下，岩溶裂隙构造发育，溶蚀严重。

大坡暗河系统从该段洞身下部通过，局部存在集中涌水、涌泥风险高，施工难度大。

3. 处治技术

根据溶洞的实际情况和隧洞在其中所处位置灵活确定处理方案，按岩溶对隧洞的影响情况

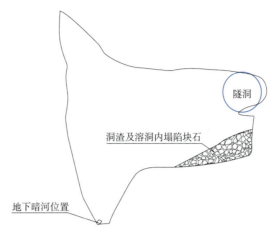

图 6-52 猫场隧洞 6+122.4～6+110.75 溶洞断面示意图

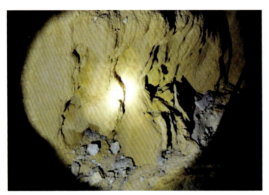

图 6-53 溶洞中部平台钟乳石发育情况

图 6-54 溶洞中部平台与暗河关系

及施工条件,采取跨越、加固洞穴、引排堵截岩溶水、清除充填物或对软弱地基注浆加固,回填夯实,封闭地表塌陷、疏排地表水等工程综合治理处治技术。本着"安全、彻底、生态、经济、快速"的原则,对猫场隧洞总干 6+110 处溶洞提出了 2 个处治技术方案:跨越处治技术方案和回填处治技术方案。

(1)技术方案一:板梁+柱支撑跨越方案

采用板梁跨越处理。同时在隧洞底板下的溶腔内用钢筋混凝土柱子对板梁下的隧洞底板进行支撑。具体技术方案如下:

1)溶洞洞腔防护

洞腔进行清危后喷锚防护,喷射混凝土厚 10 cm,锚杆采用 $\phi 25$ 砂浆锚杆,间距为 1.5 m×1.5 m,长 4.5 m,钢筋网采用 $\phi 8$,网格间距为 25 cm×25 cm。

2)桥梁结构

采用桥梁跨越,上结构形式为整体现浇连续肋梁,两侧桥台支撑岩体,桥墩采用双圆柱式墩,直径 2 m,扩大基础。为确保桥梁结构稳定与安全,在桥梁底板下方的溶腔内设置 10 根直径 1.6 m 的圆柱进行支撑,圆柱间距 4 m,支撑圆柱采用扩大基础形式。

3)隧洞结构

隧洞边墙和拱部均为空洞段,采用 50 cm 厚 C25 钢筋混凝土进行衬砌,外设钢支撑进行支护,采用 I18 工字钢,间距为 50 cm。

(2)技术方案二:回填处治技术方案

一般可采用洞渣回填,因洞内作业空间受限,不能保证洞渣回填的压实度及与隧洞底板岩体的密贴,洞渣回填方案无法起到对隧洞底板的支撑作用,不能保证隧洞结构在运营中的使用安全,所示应采用 C20 素混凝土回填。具体方案如图 6-55 所示。

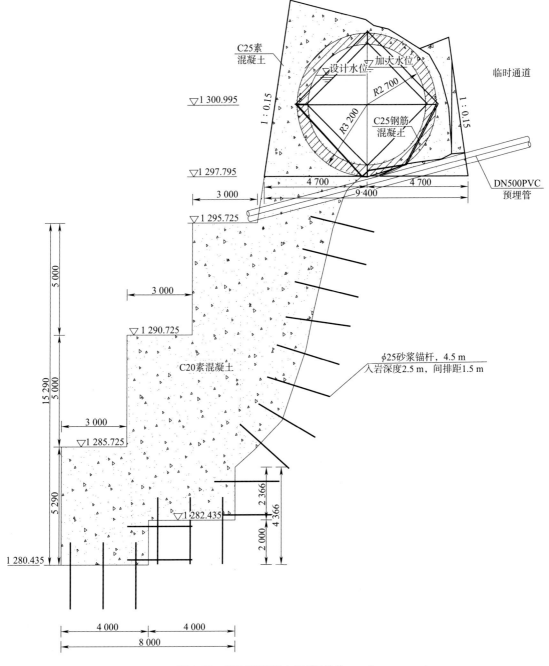

图 6-55　C20 素混凝土回填(单位:mm)

1)溶洞洞腔防护

洞腔进行清危后喷锚防护,喷射混凝土厚 10 cm,锚杆采用 $\phi 25$ 砂浆锚杆,间距为 $1.5 \text{ m} \times 1.5 \text{ m}$,长 4.5 m,钢筋网采用 $\phi 8$,网格间距为 $25 \text{ cm} \times 25 \text{ cm}$。

2)洞腔回填

对隧洞顶板厚度极薄处的危岩进行揭露清理后,以此进入溶洞底部工作面,搭设工作面平台,对隧洞底部溶腔采用 C20 素混凝土进行台阶式回填,如图 6-55 所示。回填高度为隧洞衬砌底部,隧洞衬砌外围边墙、顶拱采用 C25 素混凝土进行回填,如图 6-56 所示。回填前应先对回填范围内基础进行清淤、清渣,基底地基承载力大于 1 MPa。回填前根据原溶腔地下水位方向预埋 DN500PVC 预埋管,确保溶洞内水路畅通。

3)隧洞结构

隧洞边墙和拱部均为空洞段,采用 50 cm 厚 C25 钢筋混凝土进行衬砌,外设钢支撑进行支护,采用 I18 工字钢,间距为 50 cm。如图 6-56 所示。

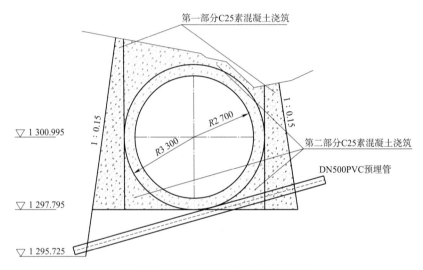

图 6-56 隧洞边墙 C25 素混凝土回填

4. 方案对比分析

(1)技术比较

方案一采用桥梁板梁+柱支撑跨越方案,施工难度大。桥梁基础开挖爆破影响溶洞围岩的稳定,安全风险大。质量控制要点为:墩台处松动岩石清理干净;确保墩台的基础地基承载力;准确控制溶洞顶板支撑柱的高度。

方案二采用 C20 素混凝土回填技术方案,施工难度小,作业空间要求低。质量控制要点为:溶洞底部淤泥和掉块应清除干净,基础地基承载力大于 1 MPa;对回填基础进行 $\phi 25$ 砂浆锚杆进行锚固,深入基岩 3 m,间排距 1.5 m;隧洞底部预埋 DN500PVC 预埋管,确保溶洞内水路畅通。

(2)经济比较

方案一采用桥梁板梁+柱支撑跨越方案使用的钢绞线、钢筋、混凝土价格昂贵,施工成本高,处治总价约 115 万元。

方案 2 采用 C20 素混凝土回填方案,回填 C20 素混凝土 1500 m³,处治总价约 60 万元;

通过处治技术方案的技术、经济比较,从施工的难易程度、安全风险、施工成本等方面综合考虑,最终确定采用方案二即 C20 素混凝土回填处治技术方案。处治过程如图 6-57 和图 6-58 所示。

图 6-57　C20 素混凝土回填

图 6-58　隧洞衬砌边墙 C25 素混凝土回填

5. 处治效果

采用 C20 素混凝土回填处治技术方案,成功用时 20 天完成溶洞段落处治,度过三个汛期溶洞地下水流通畅、隧洞衬砌结构稳定。如图 6-59 所示。

6.2.2　两路口隧洞大型复杂涌泥处治

夹岩工程两路口隧洞 1# 施工支洞在施工过程中突发涌泥,采取有效措施对该洞段妥善处理,取得了良好的效果。

1. 两路口隧洞工程简介

两路口隧洞总长 8.8 km,为无压流,隧洞进口木白河倒虹管,出口接白马大坡渠道,隧洞设计流

图 6-59　隧洞溶洞段衬砌

量 $Q=28$ m³/s,加大流量 $Q=30.34$ m³/s,隧洞断面型式采用圆形,半径 $r=2.6$ m,设计水深 $h=3.847$ m,加大水深 $h=4.1$ m。Ⅲ、Ⅳ、Ⅴ类围岩洞段采用全断面 C25 钢筋混凝土衬砌,厚度分别为 0.4 m、0.4 m、0.5 m。

2. 两路口隧洞水文地质情况简介

隧洞穿越地层岩性主要为:下伏基岩为 T_2g^1 薄至中厚层泥质白云岩、白云岩、泥岩等,底部含"绿豆岩";T_1yn^4 中至厚层溶塌角砾岩、泥质白云岩,T_1y^3 软质岩等。隧洞洞身岩体大部分处在新鲜岩体内,部分地层受断裂带影响。隧洞埋深在 31~267 m,中部穿过高家庄向斜、鸡场背斜和 F_{113}、F_{115} 断层;隧洞位于地下水以下,因洞身段为强岩溶地层,隧洞受岩溶影响较大,可能出现涌水、涌泥等地质现象。

区域洪水具有以下特性:洪水是由暴雨形成,多集中发生在 6 月~9 月,具有陡涨缓落、峰量集中、涨峰历时短等山区性河流的特点,同时还受到暴雨分布、暴雨强度、暴雨历时和岩溶等的共同影响。

3. 两路口隧洞涌泥发生部位情况简介

两路口隧道原设计 1# 施工支洞,布置于两路口隧洞里程桩号约 3+260(北干 40+756.192)处,位于两路口隧洞洞室的左侧,投影长度 257.406 m,坡比 39.2%,倾角 21.4°,为斜井,支洞断面型式采

用城门洞形,宽 6 m×高 5 m,支洞控制主洞段开挖上下游各 1 500 m(合计 3 000 m)。

2016 年 9 月 11 日早晨 6 点左右,现场工人在两路口隧洞上游 3+305 段进行后续准备工作时听见岩体内有异响发生,随后立即组织人员撤退,洞内突发涌泥,后经计算涌泥方量约 7 000 m³。事发后,立即安排人员对现场进行保护、围挡,对周边地表进行密集排查、连续观测。在涌泥事件发生后第 20 天,检查人员在洞顶地表部位发现塌陷裂缝。其相对位置如图 6-60 两路口隧洞 1# 支洞后山溶洞分布示意图。

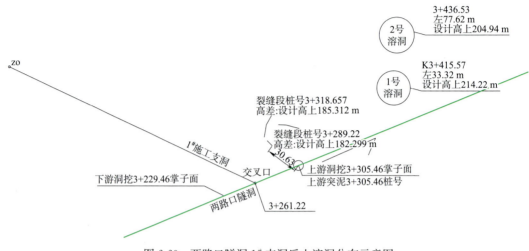

图 6-60　两路口隧洞 1# 支洞后山溶洞分布示意图

4. 涌泥发生过程及原因分析

2016 年 9 月 10 日上午,在现场查看 3+302 掌子面顶部出水情况,掌子面正上方出现一小溶腔,出水较多,成黄泥水,从凌晨出现至 9 时许,有减小趋势,且 3+297 顶部排水孔无水排出,初步判断水流可能从下游沿洞轴线流动,并要求探测后再行施工。当天下午 18 时许,洞内基本无水排出,施工班组在掌子面打 6 m 加深炮孔 2 个进行探测,加深炮孔施工过程中及施工完成后均无异常。晚上 9 时许,施工单位在正常开挖一个循环并排险后仍无异常,随即对开挖洞段进行支护。

2016 年 9 月 11 日早晨 6 点左右,现场工人在两路口隧洞上游 3+305 段进行后续准备工作时听见岩体内有异响发生,随后立即组织人员撤退,在随后的 15 min 内洞内出现两次大的响声,受其影响洞内所有照明灯具瞬间熄灭,掌子面突现涌泥,并可闻到类似 H_2S 气体的臭味,后经现场查看,涌泥最终稳定在桩号 200 m 处,顶面可见涌泥,并伴有气体逸出,计算涌泥方量约 7 000 m³。

根据地质钻探、地面测绘、水文地质调查及勘察、隧道岩溶专题勘察及涌泥洞段地表 EH_4 测试等手段综合分析,该部位涌泥基本情况如下:

(1)1# 支洞控制主洞 3+305 掌子面岩体为中厚层灰岩,岩层夹泥,隧道拱顶裂隙裂面不平整,裂隙内泥质填充。

(2)1# 支洞控制主洞 3+305 涌泥量较大,涌泥时间较短,涌泥时间约 20 min,单位时间涌泥量约为 6 m³/s,淤泥面最终稳定于支洞 0+195 处,淤泥埋深深度约 25 m,此时洞室涌泥于溶腔内积泥压差平衡、涌泥面不再上升。

(3)涌泥固体物质为黑色、黑褐色为主,有轻微臭味,以淤泥及淤泥质黏土为主,间夹碎石及碎块石,初步判断该溶腔充填物质应以净水沉积为主。如图 6-61 为涌泥固体物质,图 6-62 为涌泥现场淤泥。

图 6-61　涌泥固体物质

图 6-62　涌泥现场淤泥

(4)1#支洞控制主洞3+305涌泥为主洞洞顶部溶洞填充淤泥,溶洞内存有气体,且有压力,在洞顶裂隙高水压力下劈裂围岩体,形成溃口,短时间内出现涌泥,根据涌泥量及涌泥顶部高程,初步推测涌泥溶洞应在洞顶约30 m处。图6-63为涌泥段地貌卫星图。

图 6-63　涌泥段地貌卫星图

5. 涌泥处理的临时及永久措施

(1)临时措施

1#支洞控制主洞隧3+305出现涌泥后,立即安排安全员对该隧道口进行了封闭警戒,防止施工人员随意进出,同时安排2名工人每天对主洞3+305涌泥段附近山顶地表进行排查、巡视,并对洞顶塌陷段进行围挡,悬挂安全警示牌。

10月27日,对地表调查时发现隧洞突泥段左侧桩号3+289.22~3+317.6,距洞轴线26.09~52.2 m范围内出现数条裂缝,裂缝宽度约20~50 cm,局部岩体产生脱落现象。据现场观测,地表裂缝为新形成裂缝,大部分位于突泥段溶腔左侧洼地内,据此判断溶腔整体应位于主洞轴线偏右位置,地表裂缝(塌陷)范围约860 m²。

在清淤30 m后,清淤垂直高度约4 m,淤泥面未发生回升现象。虽然清淤后淤泥面未发生回升,但考虑到洞顶已经出现塌陷,继续清淤淤泥平稳层落差将进一步加大,存在较大安全隐患,为避免清淤扰动平衡后再次突发涌出,随即决定停止清淤施工。图 6-64 为涌泥面现场,图 6-65 为涌泥清理。

图 6-64 涌泥面现场图

图 6-65 涌泥清理图

(2)永久措施

因岩溶空腔位于隧洞顶部,采用 6 m 超前水平钻孔,未发现异常,洞内突泥掩埋主洞及部分支洞,提出三种方案:地表 EH_4 测试、地表实施地质钻探、EH_4 测试＋地质钻探。三种方案优缺点比选情况,见表 6-5 各勘察方案优缺点对比表。

表 6-5 各勘察方案优缺点对比表

	方案一	方案二	方案三
优点	时间快,短时间内可以查明突泥段岩溶空腔发育情况,有助于基本查清岩溶空腔规模、范围,尽快确定通过该段施工方案	风险小,安全程度高,可排除方案一遇到的各种风险,规避方案一的缺点	综合方案一、二优点,以 EH_4 为主,钻探验证,可以为异常带进行较好的分析、解译和验证
缺点	EH_4 对地面电线、振动等因素影响较大,同时结论与解译人员认识、水平等因素关系较大	钻探设备进场临时设施比较多,施工进度慢,工期长。钻孔深度大,钻探过程中控制不好容易出现偏孔	费用较高、工期较长
综合比较分析	方案一属于超前地质预报内容,施工工期短,工作效率高,方案二施工难度大,工期长,施工过程不确定,因素比较多,工期不能保证,建议先按方案一实施		

该涌泥洞段岩溶发育,溶洞较多,继续清淤开挖安全风险极高,且施工进度无法保障,经各方会同研究,根据涌泥洞段地表 EH_4 探测结果分析,对该段主洞进行线路调整,根据涌泥平稳支 0＋195 桩号,采用 C25 混凝土将原有支洞进行封闭,在支 0＋195 处新增 206 m 支洞,将主洞轴线调整到该不良地质段外,再继续开挖主洞施工。新增 1 号支洞及主洞改线如图 6-66 所示。

6. 处理效果后评价

改线优化后主洞开挖支护施工未发现异常,既确保了工期又避免了投资的增加,取得良好的安全效果及经济效益。

6.2.3 余家寨隧洞段溶洞处治

夹岩工程余家寨隧洞 6＋002~6＋018 洞段大型溶洞穿越方案,运用了隧洞底部回填混凝土,隧洞顶部及侧壁采用两层钢支撑,内外拱架间回填 C20 喷射混凝土技术措施。实现利用

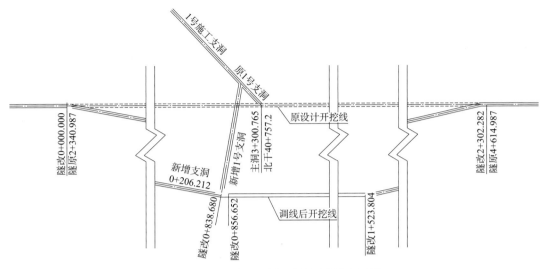

图 6-66　新增 1 号支洞及主洞改线布置图

现有开挖设备,安全快速穿越大型溶洞。

1. 余家寨隧洞 6+002～6+018 段溶洞简介

余家寨隧洞总长 11 340 m,断面型式采用圆形,半径 $r=2.5$ m,Ⅲ、Ⅳ、Ⅴ类围岩洞段采用全断面 C25 钢筋混凝土衬砌,厚度分别为 0.4 m、0.4 m、0.5 m。

2016 年 9 月 5 日,余家寨隧洞 2# 支洞上游掘进至 6+018 发现大型溶洞。隧洞穿越溶洞中下部,溶洞顶部高于隧洞顶拱约 41 m,底部低于隧洞底板 2 m,溶洞底部为洪积物厚度 2～8 m,呈右高左低,为汛期过水通道,枯期开挖揭露溶洞内无水,溶洞分布如图 6-67 所示。

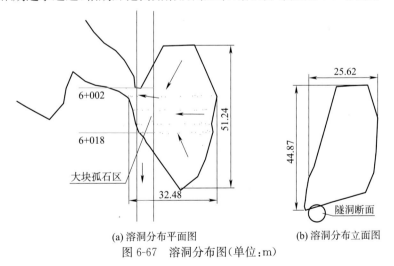

(a) 溶洞分布平面图　　(b) 溶洞分布立面图

图 6-67　溶洞分布图(单位:m)

2. 工程地质条件

隧洞处于仙人洞至西溪岩溶管道区域,地下岩溶暗河发育。枯期基本为干溶洞,无水流穿过溶腔底部。

3. 处理措施

(1)该洞段基础底部换填 2 m 厚 C20 埋石混凝土,混凝土内预埋 $\phi 800$ 钢管涵,壁厚 $d=$

8 mm,排距 2.5 m(共计 4 根),作为排水通道。

(2)隧洞顶部及侧壁采用两层钢支撑间距 1 m,内外拱架间回填 C20 喷射混凝土,并在隧洞顶部和右侧边坡吹填砂超顶拱高度 1 m。处理方案如图 6-68 所示。

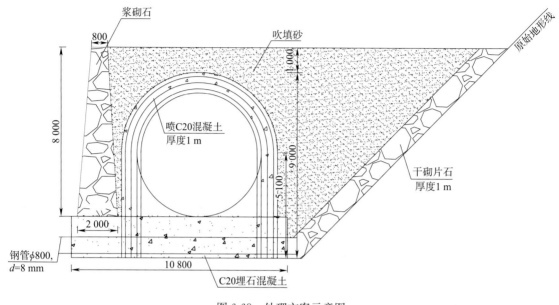

图 6-68 处理方案示意图

4. 处理效果

经过施工后两年多观察,施工期双层拱架结构安全稳定、基础沉降在容许范围内。

6.3 浅埋软岩处治

浅埋隧洞在穿越煤系地层、地下水系丰富洞段时容易发生隧洞塌方、冒顶等地质灾害。塌方威胁人身安全、延误工期、导致较大的经济财产损失。故在施工中应预防其发生,发生塌方后需及时准确处理,减少塌方带来的危害。因此在隧洞施工过程中,应采取科学、合理、有效的措施,对隧洞塌方进行预防和防治,同时,在隧洞塌方后,要及时进行处理和善后工作,将塌方问题更快解决,避免出现由于延误处理和救援时机而导致更大的事故发生。

6.3.1 东关隧洞浅埋冒顶段处治

夹岩水利枢纽工程东关隧洞塌方冒顶事故的处理,运用了地表灌浆加固、洞内大管棚支护加强处理技术,效果良好。

1. 工程概况

东关隧洞区属侵蚀~剥蚀丘陵地貌,隧洞轴线大致呈南北走向,穿越陶营村,地形起伏较大,地表植被较发育,覆盖层较薄,山坡自然坡度约 20°~30°。

东关隧洞 2+150~2+256 段为浅埋隧洞,隧洞埋深 30~41 m,洞顶基岩厚度仅 8~12 m,覆盖层主要为粉土夹碎石、块石,覆盖层厚度为 15 m 左右。下伏基岩为 P_3l 煤系地层,强风化厚度为 6~8 m。岩体强度低,岩体破碎,地表水系发育,地下水类型为覆盖层孔隙水及基岩裂隙水,地下水位埋深一般为 2～3 m,最浅 0.5 m,最深 20.7 m。

2. 施工难点

2016 年 10 月 13 日,东关隧洞开挖至总干 2+250 处时,掌子面出现渗水现象,渗水量约为 10 L/s,因围岩属于煤系地层泥岩,洞身处于地下水位以下,掌子面拱顶发生持续坍塌,坍塌泥岩导致两榀型钢损坏;至晚上 7 时,拱顶连续坍塌出现一个较大的空腔,如图 6-69 所示,空腔高度为 8 m,纵向长度约 6 m,环向宽度约 11 m。

2016 年 10 月 14 日,隧洞内坍塌空腔未继续发育,空腔内渗水减弱,渗水量约为 5 L/s,底板因渗水造成围岩软化,成泥状;2016 年 10 月 15 日早上 6:00 时,隧洞突然发生涌泥,如图 6-70 所示,涌泥从掌子面退回到总干 2+266,长度约 30 m,涌泥主要成分为泥土。

图 6-69 空腔

图 6-70 涌泥

2016 年 10 月 16 日早上 7:00 地表出现塌陷坑洞,坑洞直径为 22 m,深度为 6～8 m,坑洞位置为村民修建的水池,坑洞周围有 3 条水系。地表塌陷坑洞半径扩大了 3 m,深度增加了 3 m。此段地表处于蔡家寨冲沟范围内,隧洞埋深约为 30 m,冲沟流量约为 80 L/s,推测隧洞内渗水为蔡家寨冲沟渗水,隧洞穿越此浅埋段长度约为 80 m。其中有两个水源点直接流进塌陷坑洞里,现场如图 6-71 所示。

图 6-71 地表塌陷坑洞

3. 处治施工技术

(1)自进式锚杆构造

1)$\phi 75\times 7$ mm 自进式锚杆,钢管壁钻注浆孔,孔径为 $\phi 6$ mm,孔纵向间距 16.5 cm,每个横

断面预留一个孔(图6-72)。尾部300 cm不钻注浆孔作为止浆段。自进式锚杆沿轴线方向布置7排,间排距为2 m,自进式锚杆钻孔方向与地表垂直。每孔方向与路线方向垂直;隧洞垂直方向同一断面上的接头数不得大于60%,相邻自进式锚杆的接头至少需要错开2 m。

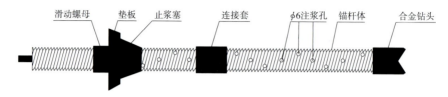

图6-72 自进式锚杆构造图

2)自进式锚杆超前预支护施工工艺(图6-73)

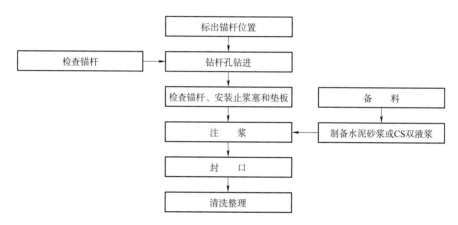

图6-73 自进式锚杆注浆施工工艺流程图

3)施工安排

对已冒顶坑洞进行回填后,测量放出自进式锚杆位置,同时指导钻机就位。根据自进式锚杆直径和长度,采用潜孔钻钻进(锚杆钻进如图6-74所示)。依据每根自进式锚杆的中心线及高程和角度,安装导轨及钻机。向岩体内钻进一根竖向迈式锚杆,然后进行灌注水泥—水玻璃双液浆(图6-75),在顶部形成整体式加固支护结构;按照2 m×2 m间排距进行布孔,重复上述步骤,如此循环直到全部完成为止。

图6-74 自进式锚杆钻进图

图6-75 地表灌浆施工图

4)锚杆的布置及安装

①沿拱部设计开挖轮廓线,按设计环向间距用红油漆孔位位置。

②锚杆:

a. 检查锚杆、钻头的水孔是否畅通,若有异物堵塞,清理干净。

b. 连接钻头和锚杆。

c. 连接钻杆连接套和凿岩机。

d. 连接锚杆与钻杆连接套。

③锚杆对准标定锚孔位置,凿岩机应先拱风,然后钻进;软弱岩石钻进时钻头水孔易堵塞,应放慢钻进速度,多回转,少冲击。

④钻至设计深度后,应用高压风洗孔,检查孔是否畅通,然后卸下钻杆连接套,锚杆外露孔口长为30~50 cm。

⑤将孔口帽即止浆塞通过锚杆外露端打入孔口30 cm左右。锚杆需加长,用锚杆连接套连接孔中的锚杆和另一根锚杆,然后继续钻进,至设计深度。但相邻两根锚杆的接头应错开1 m以上。

5)地表灌浆

①灌浆范围

对2+248~2+212冒顶段进行地表进行灌浆。灌浆长度36 m,钻孔角度与地表垂直,灌浆范围延伸出主洞轮廓外2 m。

②灌浆技术

总体技术方案为从2+248开始全范围布孔双液灌浆。

灌浆孔与隧洞轴线垂直,12 m范围内均匀布置7排,共计130个孔,钻孔直径 ϕ150 mm,孔距2 m,钻孔方向与洞轴线垂直,孔深42~48 m,有效灌浆深度17 m,如图6-76~图6-78所示。灌浆按先上游后下游,先坑外后坑内的原则进行,灌浆浆液水泥浆和水泥—水玻璃双液浆,灌浆材料为P•O42.5普通硅酸盐水泥,水灰比0.5~1,掺入水玻璃稀释液,水泥浆与水玻璃体积比为1:(1~0.6),最终配合比由现场试验确定。

双液浆灌注时水灰比可适当调整,灌浆技术要求遵守《水工建筑物水泥灌浆施工技术规范》(SL 62—2014)。

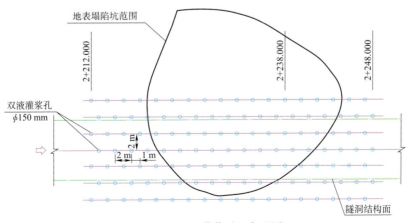

图6-76 地面灌浆平面布置图

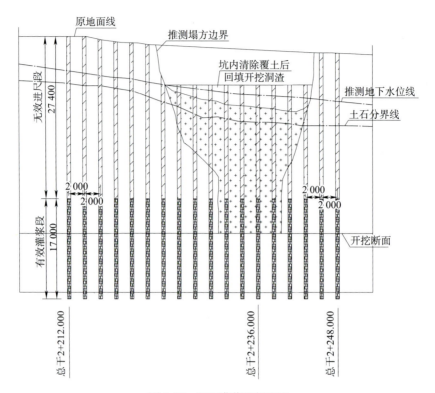

图 6-77 地面灌浆纵剖面图

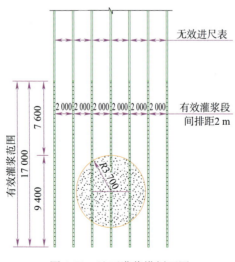

图 6-78 地面灌浆横剖面图

③灌浆施工

a. 钻孔

钻孔设备选用 YG100 导轨式潜孔钻,钻头直径 ϕ150 mm。

b. 灌浆

灌浆设备为160型灌浆泵,注浆管用$\phi 25$钢管配高压胶管。制浆采用ZJ2×400高速制浆机。孔口采用卡塞连接配套闸阀灌浆。

c. 闸阀

管口设置球形闸阀2个,一个进浆(水泥浆),另一个进水玻璃浆。灌浆结束同时关闭两个闸阀,至少保证闭浆4 h以上。

d. 制浆

采用人工上料+机械制浆,制浆机安装在灌浆附近位置,直接输送至储浆桶。

e. 灌浆顺序

灌浆顺序:灌浆按先上游后下游,先坑外后坑内的顺序实施。

f. 灌浆方法

灌浆采用纯压式。

j. 灌浆压力

设计灌浆压力为地下水压力加0.1 MPa,根据现场实际,涌水压力大的灌浆孔可适当提高压力0.3~0.5 MPa。压力表安装在回浆管路上,灌浆压力以压力平均值为准。

h. 双液浆灌注

对有涌水的孔,采用双液注浆,掺入水玻璃稀释液,水泥浆与水玻璃体积比为1:(1~0.6),最终配合比由现场试验确定。

i. 灌浆结束标准

在该灌浆段最大设计压力下,注入率不大于1 L/min后,继续灌注30 min,结束灌浆。

g. 闭浆

采用闸阀进行封堵,灌浆结束后关闭阀门再停泵,至少闭浆4 h以上。

④特殊情况处理

a. 冒浆处理

灌浆过程中发生冒(漏)浆现象时,采取嵌缝、封堵方法处理后;再采用降压、加浓浆液、限流、限量、间歇灌注等方法处理。

b. 孔口涌水处理

对孔口有涌水的孔段,灌前测计涌水压力和涌水量,根据涌水情况,综合处理:自上而下分段灌浆;缩短灌浆段长,对涌水段单独进行灌浆处理;相应提高灌浆压力,一般按设计灌浆压力0.3~0.5 MPa;灌注浓浆速凝浆液。

4. 隧洞内大管棚施工技术

完成地表灌浆后对隧洞坍塌体进行清理,清理后采用大管棚支护形式进行开挖。

(1)施工顺序

施工准备→洞内清淤→套拱基坑开挖→套拱基础混凝土浇筑→套拱型钢立架及导向管安装→套拱混凝土浇筑→搭设工作平台→钻孔、清孔、验孔→报监理验收→安装管棚→注浆→封孔→拆除。

套拱工艺流程如图6-79所示。

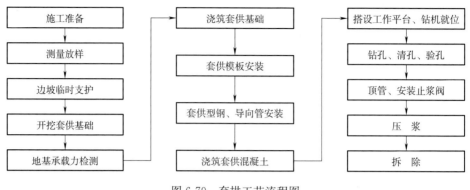

图 6-79 套拱工艺流程图

(2)施工工艺

1)测量放样

由测量组将套拱位置放出,采用红油漆标记;将套拱基础开挖线放出,并标记。

2)套拱施工

①套拱基础开挖

套拱基础开挖后立即做地基承载力试验,地基承载力达到设计要求后(大于 0.3 MPa),方可进行基础下一步施工,套拱基坑临时开挖坡面坡度为 1∶1。

②套拱基础模板安装

套拱基础模板采用竹胶板和钢管背肋,安装方式为竹胶板打孔对拉 $\phi16$ 拉杆,拉杆梅花形布置纵横间距采用 1 m,模板底口内侧以竖向钢筋头做限位,模板顶口设置横向支撑方木。模板安装完后,由测量组将套拱基础的顶标高放出,并在模板上弹墨线作为标记。进行基础钢筋安装,钢筋长度 100 cm、150 cm 交错布置,避免钢筋接头在同一截面内,埋设深度在 50 cm 以上。

③套拱基础浇筑

安装固定好的模板经过报检合格后,开始浇筑 C25 混凝土,每浇筑 50 cm 混凝土进行振捣一次,振捣密实的标志为:混凝土不出现气泡、不下沉、表面均匀泛浆。按此过程循环直至浇筑到拱墙基础设计标高为止。

④套拱施工

套拱长度为 2.0 m,采用 30 cm×120 cm 定型钢模板做底模,侧模和顶模采用木模板加工安装,底模支架采用四榀 I18 工字钢根据套拱的弧线加工成形,以纵向 0.6 m 间距布置。根据施工交底图加工 I18 工字钢,在现场拼接好后按环距 40 cm 布设 $\phi152$ 孔口管(沿隧洞纵向以 1°~3°外插角布设,用以控制管棚方向),并对孔口管进行固定,防止在进行混凝土浇筑时位移。在孔口管上沿套拱环向焊接 $\phi22$ 钢筋固定,安装好模板后进行套拱混凝土的施工。套拱混凝土施工应从两端底部分层向套拱顶部施工,并随浇筑高度的增加安装顶模。孔口管(导向管)安装要点:孔口管环向间距 40 cm,套拱内孔口管安装时位置和角度用仪器测量定位,保证准确性。

⑤浇筑套拱混凝土

套拱混凝土的浇筑采用地泵泵送入模,在套拱长边每隔 3 m 设一个浇筑入口,每浇筑 50 cm 采用插入式振捣棒振捣一次,振捣密实的标准为:混凝土不再下沉,混凝土不出现气泡。

左、右对称浇筑,浇筑过程中保证左、右侧混凝土的高差不能超过 60 cm。

3) 大管棚施工工艺

①搭设钻机作业平台

作业平台采用 ϕ48 钢管或方木按"井"字形搭设;铺设 5 cm 厚木板,连接采用扒钉配合 ϕ5 mm 铁丝绑扎,防止钻孔时摆动、下沉。

②超前管棚钻孔采用 MK-5 型凿岩机平行钻孔作业,采用大孔引导和管棚钻进相结合的工艺,即先钻大于棚管直径的引导孔,然后利用钻机的冲击和推力将安有工作管头的棚管沿引导孔钻进,接长棚管,直至孔底。按设计将管棚钢管全部打好后,用钻头掏尽管内残渣,进行棚管补强,如图 6-80 所示。

③管棚采用长 30 m 长 ϕ108 mm、壁厚 6 mm 的无缝钢花管,出浆口直径为 15 mm,梅花形布置,间距 15 cm×15 cm;同一环管棚中接头位置相互错开不小于 1 m,钢花管分节长度按 3 m+9 m+9 m+9 m 和 9 m+

图 6-80 大管棚钻孔施工

9 m+9 m+3 m 交错布置,以内套焊接连接,连接长度不小于 150 mm,钢管接头应在隧洞横断面错开;施工时沿隧洞纵向以 1°~3°外插角打入围岩(不包括路线纵坡),方向与路线中线平行,钢管安装好后,再进行管体注浆。

注浆前进行压水试验,检查机械设备是否正常,管路连接是否正确,为加快注浆速度和发挥设备效率,可同时采用 3~5 根管注浆。并另备注浆管以备替换。

注浆浆液由 ZJ-400 高速制浆机拌制。注浆材料为 M20 水泥浆,注浆量为钻孔圆柱体的 1.5 倍,若注浆量超限,未达到压力要求,应调整浆液浓度继续注浆,确保钻孔周围岩体与钢管周围空隙充填饱满。

5. 处治效果

经过 2 个月的地表灌浆加固和洞内大管棚支护加强处理,东关隧洞开挖顺利通过了塌方冒顶区域。特别是地表灌浆效果良好,有效地阻止了地下水进入加固区域,为施工安全提供了可靠的保障。处理效果如图 6-81 所示。

图 6-81 冒顶地表处理后效果图

6.3.2 水打桥隧洞出口浅埋段处治

水工隧洞线路选择，不可避免的经过人员密集区，由于隧洞地质条件复杂，地表容易受到隧洞爆破和地质灾害影响，给隧洞周报居民的生产生活带来不利影响，水工隧洞顺利施工带来了很多困扰。夹岩工程水打桥隧洞采用隧洞改线绕行及隧洞和地表监控量测等手段，有效地减少了隧洞施工对地表生态环境的破坏。

1. 工程概况

（1）工程简介

1）18+627.524～19+271.539 浅埋段简介

水打桥隧洞明挖段上游 18+627.524～19+271.539（图 6-82 隧洞轴线与地表房屋关系图）整体埋深 30～132 m，在其中 18+821.7～19+062.2 里程正上方地表为马场镇以不嘎村，以不嘎村村民住宅基本分布在隧洞轴线方向，房屋密集，此范围内隧洞整体埋深只有 30 m，房屋为村民自建，没有抗震设计和抗震性能。如隧洞采用既定的爆破开挖，爆破振动将对地表建筑物构成较大影响，严重影响到以不嘎村村民的安全及生产生活；并且爆破影响围岩，使围岩裂隙扩展，造成地表水通过裂隙进入隧洞；水系的变化，易造成地表水土流失和造成地表塌陷，产生次生地质灾害。如采用非爆破开挖形式进行隧洞掘进，由于隧洞断面较小，不利于大型机械展开，功效低、成本高，施工时间长，将严重影响到既定施工任务的完成。

2）水打桥隧洞 18+627.524～19+271.539 水文地质情况

①水打桥隧洞 18+627.524～19+271.539 水文情况

北干 2 标标段为北干 10+300 至北干 20+365 段，标段区间无较大河流途径，地势北高南低，地貌类型以峰丛洼地、岩溶峡谷地貌为主，形成残丘坡地、峰林盆地、宽阔合股、起伏和缓的高原景观，土壤以黄壤分布面积最大，其余为山地黄棕壤、石灰土和紫色土等。大方县植被属亚热带常绿阔叶林带，境内植被种类繁多，但由于人类活动的长期影响，原生植被已被破坏，被次生植被和以松为主的人工林所取代。气候属于亚热带湿润季风气候。

根据大方气象站资料统计，多年平均降水量为 1 120.6 mm，多年平均气温 11.8 ℃，最冷月 1 月平均气温 1.8 ℃，最热月七月平均气温 20.7 ℃，极端最高气温 32.7 ℃（1988 年 5 月 6 日），最大积雪深度 17 cm。多年平均日照时数为 1 295.6 h，日照率 29%。多年平均相对湿度为 84%。全年平均雾日数 13.5 天，冰雹日数为 2.7 天，雷暴日数 56.7 天。多年平均风速为 2.8 m/s，全年以 SE 风居多，最大风速 17.0 m/s（1980 年 5 月 22 日），风向为 ENE。

隧洞区域洪水具有以下特征：洪水是由暴雨形成，多集中发生在 6～9 月，具有陡涨缓落、峰量集中，涨峰历时短等山区性河流的特点，同时还受到暴雨分布、暴雨强度、暴雨历时和岩溶等共同影响。

②水打桥隧洞 18+627.524～19+271.539 地质情况

水打桥隧洞 18+627.524～19+271.539 段隧洞埋深 39～132 m，出露地层为 T_1yn^4 溶塌角砾岩、薄层泥质白云岩及泥页岩，T_2g^1 薄层泥质白云岩夹泥岩，在 T_1yn^4 地层点并不夹膏盐岩，岩性多样、复杂，为中硬岩夹软质岩类，岩层产状多变，倾角 10°～20°，走向线与隧洞小角度相交，隧洞需斜穿 F_{106}、F_{106-2}、F_{106-3} 等断层，隧洞位于地下水位线以下，以岩溶管道水和溶隙水为主。洞室岩体受断层影响，岩体较破碎，完整性差，价值岩层倾角平缓看，走向与洞线小角度相交，洞室不稳定，围岩类别以 V 类围岩为主，局部岩体较完整端为 Ⅳ 类，T_1yn^4 地层中存在

第6章 不良地质洞段建设关键技术

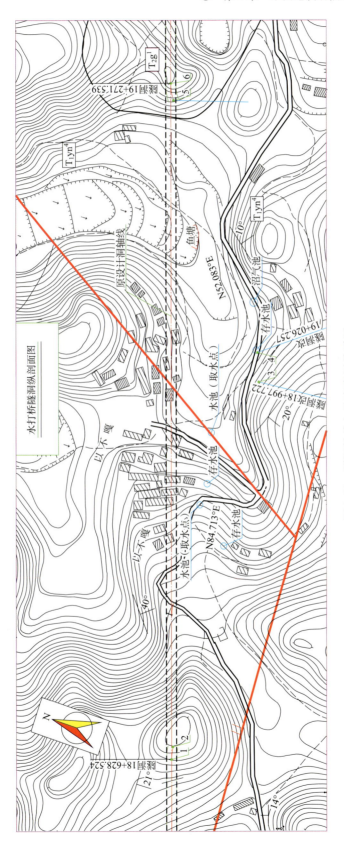

图6-82 隧洞轴线与地表房屋关系图

膏盐层,存在有毒地下水深入隧洞污染水质的问题,对混凝土腐蚀性有一定影响。隧洞施工可能导通该地下暗河系统可能性大,存在岩溶涌水、涌泥的可能。

③水打桥隧洞 18+627.524~19+271.539 段隧洞开挖对地表的影响分析

a. 爆破振动对地表房屋影响

马场镇以不嘎村位于水打桥隧洞 18+821.7~19+062.2 段隧洞顶端。隧洞横穿以不嘎村,隧洞距离地表 30 m,根据隧洞测定的隧洞爆破影响范围为距离爆破点 200 m 范围,以不嘎村村民自建住房均在爆破影响范围内。根据对以不嘎村村民住房现场调查,以不嘎村村民住房 60% 为一层圈梁构造柱形式,二层为砖混形式。基础整体为 1(长)m×1(宽)m×1(高)m 柱式加深素混凝土,大部分基础未触及坚硬岩体,房屋修建年限在 3~6 年范围。30% 为砖混一层住房,房屋年限较长,10% 房屋 2~3 层圈梁构造柱填充墙形式,基础整体为 1(长)m×1(宽)m×2~3(高)m 柱式加深素混凝土,为无抗震设计和无抗震能力。如隧洞爆破扰动地表岩层,特别是隧洞正上方的房屋,基础受到振动影响,发生移动或者不均匀沉降,容易造成房屋屋面、墙面开裂。特别是一层砖混房屋,如造成基础和墙面拉裂,易造成房屋坍塌,影响到村民房屋使用和安全。由于施工时间长,长时间爆破产生噪声,也对村民的生活带来很大干扰。

b. 易形成地质灾害

由于隧洞洞顶出露围岩为溶塌角砾岩,遇水泥化现象严重,隧洞洞室受到 F_{106}、F_{106}-2、F_{106}-3 等断层影响,岩体节理裂隙发育,并且还有可能分布岩溶管道,并且由于爆破振动影响,裂隙有可能更加发育并与地表连通。当隧洞开挖后形成空腔,如二次衬砌无法及时施工,加之大方地区降雨丰富,大量地表水通过岩溶裂隙进入隧洞,溶塌角砾岩在遇水泥化或被渗水带入隧洞,易形成隧洞涌泥涌水。由于地表泥沙流失,形成地表塌陷,更是直接威胁到地表房屋和村民的安全。

c. 由于频繁爆破对村民生产生活的影响

由于隧洞爆破距离村民房屋较近,并且爆破时间没有规律,极易与村民休息时间相冲突,并且由于村民对自身安全的焦虑,易导致频繁的群体事件和民扰情况发生,即不利于维持社会的稳定,也会极大影响到隧洞的正常施工。

(2)水打桥隧洞浅埋段处理过程简介

为减少对地表存在房屋和村民生产生活的影响,同意对该段洞线进行改线,避开村寨,为了不影响输水线路的水头损失,改线后主线增加长度原则上不超过 95 m。

(3)处理方案

1)水打桥隧洞 18+627.524~19+271.539 线路调整方案

为了有效地减少爆破对地表房屋的影响和避免造成地质灾害,根据现场实际情况,及相关会议精神设计单位制定了 18+627.524~19+271.539 线路调整方案,具体方案如下:

隧洞原桩号 18+625.524 及原桩号 19+271.539 坐标不变,两点之间增加三次转弯,转弯半径 50 m,调线后隧洞长度增加 24.806 m。隧洞轴线调整图如图 6-83 所示。

2)18+627.524~19+271.539 段地表及隧洞沉降监控方案

虽然通过线路调整,隧洞避开了大部分的房屋,隧洞埋深也有一定程度的增加,但由于新建房屋较多,主线附近仍有部分房屋受到爆破振动影响,为了确保隧洞洞顶周边村寨居民的居

第6章 不良地质洞段建设关键技术

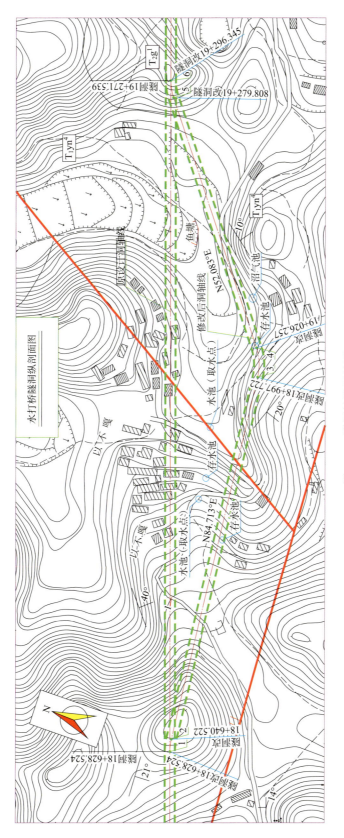

图6-83 隧洞轴线调整图

住安全和人身安全,对地表和隧洞内进行测量监控,实时了解地表房屋及隧洞初期沉降情况,预防地质灾害和房屋损坏的方式。

①地表及地表房屋监测方案

根据地表房屋的分布情况,地表监测采用原地面沉降监测和房屋沉降监测相结合的方式对地表沉降进行监控,监控频率为每日2次,监控点布置为轴线左右侧各200 m范围。地表监测点距离为轴线方向50 m一个点,横向50 m左右各设置一个点。房屋根据距离轴线远近布置,距离轴线水平距离≤50 m;逐户监测,距离轴线水平距离大于50 m,小于等于100 m范围,监测超过2层的居民住宅;距离轴线水平距离大于100 m,小于等于200 m范围,监测超过3层的居民住宅;对于修建时间长的砖混结构住宅,采用逐户监测的方式监测房屋变化。

a. 地表监控

地表监测点布置如图6-84所示。

图6-84 地表监控点布置图

地表监控主要为地表土壤受到雨水冲刷造成水土流失,以及爆破振动对地表的影响,故监测沉降的同时要监控地表土层变化。由于布置点不可能全覆盖地表影响区域,所以在设置固定点监控的同时,每日由专人对影响区内地表变化进行目测观测,并对地表径流的变化进行观测,如发现异常,应及时反馈。为了更有效地监测地表沉降,观测点应作为板式,长×宽=50 cm×50 cm,厚度10 cm,深入土层10 cm。观测点结构图如图6-85所示。

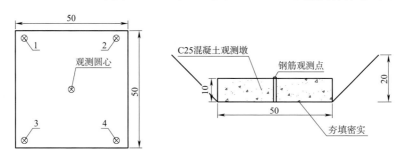

图6-85 观测点布置图(单位:cm)

观测点布置完成后,每日爆破后,对观测点进行测量,根据测量结果及时填写观测记录。观测记录表样式见表 6-6。

表 6-6　观测记录表

序号	观测日期	点号	观测点	高程	位置 X	位置 Y	位置 Z	备注
1		观测点 1	观测点 1					
			1					
			2					
			3					
			4					
2		观测点 2	观测点 2					
			1					
			2					
			3					
			4					

每日对数据进行收集整理,并与前日数据对比,及时掌握观测点动态。在发生异变时,要及时到现场进行观测,对于变化比较明显的部位,要设置隔离设施,禁止无关人员进入。

b. 房屋监控

砖混房屋控制点布置,主要布置在房屋正面两侧墙角处的水泥地面或砖墙上设置。采用水泥钉固定反光片或埋设固定式监测点的形式设置。测量频率根据放炮频率灵活设置,一般为每排炮过后进行测量。砖混结构一层住房观测点设置图如图 6-86 所示。

圈梁构造柱房屋监控点主要设置在地圈梁位置,采用钉水泥钉固定反光片的形式设置。观测频率与砖混房屋相同。二层以上住房观测点设置如图 6-87 所示。

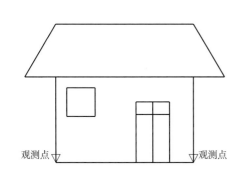

图 6-86　砖混结构一层住房观测点设置示意图

图 6-87　二层以上房屋观测点布置图

② 隧洞监控

在进行地表监控的同时,也进行隧洞围岩沉降观测,及时了解隧洞沉降情况,与地表观测数据项对比,寻找其关联性,及时对沉降原因做出判断,确保隧洞和地表的安全。隧洞沉降观测沿纵向每 5 m 布置一环,一环有 8 个点,观测点为采用短钢筋焊接在拱架上设置,初期支护表面外露 10 cm,底板观测点与地面同高。隧洞围岩沉降观测布置如图 6-88 所示。

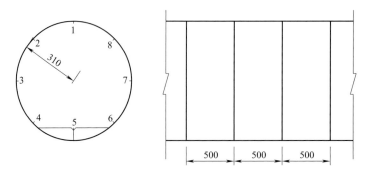

图 6-88　隧洞围岩沉降观测布置图(单位:cm)

由于水打桥隧洞为圆形断面,为了便于隧洞内施工机具行走,隧洞底部铺垫 1.3 m 厚石渣作为路面。隧洞内施工机具在行驶时,由于重车对底部拱架有一定的影响,致使观测值存在一定的变化;根据现场实际情况,采用每日两次以上观测值的平均数作为该日沉降观测数值,与第二日的平均沉降做比较来确定拱架是否发生沉降,而不是以每一次测得数据的数值作为比较。如观测数值产生较大的变化,应停止隧洞内施工,在无干扰的情况下,对隧洞观测点每 2 小时观测一组数据,每 2 组数据平均值为比较确定隧洞是否发生沉降。如在无干扰情况隧洞沉降依然超过允许值,应撤离隧洞内人员,继续观测隧洞沉降变化,直至变化在允许范围内,并采取一定的工程措施,对隧洞进行加固,确保隧洞安全。

在采用仪器设备进行围岩量测的同时,也要加强对隧洞初期支护的目测观测,如出现以下情况,应及时采取措施或者加强加密沉降观测,确保隧洞安全。

a. 初期支护喷射混凝土开裂或者掉块

b. 拱架与初期支护接触位置发生开裂或者拱架发生扭曲。

(4)隧洞开挖方案

在加强地表和隧洞沉降观测的同时,要合理优化隧洞施工方案,减少爆破振动对围岩的影响,达到从根本上解决地表沉降和隧洞沉降的问题,保证隧洞的施工安全和浅埋段洞顶房屋的安全。根据隧洞施工经验,采用短进尺、弱爆破的方式进行隧洞开挖。

1)浅埋段开挖前的爆破开挖

针对浅埋溶塌角砾岩(软岩)段初期支护形式和围岩性质,确定爆破参数;由于隧洞溶塌角砾岩为强风化岩层,岩性较软,结合 50 cm 一榀拱架的支护参数,爆破进尺采用一循环 0.6 m,为减少单孔装药量,采用"多打眼、少装药"结合挖掘机配合破碎锤的开挖方式进行开挖。

①常规地段爆破参数(图 6-89)

②浅埋段爆破参数(图 6-90)

通过增加炮眼数量,减少辅助眼之间的距离,减少每段炸药抵抗线,达到减少装药的目的,通过减少爆破炸药用量,减少爆破振动对地表的影响。

2)开挖

由于溶塌角砾岩中夹杂着部分泥质灰岩,强度较溶塌角砾岩大,造成爆破后局部存在孤石或者欠挖,采用挖掘机破碎锤进行凿除,不进行二次爆破,减少爆破对围岩的二次扰动,确保岩层稳定。

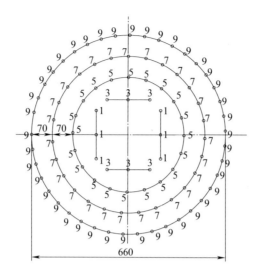

名称	炮眼			雷管段号	炸药			
	数量（个）	孔深（m）	垂直夹角（°）		类型	每孔装药（节/孔）	每孔装药量（kg）	总装药量（kg）
掏槽眼	6	1.1	35	1	2号硝铵	4	0.6	2.4
辅助眼	6	0.8	0	3	2号硝铵	2	0.3	1.8
辅助眼	19	0.8	0	5	2号硝铵	2	0.3	5.7
辅助眼	26	0.8	0	7	2号硝铵	2	0.3	7.8
周边眼	40	0.8	0	9	2号硝铵	2	0.3	12
合计	97							29.7

说明：
（1）预计每循环进尺0.6 m，循环方量19.29 m^3，炮孔利用率90%。
（2）炸药单耗量1.54 kg/m^3。
（3）炸药采用ϕ32×200 2号硝铵炸药。
（4）V类围岩

图 6-89 常规爆破试验确定爆破钻孔布置图

3）出渣

水打桥隧洞为圆形断面，隧洞底板是在底板初期支护完成后回填洞渣后形成，出渣车和施工机具在路面行驶时，对底部初期支护有一定的影响。为减少出渣车辆和施工机具对初期支护的影响，在出渣时要严格控制出渣车的载重量，现场要有专人监督，采用小型农用车进行出渣作业。对于施工机械进入隧洞，出渣及其他作业完成后，要在隧洞内就近停放至避调车洞，不要频繁出入隧洞，减少施工机具对初期支护的影响，防止隧洞初期支护出现变更。

（5）隧洞渗水处理

隧洞渗水是影响隧洞安全的重要因素，并且由于浅埋段埋深浅，隧洞节理裂隙与地表连通，地下水容易受到地表水补给，形成渗漏通道；溶塌角砾岩遇水泥化后，容易造成隧洞坍塌及地表塌陷等地质灾害，影响到隧洞安全和地表村民的安全。所以对地表渗水处理是保证隧洞

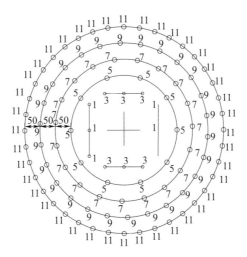

炮眼			雷管段号	炸药			
名称	数量（个）	孔深（m）	垂直夹角（°）		类型	每孔装药（节/孔）	每孔装药量（kg）	总装药量（kg）
掏槽眼	6	1.1	35	1	2号硝铵	3	0.45	2.7
辅助眼	6	0.8	0	3	2号硝铵	2	0.3	1.8
辅助眼	10	0.8	0	5	2号硝铵	1	0.15	1.5
辅助眼	19	0.8	0	7	2号硝铵	1	0.15	2.85
辅助眼	27	0.8	0	9	2号硝铵	1	0.15	4.05
周边眼	40	0.8	0	11	2号硝铵	3	0.15	6
合计	118							18.9

说明：
（1）预计每循环进尺0.6 m，循环方量19.29 m^3，炮孔利用率90%。
（2）炸药单耗量0.98 kg/m^3。
（3）炸药采用$\phi 32 \times 200$ 2号硝铵炸药。
（4）Ⅴ类围岩

图 6-90　浅埋段爆破钻孔布置图

安全的关键。

在隧洞爆破开挖后，如开挖面出现渗水，应及时封闭，防止渗水浸润溶塌角砾岩，造成围岩泥化，形成片状或者沿裂隙垮塌，出现地质灾害。如渗水量和水压较小，在渗水段安装钢筋网，在出水点附近安装土工排水管，与钢筋网绑扎牢固，采用喷射混凝土将排水管固定。喷射混凝土完成后，应及时疏通排水管，确保排水通畅，并且在排水管内填塞土工布，防止渗水携带泥化围岩，造成围岩出现空腔，形成塌方。在渗水段要及时修建集水坑，采用管道将渗水集中抽排出隧洞，不能让隧洞沿隧洞底板自流，防止渗水造成隧洞底板泥化，影响隧洞安全。

对于开挖后出现渗水量大，具有一定水压的洞段，要采用水泥水玻璃高压灌浆对渗水通道进行封堵，减少渗水对围岩的影响，由于浅埋段未出现渗流量大且压力大的渗水，故不作深入讨论。

2. 主要资源投入

（1）主要人力资源投入（表6-7）

表 6-7 主要人力资源投入统计表

序号	工种	单位	数量	备注
1	爆破工	人	2	装药、连线、爆破
2	钻孔工	人	24	钻孔
3	司机	人	10	出渣车、挖掘机、装载机司机
4	测量队	人	6	分别负责地表和隧洞内测量监测
5	安全员	人	4	进行地表观察和隧洞内安全
6	空压机司机	人	2	确保隧洞高压风
7	喷锚工	人	8	进行初期支护喷射混凝土
8	拱架安装工	人	8	进行初期支护拱架安装
9	杂工	人	4	清理隧洞杂物及抽排水
10	合计	人	58	

(2)主要设备资源投入(表6-8)

表 6-8 主要设备资源投入表

序号	设备名称	型号	单位	功率(kW)	数量	备注
1	风动凿岩机	YT-28	台		12	
2	空压机	24 m³	台	132	4	
3	挖掘机	CAT312	台		2	一台带破碎锤
4	装载机	柳工50	台		2	
5	自卸车	20 m³	台		3	
6	湿喷机		台		3	
7	电焊机	BX-500	台	35	4	

3. 质量保证措施

(1)隧洞开挖质量保证措施

在隧洞开挖前要对地质资料进行详细了解,对于可能出现岩溶地质情况要建立应急预案,确保在突发情况下能够快速采取有效措施防止地质灾害的发生。

加强隧洞沉降监控和地表监控的管理,每次监控数据均应及时收集整理,上报技术负责人。技术负责人要对监控测量结果及时整理收集,并做出正确的判断及时下发施工班组作为下一循环施工的参考。

加强现场管理,严格执行"短进尺、弱爆破、强支护"的方案。现场施工人员不得随意改变爆破参数,现场技术人员要严格按照技术交底进行监控,如确需调整爆破参数,应报项目技术负责人现场勘察后确定。

(2)初期支护质量保证措施

所用的锚杆、水泥、外加剂等材料均满足设计要求,锚杆钻孔保持直线,并与所在部位的岩层主要结构面垂直,其开孔偏差小于 10 cm。锚杆在砂浆初凝前插入,砂浆凝固前不得碰撞、拉拔锚杆。锚杆安装前,除去油污锈蚀并将钻孔吹洗干净。每根锚杆的锚固力不低于设计要求,每 300 根抽样一组进行无损检测,每组不少于 30 根。同时检查砂浆饱满度。

钢筋直径及网格尺寸符合设计要求。钢筋网与锚杆焊接牢固,网片之间搭接长度不小于 200 cm。铺设钢筋网前,先在开挖岩面喷射 3 cm 混凝土,钢筋网保护层厚度不小于 2 cm,在喷射混凝土时确保钢筋网不晃动。

按设计材料、尺寸采用厂家制作。安装前根据施工图纸检查验收加工质量,确保钢支撑有足够强度、刚度。安装确保中线、标高、尺寸、安装垂直度与设计相符,安装稳固牢靠。保证钢支撑在衬砌断面以外。附件与腹杆安装位置准确,焊接牢固。初期支护的参数,施工中根据地质情况,确定施工方法,必要时适当调整支护参数。

混凝土喷射采用湿喷技术。水泥、水、骨料的各项技术指标确保满足规范要求。所用外加剂确保不引起钢筋锈蚀和对混凝土强度增长及硬化过程产生有害影响。喷射混凝土实施前,按照监理工程师指示进行现场试验。喷射前用高压风或水对受喷面进行清理。喷射混凝土作业分片自下而上,分段进行。分层喷射时,后层喷射在前次喷射混凝土终凝后进行。喷射作业和喷层厚度严格按照设计图纸或监理工程师指示要求进行,必须用混凝土覆盖的锚杆头,完全用喷混凝土覆盖,并保证钢筋保护层厚度。一次喷层厚度一般不大于 5 cm。各层间隔 30~60 min,如果间隔时间大于 1 h,对已喷混凝土面用水或风清洗。喷射混凝土时喷头垂直于受喷面,喷头离受喷面距离保持在 0.6~1.2 m 之间。喷射混凝土表面尽量平整,确保没有干斑、疏松、裂缝、脱空、漏喷、漏筋、空鼓、渗漏水等现象。按照规范要求对喷混凝土进行养生。

4. 安全保证措施

(1)要加强对地表的每日安全巡查和隧洞内已开挖段的安全巡查,并记录在案。

(2)加强隧洞开挖火工品的管理,由专人领用和押运,在爆破完成后,安全员要现场检查炸药的使用情况和剩余情况,及时办理退库手续。

(3)加强施工机具设备管理,每日由专人对施工机具性能进行检查,严禁带病作业。

(4)加强隧洞沉降监控,每日数据应及时整理形成文件,并下发到班组,爆破完成后对爆破影响区初期支护要进行目测观察,及时清除危险因素。

(5)爆破完成经爆破员和安全员检查,确定爆破区安全后,其他施工人员方可进入施工现场。

(6)在洞口设置值班室,对每一个进入隧洞的施工人员进行登记,对于可能影响隧洞安全的物品要进行收缴集中存放,待出隧洞后返还。

5. 处理后效果评价

通过对浅埋段的监控测量、爆破参数调整、合理组织施工,减少了爆破对浅埋段地表房屋的影响,未出现房屋开裂和地表下沉等地质灾害事故,保证了隧洞的开挖安全和顺利进行。在施工过程中,未发生一起由于爆破造成的村民堵工等群体事件,维护了社会的稳定,取得了良好的社会效益和经济效益。

6.3.3 长石板隧洞果木洼地浅埋段软岩处治

1. 工程简介

长石板隧洞部分洞段埋深浅,且大部分洞段位于地下水位线以下,地质条件复杂。其中约 1 000 m 的洞段下穿浅埋、软岩、富水地段,地表建筑多,施工难度、安全风险极大。在该段施工中采用深孔固结注浆施工技术,安全顺利的渡过了该段浅埋软岩地层。

(1)工程概况

长石板隧洞总长 15.41 km,为无压流,隧洞进口接白甫河倒虹管,出口接木白河倒虹管,隧洞断面型式采用圆形,半径 $r=2.6$ m,隧洞坡降 $i=1/3\,300$。

隧洞布置有 5 条施工支洞,施工支洞断面为城门洞型,衬砌后净空为 6 m×5 m(宽×高)。其中 4#施工支洞长度 600 m,坡度 9%。4#施工支洞控制段下游方向下穿果木洼地浅埋软岩地段,隧洞埋深 40~43 m,地表有村庄、水田和水井等地表建筑物,如图 6-91~图 6-93 所示。施工中,极易出现塌方、冒顶等安全风险。

图 6-91 果木洼地浅埋段地表全景

(2)地质情况

4#支洞下游控制段 8+140 位于浅埋隧洞段,埋深 40 m,揭示地层岩性为三叠系下统永宁镇组第四段,隧洞底板向上有厚 0.5~1 m 的黑色全风化泥质白云岩,呈黏土状,具有一定隔水性质,其上部及下部为泥岩和溶塌角砾岩,为黏土夹块、孤石,无产状及裂隙,透水性强。开挖后洞顶有渗水和线状出水现象,溶塌角砾岩由于地下水作用,强度急剧下降,使洞顶及掌子面围岩具有蠕变—流变性质,稳定性极差。

隧洞开挖过程中,隧洞围岩因透水泥化现象严重,隧洞顶部穿越果木村寨民房和水田,开挖存在泥状流动现象及钢支撑变形情况,开挖至桩号 8+140 后,因含水率大,掌子面顶部围岩呈泥夹石状挤出,掌子面处的 3 榀钢架在施工过程中发生了明显的沉降。如图 6-94~图 6-96 所示。

2. 施工难点

4#支洞下游属于浅埋软岩富水地段,围岩极破碎,遇水软化极快,无自稳能力,存在塌方冒顶的风险,施工难度极大。由于下穿房屋和水田,洞内极易出现塌方冒顶,可能引起地表塌陷,导致地表洼地的水倒灌,淹没整个隧洞,施工安全风险极高,后果极其严重,社会影响恶劣。因此,如何保证该段安全顺利的施工至关重要。

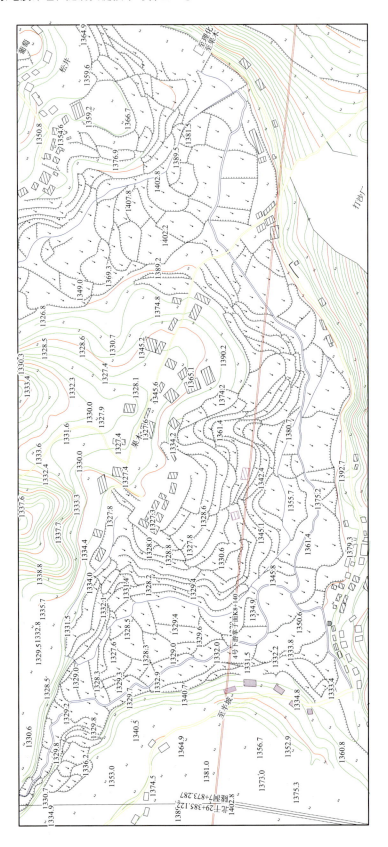

图 6-92 果木洼地浅埋段平面图

图 6-93 4#支洞下游控制段 8+140掌子面地表照片

图 6-94 掌子面揭露围岩情况

图 6-95 掌子面围岩垮塌挤出

图 6-96 垮塌挤出围岩遇水软化后呈泥浆状

3. 施工关键技术

首先,封闭掌子面,使掌子面处于安全、稳定的状态,保证洞内施工安全和地表稳定。

其次,对掌子面前方进行深孔固结灌浆加大管棚施工,改良前方地层的稳定性,为后续施工提供基础。

最后,对该段施工全过程做好监控量测,做好应急预案。

(1)封闭掌子面

根据掌子面泥浆挤出情况,采用块石进行反压回填,保证溜散体稳定。溜散体稳定后对表面喷 10 cm 厚 C25 混凝土进行封闭覆盖。掌子面溜散体采用 $\phi 42$ mm×4 mm×4.5 m 无缝钢管,1 m×1 m 梅花形固结灌浆处理,对既有开挖洞径内松散体注浆加固。溜散体加固注浆采用水泥单液浆,注浆压力 0.3~0.5 MPa。溜散体处理如图 6-97 所示。

掌子面上台阶左右幅拱脚处存在股状出水现象,为保证止浆墙正常施工,在出水点分别施工泄水孔,因围岩无法自稳,采用 $\phi 42$ 小导管直接插入岩体形成泄水通道,泄水孔末端设置在止浆墙外。

(2)深孔固结灌浆技术

深孔固结灌浆的目的主要是改善前方地层的特性,增强围岩自稳能力,同时能够有效控制地表沉降。

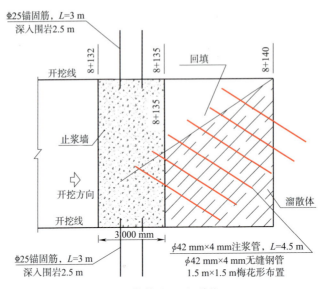

图 6-97 溜散体处理图(单位:mm)

1)止浆墙施工

因掌子面采用台阶法施工,8+135~8+140 支立上台阶,止浆墙设置在 8+135。

洞内围岩较差,为防止溜散体再次挤出,止浆墙分节段施工,节段施工间设置连接钢筋保证结构稳定。用 ϕ108 无缝钢管(前段焊接法兰盘)将溜散体泄水孔水引出,排水管露出止浆墙 30 cm 左右,排水管应和探孔方向保持一致,以方便止浆墙的施作,保证止浆墙的施作质量。

止浆墙施作采用 C20 混凝土,止浆墙厚度 2 m。止浆墙施作过程一定要保证质量,尤其是周边与初支轮廓线的接触部,预埋两圈止水带,防止出水、漏浆。止浆墙施作时周边与开挖轮廓线的接触部预埋锚杆,环向间距 0.5 m,长度 2 m,进行加固防止止浆墙在较大注浆压力下被挤出。

止浆墙分节段施工,第一节段浇筑高度为 3 m,第二节段浇筑到顶。第一节段浇筑完成后,止浆墙与掌子面反三角区域采用袋装土进行回填,密实后浇筑第二节段止浆墙。

止浆墙混凝土的浇筑采用地泵泵送入模,第一节段直接从上面浇筑,第二阶段在工作面每隔 3 m 设一个浇筑入口。每浇筑 50 cm 采用插入式振捣一次,振捣密实的标准为:混凝土不在下沉、不出现气泡。左、右对称浇筑,浇筑过程中保证左、右侧混凝土的高差不能超过 60 cm。止浆墙施工效果如图 6-98 所示。

2)超前固结灌浆

长石板隧洞 8+140~8+220 果木洼地质条件为富水溶塌性角砾岩,采用后退式注浆,分段固结注浆长度 30 m,具体注浆参数见表 6-9,超前注浆布孔图和断面图如图 6-99 和图 6-100 所示。

图 6-98 止浆墙施工效果图

表6-9 注浆设计参数表

序号	参数名称	参数值	备注
1	纵向加固段长	单循环30 m(含止浆墙)	
2	环向加固范围	上半断面拱部开挖轮廓线外5 m	
3	浆液扩散半径	2 m	
4	注浆速度	20~50 L/min	
5	注浆终压	2 MPa	施工时可适当调整
6	终孔间距	≤3 m	
7	注浆方式	钻杆后退式注浆	分段长度2~4 m
8	注浆孔	单循环35个	重点区域可补孔
9	孔口管	$L=1.2$ m,$\phi150$ mm,壁厚6.5 mm	

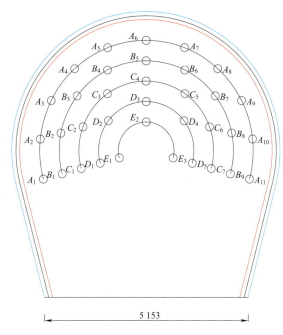

图例：○注浆孔
编号：A序孔：11个 B序孔：9个 C序孔：7个
D序孔：5个 E序孔：3个

图6-99 超前注浆孔布置图

①注浆材料

注浆材料采用水泥和水泥水玻璃双液浆两种浆液。

施工过程中根据涌水情况及地层吸浆情况，进行材料种类及配比选择调整，注浆材料配比见表6-10。

表6-10 浆液配比参数表

序号	名称	配合比
1	水泥浆	1:1或0.5:1
2	水泥水玻璃双液浆	$W:C=0.8\sim1:1;C:S=1:1$

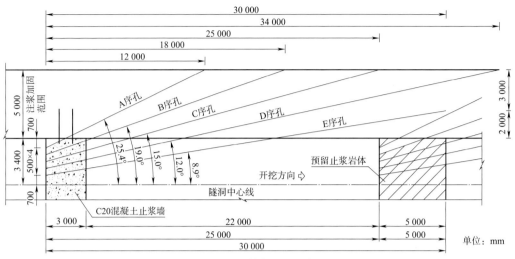

图 6-100 超前注浆断面图(单位:mm)

②注浆顺序

注浆顺序按"由外到内、间隔跳孔"的原则进行,以达到控域注浆,挤密加固的目的。

③钻孔注浆工艺

标定孔位确定钻进外插角后,采用 $\phi 130$ mm 钻头低速钻进至 1.2 m,安设孔口管。

孔口管采用 $\phi 108$ mm,$\delta=6.5$ mm 无缝钢管加工,管长 1.2 m,孔口管外壁缠绕 50~80 cm 长的麻丝成纺锤型,采用钻机冲击安设到要求深度,并用锚固剂锚固,以保证孔口管安设牢固不漏浆。

孔口管安设完毕后进行钻孔施工。先用 $\phi 90$ mm 钻头通过孔口管将止浆墙钻穿并穿透拱架,退出钻杆。之后采用水钻 $\phi 90$ mm 孔,钻孔至设计深度后,拆除 2 m 钻杆,之后进行注浆;该段注浆达到设计结束标准后,再拆除 2 m 钻杆进行注浆。以此循环,直至结束该孔注浆。

钻杆后退式注浆工艺流程图如图 6-101 和图 6-102 所示。

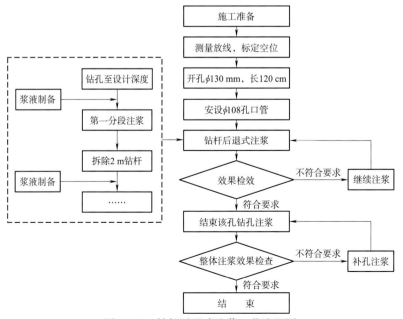

图 6-101 钻杆后退式注浆工艺流程图

④注浆结束标准

单孔注浆结束标准:注浆过程中,压力逐渐上升,流量逐渐下降,当注浆压力达到设计压力并稳压 10 min 后,即可结束该孔注浆。

全段结束标准:设计的所有注浆孔均达到注浆结束标准,无漏注现象;按总注浆孔的 5% 设计检查孔,检查孔满足设计要求。

⑤效果检查

注浆效果是决策开挖施工方案的依据。选择可能出现的薄弱环节进行钻孔检查,检查孔钻不坍孔,不涌泥,检查孔另行施作。经灌浆后取芯检查,固结效果良好。如图 6-103 所示。

图 6-102 钻孔施工图

图 6-103 掌子面取出芯样

⑥特殊情况处理

主要针对两种特殊情况进行处理,冒浆处理和孔口涌水处理。

a. 冒浆处理

灌浆过程中发生冒(漏)浆现象时,采取嵌缝、封堵方法处理后,再采用降压、加浓浆液、限流、限量、间歇灌注等方法处理。

b. 孔口涌水处理

对孔口有涌水的孔段,灌前测涌水压力和涌水量;根据涌水情况,按下述措施综合处理。自上而下分段灌浆;缩短灌浆段长,对涌水段单独进行灌浆处理;相应提高灌浆压力,灌注浓浆速凝浆液。

(3)大管棚施工技术

果木洼地 8+140~8+220 洞段为富水溶塌性角砾岩,围岩富水泥化严重,常规大管棚施工方案无法进行施工作业,采用偏心钻具扩孔地质钢套管跟进长管棚施工方法。

偏心钻机钻进时,冲击导正器转动时,偏心钻头张开,并在开启到设计位置后被限位键限住,对孔底岩石进行破碎。由于偏心钻头钻出的孔径大于钢套管的外径,再加上钻压的作用,套管靴带动整个钢套管与钻具同步跟进,保护已钻孔段的孔壁。

当钻进作业告一段落,需将钻具后退,慢速反转钻具,偏心钻头依靠惯性力和孔底摩擦力收缩返回,钢套管留孔内护壁。

DP102 型潜孔锤跟管钻具与 YXZ70 型锚固钻机的钻杆和管棚钢套管相连接,由潜孔冲击器、导正器、偏心扩孔钻头、套管靴等组成,如图 6-104 所示

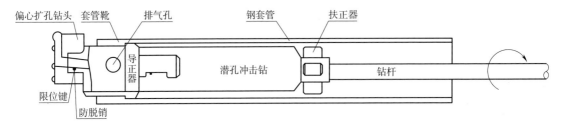

图 6-104　潜孔锤跟管钻具组合图

1)工工艺流程如图 6-105 所示。

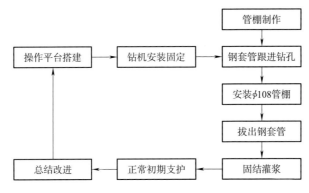

图 6-105　管棚施工工艺流程图

2)管棚制作及孔位布置

根据果木洼地围岩情况,采用 $\phi108@6.5$ 热轧无缝钢花管作管棚。每环孔从拱顶开始布设,除拱顶布设 1 个,两侧分别按 40 cm 间距布设。布置范围为拱顶 180°,共计 27 孔(图 6-106),每孔管棚长度为 20 m,钢套管分节长度为 1.5 m。根据果木洼地实际情况,钢套管跟进长度为 20 节×1.5 m,并视具体情况可以加长。

3)管棚长度及花管、实管设置

根据现场实际情况,管棚长度 $L=30$ m,两节管棚间采用内车丝扣方式设连接,在保证孔口段 2.5 m 为实管的条件下,其他段为花管,出浆孔直径为 15 mm,梅花形布置,间距 15 cm×15 cm,如图 6-107 所示。

4)导管方位角选择

经过计算,在外插角为 2°时,管棚尾部高出设计开挖线 1.04 m,可以有效防止管棚施作后进入开挖断面,避免开挖后出现割管现象。在实际操作中外插角控制在 2°~3°之间。

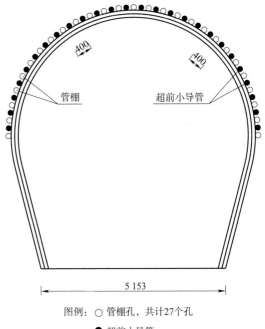

图例：○ 管棚孔,共计27个孔
● 超前小导管

图 6-106　大管棚和超前小导管布孔图

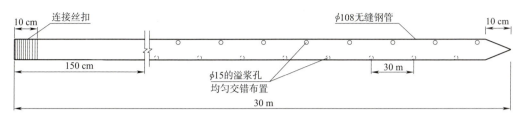

图 6-107 管棚导管布孔图

5）技术操作要点

操作平台及钻机安装牢固,洞边墙支撑固定,保证施工中钻机及平台的稳定性。同时平台和钻机安装平整,用水平尺校正,确保其水平度。

钻具及跟管开孔保证孔位点、导向器及动头三点一线,并加长导管,随时用导向器导向以保证铅直度,确保管棚的设计转向倾向。

钻孔跟管开孔先采用低风量、低压力纯冲击,先造引导孔,待孔基本成形后,开动正转让偏心钻具工作带动导管跟管,但转速要限制,以确保孔口岩体不被大面积扰动破坏。

钻孔跟管过程中,控制进尺速度不能过快,注意间歇空钻排渣,以保证导管与钻杆间通道畅通,避免卡钻并控制风量及钻压（风量、风压以保证冲击器正常工作为准）。

钻孔跟管起钻时,先关闭风,然后反转半转收回偏心锤才起钻。

操作过程中特别注意,偏心钻具在导管内有风时,只能反转,不能正转,只有偏心钻具出管靴后才正转。

在用金刚石钻具钻进过程中,时刻注意控制好水流量,尽量采用低压、高转速进行钻进。

大管棚施工照片如图 6-108 所示。

6）特殊情况处理措施

钻孔跟管过程中,若排渣不畅,出现残渣滞于导管内将钻杆抱死现象,可直接敲击导管,并少许反转,如此反复,以帮助排渣,但应注意可能会将钻具、管靴等反掉。若钻杆已被抱死,无法清理通畅,则只能利用钻机液压将导管全部拔出,重新跟管。

钻孔跟管过程中,若排渣不畅,必须采取收回偏心锤以协助排渣。当出现偏心锤重新下入孔底不能出管靴情况时,可将偏心钻具

图 6-108 大管棚施工照片

下到孔底后,在管内正转半转,让偏心头卡住导管内壁,再利用钻机液压轻轻拔管少许,然后反转（控制旋转一周）,将钻下到底,进行纯冲击钻进,以确保偏心钻头出管靴,继续钻进跟管。

若钻孔跟管结束后,出现偏心钻具无法收回导管内的情况,可采取控制风量,压力回零,空正转数转后,停风,给少许压力,用手动反转半转,再用液压反拔钻杆钻具,当可拔出后重新钻孔跟管。

若钻孔跟管过程中,出现钻杆钻具仍然有进尺,但导管则不继续跟时,则不是管靴脱落或断裂,就是中部某段导管脱落,只能拔管重新跟管。

若围岩泥化严重或跟管进尺较长,可能出现管靴变形,钻具旋转负荷大并伴有金属摩擦

声,且导管跟着旋转的现象时,只能反拔导管换靴后重新跟管。

若因围岩前端遭遇孤石,造成导管与钻杆不同心,钻进跟管困难时,以及仍需跟管长度不长进,可采用人工扶正强行跟管至结束;若仍需跟管长度较长,必须拔管重新跟管。

在发现金刚石钻具钻进无进尺时,应立即起钻,检查钻具和岩心管,看其是否是因为金刚石钻具磨损严重或岩心管堵管造成。

7)灌浆方法

采用纯压式灌浆方法进行灌浆。灌浆工程为隧顶超前加固工程,灌浆目的是使洞挖时水泥浆胶体能在洞顶起到黏结松散渣体,形成超前棚架的作用。结合施工经验,对灌浆参数:

灌浆压力:灌浆孔口压力视其具体情况控制在 0.5~1.0 MPa 为宜(目的是控制扩散半径)。

浆液水灰比:采用 1:1 和 0.5:1 两级水灰比(以浓浆灌注为主,以使能尽快起到胶凝黏结作用)。

注浆分两次进行,即第一次是编号为单号的孔位进行注浆,第二次是编号为双号的孔位进行注浆。若单号孔位注浆不密实,可通过双号孔位注浆填充密实。大管棚在注浆前将钢花管与预埋导向管间空隙用水泥砂浆封堵,避免漏浆。后续开挖过程中,证明灌浆充填钢管及周围空间,相邻的管孔能够渗透连接,形成天幕式的管棚结构,加强了管棚刚度和强度。

通过焊接在钢花管上的止浆阀对大管棚注浆,注浆压力为 0.5~1 MPa,压力达到 1 MPa 以上后持续 15 min,注浆量一般为钻孔圆柱体的 1.5 倍,若注浆量超限,未达到压力要求,应调整浆液浓度继续注浆,直至符合注浆质量标准,确保钻孔周围岩体与钢管周围孔隙为浆液充填,方可终止注浆。

(4)隧洞开挖施工技术

当超前固结灌浆和大管棚施工完成后,可破除止浆墙(图 6-109),开挖掌子面,开挖遵循"管超前、严注浆、短进尺、强支护、早封闭、勤量测"的原则,分台阶开挖支护施工。

1)超前注浆小导管施工

超前小导管采用风钻钻孔作业,然后利用钻机的冲击和推力将按引导孔钻进,为了便于安装钢管,钻头直径采用 φ45 mm。将超前小导管全部打好后,用钻头掏尽管内残渣。钻进时产生坍孔、卡钻时,需补注浆后再

图 6-109 采用预裂爆破破除止浆墙

钻进。安装长 1.5 m φ60 小导管作孔口管,孔口管采用锚固剂锚固,待锚固强度达到要求后注浆。

安装好钢花管后对孔内注浆,浆液由高速制浆机拌制。小导管注浆饱满即可。注浆时先灌注单号孔,再灌注双号孔。保证注浆质量。

①注浆材料:选用普通水泥浆单浆液,水泥采用 P·O42.5 水泥,单液浆水灰比 1:1。

②注浆顺序:对每个孔按顺序进行奇偶数进行编号,由两边至中间对称进行注浆。

③注浆压力:0.5~0.8 MPa。

④注浆结束标准:注浆压力达到设计终孔压力时停止注浆;注浆压力未能达到设计压力,液浆注浆量超过设计平均注浆量的1.5倍时,应停止注浆分析情况后再确定是否继续注浆;注浆压力未能达到设计压力,单液浆注浆量超过设计平均注浆量的1.5倍时,应采取间歇注浆,甚至改换为双液注浆。

2)隧洞开挖施工

开挖采用三台阶法分步开挖,台阶长度控制在3~5 m,开挖方式以机械开挖为主,局部硬质部分,采用放单孔炮的方式进行开挖。严禁采用全断面一次开挖,防止对围岩扰动过大,引起围岩变形,造成地表沉降。开挖后效果如图6-110所示。

隧洞8+140~8+220洞段预留变形量按照20 cm控制,喷射混凝土完全覆盖I16工字钢。其他支护措施严格按照设计文件要求进行施作,上下台阶锁脚锚管实施角度向下30°、45°,端头处采用钢筋与钢架焊接牢固。

图6-110 掌子面前方注浆效果图

台阶法施工两侧拱脚为软弱围岩,台阶法施工过程中拱脚无法坐落在既有基岩上,拱脚下垫通长槽钢或工字钢,在拱脚实施ϕ42锁脚锚管,长4.5 m,上台阶每榀8根,管内采用水泥浆注浆增加强度。

下台阶每施工完成后6 m进行一次底板混凝土封闭,底板封闭混凝土施工前,实施底板横向钢支撑,防止隧洞围岩软化及微膨胀造成的变形。

4. 监控量测

施工班组、管理人员每天定期观察已完初期支护面变化情况,主要是采用强光手电步视巡查,同时做好观察记录。

洞外观察主要是对浅埋地段进行观察,同时做好观察记录。

1)量测点材料要求

隧洞内围岩监控量测采用全站仪进行观测(图6-111),根据每次测量数据分析围岩变化情况。根据测量方式,隧洞内围岩监控量测观测点要求如下。

围岩监控量测点采用ϕ12钢筋,长度40 cm(可根据实际情况加长),钢筋必须入岩大于30 cm,钢筋外露端头采用10号钢板焊接,尺寸3 cm×3 cm。

所有量测点均使用反光片,尺寸为3 cm×3 cm,反光片上标注十字丝,反光片要粘贴牢固在钢板上。

2)量测点布设要求

马蹄形浅埋段V类围岩每5 m布设5个监测点(正拱顶1个,两侧拱肩各1个,两侧拱脚各1个)。

3)量测频率及要求(表6-11)

表 6-11　量测频率表

序　号	收敛或沉降速度	量测频次	备　注
1	≥5 mm/d	1天2次	
2	1～5 mm/d	1天1次	
3	0.5～1 mm/d	2天1次	
4	0.3～0.5 mm/d	3天1次	
5	0.2～0.3 mm/d	7天1次	
6	<0.2 mm/d	—	判定围岩已处于稳定

4)量测资料整理、数据分析及反馈

现场量测取得数据后,开始做回归曲线分析,并画出位移一时间回归曲线和速度一时间回归曲线。最后测量班将资料统一收集归档。如图 6-111 所示。

积极与安全监测标联系,按照安全监测标出具的每月地表监测报表控制隧洞内安全施工。

5.施工效果

在施工期内,围岩经加固后,自稳能力大大提高,隧洞拱顶沉降和水平收敛得到了有效控制,施工中未发生塌方和变形情况。施工安全、质量和进度得到了有效保证,在这种浅埋软岩地段,经处理后,月开挖进尺在 50 m 左右,达到了预期效果,地表建筑物也得到有效保护。整体效果如图 6-112 所示。

图 6-111　洞内进行围岩监控量测

图 6-112　果木浅埋软岩段支护整体效果图

6.3.4　高石坎隧洞出口浅埋段处治

高石坎隧洞出口穿越软岩塌方洞段方案,隧洞出口浅埋段软岩处治难度大,容易造成塌方冒顶,运用了大管棚技术措施,避免了隧洞冒顶,实现安全快速穿越塌方洞段。

1.高石坎隧洞出口浅埋段简介

高石坎隧洞设计总长 1 971 m(0+00～1+971),断面型式采用圆形,半径 $r=2.5$ m。隧洞出口段围岩埋深 8～34 m,地层岩性为 T_1yn^4 中至厚层溶塌角砾岩、泥质白云岩隧洞处于地下水位以下。

高石坎隧洞出口 1+971 施工至 1+967,围岩变为流塑性泥质白云岩,遇水则成为泥化严重,采用正台阶法进行开挖,采用了钢支撑+超前小导管+挂网喷混凝土的初期支护方式施工。开挖至 1+932 进洞的左侧围岩发生塌方,在左侧形成了一个长约 6 m,宽约 4 m,高约 6 m 的空腔,由于处于浅埋段隧洞埋深 20 m,存在冒顶风险。如图 6-113 所示。

图 6-113　左侧塌方照片

2. 处理措施

根据现场塌方情况,确定塌方处理措施:拱顶 180°范围内采用长度 20 m 的 φ108 管棚穿越塌方段,套拱结构如图 6-114 和图 6-115 所示。

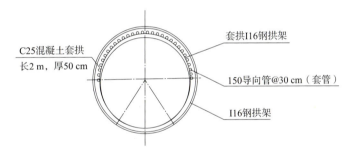

图 6-114　套拱结构图(1)

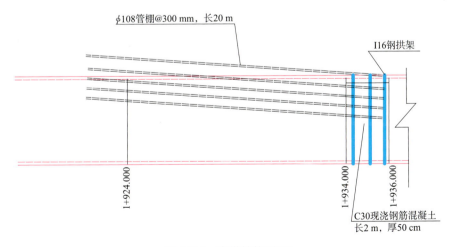

图 6-115　套拱结构图(2)

1+932～1+926洞段塌方段作为抢险处理,保证安全的情况下进行处理。具体如下:

(1)1+936～1+934桩号布置套拱,径向宽2.0 m,厚0.6 m,结构为钢筋混凝土,配双层钢筋网,环筋$\phi 25@20$ cm,箍筋$\phi 12@20$ cm,现浇C30混凝土。

(2)管棚参数:采用$\phi 108\times 8$ mm无缝钢管,$L=20$ m,仰角1°～3°,间距30 cm,套管$\phi 150$,$L=2$ m,沿拱顶180°范围布置。

(3)被破坏初支的拆除:在拆除之前,于右侧用I16#工字钢打斜支撑;按0.5 m的进度拆除已破坏的钢支撑、喷锚钢筋网及喷射混凝土;在拆除的同时重新架立钢支撑,采用I16工字钢,连接筋$\phi 20@50$ cm,钢筋网$\phi 8@15$ cm×15 cm,喷射C20混凝土回填塌方段空腔;底板按洞内已换填段方式进行处理;待塌方段全部置换完成后拆除右侧工字钢斜支撑。

(4)设置$\phi 50$排水孔,间排距2.5 m,深入未塌土内1 m,长度现场确定。

(5)洞脸顶部原地表开裂的裂缝用M10砂浆进行回填。

(6)做好变形观测:已塌方段观测;置换后初期支护观测。

施工程序如下:套拱(钢支撑+钢筋制安+套管+C30混凝土)→大管棚(20 m/根)→工字钢斜撑安装→已破坏的初期支护拆除(以0.5 m为循环单元进行:原喷射混凝土拆除+钢筋网拆除+钢支撑连接钢筋拆除+小导管拆除+钢支撑架拆除+塌方段清除)→初期支护置换(以0.5 m为循环单元进行:小导管制安+钢支撑制安+钢支撑连接钢筋制安+钢筋网制安+喷射混凝土+回弹料清除)。

3. 处理效果

通过大管棚技术措施顺利穿越塌方段,隧洞拱顶沉降和水平收敛得稳定,施工中未发生塌方和变形情况。施工安全、质量和进度得到了有效保证。

6.4 岩爆处治

6.4.1 猫场隧洞工程概况

猫场隧洞2#施工支洞(以下简称支洞)位于贵州省毕节市大方县猫场镇境内。支洞为猫场隧洞供水主洞施工设置的一条施工辅助坑道,支洞位于猫场隧洞供水主洞7+573.128(支洞与正洞交叉口里程)右侧,支洞全长1 553.333 m。支洞洞口位于溶蚀沟谷斜坡地带,高程为1 442 m,综合坡降比为8.8%。支洞围岩岩性以P_2q+m茅口组灰岩为主,埋深为0～442 m。支洞设计断面形式为净宽6 m、净高5 m的城门洞形断面。支洞洞身开挖支护施工至支洞2ZD0+540里程处时开始出现不同程度的岩爆不良地质现象,设计围岩类别为Ⅲ类围岩。

6.4.2 岩爆产生原因、特点及分类

1. 岩爆的成因

(1)岩爆是深埋暗挖地下工程在施工过程中常见的一种动力破坏现象。当岩体开挖施工后,在较短的时间内产生岩体脆性破坏,同时岩体内残留的弹性应变能突然释放,当岩体中聚积的高弹性应变能量大于岩石破坏所需消耗的能量时,破坏了岩体结构的平衡,多余的弹性应变能量导致岩石爆裂,使岩石碎片从岩体中高速崩出、剥离、弹射,甚至抛掷的一种局部失稳现象。

(2)支洞在开挖施工过程中,发生岩爆不良地质现象的里程洞段为2ZD0+540～2ZD0+

623。该洞段支洞埋深大于 300 m,围岩脆性大,整体性好,无裂隙水,围岩脆性破裂严重;掌子面在开挖 2~3 h 后,顶拱、拱腰围岩内部有破裂声响,并伴有小石片飞溅,严重时会有爆破般的剧烈声响,并有大石块飞出。当岩体内部应变能量释放完毕,岩体稳定后,导致支洞开挖断面变成极不规则的梯形。如图 6-116 所示。

图 6-116 岩爆岩体塌落

2. 岩爆的特点

(1)岩爆在未发生前,无明显预兆,虽经过仔细找顶、找邦,并无空响声。一般认为不会掉块落石的地方,也会突然发生岩石爆裂声响,石块有时应声而下,有时暂不坠下。在没有支撑的情况下,对施工安全威胁甚大。它与隧洞施工中的一般掉块落石现象有明显的不同。

(2)岩爆时,石块由母岩弹出,常呈中间厚、周边薄、不规则的片状。

(3)岩爆发生的地点,多在新开挖工作面及其附近,个别的也有距新开挖工作面较远;岩爆发生的时间多在爆破后 2~3 h,但也有的较迟缓;岩爆易发生在顶拱部位部或拱腰部位为多。

(4)岩爆是由人工开挖诱导产生的,它与开挖方式及支护措施直接相关。

(5)岩爆主要发生在埋深较大,所处岩层性状较单一,弹性模量等物理力学性能较高,能储存一定的应变能量。

3. 岩爆的分类

(1)岩爆按规模和烈度分为轻微岩爆、中等岩爆、强烈岩爆和剧烈岩爆四种类型。轻微岩爆规模小,一般多为弹射型、冲击地压型岩爆。岩爆坑较浅,厚度一般小于 10 cm,岩爆坑沿隧洞轴向长度小于 10 m,呈零星分布。中等岩爆多为爆炸抛射型和破裂剥落型岩爆,岩爆坑呈三角形、弧形及梯形,连续分布,规模较大,岩爆坑一般几十厘米深,最大达 150 cm,沿洞轴线长度 10~20 m,成片分布。强烈岩爆和剧烈岩爆多为破裂剥落性岩爆,岩爆坑连续分布,最深可达数米,沿洞轴线长度大于 20 m。剥落的岩块尺寸大,数量多,造成大量超挖现象,洞形极不规则,对正常施工影响大。

(2)岩爆的宏观特征描述见表 6-12。

表 6-12 岩爆宏观特征

宏观特征	轻微岩爆	中等岩爆	强烈岩爆	剧烈岩爆
声响特征	噼啪声、撕裂声	清脆的爆裂声	强烈的爆裂声	剧烈的闷响爆裂声
运动特征	松脱、剥离	爆裂松脱、剥离现象严重	大片爆裂、出现弹射或动下落	大片连续爆裂、大块岩片出现弹射
时效特征	零星间断爆裂	持续时间长,有随时间累进性向深部发展特征	具有延续性,并迅速向围岩深部扩展	具突发性,并迅速向围岩深部扩展
对工程危害	影响甚微,适当的安全措施就可以施工正常进行	有一定影响,应及时挂网喷锚支护措施、否则有向深部发展的可能	有较大影响,应及时挂网喷锚支护	严重影响甚至摧毁工程,必须采取相应的特殊措施加以防治

续上表

宏观特征	轻微岩爆	中等岩爆	强烈岩爆	剧烈岩爆
爆裂的力学性质	张裂破坏为主	张剪破坏并存	剪张破坏并存	剪张破坏并存
岩爆块形态特征	薄片状、薄弧形片状、薄透镜状	透镜状、棱片状	棱板状、块状、板状	板状,块状或散体
发生部位	掌子面、边墙及拱肩	拱肩及拱腰	主要在边墙与拱部,可波及其余部位	边墙及拱部,可波及其余部位
断口特征	新鲜贝壳状	贝壳状、弧形凹腔、楔形	规模大的弧形凹腔、楔形	大规模弧形凹腔或楔形、剪张破坏并存
影响深度	<1 m	1~2 m	1~2 m	>2 m

6.4.3 岩爆预测、预报方法

(1)加强开挖工作面及其附近的超前地质预报、预测工作,以超前水平钻孔和加深炮孔为主,辅以电磁波、地震波、钻速测试等手段,采用工程类比法进行宏观预测、预报的方法。

(2)通过实际观测和统计分析,查明硬质围岩岩爆高发地段与掌子面的空间关系分析的方法。

(3)施工过程中将硬岩段的岩性特征,岩石的物理力学性质,地应力特征(包括原岩应力和围岩二次应力)以及开挖和爆破方式等因素进行综合分析,参考已有的岩爆判据,制定适合于该区的岩爆判据的方法。

6.4.4 岩爆处理技术方案

(1)为防止因岩爆和发生大变形造成隧洞塌方、冒顶、隧底隆起导致失稳现象,影响隧洞的结构和工程进度,威胁施工人员和施工设备的安全,采取岩爆预测预报、优化爆破开挖方法、应力解降法和围岩加固法等"先柔后刚、先放后抗"的施工方法和防护措施。

(2)根据"6.4.2 岩爆产生原因、特点及分类",支洞 2ZD0+540~2ZD0+623 段出现的岩爆不良地质现象判定为中等岩爆,主要采用改善钻爆方法和辅助施工的措施进行处治施工。

(3)根据爆岩掉块现象的轻重程度及施工危险难度,采取分段按不同间距采取 I16 工字钢进行支护,具体情况如下:

1)2ZD0+540~2ZD0+547.5、2ZD0+569.9~2ZD0+611.9 无大面积掉块段设置 I16 工字钢,间距为 1.5 m。

2)2ZD0+547.5~2ZD0+569.9 掉块现象严重地段设置 I16 工字钢,间距为 0.8 m。

3)对于掌子面岩爆现象严重且在继续掉块 2ZD0+611.9~2ZD0+622.9 段设置 I16 工字钢,间距为 0.5 m。

4)2ZD0+622.9~2ZD0+630 往掌子面段掉块较轻段设置 I16 工字钢,间距为 0.8 m。

5)2ZD0+630 掌子面往前继续开挖施工时,根据岩爆规模和烈度等级,设置 I16 工字钢,间距按 0.5~1.5 m 进行调整,具体间距根据现场实际情况进行调整。

(4)岩爆不良地质洞段拱墙增加 $\phi 6@20$ cm×20 cm 钢筋网片,$\phi 25$ 纵向连接钢筋环向间距 1 m;每榀钢支撑设置 2 根 3 m 长的 $\phi 25$ 锁脚锚杆,每侧 1 根;C20 喷射混凝土厚 0.16 m。

(5)拱部增加 $\phi 25$ 系统锚杆,长 4.5 m,间排距 2 m。

(6)岩爆掉块后形成的凹槽,采用 C20 喷射混凝土回填密实。

(7)在施工过程中需加强对岩体的监测工作,通过对围岩和支护结构的现场观察和拱顶下沉、两维收敛以及锚杆测力计、多点位移计读数数值的变化情况,可以定量化地预测滞后发生的深部冲击型岩爆,用于指导洞身开挖支护的施工。

(8)在开挖过程中采用"短进尺、多循环",利用光面爆破技术,严格控制用药量,以尽可能减少爆破对围岩的影响并使开挖断面尽可能规则,减小局部应力集中发生的可能性。

(9)爆破进行通风排烟 30 min 后,立即向掌子面及附近洞壁岩体喷洒高压水,以降低岩体强度,增强塑性,减弱岩体的脆性,降低岩爆的剧烈程度,也可以利用残眼、加深炮孔和锚杆孔向岩体深处注水,以取得更佳效果。

岩爆处理技术方案施工:

(1)改善钻爆施工方法

1)将深孔爆破改为浅孔爆破,减少一次装药量,拉大不同部位炮眼的雷管段位间隔,从而延长爆破时间,减轻爆破对围岩的影响,减小爆破应力场的叠加,降低岩爆频率和强度。

2)改变洞室的开挖断面形状,把洞室直接或近似开挖成相应于岩爆后围岩稳定的洞室形状,如"A"字形,不规则的梯形等,从而减小岩爆的程度。

3)超前应力解除:在中等、强烈岩爆区利用移动式作业台车在掌子面施钻炮眼时,在掌子面周边拱线处钻两排 4.5~5.0 m 深的炮眼(间距 40~50 cm,外插角 25°~35°),炮眼间隔装药,每个装药的炮眼装 500~750 g,并与掌子面同时起爆;这样,可以在拱部 2~3 m 以上的岩体内部形成一个爆破松动圈,截断面体内部应力的集中,从而减小洞室岩体的切线应力,借助岩体本身可形成一种支护层。如图 6-117~图 6-119 所示。

(2)辅助施工方法

1)严格控制开挖进尺长度;尽可能采用全断面开挖,一次成形,必要时可采用上下台阶开挖;及时在掌子面及洞壁喷洒水,必要时打注水孔或在炮孔内注高压水软化围岩;必要时设超前应力释放孔提前释放应力。

2)岩爆洞段开挖后,轻微岩爆则及时采用挂网锚喷支护的形式进行初期支护封闭。

3)锚杆采用加密锚方式(系统锚杆加密或增加),具体锚杆长度和间距可视岩爆烈度状况而定,采取密锚的目的在于:一是便于网片铺挂;二是可以防止大块岩爆岩石爆裂松脱、剥离掉块、弹射等现象的发生;三是便于锚喷网支护结构形成系统组合,达到充分加固围岩的作用。

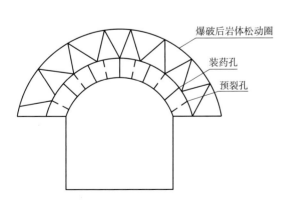

图 6-117 超前应力解除断面示意图

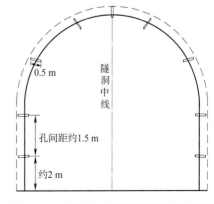

图 6-118 超前应力释放孔横断面布置图

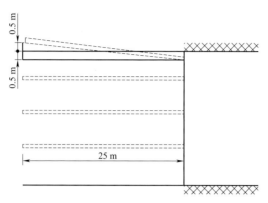

图 6-119 超前应力释放孔纵断面布置图

4)中等、强烈及以上岩爆地段采用工字钢配合超前支护的组合支护系统加强支护,工字钢间距一般在 0.5~1.5 m 之间,中等岩爆初期支护处理施工中,工字钢间距控制在 1.0 m;强烈及以上岩爆工字钢间距控制在 0.5 m;防止岩爆危害洞室施工作业安全。

6.4.5 岩爆发生的应急措施

(1)岩爆有爆破后立即发生的,也有滞后一段时间的。滞后的岩爆是深层岩体的应力释放,同时在应力释放过程中,沿节理面岩石进一步松弛,有些岩块顺节理面掉落。此种灾害更隐蔽,不易防范,所以必须做好支护,切勿以为围岩类别高,只要当时不发生岩爆即忽略了支护作用。

(2)岩爆发生后应彻底停机躲避,待安全后再进行工作面的观察记录,包括岩爆的位置、爆落的数量、弹射的速度和距离、岩爆前后的声响等,并尽快对岩爆强度进度分级。

(3)加强现场岩爆监测、警戒及巡回找顶,必要时及时躲避。组织专门人员全天候巡视警戒及监测。岩爆一般在爆破后 2 h 左右比较激烈,以后则趋于缓和,多数发生在距掌子面 0~50 m 范围内和掌子面处。从地质方面来看,岩爆发生的地段有其相似的地层条件和共性条件,使短距离的预报成为可能。听到围岩内部有沉闷的响声时,应尽快撤离人员及设备。特别是强烈岩爆地段,每次爆破循环后,作业人员及设备均应及时躲避一段时间,待岩爆基本平静后,立即洒水喷混凝土封闭岩面,以保证后序作业的进行。巡视、警戒人员要对岩爆段,特别是强烈岩爆段岩石的变化仔细观察,发现异常及时通知,撤离施工人员及设备,以保证安全。

(3)尽快施作能尽早受力的摩擦型砂浆锚杆(或早强锚杆),作为施工支护。

(4)对岩爆的强度在中等以下时,为了不间断施工,可以在台车及装渣机械、运输车辆上加装钢板,构成"防石棚",以避免岩爆弹射出来的块体伤及作业人员和砸坏施工设备。

(5)对车辆机械易损部位和驾驶室上部加焊钢结构防护栅,施工人员佩戴防护用品,对管理人员和施工人员加强岩爆知识教育,严格执行隧洞施工的安全规定,强化个人防护意识。

岩爆应急处理措施见表 6-13。

表 6-13 岩爆应急处理措施一览表

序号	岩爆发生阶段	施工注意事项	施工技术措施	施工时间
1	活跃期 (爆破后 1 h)	暂停施工,加强现场岩爆监测、警戒	爆破后立即向工作面及工作面后方 15 m 范围的隧洞周边用高压水进行喷洒,以降低岩石的脆性从而减弱岩爆强度,洒水工作应不间断的连续进行,必须经常保持洞壁的湿润	1 h

续上表

序号	岩爆发生阶段	施工注意事项	施工技术措施	施工时间
2	过渡期（爆破后2 h）	暂停施工,加强现场岩爆监测、警戒。爆后至少1 h才可进行出渣,加强出渣车辆防护,运渣车应停在掌子面30 m范围外	出渣时继续喷洒高压水	3.5 h
3	缓和期（爆破后3～6 h）	加强掌子面的找顶工作,只有找顶彻底后,才能展开后部工序的施工。找顶应特别注意安全,听到围岩内部有闷响时,人员必须及时撤离到安全地点	在拱顶和拱腰施作系统锚杆或随机锚杆,特别是在两侧拱腰的部位。锚杆孔深3 m,间距1.2 m,按梅花形布置,并绑扎钢筋网,网格间距25 cm。(1.5 h)台车推进掌子面以后,对台车后方5 m、底部3 m以上的范围再及时进行喷射混凝土施工	2 h
4	平静期（爆破后6～12 h）	采取"短进尺、多循环"的开挖作业方式,开挖进尺控制在2 m以内,并相应减少装药量。开挖同时进行后部喷射混凝土施工,对爆坑部位加强支护	在靠近掌子面5 m范围的拱顶和拱腰部位打径向应力释放孔。应力释放孔为不装锚杆的ϕ42空孔,孔深2 m,间距2～3 m,按实际需求布置。打钻的同时,对岩爆多发的起拱线部位,在掌子面相邻的两周眼中间沿隧洞纵向打应力释放孔,孔深4 m,外插角25°,每环相扣,以起到提前释放围岩应力的作用	1.5 h 4 h

6.5 洞口不良地质边坡处治

两路口隧洞进口,在洞脸边坡开挖施工过程中,遭遇不良地质情况,边坡临近省道,发生滑动变形。

6.5.1 两路口隧洞进口水文地质情况

两路口隧洞进口段为河谷岸坡斜坡地形,地形坡度10°～20°,隧洞埋深8～31 m。覆盖层为残坡积黏土夹碎石及崩塌堆积物,厚0.6～17.6 m,下伏基岩为T_2g^1薄至中厚层泥质白云岩、白云岩、泥岩等,底部含"绿豆岩";T_1yn^4中至厚层溶塌角砾岩、泥质白云岩。岩体强风化厚度8～12 m,弱风化厚度10～15 m。隧洞进口段未发现较大的构造通过,岩层产状为353°∠12°,岩层走向与隧洞洞线交角为15°左右。地下水类型为基岩裂隙水、岩溶溶隙水,埋藏浅,隧洞进口段位于地下水位变动带内。隧洞进口段位于强风化带～弱风化内,岩体多呈碎裂～镶嵌状结构,隧洞围岩为Ⅴ类围岩。隧洞进口段成洞条件差,开挖需紧跟支护,全断面衬砌。洞脸边坡为斜向坡,上部为土质边坡,下部为强风化基岩,自然边坡处于稳定状态。洞脸开挖,土质及强风化带边坡稳定性差,易产生滑坡,对洞脸和两侧边坡作好临时和永久支护处理。开挖坡比:覆盖层1:(1～1.25),强风化岩体1:(0.75～1),弱风化岩体1:(0.5～0.75)。实际施工边坡高差约30 m,按坡比1:1进行开挖,每10 m设一级马道;开挖后采用锚杆+挂网+喷混凝土支护。

6.5.2 不良地质边坡发生滑塌过程简述

两路口隧道进口右侧边坡于2016年4月14日开始开挖,因整个洞口边坡岩层较破碎,在施工过程中一直采用反铲开挖,未采用爆破开挖。开挖遵循"自上而下、分区分层"的施工原

195

则,边开挖边支护。

4月28日上部第一级边坡按设计坡比开挖完成,现场已开挖揭露坡面上部为块、碎石土,设计坡比太小,随即参建各方到现场进行实地勘察。随后,对该边坡坡比进行调整,将坡比调整为1∶1.25,从上往下修整边坡。进口边坡开挖如图6-120所示,现场地质情况如图6-121所示。

图6-120 进口边坡开挖　　　　　　　　　图6-121 现场地质情况

5月18日,坡顶截水沟裂缝延长、加宽,截水沟上方5 m土体开裂,边坡滑动明显。一级马道下2 m部位有一层约50 cm厚绿豆岩夹层,为避免滑坡后造成严重影响,对该边坡进行主动防护,增设68根锚筋桩进行加强支护。6月10日共施工45根。

6月16日下午18:00至17日凌晨6:00持续强降雨,边坡多处见裂缝,缝内渗水、泥浆析出,二级马道绿豆岩夹层以上部位边坡发生隆起,夜里边坡局部坍塌,截水沟上方山体裂缝继续向上发展。

6.5.3 进口边坡永久处理措施

两路口隧洞进口边坡二次加固采用抗滑桩加固,共设置33根抗滑桩,直径为1 200 mm,长度10～15 m,桩身混凝土设计强度为C30。

施工的关键线路为:施工准备→清除表土及破损喷混凝土坡面→边坡进行土石方开挖并防护→测量定位放线(后继与施工同步)→第一批抗滑桩施工→第二批抗滑桩施工→第三批抗滑桩施工→冠梁、截排水沟施工→回填坡面裂缝→绿化施工→清理扫尾工作。

在施工过程中,先将边坡开挖至桩顶高程,再按设计跳挖开挖方式分三批依次进行开挖。由于井口地表并不平整,多为斜坡,当井口土石方开挖1.6～1.7 m后,根据设计的锁口尺寸在原地面下挖10 cm,然后进行护壁和锁口钢筋的制作并及时进行模板安装,在井口模板的支护过程中用全站仪对其位置及桩口方正进行校核。井口浇筑完毕后,立即将桩心十字轴线及标高投测到锁口护壁混凝土上,作为桩孔施工的桩心、垂直度、深度控制的依据。同时要在井口四周挖好排水沟,设置地表截、排水及防渗设施;雨季施工期间,应搭设雨棚。备好井下排水、通风、照明设备。

挖孔过程中每次护壁施工前必须检查桩身净空尺寸和平面位置、垂直度,保证桩身的质量;下一节开挖应在上一节护壁混凝土终凝并有一定强度后再进行,且要先挖桩芯部位,后挖四周护壁部位。

为了施工安全,挖孔护壁采用C30钢筋混凝土结构,每掘进1.0 m(若遇软弱层易塌方部位可根据模板规格减短进尺 0.5 m),及时进行护壁处理。

施工护壁的程序:首先按照设计要求安设护壁钢筋,经检查验收后安装护壁模板;然后根据桩孔中心点校正模板,保证护壁厚度、桩孔尺寸和垂直度,浇筑护壁混凝土;上下护壁间应搭接 100 mm,且插入式小型振动棒进行振捣,以保证护壁混凝土的密实度;浇筑护壁混凝土要四周同时均匀浇筑,以防护壁模板位移。当混凝土达到一定强度(24 h)后拆模,拆模后进行校正,对不合格部分进行修正,直至合格。依次循环类推进行挖孔施工;护壁混凝土的灌注,上下节必须连成整体,保证孔壁的稳固程度。施工中,随时检查护壁受力情况,如发生护壁开裂、错位,孔下作业人员立即撤离,待加固处理后方可继续开工。

由于抗滑桩施工的作业条件有限,钢筋自重太重,钢筋数量较多,以及工期及施工安全综合考虑。钢筋在加工厂分段加工成形,现场采用 25 t 吊车分节焊接,桩体钢筋加工采用同心单面焊接工艺,在井下分段整体吊装焊接的方式进行。

当钢筋检查验收隐蔽后,立即进行桩芯混凝土浇筑。灌注桩桩身混凝土在施工过程中要注意以下事项:

(1)常规混凝土灌注过程中,井底不得有积水,有积水时必须抽排完积水后才能灌注混凝土,如渗水量大时,可申请采用水下混凝土浇筑方式。

(2)灌注桩身混凝土时要留置试块,每根桩一组。

(3)在浇筑前,混凝土输送泵、料斗、导管、振捣器必须安装到位,并检查混凝土输送管路是否松动漏水等,发现问题及时解决,以保证混凝土的浇筑质量。对配料机的配料计量要认真标定,以免出现误差。

(4)混凝土通过泵送系统到达孔口,需通过漏斗、串筒或导管进入浇筑作业面,由井下操作人员用插入式振动棒将混凝土分层振捣密实,每层高度不超过 50 cm,插入形式为垂直式间距 50 cm,快插慢拔。每根桩要求一次性连续浇筑完毕。整桩浇筑完毕后,在桩顶铺草袋洒水养护。

(5)混凝土开始灌注接近钢筋骨架底部时,要控制灌注速度,以减少混凝土对钢筋骨架的冲击,避免钢筋笼上浮。

抗滑桩及墩头连接体施工完成,待达到设计强度后,定期进行边坡位移监测、抗滑桩钢筋应力监测、边坡测斜孔监测,对比各项数据变化情况,分析抗滑效果,进口边坡抗滑桩及连接体局部图如图 6-122,进口边坡抗滑桩及连接体整体如图 6-123 所示。

图 6-122 进口边坡抗滑桩及连接体局部图

图 6-123 进口边坡抗滑桩及连接体整体图

6.5.4 不良地质边坡成因及危害分析

两路口隧洞进口边坡位于洞口右侧。地质为残坡积黏土夹碎石及崩塌堆积物,厚 0.6~17.6 m,下伏基岩为 T_2g^1 薄至中厚层泥质白云岩、白云岩、泥岩等,底部含"绿豆岩"。汛期强降雨较多,边坡绿豆岩夹层形成了隔水层,使该绿豆岩以上边坡雨水饱和失稳,且该边坡为残破积黏土夹碎石及崩塌堆积物,自身稳定相差;边坡失稳,出现滑塌,滑塌牵引整个山体出现牵引滑动。该山体以下有两路口隧道进口永久闸室、大方县县道,县道下方为木白河,一旦出现山体滑塌,将严重影响进口施工及闸室运行安全,同时威胁县级公路通行,可能造成木白河堵塞,严重影响地方人民群众生命安全。

6.5.5 不良地质边坡的处治及效果评价

根据地质钻探、地面测绘、地质围岩分析等手段综合分析,对该边坡坡脚增设 C20 混凝土挡墙,确保边坡坡脚稳定;同时在边坡中部增设 33 根 16 m 深抗滑桩,有效地防止了绿豆岩夹层边坡的滑动,避免了该山体的牵引式滑动。2017 年 4 月完成该边坡的加固施工后,在经历了 2017 年至 2019 年 3 个汛期考验后,边坡位移监测数据、抗滑桩钢筋应力监测、边坡测斜孔监测数据显示各项指标均在正常范围内。边坡稳定,无异常,通过及时治理,取得了良好的效果。

6.6 有害气体隧洞段处治

有毒有害气体作为隧洞施工过程中经常遇到的情况。在水打桥隧洞实施过程中,9+300~9+365 穿越含 H_2S 气体地层,对隧洞施工造成很大的影响,形成较大的安全隐患。结合水打桥隧洞毒有害气体溢出实例,提出隧洞穿越有毒有害气体环境下的施工预防、治理措施,确保了施工安全,处理效果良好。

6.6.1 水打桥隧洞工程概况

水打桥隧洞总长 20.36 km。为无压流,隧洞进口接总干渠末分水闸,出口接白甫河倒虹管,隧洞设计流量 $Q=31\ m^3/s$,加大流量 $Q=34.61\ m^3/s$,隧洞断面型式采用圆形,衬砌后净空半径 $r=2.7\ m$,设计水深 $h=3.998\ m$,加大水深 $h=4.356\ m$。Ⅲ、Ⅳ、Ⅴ类围岩洞段采用全断面 C25 钢筋混凝土衬砌,厚度分别为 0.4 m、0.4 m、0.5 m,高外水压力洞段Ⅳ、Ⅴ类围岩厚度分别为 0.5 m、0.8 m。隧洞坡降 $i=1/3\ 300$。

6.6.2 施工重难点

该段隧洞位于毕节市大方县背斜附近,隧洞围岩为 T_1y^2 灰岩,岩体较完整,隧洞下部存在 P_3l 煤系地层,存在 H_2S 有毒气体,背斜构造有利气体的聚集。H_2S 有毒气体溶解于水,顺背斜纵张裂隙渗出至洞壁四面挥发,因开挖支护未完成无法采取衬砌马上封闭,对隧洞施工造成安全隐患。

2018 年 4 月发现下游控制段 9+300~9+365 有异味,经检测在 9+340 渗水点处测得有毒有害气体 H_2S 的浓度为 0.98×10^{-6},靠近墙面最高测值为 4.97×10^{-6},现场采取加强通风,设置警示标志,给洞内作业人员佩戴防毒面具,在渗水点喷洒生石灰雾等措施,并加强此段 H_2S 气体的检测。

第6章 不良地质洞段建设关键技术

采取上述措施后,洞内依旧存在较强的异味,随后再次对洞内进行排查,发现9+325左边墙出水点H_2S最高浓度为12.09×10^{-6},9+335左边墙出水点H_2S最高浓度为22.74×10^{-6},9+355左拱顶出水点H_2S最高浓度为16.53×10^{-6},9+310左拱顶出水点H_2S最高浓度为5.29×10^{-6},且远离出水点浓度逐渐降低至无。如图6-124和图6-125所示。

6-124 9+355左侧拱顶H_2S检测浓度

图6-125 H_2S渗水对初期支护腐蚀

6.6.3 H_2S气体处治技术

1. 准备工作

(1)组织对隧洞施工人员进行安全教育,特别是对H_2S气体的危害及有关防护知识分班组进行教育,必须保证向工班每个操作人员认识到H_2S气体的危害及熟知相关的防护知识。

(2)该段设置管制哨及警示标志,对进出该段隧洞人员进出管制并登记姓名,管制非施工人员入内。

(3)施工现场配备足够的防护服及防护面罩,并对现场工作人员进行佩戴培训,以供紧急状况时使用。

(4)H_2S气体浓度未降至允许6.6×10^{-6}以内,任何人员严禁通过该段隧洞进入前方掌子面;如有必要进入,必须按要求配备防护服及防护面罩后方可进入。

2. 通风

由于H_2S气体为有毒气体,为保证隧洞开挖的正常施工,采用增加通风设备的方式解决。

(1)采用洞外压入及洞内抽排相结合的原则进行双向通风。洞外采用一台75 kW×2轴流式通风机压入新鲜空气;洞内安装2台30 kW射流式通风机及一台35 kW×2轴流式通风机将洞内气体抽排。

(2)建立系统的通风管理,专门设立通风班对风机及风管进行日常的管理和维护,保证通风效果。

(3)通风机除必要的检修可以停止外,其余时间必须保证通风机运转,检修期间人员全部撤离至洞外。

3. 监测

为了保证隧洞施工安全,必须对洞内H_2S气体进行实时动态监测,随时掌握洞内H_2S气体浓度的变化。施工人员使用便携式监测仪实时监测方法,对该位置的 H_2S 气体浓度进行实时监测,超过预警值时及时报警。

(1)有害气体监控管理

1)人员配置

成立专业监控组,所有监控人员经专业技术培训,24 h 值班;做到分工明确,责任明确,保证仪器精确度,一切情况直接向管理人员汇报。

2)人员培训

专职监控员进行专业技术培训,考核合格后方可上岗,所有进洞施工人员要经过有关知识培训,合格后方可进洞施工。

3)有害气体监控

按有关规定对有害气体进行监控,并对该段出水点实行重点监控,增加监控断面的密度。

4)监控数据整理分析

在洞内监控的同时,做好各种有害气体浓度变化的记录,并及时汇总到组织指挥系统。

对有害气体监控数据的整理分析,指导隧洞施工、协调各工序间关系,确保施工生产在安全的前提下能有序地进行。

5)管理措施

①监控仪器专人保管、充电。应随时保证测试的准确性,按各种仪器说明书要求,定期送地区级以上检查站鉴定,日常每 10 天校正一次,仪器需大修送国家认定机构进行修复。

②监控点应设置明显的记录牌,每次监控应及时填写在记录本上,并定期逐级上报。

(2)使用便携式检测仪时的注意事项

1)检测员需熟知检测器的性能、使用方法、检测方法等,且尽维护管理之责。

2)需明确规定并记录检测场所、检测点及检测频率等。

3)检测器不可任意放置在隧道内,必须由检测员随身携带,进行归零与整备。

4)必须注意电池弱时,干扰信号会模糊量测结果,以及除湿剂与碳酸吸收剂的更换,同时避免水分渗入检测器内。

5)开始作业或作业中,必须检测气体浓度。若因作业需要,必须使用烟火时,需在旁监督检测。

4. 封闭引排

在不能进行混凝土衬砌封闭的条件下,采取封闭引排方法稀释。

(1)铺设土工布

在 9+300~9+365 段隧洞 270°范围铺设土工布,采用钢钉固定,布置如图 6-126 所示,让渗水通过土工布流到拱脚位置,再集中处理。

(2)喷雾稀释

在 9+300~9+365 段的水管上每隔 5 m 焊接一个喷雾管,进行全断面封闭式喷雾。并在 9+300 处设置一集水井。

(3)碱性物质稀释

在 9+325、9+335、9+355 等 H_2S 浓度较高的溢出点,喷洒生石灰进行中和,如图 6-127 所示。

图 6-126 土工布封闭及喷淋稀释　　　　图 6-127 人工洒生石灰

(4) 废水处理

对洞内施工废水进行无害化处理后再进行排放,以免污染环境。

(5) 衬砌处理

为避免衬砌混凝土被腐蚀,确定在气体溢出段进行加强处理,采用 1.5 mm 厚 HDPE 自黏胶模防水卷材进行加强处理,且向有害气体未超标围岩段延伸,延伸长度不小于 50 m。为保证运营后的安全,在有害气体溢出段衬砌混凝土内加引气剂,提高其衬砌混凝土的气密性,气密性符合相关规范要求,为防止有害气体从施工缝中溢出,在衬砌接头处采用止水带进行封闭。

5. 安全技术

(1) 对现场施工作业人员进行相关知识的培训,配备相关的劳动保护用品,制定有毒有害气体管理制度,制定 H_2S 应急救援方案,配备应急物资。特别是进行 H_2S 气体危害与防治的教育,使所有作业人员自觉遵守各项防护制度。洞内应配备必要的氧气呼吸器和自救器,防止 H_2S 中毒救援过程中事故范围扩大。

(2) 配备专职"气检员"对洞内有毒有害气体实施监测工作。在 H_2S 气体积存区域设置警示牌,安排专门监测人员对洞内有害气体浓度变化情况进行监测,对监测情况进行分析、预测预报,及时采取有效措施进行处理。检测员应每隔两小时检测一次,检测员或其他测定人员应站在上风侧、头部不应低于隧洞顶 500 mm 以下的地方测定,以防测定人员中毒。测定结果同时告知现场工作人员和带班工长,当整个隧洞回风流中 H_2S 浓度达到 6.6×10^{-6} 时,应立即撤离现场至安全地带,撤离时,用湿毛巾捂住嘴鼻。加强通风,待 H_2S 气体浓度降到安全浓度以下时方可恢复生产。出现险情及时通知施工人员撤离。

每班由带班工长和瓦检员各携带一台便携式 H_2S 气体检测仪进行测定,仪器吊挂在人员工作地点 5 m 范围内高度 1.5 m 左右,在 H_2S 气体积存区距隧洞顶板 400 mm 处,采取防水措施防止仪器进水。对 H_2S 气体应进行定期检测、动态监控管理,并严格执行 H_2S 气体检查制度。使用机械的作业地点在司机处固定一台 H_2S 气体检测仪。

(3) 加强超前地质预报工作,超前水平钻增至 3 孔,测量孔内 H_2S 气体浓度,加强前方地下水发育情况的预报工作。开挖前,首先用超前钻孔进行探测,以保证爆破时的安全。

(4) 加强地下水水质化验及分析工作。在掌子面配备生石灰和碱性溶液,每班通过抛洒生石灰和碱性溶液中和稀释有害气体浓度。

(5) 现场监测若出现异常情况应及时通知监理、设计及业主单位进行处理。

6. 治理效果

水打桥隧洞具有深埋、长隧、断面小,地质条件复杂,洞内物流组织难等特点,现场采取强通风、重检测及其他必要的辅助措施,使 H_2S 气体浓度降至安全值以下,保障了后续里程开挖支护的施工安全。如图 6-128 所示。

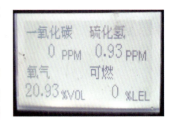

图 6-128　治理后效果检测结果

6.7　腐蚀性地下水处理处治

进入 21 世纪以来,我国水利建设发展迅速,我国建坝数量居世界之首,且不同形式的高坝陆续出现,库容不断增大。综合利用水利工程数量增多,工程目标向多目标、整体优化转变。水工隧洞作为一个重要水工建筑物存在,在复杂多变的地下水环境中,应用最广泛的钢筋混凝土、混凝土衬砌的抗腐蚀性问题显得格外重要。

6.7.1　水打桥隧洞腐蚀性地下水处理处治

1. 工程概况

水打桥隧洞总长 20.36 km。为无压流,隧洞进口接总干渠末分水闸,出口接白甫河倒虹管,隧洞设计流量 $Q=31$ m³/s,加大流量 $Q=34.61$ m³/s,隧洞断面型式采用圆形,衬砌后净空半径 $r=2.7$ m,设计水深 $h=3.998$ m,加大水深 $h=4.356$ m。Ⅲ、Ⅳ、Ⅴ类围岩洞段采用全断面 C25 钢筋混凝土衬砌,厚度分别为 0.4 m、0.4 m、0.5 m,高外水压力Ⅳ、Ⅴ类围岩洞段厚度分别为 0.5 m、0.8 m。

地下水类型多为岩溶溶隙水、岩溶管道水,埋藏深。同时有小田坝暗河系统从隧洞上方经过,易发生涌水、突泥。

2. 施工重难点

施工过程中部分洞段涌水、渗水严重,经过对已开挖洞段涌水排查发现,许多渗水点结晶后颜色异常,于是采集渗水点 30 处水样送检验检测机构进行检测,根据检测报告显示,除 8+119 处之外,其他部分水样 SO_4^{2-} 含量范围为 579.37~3 985.797 mg/L,根据 GB 50487—2008 标准,该水样对混凝土结构物有硫酸盐型强腐蚀性。如图 6-129 和图 6-130 所示。

图 6-129　7+760 处渗水结晶

图 6-130　6+737 处渗水结晶

3. 硫酸盐型腐蚀性地下水侵蚀机理

根据地下水的腐蚀性指标及其对混凝土腐蚀特征,硫酸盐腐蚀属于结晶性腐蚀。环境水中的钾、钠、镁的硫酸盐,它们与水泥中的氢氧化钙起置换作用而生成硫酸钙。硫酸钙与水泥熟料矿物 C_3A 水化生成的水化铝酸钙作用生成高硫型水化硫铝酸钙($3CaO \cdot Al_2O_3 \cdot 3CaSO_4 \cdot 31H_2O$),俗称钙矾石。钙矾石溶解度极低,沉淀结晶出来,钙矾石晶体长大造成的结晶压使混凝土膨胀破坏。硫酸盐侵蚀的根源是硫酸盐溶液和水泥中的 C_3A 矿物的水化生成物和 $CaSO_4$ 反应形成钙矾石的膨胀。

4. 混凝土防腐蚀施工工艺

原材料水泥、骨料矿物掺合料等直接影响混凝土的耐久性,配合比直接影响混凝土的密实度。因此采用合适的配合比既有利于施工,同时能满足混凝土性能要求。采用"双掺技术"在加入适量粉煤灰的同时加入减水剂、防腐剂以及气密剂。用于改善水泥水化、密实性能,减少盐类腐蚀应力,抵抗盐类侵蚀性物质对混凝土的侵蚀。

(1) 水泥

水泥选用 P·O42.5 普通硅酸盐水泥,通过对水泥进行物理性能、化学分析及水化热检测,水泥性能检测结果显示,水泥指标符合水泥国家标准《通用硅酸盐水泥》(GB 175—2007)要求。水泥物理性能检测见表6-14和表6-15。

表6-14 水泥物理性能检测

水泥品种	安定性(mm)	凝结时间(min)		抗折强度(MPa)		抗压强度(MPa)		标准稠度用水量(%)	比表面积(m^2/kg)
		初凝	终凝	3d	28d	3d	28d		
技术指标(GB 175—2007)	≤5.0	≥45	≤600	≥3.5	≥6.5	≥17.0	≥42.5	—	≥300
P·O42.5	合格	220	346	4.9	7.6	22.3	47.7	25.8	339

表6-15 水泥物理性能检测

水泥品种	烧失量(%)	三氧化硫(%)	氧化镁(%)	氯离子(%)	碱含量(%)	水泥水化热(J/g)	
						3d	7d
技术指标(GB 175—2007)	≤5.0	≤3.5	≤5.0	≤0.06	—		
P·O42.5	1.34	1.58	0.37	0.03	0.44	274	316

(2) 细骨料

细骨料采用灰岩轧制,通过颗粒级配、性能指标检测项目检测,检测结果细骨料细度模数为2.79,石粉($d≤0.16$ mm 的颗粒)含量12.7%,见表6-16~表6-18,满足要求。

表6-16 细骨料颗粒级配

筛孔尺寸(mm)	5.0	2.5	1.25	0.63	0.315	0.16	筛底
累计筛余实验实测(%)	4.2	27.4	43.1	57.7	75.1	87.3	99.3
细度模数	2.79						

表6-17 细骨料性能检测

骨料	表观密度(kg/m^3)	泥块含量(%)	吸水率(%)	石粉含量(%)	堆积密度(kg/m^3)	表面含水率(%)
技术标准(SL 677—2014)	≥2 500	不允许	—	6~8	—	≤6.0
细骨料	2 700	0	1.6	12.7	1 600	2.6

表 6-18 细骨料性能检测

骨料	硫化物及硫酸盐含量(%)	轻物质含量(%)	有机质含量	坚固性(%)	云母含量(%)
技术标准(SL 677—2014)	≤1	≤1	不允许	≤8	≤2
细骨料	0.49	0.1	无	1.8	0

(3)粗骨料

粗骨料采用灰岩轧制,粒径为5～20 mm、20～40 m两个粒级,进行性能指标检测。检测结果见表6-19和表6-20,满足《水工混凝土施工规范》(SL 677—2014)要求。

表 6-19 粗细骨料颗粒级配

筛孔尺寸(mm)		40.0	30.0	20.0	10.0	5.0	2.5	超径≤5	逊径≤10
累计筛余(%)	小石5～20 mm	—	—	0	57.6	97.2	—	0	1.8
	中石20～40 mm	0	55.4	96.2	—	—	—	0	2.8

表 6-20 粗细骨料性能测验

骨料	表观密度(kg/m³)	含泥量(%)	泥块含量(%)	堆积密度(kg/m³)	针片状含量(%)	吸水率(%)
技术标准(SL 677—2014)	≥2 500	≤1.0	不允许	—	≤15	≤1.5
小石5～20 mm	2 710	0.3	0	1 490	0	0.62
中石20～40 mm	2 710	0.3	0	1 430	0	0.60

骨料	坚固性(%)	软弱颗粒含量(%)	压碎指标(%)	硫化物及硫酸盐含量(%)	有机质含量
技术标准(SL 677—2014)	≤5	≤5	≤10	≤0.5	浅于基色
小石5～20 mm	1.5	0	7.4	0.32	浅于基色
中石20～40 mm	1.4	0	—	0.32	浅于基色

(4)粉煤灰

选用的粉煤灰,采用等量取代法,掺量为胶凝材料用量的20%,经检测该粉煤灰满足《水工混凝土掺用粉煤灰技术规范》(DL/T 5055—2007)规范Ⅱ级粉煤灰要求。

(5)外加剂

外加剂选用的GRT-HPC聚羧酸高性能标准型减水剂、GRT-F型防腐剂及GRT-FSKQ型气密剂,厂家推荐减水剂掺量1.2%,防腐剂掺量5%,气密剂掺量5%。对减水剂和防腐剂进行检测(表6-21),检测结果满足《水工混凝土外加剂技术规程》(DL/T 5100—2014)、《混凝土抗硫酸盐类侵蚀防腐剂》(JC/T 1011—2006)要求。

表 6-21 防腐剂性能检测

试验项目	氧化镁(%)	氯离子(%)	凝结时间		抗压强度比(%)		膨胀率(%)		抗侵蚀性	
			初凝(min)	终凝(h)	7 d	28 d	1 d	28 d	抗蚀系数	膨胀系数
技术指标	≤5.0	≤0.05	≥45	≤10	≥90	≥100	≥0.05	≤0.6	≥0.85	≤1.5
检测结果	2.96	0.02	204	6	95	104	0.06	0.36	0.95	1.36

第6章 不良地质洞段建设关键技术

（6）水

采用自来水，水质要求满足《混凝土用水标准》（JGJ 63—2006）中钢筋混凝土用水标准技术要求。

（7）混凝土配合比

设计要求：强度等级 C25，抗渗等级≥W6，抗冻等级≥F50。坍落度宜为18～20 cm，二级配。依据《水工混凝土试验规程》（SL 352—2006）确定配合比见表6-22。

表6-22 防腐蚀型混凝土配合比

强度等级	水灰比	$1\ m^3$ 混凝土材料用量（kg）							
		水	水泥	粉煤灰	砂/砂率	小石	中石	减水剂	防腐剂
C25W6F50 防腐蚀混凝土	0.43	160	298	74	829/45%	509	508	4.46	17.6
备注	二级配碎石比例掺量为50%∶50%（5～20 mm∶20～40 m），砂、碎石以饱和面干状态为基准，粉煤灰掺量20%减水剂掺量1.2%，防腐剂掺量5.0%，水泥密度为3.07 g/cm^3，粉煤灰密度2.40 g/cm^3								

经试验复核混凝土性能满足设计要求。

5. 施工质量控制

合格的原材料以及合理的配合比是混凝土防腐蚀基本条件，施工质量控制也是重要的一环，进行过程质量控制，能提高混凝土的密实度和抗冻性，使各项材料发挥良好的作用，能得到耐久性较好的混凝土。

（1）混凝土拌和控制

现场混凝土的拌制采用自动计量装置，其自动上料系统、水计量系统进行周期校定。拌和之前已经测定砂石料含水率，并将理论配合比换算为施工配合比。拌和过程中，随时注意含水量的变化。保证拌和时间一般在 2～15 min。

（2）混凝土运输

由于施工斜井坡度大、距离长，斜井混凝土采用溜槽运输，运输工艺已基本应用成熟，待混凝土到达主洞平洞段再采用混凝土运输车进行二次搅拌，以防止混凝土运输过程中发生离析。同时加强对混凝土坍落度的测定，当混凝土坍落度有明显变异时，应及时分析，并调整施工配合比，防止坍落度损失严重导致后续泵送至作业面时发生堵管。

（3）浇筑

浇筑时控制混凝土浇筑速度，选择对称窗口泵送混凝土料，并倒换浇筑入仓位置，防止局部受力过大引起变形，甚至跑模。严禁由拱顶的浇筑口直接浇筑。边顶拱混凝土浇筑对称均匀下料，混凝土面应均匀水平上升，钢模板台车前后混凝土高度差要求不超过 60 cm；左右混凝土高度差要求不超过 50 cm。混凝土振捣采用 ϕ50 mm 插入式振捣器和台车自带附着式振捣器振捣密实，防止混凝土产生质量缺陷。

（4）养护

混凝土的保温、保湿、养护是提高混凝土强度、抗渗、抗冻性能以及防止裂缝的重要因素。混凝土浇筑收仓后，及时对混凝土表面养护。经实测洞内气温为 0 ℃以上，洞内混凝土以表面洒水养护为主，养护时间为 7～14 天。

6. 实施效果

腐蚀性地下水地段，加强混凝土自身耐腐蚀性是一个很重要的手段。通过提高混凝土自

205

身抗腐蚀的性能,达到隔绝腐蚀性水质对水工隧洞中水质的影响,在后续施工过程中结合回填灌浆,能进一步加强防腐蚀效果。同时,加强隧道衬砌环向施工缝,采用橡胶止水带(400×R30×10),提高施工缝防渗能力。通过掺加 GRT-F 防腐剂和 Ⅱ 级粉煤灰混凝土抗硫酸盐性能良好,混凝土的抗腐蚀性能大大提高。双掺技术的应用,在施工过程中,混凝土拌和物的和易性和斜井溜槽运输效果得到了很大的改善。既能满足混凝土的耐腐蚀特点,又有利于施工生产,经济效益显著。特别是在贵州等溶岩发育地区地下水环境复杂多变,隧道地下水极易含有腐蚀介质,采用掺加防腐剂和气密剂提高混凝土自身性能的同时,严格控制各个施工关键环节质量,提高混凝土对腐蚀性地下水的抗腐蚀性能。

6.7.2 水打桥隧洞含硫化腐蚀性地下水处理

云贵高原矿产资源丰富,遭受到地下水侵蚀作用影响,地下水含有不利用隧洞混凝土耐久性的不利物资,影响到了长大水工隧洞的使用安全。夹岩水利枢纽及黔西北供水工程水打桥隧洞采用了混凝土增加抗腐蚀外加剂及对腐蚀性地下水引排等技术,很好地解决了腐蚀性地下水对工程耐久性的影响。

1. 工程概况

(1)工程简介

1)工程概况

夹岩工程设计流量 $Q=31 \text{ m}^3/\text{s}$,加大流量 $Q=34.61 \text{ m}^3/\text{s}$,隧洞断面形式采用圆形,衬砌后净空变径 $r=2.7 \text{ m}$,水深 3.998 m,加大水深 4.356 m。Ⅲ、Ⅳ、Ⅴ 类围岩洞段采用全断面 C25 钢筋混凝土衬砌,厚度分别为 0.4 m、0.4 m、0.5 m,高外水压力 Ⅳ、Ⅴ 类围岩洞段衬砌厚度分别为 0.5 m、0.8 m。衬砌断面图如图 6-131~图 6-134 所示。

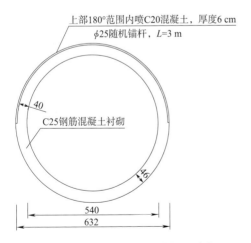

图 6-131 Ⅲ类围岩 A 型断面衬砌(单位:cm)

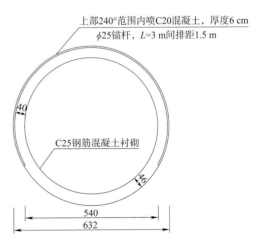

图 6-132 Ⅳ类围岩 B 型断面衬砌(单位:cm)

2)水打桥隧洞 19+963.594~20+143.594 水文地质情况简介

①水打桥隧洞 19+963.594~20+143.594 水文情况简介

无较大河流途径,地势北高南低,地貌类型以峰丛洼地、岩溶峡谷地貌为主,形成残丘坡地、峰林盆地、宽阔合股、起伏和缓的高原景观,土壤以黄壤分布面积最大,其余为山地黄棕壤、石灰土和紫色土等。大方县植被属亚热带常绿阔叶林带,境内植被种类繁多,但由于人类活动的长期影响,原生植被已被破坏,被次生植被和以松为主的人工林所取代。气候属于亚热带湿润季风气候。

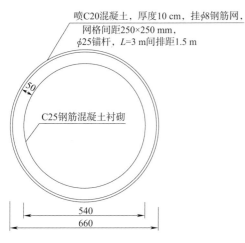

图 6-133　Ⅴ类、高外水头Ⅳ类围岩 C 衬砌(单位:cm)

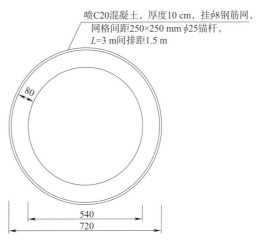

图 6-134　高外水头Ⅴ类围岩 D 型断面一次衬砌(单位:cm)

根据大方气象站资料统计,多年平均降水量为 1 120.6 mm,多年平均气温 11.8 ℃,最冷月一月平均气温 1.8 ℃,最热月七月平均气温 20.7 ℃,极端最高气温 32.7 ℃(1988 年 5 月 6 日),最大积雪深度 17 cm。多年平均日照时数为 1 295.6 h,日照率 29%。多年平均相对湿度为 84%。全年平均雾日数 13.5 天,冰雹日数 2.7 天,雷暴日数 56.7 天。多年平均风速为 2.8 m/s,全年以 SE 风居多,最大风速 17.0 m/s(1980 年 5 月 22 日),风向为 ENE。

标段区域洪水具有以下特征:洪水是由暴雨形成,多集中发生在 6~9 月,具有陡涨缓落、峰量集中,涨峰历时短等山区性河流的特点,同时还受到暴雨分布、暴雨强度、暴雨历时、和岩溶等共同影响。

②水打桥隧洞 19+963.594~20+143.594 地质情况简介

隧洞埋深 39~71 m,隧洞穿越底层岩性为 $T_{1+}yn^4$ 中至厚层溶塌角砾岩、泥质白云岩。隧洞洞身段没有较大构造通过,岩层产状 305°∠40°,岩层走向与隧洞交线 39°左右,地下水类型为基岩裂隙水,埋藏较浅,隧洞洞身段处理地下水位变动带附近,洞身段岩体多为弱风化~微风化岩体内,岩体完整性较差,隧洞围岩Ⅴ类围岩,围岩极不稳定;隧洞洞身段 T_1yn^4 层位,溶塌角砾岩成分较复杂,在隧洞开挖中,隧洞右侧壁易产生顺层滑落,隧洞通过 T_1yn^4 底层,其顶部含硫酸盐膏盐层,存在污染水质、对钢筋混凝土腐蚀性问题,需采取地下水封堵及抗硫酸盐水泥等工程处理措施。

(2)水打桥隧洞 19+963.594~20+143.594 腐蚀性地下水情况简介

水打桥隧洞在开挖至 19+963.894 里程后,隧洞出现渗水情况,渗水量不大,在初期封闭后初期支护面呈点状或少量面状渗水(图 6-135 和图 6-136),围岩较稳定,初期支护无较大变形沉降。随着渗水时间的增加,渗水面出现黄褐色沉淀物。结合该段设计图纸的地质描述和对渗水取样化验,该段围岩渗水为硫酸盐纳质水,该水对混凝土结构物有硫酸型中等腐蚀性,对钢筋混凝土结构中钢筋无氯盐腐蚀性。通过水质化验(图 6-137),隧洞渗水对混凝土结构具有腐蚀性,为保证后期衬砌混凝土施工质量,需对该段渗水采取工程措施,以保证隧洞二次衬砌的耐久性和质量。

图 6-135　初开挖后岩壁渗水

图 6-136　初期支护面被渗水污染

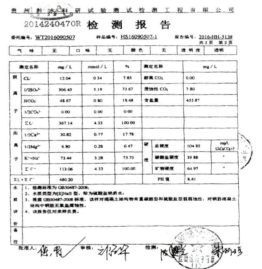

图 6-137　水质化验单

2. 处治技术

为了从根本上解决隧洞含硫化渗水对衬砌混凝土的腐蚀，减少隧洞渗水对衬砌混凝土质量的影响，为保证隧洞衬砌耐久性和质量，必须要采取工程措施对隧洞渗漏水进行处理。

（1）腐蚀性地下水处理方案比选

腐蚀性地下水处理主要通过两种途径进行处理，第一种途径为增加衬砌混凝土的抗腐蚀能力，主要措施为采用抗硫酸盐抗腐蚀特种水泥；第二种途径为采用工程措施，对普通混凝土加入抗腐蚀外加剂增加隧洞混凝土自身抗腐蚀性能及对隧洞渗水进行引排，减少腐蚀性地下水与混凝土接触，确保混凝土耐久性和质量。

由于抗硫酸盐特种水泥在施工所在地无生产，在工程所在省份贵州省也无生产基地，联系省外相关厂家，需要根据用量新开生产线，由于总体用量不大，造成生产成本居高不下，并且由于运距较远，质量难以保证，故结合实际情况采取第二种方式对该段渗水段进行处理，以保证衬砌混凝土的耐久性和质量。

(2) 水打桥隧洞 19+963.594～20+143.594 腐蚀性地下水处理

1) 提高混凝土自身抗腐蚀性能

①防腐蚀性混凝土配合试验

a. 技术指标要求

原材料统计表 6-23。

表 6-23 原材料统计表

	产地	××有限责任公司	
水泥	品种	普通硅酸盐水泥	
	强度等级	P·O42.5	
	产地	水打桥隧洞 5# 支洞碎石厂	
细骨料	种类	机制砂	
	细度模数	2.60	
	产地	水打桥隧洞 5# 支洞碎石厂	
粗骨料	种类	碎石	碎石
	规格（粒径）	5～20 mm	20～40 mm
	掺配比例	50%	50%
水	来源	拌和用水	
	产地	××有限责任公司	
粉煤灰	种类	F类·Ⅱ级	
	掺配比例	20%	
	产地	××材料有限公司	
外加剂	种类	KXSP-1(KXPCA)聚羧酸高性能减水剂	KX-9 型防腐剂（液体）
	掺配比例	1%	5%

混凝土设计指标要求汇总表（表 6-24）

表 6-24 技术指标要求汇总表

部位	强度等级	坍落度(mm)	抗冻性	抗渗性	施工工艺
隧洞二次衬砌	C25	160～200	F50	W6	泵送

b. 试验研究采用的规程、规范

使用规范汇总表见表 6-25。

表 6-25 使用规范汇总表

规范代号	规范名称
SL 352—2006	水工混凝土试验规程
SL 677—2014	水工混凝土施工规范
GB 175—2007	通用硅酸盐水泥
GB/T 1346—2011	水泥标准稠度、凝结时间、安定性检验方法
GB/T 17671—1999	水泥胶砂强度检验方法
GB/T 208—2014	水泥密度测定方法

续上表

规范代号	规范名称
GB/T 8074—2008	水泥比表面积测定方法勃氏法
GB/T 8076—2008	混凝土外加剂
GB/T 8077—2012	混凝土外加剂匀质性试验方法
JC/T 1011—2006	混凝土抗硫酸盐类侵蚀防腐剂

注:试验采用仪器、设备均经××市质量技术监督检测所检定合格。

c. 原材料性能

水泥为××有限责任公司生产的P·O42.5水泥,其物理性能试验结果见表6-26。

表6-26 水泥物理性能试验结果

水泥厂家	比表面积 (kg/m²)	标准稠度 (%)	凝结时间(min)		抗折强度(MPa)		抗压强度(MPa)		安定性
			初凝	终凝	3 d	28 d	3 d	28 d	
××有限责任公司	—	—	198	300	4.7	—	27.2	—	合格
规定值	≥300	—	≥45	≤600	≥3.5	≥6.5	≥17.0	≥42.5	合格

水泥物理性能试验结果表明,该水泥样品满足《通用硅酸盐水泥》(GB 175—2007)对P·O42.5水泥的要求。

细骨料为水打桥隧洞5#支洞碎石厂生产的机制砂,其试验检测结果见表6-27。

表6-27 细骨料试验检测结果

厂家	表观密度 (g/cm³)	云母含量 (%)	有机质含量	石粉含量 (%)	泥块含量 (%)	细度模数	硫化物及硫酸盐含量 (%)	坚固性 (%)
水打桥隧洞5#支洞碎石厂	2 690	0	满足要求	7.4	0	2.60	0.38	2.1
规定值	≥2 500	≤2.0	不允许	6~18	不允许	2.4~2.8	≤1.0	≤8

试验结果表明,该砂所检项目符合《水工混凝土施工规范》(SL 677—2014)要求。

粗骨料为水打桥隧洞5#支洞碎石厂生产的碎石,其试验检测结果见表6-28。

表6-28 粗骨料试验检测结果

规格	表观密度 (g/cm³)	软弱颗粒含量(%)	有机质含量	含泥量 (%)	泥块含量 (%)	针片状颗粒含量 (%)	坚固性 (%)	吸水率 (%)	超径 (%)	逊径 (%)
5~20 mm	2 700	0	浅于标准色	0.2	0	2	1.7	0.55	0.8	0.5
20~40 mm	2 700	0	浅于标准色	0.1	0	0.5	1.2	0.43	0	1.3
规定值	≥2 550	≤5.0	浅于标准色	≤1.0	不允许	≤15	≤5	≤1.5	≤5	≤10

试验结果表明,该碎石所检项目符合《水工混凝土施工规范》(SL 677—2014)要求。

减水剂为××材料有限公司生产的KXSP-1(KXPCA)聚羧酸盐高性能减水剂,试验检测结果见表6-29。

表 6-29　减水剂试验检测结果

厂家	减水率(%)	泌水率比(%)	含气量(%)	收缩率比(%)	抗压强度比(%)				凝结时间差(min)	
					1 d	3 d	7 d	28 d	初凝	终凝
××有限公司	27.5	48	2.6	102	201	186	180	172	+98	+115
规定值	≥25	≤60	≤6.0	≤110	≥170	≥160	≥150	≥140	−90～+120	−90～+120

试验结果表明,该减水剂所检项目符合《混凝土外加剂》(GB/T 8076—2008)要求。

防腐剂为××有限公司生产的 KX-9(液体)防腐剂,试验检测结果见表 6-30。

表 6-30　防腐剂试验检测结果

厂家	抗侵蚀性		膨胀率		抗压强度比(%)		凝结时间(min)	
	抗蚀系数	膨胀系数	1 d	28 d	7 d	28 d	初凝	终凝
××有限公司	—	—	0.07	—	91	—	215	318
规定值	≥0.85	≤1.50	≥0.05	≤0.60	≥90	≥100	≥45	≤600

试验结果表明,该防腐剂所检项目符合《混凝土抗硫酸盐类侵蚀防腐剂》(JC/T 1011—2006)要求。

粉煤灰为××有限责任公司生产的 F 类 Ⅱ 级粉煤灰,其试验检测结果见表 6-31。

表 6-31　粉煤灰试验检测结果

厂家	含水量	烧失量	细度	需水量比
××有限责任公司	0.49	7.85	18.0	99
规定值	≤1.0	≤8.0	≤25	≤105

d. 配合比设计及试验成果

配合比设计过程参照《水工混凝土试验规程》(SL 352—2006)的要求步骤进行试验,配合比设计采用质量法。

确定试配强度:

混凝土试配强度采用下式确定:

$$f_{cu,0} = f_{cu,k} + t\sigma = 25 + 1.645 \times 4.0 = 31.6 \text{ MPa}$$

式中　$f_{cu,0}$——混凝土配制强度,MPa;

$f_{cu,k}$——混凝土立方体抗压强度标准值,MPa;

t——概率度系数,由给定的保证率 P 选定,选定概率度系数 $t=1.645$。

σ——混凝土强度标准差,MPa,取 4.0。

e. 原材料

水泥:××有限责任公司,P·O42.5。

砂:水打桥隧洞 5# 支洞碎石厂,机制砂。

碎石:水打桥隧洞 5# 支洞碎石厂,5～20 mm,20～40 mm。

减水剂:××有限公司,KXSP-1(KXPCA)聚羧酸高性能减水剂,含固量 26.04%。

防腐剂:××有限公司,KX-9(液体)防腐剂,含固量 10.28%。

粉煤灰:××有限责任公司,F 类 Ⅱ 级。

水:拌和用水。

②水胶比选择及试配

根据混凝土的强度等级要求,选择水胶比分别为 0.49、0.44、0.39;用水量(包括减水剂和防腐剂中含有的用水量)和砂率不变的情况下进行试验见表 6-32 和表 6-33。

表6-32　C25泵送混凝土配合比参数

编号	水胶比	S_p(%)	C(kg)	S(kg)	$G_小$(kg)	$G_中$(kg)	F(kg)	减水剂(kg)	防腐剂(kg)	W(kg)	设计坍落度(mm)	计算容重(kg/m³)
01	0.49	50	263	955	477	478	66	3.29	16.45	144	160～200	2 400
02	0.44	50	293	936	468	469	73	3.66	17.30	142		2 400
03	0.39	50	330	913	456	457	83	4.13	20.65	139		2 400

表6-33　试拌25 L混凝土拌和情况

编号	水胶比	S_p(%)	C(kg)	S(kg)	$G_小$(kg)	$G_中$(kg)	F(kg)	减水剂(g)	防腐剂(g)	W(kg)	坍落度(mm)	实测容重(kg/m³)
01	0.49	50	6.58	23.88	11.92	11.95	1.65	82	411	3.60	195	2 400
02	0.44	50	7.32	23.40	11.70	11.72	1.82	92	458	3.55	185	2 400
03	0.39	50	7.25	22.82	11.40	11.42	2.08	103	516	3.48	170	2 420

③配合比的调整与确定

根据三种配合比7天抗压强度试验结果,三组配合比抗压强度试验结果见表 6-34,02 号配合比达到设计强度的 102%,确定为施工用理论配合比。设计配合比每立方米材料用量见表 6-35。

表6-34　三组配合比抗压强度试验结果

编号	水胶比	S_p(%)	C(kg)	S(kg)	$G_小$(kg)	$G_中$(kg)	F(kg)	减水剂(g)	防腐剂(g)	W(kg)	R_7(MPa)	R_{28}(MPa)
01	0.49	50	6.58	23.88	11.92	11.95	1.65	82	411	3.60	21.8	—
02	0.44	50	7.32	23.40	11.70	11.72	1.82	92	458	3.55	25.5	—
03	0.39	50	7.25	22.82	11.40	11.42	2.08	103	516	3.48	26.2	—

表6-35　确定的设计配合比每立方米材料用量(kg)

水胶比	S_p(%)	C(kg)	S(kg)	$G_小$(kg)	$G_中$(kg)	F(kg)	W_{JJ}(kg)	W(kg)	R_7(MPa)	R_{28}(MPa)
0.44	50	293	936	468	469	73	3.66/17.30	142	25.5	—

注:本配合比所用砂、石均为饱和面干状态。砂饱和面干吸水率为 0.8%;碎石饱和面干吸水率:5～20 mm 为 0.55%,20～40 mm 为 0.43%。

④混凝土拌和物性能

混凝土拌和物性能情况见表 6-36。

表6-36　混凝土拌和物性能统计表

项　目	坍落度(mm)	实测容重(kg/m³)	抗压强度(MPa)		抗冻性	抗渗性
			7 d	28 d		
实测值	185	2 400	25.5	—	F50	W6

根据配合比试验确定了 C25 抗腐蚀性混凝土的配合比。

2）抗腐蚀性混凝土配合比专业机构复核及报批

完成抗腐蚀性混凝土配合比试验后，经有资质的专业单位复核。

完成防腐性混凝土配合比试验及专业机构对混凝土配合比性能的复核后，报送监理机构审批用于隧洞二次衬砌混凝土施工，为保证该段衬砌质量提供了基础。

3）对渗水进行引排

在加强隧洞衬砌抗渗能力的同时，加强腐蚀性地下水的引排，将其引排出隧洞，减少腐蚀性地下水与衬砌混凝土的接触，从而提高衬砌混凝土的耐久性。地下水引排主要采用铺挂防水板和铺设横向排水盲管和纵向排水盲管的方式进行，引排水系统布置图如图 6-138 所示，由于腐蚀性地下水不允许进入隧洞污染水源，故采用纵向排水盲管引出隧洞之外。

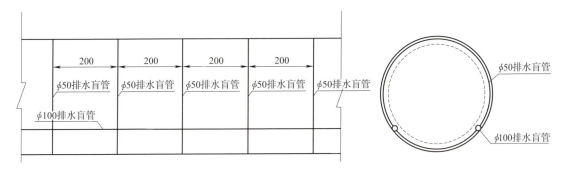

图 6-138　引排水系统布置图

根据渗水段落的分布和渗水量的大小，横向 ϕ50 排水盲管按照 2 m 间距环向布置，对于渗水量大的地段可以加密至 1 m 一环布置；纵向 ϕ100 排水盲管左右两侧各设置一道，位置距离底板高度为 1 m。对于腐蚀性地下水区段外，防止排水盲管渗漏造成无腐蚀性地下水段衬砌被腐蚀，在渗水被引出腐蚀性地下水区段后，纵向排水采用 ϕ110 波纹管，波纹管之间要密闭连接，并对其抗渗性进行检测，确保腐蚀性地下水不外漏。

排水系统布置完成后，对腐蚀性地下水段落进行铺挂 EVA 1.5 mm 厚防水板，如图 6-139 和图 6-140 所示，隔绝腐蚀性地下水与衬砌的接触，减少腐蚀性地下水对衬砌混凝土的影响。

图 6-139　防水板铺挂

图 6-140　防水板铺挂

3. 主要资源投入

(1)主要人力资源投入(表6-37)

表6-37 人力资源投入统计表

序号	工种	单位	数量	备注
1	混凝土工程	人	12	混凝土浇筑
2	铺挂防水板工	人	6	铺设排水盲管和防水板
3	司机	人	10	装载机、挖掘机、罐车司机
4	搅拌站司机	人	2	搅拌混凝土
5	输送泵司机	人	2	开输送泵
合计		人	32	

(2)主要设备资源投入(表6-38)

表6-38 主要设备资源投入表

序号	设备名称	型号	单位	功率kW	数量	备注
1	综合搅拌站	JS1000	台		1	
2	全自动液压台车	12 m	台		1	
3	挖掘机	CAT312	台		1	一台带破碎锤
4	装载机	柳工50	台		2	
5	自卸车	20 m³	台		1	
6	混凝土罐车	8 m³	台		3	
7	电焊机	BX-500	台	35	4	

4. 质量保证措施

严格组织技术交底;不断完善和优化施工组织设计,使施工方案科学合理,措施详实、可行、可靠。

物资采购控制。作好分供方的评价和材料的进货检验,确保用于工程的所有材料均符合质量要求。严格把好原材料进场质量关,不合格材料不准验收,保证使用的材料全部符合工程质量的要求。每项材料到工地有出厂检验单,并进行抽检,过期变质的材料不用,消除外来因素对工程质量的影响。

开工前进行定位复测,准确确定构筑物位置,并埋设护桩和水准点。施工期间定期进行中线及水平测量复核,确保测量放样准确。

(1)施工过程控制措施

1)每月由质量管理组织机构进行月检查考核,对整个项目各部分的工程质量情况进行考核评分,根据考核评比得分,决定质量流动红旗的优胜单位并拿出合同总额的5%作为奖惩资金。

2)坚持实行质量月报和质量事故报告制度,一旦出现质量事故,24 h内必须由各工点的质检员会同主管工程师将事故报告(写明事故原因)送达技术负责人、质量检查部及其他有关单位。

3)在整个施工操作过程中,贯穿"工前有交底、工中有检查、工后有验收"的"一条龙"操作管理方法。做到施工操作程序化、标准化、规范化,确保施工质量。

4)确保施工过程、成品、半成品的质量检验等级为优良,并在其接受、使用、安装、交付的各个阶段进行标识,防止混用,在需要时能够实现其可追溯性。

5)重要材料采用红、黄、白三种颜色的标识牌标明"合格""不合格""未经检验"三种状态。一般材料用红、黄标识牌区别其有无合格证明;若无合格证时,应由材料员和资料员督促供货单位,及时取回合格证。

6)机械设备的标识通过管理编号、记录表格的形式加以实现。质量管理组织机构每季度对施工现场的机械设备进行检查和抽查。现场设备操作人员必须持有相应的操作合格证,定人、定机,持证上岗。

7)施工过程的标识通过质量验评记录和施工试验记录来实现。

(2)材料的试验、检测

依据文件的要求,物资、设备采购必须具有产品技术鉴定证书(国家、省、部级机构)、生产许可证、产品合格证,水利特殊产品必须具有水利部特许证、科技成果鉴定证书、技术鉴定证书、水利部相关部门的技术审查意见。大型特殊物资设备的采购需上报业主,经审校批准后方可采购。物资消耗、使用、核算等工作由项目经理部物资管理部统一管理。按照规定,对入库物资进行数量验证、外观质量及规格的检验、随行文件的验证。严把验收质量关,对不符合要求的材料和设备坚决不允许进场。

(3)质量自控

严格"三检"制度,"三检"即:自检、互检、交接检。上道工序不合格,不准进入下道工序,上道工序必须为下道工序服务,即提供可靠的质量保证;凡属隐蔽工程项目,首先由班、队、质量检查部逐级进行自检,自检合格后,会同监理工程师一起复检,检查结果填入验收表格,由双方签字,最终签发隐蔽工程检查证。

在"三检"中,以自检为主,更能有效地将各种隐患消灭在初始状态。施工班组自检合格后,方能报告施工队进行自检,施工队自检合格后方能报告给质量检查部,在质量检查部检验确认合格后方可上报监理工程师。施工过程中实现逐级签字制,没有签字确认不越级进入下个自检口,层层把关,同时加大奖惩力度,出现质量问题层层追究。

5. 安全保证措施

(1)衬砌施工用电安全措施

1)安装、维修或拆除供电线路和用电设备,必须由经过培训考试,持有电工操作证的人员进行,禁止非电工人员进行上述作业。

2)临时用电必须编制施工临时用电组织设计,按规定敷设线路,选用的电线电缆必须满足用电安全性需要。

3)架空线路必须采用绝缘线架空在木制或水泥电杆上,严禁架设在脚手架上。跨越道路时离地面高度不低于6 m。

4)配电箱、开关箱内电气设备应完好无缺,箱体下方进出电线符合"一机、一闸、一箱、一漏"的要求,门、锁完善,有防雨、防尘措施,箱内无杂物,箱前通道畅通。

5) 保护零线中间和末端必须重复接地,严禁与工作零线混接,产生振动的设备的重复接地不少于两处。

6) 所有电动机具电源都必须通过触电保护器,电线绝缘良好无破损,插座完整,接线正确,严禁将工作零线错接到地极孔中,严禁用电线代替插头直接插入插座内。

7) 电气设备保险丝的额定电流应与其负荷容量相适应,禁止使用其他金属丝代替保险丝。

8) 在狭窄、潮湿场所应使用Ⅲ类电动工具,工作场所照明应采用36 V以下安全电压。

(2) 机械安全措施

1) 特种设备管理

①建立专门的特种设备管理制度及其管理台账。

②特种设备的制造、安装、改造和维修、检验检测单位具有合法有效的资质,资质证明材料备案。

③特种设备按规定登记并具有登记标志。

④建立特种设备安全技术档案。

⑤对特种设备进行经常性日常维护保养,至少每月进行一次自行检查,记录完整。

⑥种设备按规定周期进行检验检测、维修,未超过检验有效期使用。

2) 普通设备管理

①设备操作规程齐全,并在适当地点张贴。

②设备台账、原始资料完整齐全,报表及时准确。

③要配备一定的设备维修人员,设备管理人员要按要求制定设备维修保养计划,并按计划实施,有记录。

④设备维修保养过程中产生的污染周围环境的废电瓶、废油、废棉纱手套、废冷冻液等处置要有措施。

⑤要配备简易的检测仪器,辅助维修工作。

⑥土石方设备在施工作业时,为控制扬尘,要进行定时洒水,以创造良好的施工环境,保证施工人员和相关人员的健康。

⑦隧洞施工时,要选用通风、除尘效果好、低污染的设备和噪声低的空气压缩机。

⑧退场设备必须认真整修,达到机容整洁、车况良好、号码清晰。下场后不整修或来不及整修的设备,调新单位第一次整修费用转原使用单位。

⑨设备必须按规定装订管理号码牌,喷刷管理号码。

⑩坚持持证上岗制度,操作人员严格按操作规程操作设备,并达到应知应会。

⑪设备外观整洁、无跑、冒、滴、漏现象;整机配套齐全,各部固定良好;设备无违章作业,无带病和超负荷运行现象。

6. 处理后效果评价

通过提高隧洞衬砌混凝土自身的抗渗性能及对腐蚀性地下水的引排,有效地减少了腐蚀性地下水对衬砌混凝土的影响(图6-141),保证了衬砌混凝土的质量和耐久性,杜绝了腐蚀性地下水对混凝土的危害。

● 第6章 不良地质洞段建设关键技术

图 6-141 衬砌施工后效果图

6.8 本章小结

本章详细介绍了夹岩工程深埋长隧施工中不良地质洞段的建设关键技术。以猫场隧洞涌水处治、水打桥隧洞大坡度斜井涌水注浆堵水技术、水打桥隧洞 11+930 高压突泥突水处理、余家寨隧洞涌水处治总结介绍了岩溶地区涌水处治技术；以猫场隧洞大型复杂溶腔处治、两路口隧洞大型复杂涌泥处治、余家寨隧洞 2# 支洞上游 6+002～6+018 段溶洞处治总结介绍了强烈岩溶地区岩溶地质处治技术；以东关隧洞浅埋冒顶段处治、水打桥隧洞出口浅埋段处治、长石板隧洞果木洼地浅埋软岩处治、高石坎出口浅埋软岩处治总结介绍了岩溶地区负地形浅埋软岩建设建设关键技术；以猫场隧洞岩爆处治总结介绍岩爆处治关键技术；以两路口隧洞不良地质边坡处治总结介绍了隧洞口不良地质边坡处治技术；以水打桥隧洞 H_2S 气体处理总结介绍了其他有毒有害气体洞段处治技术；以水打桥隧洞腐蚀性地下水处理处治、水打桥隧洞含硫化腐蚀性地下水处理总结介绍了腐蚀性地下水处理处治技术。

第 7 章　瓦斯隧洞建设关键技术

夹岩工程深埋长隧洞工程建设过程中，东关隧洞穿越了低瓦斯段、水打桥隧洞穿越煤与瓦斯突出段，施工中采取了一系列措施，借鉴和引入了其他行业煤与瓦斯地下工程施工先进技术和经验，结合水工隧洞特性，总结形成水工瓦斯隧洞建设的关键技术。

7.1　东关隧洞低瓦斯洞段施工

瓦斯是隧洞施工中常见的一种重要地质灾害类型。虽然有先进的气体检测技术和其他技术手段，可有效降低瓦斯事故，但由于瓦斯隧洞地质条件十分复杂，在施工过程中经常给工程建设带来困扰。在施工过程中采取有效的预测技术，探明地层中瓦斯的发分散、规模等情况，在工程建设中采取有效安全措施，并保证工程进度。

7.1.1　工程概况

东关隧洞全长 3.09 km，1+120～2+614 为煤系地层洞段，穿越煤层 3 层，厚度 0.5～2 m，属侵蚀～剥蚀丘陵地貌，隧洞轴线大致呈南北走向，穿越陶营村，地形起伏较大，地表植被较发育，覆盖层较薄，山坡自然坡度约 20°～30°。地层岩性以 T_1f、P_3l 砂岩、泥岩、煤层及 $P_3\beta$ 玄武岩，P_2m、P_2q 灰岩、白云质灰岩为主，第四系分布于斜坡、缓坡地带及槽谷底，结构松散。较大构造为朱昌断层（F_3），F_3 断层位于东关一带，横穿东关隧洞洞身段，断层走向 N30°E，倾向 NW，倾角 60°～80°，断层破碎带宽 5～15 m，断距大于 100 m。东关隧洞穿煤层段情况如图 7-1 所示。

图 7-1　东关隧洞煤层

施工难点：

(1)东关隧洞煤系地层属于软弱围岩，稳定性差。2+248～2+212为岩破碎、稳定性差，易发生坍塌冒顶事故，隧洞内多次发生涌水涌泥。

(2)局部洞段存在煤与瓦斯突出风险，施工难度大。

(3)单头作业距离长，施工通风难度大。

(4)水工隧洞专业防爆性能施工设备短缺。

7.1.2 东关隧洞瓦斯概况

隧洞1+120～2+614段直接穿越煤系地层，且穿越朱昌断层，埋深30～139 m。煤系地层为二叠系上统龙潭组（P_3l）地层，可采煤层3层，煤层厚0.5～2.5 m；岩层产状284°∠18°，岩层走向与洞轴线夹角为80°左右；该隧洞距良子田煤矿85 m，煤矿位于隧洞南侧，因此东关隧洞施工时可能导通采空区，存在涌水、瓦斯突出的风险。

参考铁路隧道部门2002年制定《铁路瓦斯隧道技术规范》，瓦斯隧道类型按瓦斯涌出量大小来划分，涌出量小于0.5 m^3/min时为低瓦斯，涌出量大于0.5 m^3/min时为高瓦斯，瓦斯隧道只要有一处有突出危险，该处所在的工区即为瓦斯突出工区。东关隧洞总干1+120～2+614洞段为煤系地层洞段，瓦斯段纵断面图如图7-2所示。瓦斯涌出量最大为0.4 m^3/min，为低瓦斯隧洞。

7.1.3 瓦斯洞段超前地质预报

由于隧洞地质情况复杂，隧洞施工采取多种预报措施探明前方隧洞施工的地质情况，地质预报措施如下：

(1)用地质分析方法、TSP超前地质预报探明软弱破碎围岩(含断层破碎带)基本情况；

(2)用地质雷达探明隧洞开挖面前方溶洞、采空区情况；

(3)用红外线探水仪探明远离隧洞开挖面处地下水分布情况；

(4)用水平钻探探明前方岩性、煤层分布、煤层产状、瓦斯含量等主要情况。

1. 地质分析方法

地质分析法有地质调查和隧洞开挖面地质素描两种方法。

地质调查：对地貌、地质进行调查与地质推理相结合的方法，有针对性的补充地质资料。补充地质资料的主要内容包括：不同岩性、不同地层在隧洞地表的出露及接触关系，岩层产状及变化情况；构造在隧洞地表的出露、分布、性质、变化规律及产状变化；地表岩溶发育情况和分布规律。

地质调查方法：地质预报组人员根据建立的标准地层剖面，结合成岩规律，确定各岩层倾向、节理、层序、厚度、位置，详细核对勘察设计资料，为地质预报做好基础工作。

隧洞开挖面地质素描：每循环开挖后，地质预报人员对隧洞开挖面的地质状况作如实的调查和编录，采集必要的数据，具体包括：开挖面地层岩性、节理产状发育程度、受构造影响程度、围岩稳定状态、地温、水温等进行编录。地质素描方法和预报成果见表7-1。

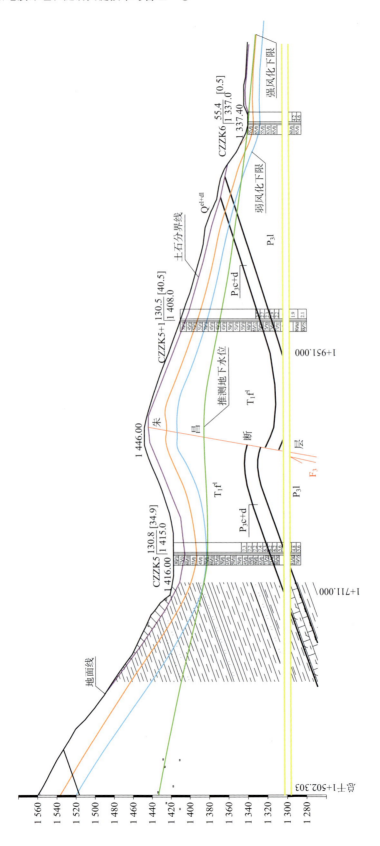

图7-2 东关隧洞瓦斯段纵断面图

表 7-1　地质素描方法和预报成果表

序号	方　　法	形　成　成　果
1	用罗盘仪、洞内观察等方法,实测岩层产状、节理产状及间距、微构造产状、断层层面产状等资料,采取分段测绘	分析岩体各种参数,对开挖面地质评价,绘制常规地质预报展示图和分段地质预报书
2	绘制标准地层剖面和岩层位	预报预测软弱岩层的位置,围岩稳定况,提出施工措施建议
3	观察开挖面断层及微构造出露情况、量测岩层产状	分析断层、微构造产出的规律和在开挖面的部位、构造走向与隧洞轴线关系,作出地质预报图

2. TSP 超前地质预报

TSP 超前地质预报系统,采用 TSP203 隧洞地质超前预报系统,预测掌子面前方150 m 范围不良地质,包括断层、特殊软岩、富水岩层与其他地层的界线、溶洞、暗河和岩溶陷落柱,还能探测岩浆岩岩体、岩脉等特殊地质体。

测量操作方法和要求:在隧洞边墙上布置爆破孔和接收器孔:在隧洞开挖边墙上,按间距1.5 m、孔深1.5～2.0 m、孔径35～38 mm,下倾15°～20°的要求钻24个炮孔,最后一个炮孔距掌子面0.5 m左右。在距第一个炮孔15～20 m 处,按孔深2.0 m、孔径42～45 mm,上倾5°～10°的标准在边墙两侧对称钻两个接收孔。将传感器套管借助风钻安置在接收孔中。安装接收器,然后逐孔爆破,同时接收地震波信号。采集数据时隧洞掌子面停止作业。现场照片如图7-3所示。

根据地质条件的变化,对测量布置进行相应调整,增减传感器数量,增强或减弱激发信号等。探测结果如图7-4所示。

3. 红外线探水

红外探水仪通过接收岩体的红外辐射,根据围岩红外辐射场强的变化值来确定掌子面前方或洞壁四周是否

图 7-3　TSP203 超前地质预报

有隐伏的含水体。红外探水有较高的准确率,但是它对水量、水压等重要参数无法预报。探明掘进前方20～30 m范围内,是否存在隐伏水体、是否存在含水断层和溶洞、是否存在含水破碎带,在 TSP 预报段落每20 m 探测一次。每次一般15 min。根据探测曲线特征判断含水构造或含水体的潜在危害。

红外探水方法:红外探测属非接触探测,在隧洞壁上定探点,用仪器的激光器在壁上打出一个红色斑点。定好探点后扣动扳机,就可在仪器屏幕上读取探测值。具体做法如下:

进入探测地段时,首先沿隧洞一个壁,以5 m点距用油漆标好探测顺序号,一直标到终点或者标到掘进断面处。

在掘进断面处,首先对断面前方进行探测,在返回的路径上,每到一个顺序号,到隧洞中央,分别用仪器的激光器打出红色激光点使之落到左壁中线位置、顶部中线位置、右壁中线位

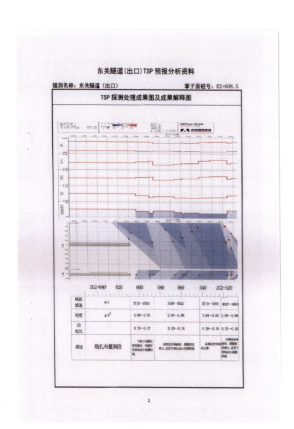
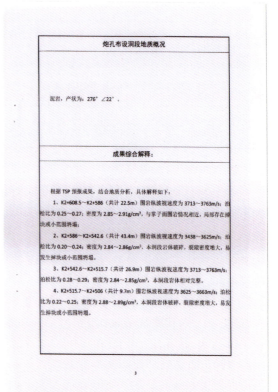

图 7-4　TSP203 超前地质预报成果

置、底板中线位置,并扣动仪器扳机分别读取探测值,做好记录。然后转入下一序号点,直至全部探完。探测数据输入计算机后,通过软件绘制各部位的探测曲线。采用红外探水准确探明了隧洞段 2+720 地下水情况,现场如图 7-5 所示。

4. 超前水平钻探

采用超前水平钻探法,对开挖面前方 30 m 范围的围岩岩性、煤层情况、瓦斯含量、含水构造、水量及水压进行探测,采用超前水平钻孔探测,孔径 $\phi108$,每断面布设 3 孔,超前水平钻孔孔位布置示意图如图 7-6 所示。其中一孔取岩芯,对掌子面前方地下水、地温及围岩情况进行探测,探孔 25 m 一环,单孔长为 30 m 左右,相邻探测孔之间的搭接长度为 5 m,当有异常时在增设 2 孔并结合其他手段进行综合判别。超前地质水平钻孔如图 7-7 所示。

图 7-5　总干 2+720 地下涌水图

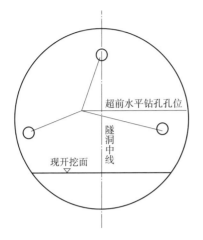 

图 7-6　超前水平钻孔空位布置示意图　　　　图 7-7　超前地质水平钻孔

7.1.4　瓦斯检测与预测技术

施工中瓦斯监测采取人工与自动相结合的方式,两者监测的数值相印证,避免误报现象。

1. 瓦斯自动检测技术

瓦斯自动监测采用便携式甲烷(自动)检测报警仪和瓦斯安全监测系统进行监测。

(1)便携式甲烷(自动)检测报警仪监测要求

1)携带人员:进入掌子面和隧洞内的以下人员必须携带便携式甲烷(自动)检测报警仪连续监测工作地点瓦斯浓度:放炮员、班组长、现场值班负责人、到隧洞检查的各级管理人员(每一行人至少携带一台)、流动作业的检修人员、各类机车驾驶员、其他相关人员。

2)便携式甲烷(自动)检测报警仪报警点的设置:报警点一律设置为 CH_4 浓度 0.5%。

3)便携式甲烷(自动)检测报警仪必须由监测组专人统一管理,连续使用 8 h 必须缴回仪器室充电。每 7 天必须进行一次调校,每半年必须送专业机构检定一次,合格方可使用,以保证仪器灵敏、可靠。

(2)瓦斯安全监控系统设计

隧洞施工使用瓦斯监测系统的目的是通过采用新技术来改进掘进过程中的安全状况,即隧洞无论是采用简单的检测手段还是采用复杂的瓦斯监测系统,其目标都是改善隧洞内的环境与安全条件,提高开挖进度,保证隧洞按时完工。为此,监测系统的选择主要应从以下几个方面考虑。

1)瓦斯隧洞灾害情况

如隧洞瓦斯涌出量等灾害及程度都是确定建立隧洞瓦斯监测系统类型的依据。

2)瓦斯隧洞的实际施工情况

根据隧洞施工中开挖面的数量、机电设备安装地点、数目等需要监测地点的数量来确定瓦斯监测系统的装备容量,并应在此基础上再考虑 20%~30% 的备用量。

3)系统的功能

选择隧洞瓦斯监测系统时应优先配用计算机系统进行数据处理,不仅软件功能要强,而且要易于开发、有足够的容量、能够用于数据统计、计算及报表编制工作。在计算机的选型上应优先使用兼容机种,要方便和工区计算机联网。

4)综合技术、经济方面

在进行隧洞瓦斯监测系统的选型时应从技术的先进性、性能的稳定性、安全和经济效益、使用维护方便性等方面进行综合技术经济分析,以作为选择隧洞瓦斯监测系统的依据。

(3)监测系统的选型

原则上,被监测信息量是确定系统大小的依据。结合隧洞的实际情况,考虑以上配置因素,隧洞选用KJ101N型瓦斯安全监测系统。

KJ101N自动监测系统采用分布式网络化结构,一体化嵌入式设计,具有红外遥控设置,独特的三级断电控制和超强异地交叉断电能力,可实现计算机远程多级联网集中控制和安全生产管理。系统由洞外计算监控中心、洞内分站、洞内风速传感器、低/高浓度瓦斯传感器、风速传感器、温度传感器、一氧化碳传感器、远程断电仪和自动报警器组成。系统组成如图7-8所示。

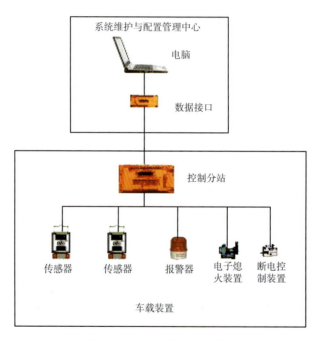

图7-8 自动监测系统示意图

自动瓦斯监测系统分别由1台主控计算机、8台低浓度瓦斯传感器、2台风速传感器、1台远程断电仪、1台报警器、1套设备电源和1台备用电源组成(以上设备为现场安设的设备、未含备用设备)。系统瓦斯监测范围设置为:0%~40%CH_4,瓦斯检测反应速度≤30 s;风速监测范围设置为:0.3~15 m/s。系统可实现洞内传感器声光报警及洞外监控中心自动报警。

(4)信息传输系统电缆选用及布置要求

1)监测系统传输电缆要专用,以提高可靠性。

2)监测系统所用电缆要具有阻燃性。

3)监测系统中各设备之间的连接电缆需加长或作分支连接时,被连接电缆的芯线应采用接线盒或具有接线盒功能的装置,用螺钉压接或插头、插座插接,不得采用电缆芯线导体的直接搭接或绕接的方式。

4)具有屏蔽层的电缆,其屏蔽层不宜用作信号的有效通路。在用电缆加长或分支连接时,相应电缆之间的屏蔽层应具有良好的连接,而且在电气上连接在一起的屏蔽层一般只允许一个点与大地相连。

5)所有传输系统直流电源和信号电缆尽量与电力电缆沿隧洞两侧分开敷设,若必须在同一侧平行敷设时,它们与电力电缆的距离不得小于0.5 m。

(5)分站的安装要求

分站应安装在便于工作人员观察、调度、检验,支护良好、无滴水、无杂物地方。其距离洞口的高度不应小于0.3 m,并加垫木或支架牢固固定。独立的声光报警箱悬挂位置应满足报警声能让附近的人听到的要求。

(6)传感器的布置安装要求

由于各处隧洞断面大,为了有效监测瓦斯浓度,应安设瓦斯传感器的隧洞内同一断面上设置两台瓦斯传感器,即巷道右上部、左上部共两台瓦斯传感器。各种传感器的安装还必须符合传感器说明书的要求。隧洞的传感器布置并应满足下列要求。

1)掌子面(工作面)传感器布置要求

隧洞各掌子面设高浓度瓦斯传感器1台,报警浓度为0.5%CH_4,瓦斯断电浓度为0.75%CH_4,复电浓度为小于0.5%CH_4,断电范围为掌子面中全部非本质安全型电气设备。在实际施工过程中,使用瓦斯自动检测报警断电仪的掌子面,只准人工复电。人工复电前,必须进行瓦斯检查,确认瓦斯浓度低于0.5%后,方可人工复电。各掌子面还设一台温度传感器,连续监测掌子面温度,报警点设置为30 ℃。掌子面各类传感器在放炮时应由施工人员移至安全地点,防止放炮时损坏传感器,放炮后移回。掌子面瓦斯探头如图7-9所示。

2)洞室传感器布置要求

根据隧洞内的实际情况,隧洞的洞室传感器布置在顶部最高点向下200 mm处,如图7-10所示。

图7-9 掌子面瓦斯探头

图7-10 洞室瓦斯探头

3)回风传感器布置要求

隧洞掌子面回风中各设瓦斯传感器4台,报警浓度为0.5%CH_4,瓦斯断电浓度为0.75%CH_4,复电浓度为小于0.5%CH_4,断电范围为回风区全部非本质安全型电气设备。

4)避车洞传感器的设置

对距离掌子面较近、瓦斯浓度较高的 5 号、6 号避车洞,除设置矿用隔爆型局部通风机外,在避车洞设 1 台瓦斯传感器。

5)远程断电器

设置一台低压远程断电器,起到超限断电的作用。

6)检测员检测瓦斯浓度达到 0.5% 的,应及时安设瓦斯传感器,其报警点设置为 0.5%。

(7)安设传感器的其他注意事项

1)传感器应自由悬挂,其迎风流和背风流 0.5 m 之内不有阻挡物。

2)传感器悬挂处支护要良好,无滴水;台架行走过程等不会损坏传感器。

(8)洞口中心站的布置要求

中心站计算机电源应由在线式不间断电源或交流稳压器,加后备式不间断电源(供电不小于 2 h)供给。中心站机房应采用空调设施及抗静电地板。如图 7-11 和图 7-12 所示。

图 7-11　瓦斯自动监测室

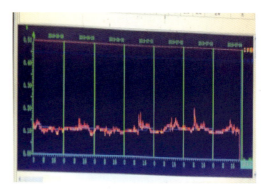

图 7-12　瓦斯不间断自动监测效果

2. 瓦斯人工检测技术

人工检测由瓦斯检查员执行检测瓦斯,瓦斯检查员必须经专门培训,考试合格,持证上岗,如图 7-13 所示。根据《煤矿安全规程》及有关规定,专职瓦斯检查员必须使用光干涉式甲烷测定器检查瓦斯,同时检测 CH_4(甲烷)和 CO_2(二氧化碳)两种气体浓度。

(1)光干涉式甲烷测定器

光学瓦斯检测器是根据光的干涉原理制成的,除了能检查 CH_4 浓度外,还可以检查 CO_2 浓度,瓦斯浓度在 0%~10%,使用低浓光干涉甲烷测定器;瓦

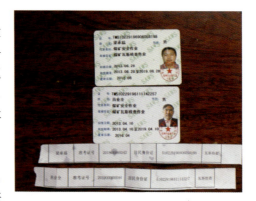

图 7-13　持证人员

斯浓度在 10% 以上,使用检测范围是 0%~100% 的高浓度光干涉式甲烷测定器。

光干涉式甲烷测定器属机械式瓦斯检测仪器,具有仪器使用寿命长,经久耐用的特点,但受环境和人员操作等多种因素的影响,为了能保证检测结果准确有效指导施工,防止安全事故的发生,需注意如下事项:

1)使用前,需检查水分吸收管中的硅胶和外接 CO_2 吸收管中的钠石灰是否变质失效,

气路是否通畅,光路是否正常;将测微组刻度盘上的零位线与观察窗的中线对齐,使干涉条纹的基准线与分划板上的零位线相对齐,取与待测点温度相近的新鲜空气置换瓦斯室内气体。

2)检测时,吸取气体一般捏放皮球以5~10次为宜。

3)测定甲烷浓度时,要接上CO_2吸收管,以消除CO_2对CH_4测定结果的影响。

4)测CO_2浓度时,应取下CO_2吸收管,先测出两者的混合浓度,减去已测得的CH_4浓度即可粗略算出CO_2浓度。

5)干涉条纹不清,是由于隧洞中空气湿度过大,水分不能完全被吸收,在光学玻璃管上结雾或灰尘附着所致,只要更换水分吸收剂或拆开擦拭即可。

6)CO_2吸收管中的钠石灰失效或颗粒过大,CO_2会在测定CH_4浓度时混入瓦斯室中,使测定的CH_4值偏高,所以要及时更换钠石灰,确保仪器测量准确。

7)空气不新鲜或通过瓦斯的气路不畅通,对零地点的温度、气压与待测点相差过大,均会引起零点的漂移,所以必须保证在温度、气压相近的新鲜气流中换气对零。

(2)人工检测瓦斯测点的布置和检测要求

1)测点布置(即检测地点):

①掌子面(即掘进工作地点);

②回风;

③进风、即所有压入式扇风机入口处风流;

④所有洞室;

⑤放炮点。

其他瓦斯可能积聚和发生瓦斯事故的地点(根据各级领导和专项措施的要求按需设置),如:放炮地点等处。

2)检测要求:

①隧洞中的各测点人员使用光干涉式甲烷测定器检测时,采用五点法检测,即对断面的顶部、腰部两侧、底部两侧距巷道周边200 mm处检测,取五点中最大浓度为该处瓦斯(含二氧化碳)浓度,进行日常管理;

②避车洞人工瓦斯检测应在洞室最里处检测

③掌子面检测应在掌子面前0.5~1 m处断面中检测;回风检测应在距回风口往掌子面15 m断面中检测;进风检测应在压入式扇风机入口处检测。

④检测频率(次数)的规定:洞室、回风、掌子面原则上每两小时检测一次;掌子面出渣时每一小时检测一次。检测按五点法进行,放炮地点每放一次炮均应按"一炮三检"制要求检测(对爆破地点和起爆地点风流中瓦斯浓度进行检查,CH_4浓度低于0.5%方可放炮)。

⑤浓度控制及措施:根据《煤矿安全规程》《铁路瓦斯隧道技术规范》等相关规定,结合隧洞施工工程项目部关于严格控制瓦斯浓度的规定,瓦斯检测浓度控制标准为:当瓦斯浓度达到0.5%时报警(瓦检人员向现场负责人报警,由现场负责人向各级领导汇报并立即组织有关人员查明原因进行处理);当瓦斯浓度达到0.75%时,瓦检人员应立即向现场施工负责人报告,由现场施工负责人立即组织停止工作,撤出人员,切断隧洞中电源,并报告项目部经理,由项目经理向各级领导汇报,由有关专业人员制定措施,进行处理。瓦斯浓度低于0.5%方可复电。

⑥记录:瓦斯检查员检查瓦斯后应记录在当班瓦斯手册和现场瓦斯检查牌板上。

⑦隧洞高处瓦斯检查应使用瓦斯检查杖和折叠人字梯,以保证巷道高处瓦斯检查到位。

⑧光干涉甲烷测定器每半年必须进行一次检定,合格方可使用。日常使用中发现仪器故障,必须及时送有关专业人员维修,以确保仪器完好。

瓦斯浓度现场检测如图 7-14 所示。

7.1.5 施工通风技术

通风效果直接影响瓦斯隧洞的施工安全和进度,是瓦斯隧洞施工中最有效和最直接的管控手段。

1. 通风条件

东关隧洞全长 3.09 km,最大开挖断面 42 m^2。隧洞施工分为进出口两个工区独头相向掘进,进口独头掘进长 1 600 m,出口独头掘进长 1 409 m。

图 7-14 现场瓦斯浓度检测

2. 通风控制条件

隧洞在整个施工过程中,作业环境应符合下列卫生及安全标准:

隧洞内氧气含量:按体积计不得小于 20%。

粉尘允许浓度:每立方米空气中含有 10%以上游离二氧化硅的粉尘为 2 mg;含有 10%以下游离二氧化硅的水泥粉尘为 6 mg。

二氧化硅含量在 10%以下,不含有毒物质的矿物性和动植物性的粉尘为 10 mg。

有害气体浓度:一氧化碳不大于 30 mg/m^3,当施工人员进入开挖面检查时,浓度为 100 mg/m^3,但必须在 30 min 内降至 30 mg/m^3;二氧化碳按体积计不超过 0.5%;氮氧化物(换算为 NO_2)5 mg/m^3 以下。

洞内温度:隧洞内气温不超过 28 ℃。

洞内噪声:不大于 90 dB。

瓦斯浓度:不大于 0.5%。

洞内风量要求:隧洞施工时供给每人的新鲜空气量不应低于 4 m^3/min,采用内燃机械作业时供风量不应低于 4 $m^3/(min·kW)$。

洞内风速要求:全断面开挖时不小于 0.15 m/s,在分部开挖的错车道不小于 0.25 m/s。

隧洞通风检测类设备配备见表 7-2。

3. 通风方式及设施配置

东关隧洞出口掘进工作面最长通风距离约为 1 454 m,采用压入式通风。瓦斯浓度不达标或特殊地段处采用局扇通风辅助,通过通风计算洞口配置两台 2×75 kW 通风机并能自动切换,洞内电力线路按要求进行布设,以确保快速排出隧洞瓦斯的通风方式。

通风方案:洞内按瓦斯隧洞施工配置双电源,并双电源接入洞口通风机,采用两台 SDF-75 风机压入式通风至开挖工作面,洞内采取 ϕ120 cm 阻燃通风管。主风机通风管出风口距离下部台阶开挖作业面不得大于 30 m。掌子面通风采用局扇吹入,局扇应位于主风管出风范围内并保证导洞污风形成自然回流。

表 7-2 隧洞通风检测类设备配备表

序号	名 称	型 号	单 位	数 量
1	高速风表	EY11B便携数字式	个	2
2	高中速风表	AFC-121	个	2
3	微速风表	DFA-3	个	2
4	秒表	机械式	块	2
5	通风干湿表	DHJ1	个	2
6	干湿温度计	DHM1	个	2
7	空盒气压计	DYM3	个	2
8	双管水银压力表	DYB3	支	2
9	U形倾斜压差计	AFJ-150	台	6
10	皮托管	AFP-6B	支	12
11	补偿式微压计	BWY-250	台	2
12	矿井通风多参数检测仪	JFY	台	4

4. 通风设备选型

结合通风计算结果,根据《铁路瓦斯隧道技术规范》(TB 10120—2002)采用大型风机时应有100%的备用量。

(1)按洞内最小允许风速计算:

$$Q_1 = 60vS$$

式中 v——保证洞内稳定风流之最小风速,瓦斯隧洞取0.3m/s;

S——开挖断面积,V级围岩段 $S=43$ m²。

$Q_1 = 60vS = 60 \times 43 \times 0.3 = 774.0$ m³/min。

(2)按洞内同一时间最多人计算:

$$Q_2 = 4K_1N$$

式中 4——每人每分钟供风标准,m³/min;

K_1——隧洞通风系数,包括隧洞漏风和分配不均匀等因素,取 $K=1.25$;

N——隧洞内同时工作的最多人数,取10人。

$Q_2 = 4K_1N = 4 \times 1.25 \times 10 = 50$ m³/min。

(3)按瓦斯绝对涌出量计算:

$$Q_3 = K_2 Q_绝 / (B_{g允} - B_{g送})$$

式中 $Q_绝$——瓦斯绝对涌出量取实测值,暂取经验值3.03 m³/min,施工中据实调整。

$B_{g允}$——工作面允许瓦斯浓度,取0.5%;

$B_{g送}$——送入风中瓦斯浓度,取0。

K_2——风量备用系数,即考虑隧洞漏风、瓦斯涌出不均衡所取的系数,取 $K=1.3$。

$Q_3 = K_2 Q_绝 / (B_{g允} - B_{g送}) = 1.3 \times 3.03 / (0.5\% - 0) = 787$ m³/min。

(4)按稀释和排炮烟所需风量计算:

$$Q_4 = \frac{7.8\{[A \times (S \times L)^2]\}^{\frac{1}{3}}}{t}$$

式中 A——一次爆破所用最大装药量,Ⅴ级围岩段一次爆破装药量 $A=32$ kg(全断面药量),施工中据实调整;

S——开挖断面积,Ⅴ级围岩段 $S=43$ m²;

L——通风机至作业面的距离,$L=1\ 484$ m;

t——通风时间,一般为 20~30 min,取 30 min。

$$Q_4=\frac{7.8\{(A\times(S\times L)^2)\}^{1/3}}{t}=7.8\times\frac{\sqrt[3]{32\times(43\times1\ 484)^2}}{30}=1\ 318\ \text{m}^3/\text{min}。$$

(5)按同时起爆炸药量计算

$$Q_5=5Ab/t$$

式中 A——一次爆破所用最大装药量,洞内Ⅴ级围岩一次爆破装药量 $A=32$ kg(全断面药量),施工中据实调整;

b——每公斤炸药爆炸生成的有害气体量,取 $b=40$ m³/kg;

t——通风时间,一般为 20~30 min,取 30 min。

$Q_5=5Ab/t=5\times32\times40/30=213.333$ m³/min。

根据以上计算结果,取最大值 1 318 m³/min 为隧洞正洞所需风量。

(6)洞内压入式风机选择及检算

根据隧洞开挖作业面所需风量最大值 1 318 m³/min 确定风机,选用隧洞专用防爆压入式轴流通风机 SDF(B)-4-N011.5 型 2×75 kW 风机,随开挖作业面前移压入式通风,风管直径 1 200 mm,其性能为:高速风量 1 863 m³/min。选用上述型号的风机可以满足通风要求。

风速验算:按取最大风量 1 863 m³/min 采用Ⅴ级断面 $S=30$ m² 验算,最大风速为 1 863÷30÷60=1.03 m/s。

(7)风筒布的选择

为了保证作业面风量足够,风筒出风口到工作面的距离不超过 5 m。风筒出风口在作业面安设能抗冲击风筒。风筒布采用抗静电阻燃的材料。

5. 通风效果监测及保障措施

(1)采用双回路电源。压入式通风机必须装设在洞外,避免污风循环。瓦斯工区的通风机应设两路电源,并应装设风电闭锁装置。当一路电源停止供电时,另一路应在 15 min 内接通,保证风机正常运转。

(2)配备备用风机及零配件。东关隧洞出口端,必须有一套同等性能的备用通风机和足够的常用零配件,并经常保持良好的使用状况。

(3)瓦斯突出隧洞掘进工作面附近的局部通风机,均应实行专用变压器、专用开关、专用线路供电、风电闭锁、瓦斯点闭锁装置。

(4)配备一名专职通风工,专门负责通风系统的维护和通风效果的监测。

(5)通风机司机必须具备丰富经验并通过培训考核持证上岗。

(6)采用"长、大、直、新"管路。风管节段长度加长到 10~20 m 一节,减少接头数量和漏风量;隧洞选直径 1.2 m 的大风管,减少沿程的风压损失;风管安装做到平、直、稳、紧,以减少阻力;采用高强度、低摩擦阻力的新型风管和密封性好、操作方便的拉链式接头。

(7)成立管路安装维护小组。专门负责工区风机、通风管路的安装、通风效果检查和日常的维护管理,发现风管开裂破损,及时采用与风管相同的材料进行粘补。

(8)制定落实通风岗位责任制和奖惩制度。制定施工通风管理细则,明确岗位职责、技术标准和安全操作规程,实施与通风质量挂钩并定期兑现的奖惩办法,增强管路班组的责任心。

6. 隧洞贯通时的通风管理

(1)在距贯通距离达到 50 m 时,必须停止其中一个掌子面的作业,做好调整通风系统的准备工作。

(2)贯通时,必须由专人在现场统一指挥,停止掘进的掌子面必须保持正常通风,设置栅栏及警标,经常检查风管的完好状况和掌子面及其回风流中的瓦斯浓度。瓦斯浓度超限时,必须立即处理。

(3)开挖的掌子面每次爆破前,必须派专人和瓦斯检查工共同到停挖的掌子面检查掌子面及其回风流中的瓦斯浓度。瓦斯浓度超限时,必须先停止在挖掌子面的工作,然后处理瓦斯,只有在两个掌子面及其回风流中的瓦斯浓度都在 0.5% 以下时,开挖的掌子面方可爆破。每次爆破前,两个掌子面入口必须有专人警戒。

7.1.6 煤与瓦斯突出防治技术

煤与瓦斯突出是瓦斯隧洞最严重的自然灾害之一,也是一种极其复杂的动力现象,受地质因素、瓦斯因素等影响,煤与瓦斯突出的发生具有一定的不可预知性和突发性,甚至没有轻微的征兆现象,需并及时采取合理适当的措施,进行预测和防治。

1. 隧洞煤层的突出危险性分析

根据煤层瓦斯参数结合区域瓦斯地质分析,东关隧洞 1+710～1+951 段穿过煤层有突出可能性,按瓦斯突出进行管理。通过煤层实际的瓦斯压力、含量及放散初速度等参数,判断是否有突出危险,当有突出危险时,采取远距离爆破方式揭穿煤层,并按瓦斯工区进行组织施工。

2. 瓦斯排放

东关隧洞采用断面排放的方法排出瓦斯。

(1)排放孔设置

排放范围:拱部 7 m,左右两侧各 5 m,底部 3 m(有长锚杆的部位不小于 6 m,以减少锚杆钻孔瓦斯逸出)。

下半部排放范围:左右两侧各 5 m,底部 2 m。瓦斯排放半径采用 1 m。

(2)排放孔施工

根据超前预报及超前钻探的资料进行瓦斯突出的判定,当瓦斯压力 $P \geqslant 0.7$ MPa,瓦斯散放初速度 $\Delta P \geqslant 10$,煤的坚固性系数 $f \leqslant 0.5$,煤的破坏类型为Ⅲ类及以上时,在掌子面上钻孔施作卸压孔。位置布置在距煤层垂距不小于 3 m 的掌子面上,钻孔排放参数表见表 7-3。

表 7-3 钻孔排放参数表

排放范围(m)				排放半径(m)	排放时间(d)	排放孔角度(°)		
左	右	上	下			水平角	仰角	倾角
$\geqslant 5$	$\geqslant 5$	$\geqslant 5 \sim 7$	$\geqslant 3$	0.1～0.3	15～30	0～90°	0～45°	0～20°

每排钻孔连线应与煤层走向平行,排放孔的倾角尽量与煤层的视倾角相等,一般不宜大于 70°,以免打钻时排渣困难。如图 7-15 所示。

图 7-15 钻孔排放施工

(3)瓦斯排放

1)瓦斯含量不大时,使其自然排放,以保证工作面开挖放炮的安全。

2)当瓦斯量大,喷出强度大,持续时间长,则可插管封孔,在洞外设置瓦斯排放站进行负压抽排。

3)在开挖工作面前方接近煤层 2 m 左右,向煤层打若干超前钻孔排放瓦斯;钻孔周围形成卸压带,使集中应力移向煤体深部,达到防止突出的目的。

4)当开挖面瓦斯含量较大,而且裂隙多、分布广时,可暂停开挖,封闭隧洞抽放瓦斯。

3. 瓦斯燃烧和爆炸的防止和处理措施

(1)隧洞施工中瓦斯引燃与爆炸的主要原因

违反操作规程,如在洞内点火吸烟、爆破器材不良、携带易燃品入内、明火照明等。

偶然事件引起,如洞内炽热的电灯泡被打碎,电路绝缘不良产生电火花等。

瓦斯在坑道内燃烧时,受到坑道的阻碍而压缩,燃烧极易转化为爆炸。放炮也可能导致瓦斯爆炸。总之,在隧洞施工中应防止火源的存在。

(2)防止爆炸的主要技术措施

选择能反映瓦斯变化的关键地点,对爆炸性混合气体进行监测。

保持正常通风,防止瓦斯积聚,如果已停风,切不可再送风,可设法切断自然供风,造成缺氧条件使火灾自行熄灭;因火灾中断工作面的通风,使工作面涌出的瓦斯得不到排除,因此必须撤出人员;因瓦斯喷出、突出造成瓦斯燃烧时,如果喷出和突出数量较小,而且瓦斯浓度在爆炸界限以下,应保持正常通风或加大供风量,以防止瓦斯浓度上升,发生爆炸。如果瓦斯喷出和突出的数量很大,且为高浓度瓦斯时,应停止供风或隔断风流,对火灾进行封闭;防止瓦斯积聚所需风量 $Q(\mathrm{m^3/min})$,可按下式计算:

$$Q > \frac{Q_{沼}}{P_1 - P_2}$$

式中 $Q_{沼}$——灾区内涌出量,可根据回风风量和回风风流中瓦斯浓度求出,$\mathrm{m^3/min}$;

P_1——瓦斯浓度爆炸下限,一般取 5%;

P_2——供风风流中瓦斯浓度,(%)。

(3)处理爆炸事故的一般技术措施

1)首先对遇险、遇难人员立即进行抢救；
2)爆炸引起火灾而灾区内有遇难人员时，必须采取直接灭火法灭火；
3)在保证进风方向人员已全部撤离的情况下，可以考虑采用反风措施；
4)确认没有二次爆炸危险时，可以对灾区进行通风，排除有毒有害气体。

(4)处理爆炸事故的安全注意事项

救护队在执行任务前，必须了解事故性质，并制定侦察工作的安全措施，方能进入灾区进行侦察。

抢救队进入灾区后，必须随时检查瓦斯和其他气体浓度，掌握各种气体浓度的变化，采取措施防止瓦斯连续爆炸。待采取措施后，确认没有爆炸危险方可进行工作。

救护队进入灾区前，应切断灾区电源。

不应轻易改变通风系统，以防引起风流变化，发生意外事故。

在有明火存在时，要严格控制风速，不使煤层飞扬。

注意坍方冒顶，必要时应设临时支护。

4. 瓦斯防治的一般技术措施

(1)防治措施

隧洞在掘进过程中，预防瓦斯燃烧与爆炸的主要措施是加强通风以降低瓦斯浓度，使其在允许值之下。

(2)防止喷出及突出

在掘进工作面的前方或两侧钻孔，探明是否有断层、裂缝和溶洞及其分布位置、瓦斯贮存情况，以便采取相应措施。

1)排放瓦斯：瓦斯含量不大时，使其自然排放。当瓦斯量大，喷出强度大，持续时间长时，则可插管排放，当开挖面瓦斯含量较大，而且裂隙多、分布广时，可暂停开挖，封闭坑道抽放瓦斯。

2)在裂隙小、瓦斯含量小时，可用黏土、水泥浆或其他材料堵塞裂隙，防止瓦斯喷出。

3)在开挖工作面前方接近煤层3 m以上，向煤层打若干$\phi75\sim\phi300$的超前钻孔排放瓦斯，钻孔周围形成卸压带，使集中应力移向煤体深部，达到防止突出的目的。

4)水力冲孔。在进行开挖之前，使用高压水射流，在突出危险煤层中，冲击若干直径较大的孔洞，使瓦斯解吸和排放，降低煤层瓦斯含量和瓦斯压力。

5)振动性放炮诱导突出。在工作面布置较多的炮眼并装较多的炸药，撤出人员后远距离起爆，利用爆破时强大的振动力一次揭开具有突出危险性的煤层。

6)深孔松动爆破。在开挖工作面向煤体深部的应力集中带内布置几个长炮眼进行爆破。其目的在于利用炸药的能量破坏煤体前方的应力集中带，在工作面前方造成较长的卸压带，从而预防突出的发生。

7)煤层注水。通过钻孔将压力水注入煤层，使煤体湿润以改变煤的物理机械性质，减小或消除突出的危险性。

8)按《煤矿安全规程》加强煤与瓦斯突出的技术管理。

7.1.7 设备配置与供配电配置技术

针对瓦斯隧洞内燃施工机械、设备，选配一套适合于车载的瓦斯自动监测报警闭锁系统。

该系统安装于内燃施工机械、设备上,实时监测其周围环境空气中的瓦斯浓度,当环境瓦斯浓度超过报警限值,系统发出声光报警;浓度继续上升,超过断电上限后,监控系统发出车辆自动断油断电信号,控制车辆上相关电子装置实现自动断电熄火功能。当环境瓦斯浓度降到安全限值以下报警解除后,该内燃施工机械、设备方可再次启动。

1. 机械的防爆性能改装

对施工机械进行防爆性能改装,改装的机械见表7-4,以满足施工要求。改装由具有专业资质单位进行,并经专业检测机构检测合格后投入使用。机械设备改造后照片如图7-16所示。

表7-4 改装的机械设备一览表

序号	机械设备名称	机械型号	数量(台)	备 注
1	挖掘机	PC150	1	防爆性能
2	装载机	ZLC30	1	防爆性能
3	自卸汽车	豪曼	4	防爆性能
4	混凝土输送车	SCCY-4A	3	防爆性能

图7-16 改装的机械设备

内燃机改装后达到的效果:排气温度不超过70 ℃;水箱水位下降设定值;机体表面温度不超过150 ℃;电器系统采用防爆装置;启动系统采用防爆装置;以上各项设定值是光指标、声报警,延时60 s自动停车;防爆柴油机采用低水位报警和温度过高报警。

排气系统中一氧化碳、氮气化物含量不超过国家设定排放标准。

改装柴油机防爆系列按照国家柴油机的技术规范和要求标准。

2. 供电线路的配置

依据《铁路瓦斯隧洞技术规范》中第7.1.3条"瓦斯工区供电应配置两路电源。工区内采用双电源线路,其电源线上不得分接隧洞以外的任何负荷。"的要求,隧洞供电方案为各自独立系统,洞内电器全部采用防爆型。

(1)隧洞内设两回路电源线路,主要供隧洞内射流风机、照明及局扇使用,当一回路运行时,另一回路备用,以保证供电的连续性。

(2)洞内的高压电缆应使用有屏蔽的监视型橡套电缆,低压电缆应使用不延燃橡套电缆,各种电缆的分支连接,必须使用与电缆配套的防爆连接器、接线盒。

(3)为保证隧洞的正常通风及照明,备用1台200 kW发电机,在停电15 min内,启动发电机供隧洞内通风、监测及照明。

(4)进入隧洞内的供电线路,在隧洞口处装设避雷装置。

(5)施工照明。洞内照明系统采用由洞内防爆变压器输出,经矿用防爆主电缆在各相应地段设置照明及信号专用ZXB4型综合保护装置,将380 V三相中性电不接地电源降为127 V,用分支电缆、防爆接线盒接入防爆灯具,以满足道路和施工的需要。

固定敷设的电线采用铠装铅包纸绝缘电缆。铠装聚氯乙烯或不延燃橡套电缆;移动式或手持式电气设备的电缆,采用专用不延燃橡套电缆;开挖面采用铜芯质电缆。

隧洞内照明灯具在已衬砌地段的固定照明灯具采用EXdⅡ型防爆照明灯。开挖工作面附近固定照明灯具采用EXdⅠ型矿用防爆照明灯。移动照明全部采用矿灯。

(6)矿用电缆、开关、灯具的选用

1)洞内供电采用专用变压器,并取消变压器的中性点接地,供电电压洞内动力电采用380 V,照明电采用不大于127 V。

2)洞内照明采用矿用隔爆型照明信号综合装置ZBZ-4 kW380/133 V,开挖面照明采用矿用隔爆型投光灯127 V/175 W。

3)洞内的所有电力均从瓦电闭锁开关下接入。

4)隧洞内的输送泵因其功率大,采用专线供电。

5)隧洞内使用的移动电力设备(电锯、电锤、捣固器等)使用矿用隔爆型插销开关连接。

6)固定敷设的电缆采用不延燃橡套电缆;移动式或手持式电气设备采用不延燃橡套电缆;开挖面采用铜芯不延燃电缆。

7)洞内电缆按下列规定敷设:电缆悬挂。悬挂点间的距离3 m;电缆与风、水管敷设在同一侧,其间距大于1.5 m。

8)电缆与电气设备连接,使用与电气设备的防爆性能接线盒BHDZ。电缆芯线使用线鼻子与电气设备连接。

9)禁止高压馈电线路单相接地运行,当发生单向接地时,应立即切断电源。低压馈电线路上,必须装设能自动切断漏电线路的检漏装置,隧洞采用矿用隔爆型检漏继电器JY82型。

10)隧洞电气设备的金属外壳、构架等,都必须有保护接地,其接地电阻值应满足下列要求:

①接地网上任一保护接地点的接地电阻值不得大于2 Ω;

②每一移动式或手持式电气设备与接地网间的保护接地,所用的电缆芯线的电阻值不得大于1 Ω。

(7)整体及局部瓦电闭锁系统

在瓦斯远程自动监控系统中设置断电仪,实现"瓦电闭锁":即任一处瓦斯遥测探头瓦斯浓度超过设置值(隧洞回风流中一般取0.5%)时,立即全洞断电。

每周对瓦电闭锁功能进行测试。

3. 通信系统配置

在洞口值班室安装小型程控防爆电话机,洞内掌子面和及开挖段每100 m设置分机,确保信息安全畅通。

隧洞内固定敷设的通信、信号和控制用电缆全部采用铠装电缆、不延燃橡套电缆或矿用塑料电缆。

为防止雷电波及隧洞内引起瓦斯事故，通信线路在隧洞洞口处装设熔断器和避雷装置。

4. 风电闭锁系统

风机安设在主洞外，距离洞口位置至少 30 m 的新鲜风流处，风筒距横洞掌子面距离不超过 5 m。在安设风机处设沼气浓度传感器和风机开停传感器并实现"瓦电闭锁、风电闭锁"。即当横洞风机吸入风流瓦斯浓度达到 0.5% 时，能自动切断横洞施工风机以及横洞内所有非本质安全型机电设备的电源；当隧洞主洞风机停止运转时，能自动切断横洞施工风机以及横洞内所有非本质安全型机电设备的电源。每周对风电闭锁功能进行测试。

7.1.8 取得成效

通过对东关隧洞穿煤层段采取科学、合理的治理措施，有效保障了施工安全，东关隧洞提前 90 天完成隧洞贯通如图 7-17 所示。同时为水打桥进口瓦突出洞段施工积累一定经验。

图 7-17　东关隧洞贯通

7.2　煤与瓦斯突出水工隧洞安全施工技术

贵州富含煤层高瓦斯地区，受水工隧洞自身空间狭小的特点，既不能生搬硬套铁路、公路及煤矿的相关规范，又要根据水工隧洞自身的特点，经济、快速、安全的渡过采煤区，通过采用瓦斯监测与预测技术、煤与瓦斯突出预测与评估、施工通风技术、煤与瓦斯突出防治技术、设备配置与供配电配置技术等，成功穿越水打桥煤与瓦斯突出洞段。

7.2.1　水打桥隧洞煤与瓦斯突出洞段工程概况

水打桥隧洞总长 20.36 km，隧洞断面型式采用圆形，衬砌后净空半径 $r=2.7$ m，Ⅲ、Ⅳ、Ⅴ类围岩洞段采用全断面 C25 钢筋混凝土衬砌，厚度分别为 0.4 m、0.4 m、0.5 m，高外水压力Ⅳ、Ⅴ类围岩洞段衬砌厚度分别为 0.5 m、0.8 m。隧洞坡降 $i=1/3300$。平面示意图如图 7-18 所示。

7.2.2　地质特点

隧洞长，埋深 50～435 m。隧洞进口位于大方县马场镇鼎新乡陈家寨村附近的河沟旁，洞线总体走向近东西向，沿六冲河左岸斜坡布置，穿越乌蒙山脉带；沿线河流深切，沟谷众多，岩

图 7-18 水打桥进口平面示意图

溶发育,地表高程在 1 300～1 726 m,沟谷切割深 100～170 m,为峰丛洼地岩溶地貌。

隧洞地层岩性为二迭系上统龙潭组(P_3l)泥岩、砂岩夹煤层,穿越煤层 20 层,其中可采煤层 10 层,煤层倾向与洞向近一致,均为优质无烟煤,厚度不均等,煤层瓦斯含量高,气密性强,可见水沟中冒气泡现象。如图 7-19～图 7-22 所示。

图 7-19 掌子面煤层

图 7-20 瓦斯从水中溢出

图 7-21 钻孔残存瓦斯压力

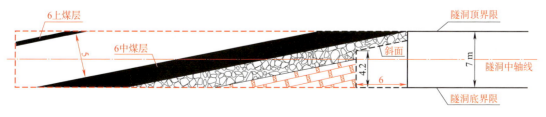

图 7-22 突出煤层 6 中煤层隧洞纵断面图

7.2.3 施工难点

(1)瓦斯浓度高,施工中发生瓦斯突出动力现象,有瓦斯爆炸及煤与瓦斯突出的风险,风险高。

(2)煤系地层属于软弱围岩,稳定性差。

(3)独头掘进距离长,施工通风难度大。

(4)水打桥隧洞 1+410 穿过 6 中厚煤层,实测最大瓦斯压力为 $0.84P_{max}$ MPa、煤体的最小坚固性系数为 0.26、最大瓦斯放散初速度指标为 44 mmHg(5.864 kPa),瓦斯动力现象为煤与瓦斯突出,属于煤与瓦斯突出中的突出类型,为煤与瓦斯突出隧洞,安全风险高。

7.2.4 瓦斯自动监测和人工检测技术

按东关隧洞低瓦斯段落施工中采用自动监测和人工检测技术进行控制和管理,这里不做重复叙述。

7.2.5 煤系地层洞段超前地质预报

水打桥隧洞施工中煤与瓦斯的危害十分严重,借鉴公路、铁路、煤矿超前探测技术并结合水工隧洞自身的特点,对隧洞进行瓦斯超前探及时测定前方瓦斯压力、瓦斯流量、其他不良地质现象,为施工措施制定提供了可靠依据。

1. 隧洞内瓦斯溢出和聚集的特点

隧洞开挖所形成的临空面为封闭的瓦斯提供了新的运移和聚集空间,瓦斯主要沿裂隙破碎带向隧洞内突出。以瓦斯本身的物理、化学特性,溢出的瓦斯主要聚集在隧道拱顶部位,靠掌子面附近的拱腰部位以及局部通风难以达到的死角部位等。一旦隧道开挖揭露瓦斯,就应加大通风力度,对可能聚集瓦斯的地方加强空气流通;瓦斯易散不易聚,尤其是在破碎带附近,为防止塌方即时封闭掌子面是必要的,但这也为瓦斯在掌子面上部及背后的聚集提供了条件。

2. 瓦斯隧道地质超前预报的主要特点

瓦斯溢出的随机性增大了预报的难度,因节理、裂隙的发育具随机性,瓦斯作为比空气轻的气体,瓦斯将见缝就钻,见隙就溢,并且溢出的时间和部位都表现出明显的随机性。

正因为瓦斯溢出特点,要准确预报瓦斯,首先应对掌子面前方的裂隙、破碎带位置、规模和性质进行准确预报,裂隙、破碎带是瓦斯预报必要条件,但不是充分条件。

瓦斯预报的充分条件是瓦斯浓度的变化,因此,要准确预报瓦斯,还应对隧道开挖揭露的裂隙、破碎带附近的瓦斯浓度变化进行监测。根据隧道内裂隙、破碎带和瓦斯浓度变化的时空分布,预报掌子面前方可能瓦斯聚集情况。

根据瓦斯的物理、化学性质,瓦斯无色无味、易燃易爆,这就对瓦斯地质预报提出了严格的要求,首先是预报的仪器系统不能激发火花或点火花,仪器系统应为防爆设备,预报工作人员禁止携带易爆易燃设备。

3. 瓦斯地质预报方法的选择

根据瓦斯特点的分析,在现有隧道地质超前预报方法中,可选方法主要有两种:地质法和物探法。

地质法是最基本的地质预报方法,主要包括洞内的地质调查,隧道开挖掌子面地质素描和钻孔,该方法是最简单也是最直接的方法,尤其是在掌子面打超前钻孔,也是瓦斯地质预报非常重要的、必不可少的预报方法。

有关地质预报的物探方法很多,如地震法、TSP 系统、HSP 声波反射法、电磁波反射法等。这些不同的物探方法,各有其适用条件和优缺点,由于不同的隧道具有不同的地质条件,在方法选择时应根据具体情况确定,且不可一概而论。

地震法和 TSP 地震地质预报系统,两种方法需要在孔内打孔放炮,对瓦斯防爆的技术要求很难控制;电磁波反射法同样存在激发点火花问题,防爆技术难度大。水打桥隧洞进口为高瓦斯及突出隧洞,且在煤层中成孔较为困难。该两种方法不适用于水打桥隧洞煤层段落施工。

TSP 声波反射法属于弹性播放,其原理与地震法基本相同,但最主要的区别是激发信号和接收信号的方式不同。TSP 声波反射法采取大锤敲击人工激发信号的方式,测试仪器系统均采用直流电源线,测试时间一般在 15~30 min。

结合实际情况采取"以地质法为基础,以 TSP 声波反射物探为主要手段,结合超前钻探和瓦斯浓度监测相结合综合方法"实施瓦斯地质预报、采用 TSP 声波反射法实施掌子面前方的断层、破碎带预报,超前钻孔探明煤层和瓦斯情况,如图 7-23 所示。

 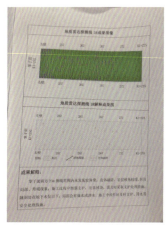

图 7-23　TSP 及成果照片

7.2.6　煤与瓦斯突出性预测

煤与瓦斯突出是一种极其复杂的地质动力现象,在极短时间内大量的煤与瓦斯突然抛向巷道,造成煤流埋人,充满瓦斯使人窒息,甚至引起爆炸。发生时间短、速度快,发生后人员很难迅速反应并逃生,同时影响施工进度,给施工生产带来很大的困难,需投入大量的人力、财力,加重施工企业的经济负担。水打桥隧洞在煤矿专家、相关院校的指导下,通过动力现象并在现场快速测设煤层最小坚固系数,有效防治了水工隧洞煤与瓦斯突出,保证了施工安全。

水打桥隧洞 1+410 已经发生瓦斯突出的动力现象,经委托具有相应资质单位对煤层进行突出性鉴定以及施工过程瓦斯突出安全监测:水打桥隧洞 6 中煤层的破坏类型属于Ⅳ类破坏煤;最大瓦斯压力为 $0.84P_{max}$ MPa,大于 0.74 MPa;煤体的最小坚固性系数为 0.26,小于 0.5;最大瓦斯放散初速度指标为 44 mmHg(5.864 kPa),大于 10。穿越 6 中煤层为具有煤与瓦斯突出危险煤层。检测结果如图 7-24 所示。

图 7-24　中煤层突出性检测结果

1. 煤与瓦斯突出性预测方法

突出煤层分析预测方法主要有两种：一种是在采动过程中出现动力现象后，依据发生动力现象的现场情况进行判断，如抛出的煤炭是否有分选性，抛出物的堆积角是否小于自然堆积角，是否存在突出孔洞及孔洞的形状，发生动力现象期间的吨煤瓦斯涌出量大小，来确定动力现象是否属于突出，若是突出则该煤层鉴定为突出煤层；另一种方法是依据《煤与瓦斯突出矿井鉴定规范》(AQ 1024—2006)中的规定，通过现场测定煤层瓦斯压力，取煤样观测煤的破坏类型，测定瓦斯放散初速度指标(ΔP)和煤的坚固性系数(f)，可依据以上瓦斯参数是否超过《煤与瓦斯突出矿井鉴定规范》(AQ 1024—2006)中的规定指标临界值，判断煤层是否具有潜在突出危险性。

水打桥隧洞预测采用两种方法相结合进行。

(1)煤层瓦斯压力测定原理

煤层瓦斯压力测定的原理是向煤层钻孔，深入煤层内，通过钻孔在煤孔内布置一根瓦斯管与外界沟通，连上瓦斯压力表，封闭钻孔与外界的联系。此时，由于煤孔内的瓦斯已经向外放散，压力较低，煤孔周围的煤层中瓦斯向煤孔内运移，压力逐渐增高。由于煤孔周围的煤体体积远大于煤孔的空间体积，煤层内吸附瓦斯量又比游离瓦斯量大得多，故经过一段时间的瓦斯渗流，煤孔内的瓦斯压力逐渐接近煤层的原始瓦斯压力，从外部的压力表上可以读出煤孔内的瓦斯压力值。

(2)测压封孔技术

由于压力气体无孔不入，测定原始瓦斯压力的关键在于钻孔密封的质量。采用 M-Ⅱ 型瓦斯压力测定仪测定瓦斯压力。

M-Ⅱ 型瓦斯压力测定仪的结构示意图如图 7-25 所示，实物如图 7-26 所示。

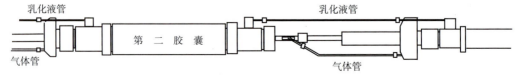

图 7-25　M-Ⅱ 型瓦斯压力测定仪结构示意图

图 7-26　M-Ⅱ型瓦斯压力测定仪

其主要组成部为：

第一胶囊、乳化液管、乳化液管、第二胶囊、气体管及压力表、手动乳化液泵 1、手动乳化液泵 2 等。手动乳化液泵 1 将乳化液压入第一和第二胶囊，使胶囊膨胀，密封钻孔；手动乳化液 2 泵将乳化液压入两个胶囊之间，并向钻孔周边裂隙渗透，加强密封效果。气体压力表显示气体压力值。

在正式测试之前，需在地面模拟钻孔中做耐压试验，试验压力应高于井下气体压力 0.5～1.0 MPa(5～10 atm)。在地面试验中应认真观察整个测试系统是否可靠，发现情况异常或泄漏应及时查明原因，并予以排除，以确保整个测试系统在井下安全可靠。重点应确保胶囊充水后能及时膨胀，并且不漏水。

测压人员可在巷道内将封孔器装配好，在乳化液槽内注入乳化液。乳化液配比为：5％油，95％水。

钻孔完工后，清除孔底的钻屑，然后立即将封孔器送入钻孔。及时封孔可缩短测量时间。将测压仪放入钻孔预定位置后，利用手动加压泵 1 将乳化液压力加至 2.0 MPa 左右，用手动泵 2 将乳化液压入钻孔封孔段，并使乳化液压力高于气体压力 0.3～0.5 MPa；在测试中，胶囊内乳化液压力应大于乳化液压力 1.0 MPa 左右，并使乳化液压力高于预计气体压力 1.5 MPa。

测压地点应按照不同的地质单元分别进行布置，每个地质单元内在每层走向和倾向方向分别布置 3 个以上测点。由于水打桥隧洞进口煤系 6 中煤层范围很小，可以按照一个地质单元考虑。为准确测定煤层瓦斯压力，使测出的压力值能够代表煤层的原始瓦斯压力，在该地质单元内，对所有可能进行测压的地点进行了筛选，要求测压地点应选在不受断层影响和裂隙小的地区。

共布置 3 个测压钻孔，测压钻孔具体布置及参数如图 7-27 所示。

每个钻孔施工完成后，立即把胶囊送入孔内进行封孔操作，接上压力表，之后每天观察一次瓦斯压力，待压力稳定达到测压要求后，拆除压力表和胶囊黏液封孔器，瓦斯压力测定工作结束。同一地点煤层瓦斯压力取该测点最大值，同一煤层以各测点的最大瓦斯压力作为该煤层测定的瓦斯压力。

(3)煤层瓦斯含量测定

测压孔同时作为煤层瓦斯含量测定取样孔，通过 DGC 瓦斯参数测定仪测得取样孔煤层瓦斯含量最大值。并以该原始含量作为 6 中煤层突出危险性分析预测的主要依据之一。

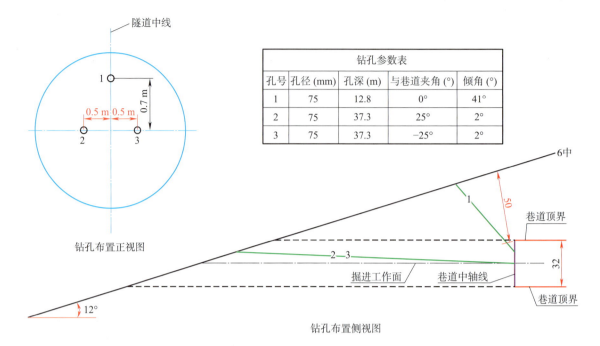

图 7-27 煤层测压点布置图

（4）煤层的突出参数测定

煤层的突出参数测定依照《防治煤与瓦斯突出规定》（简称《防突规定》）进行，是 2009 年制定，并在 2009 年 8 月 1 日正式实施。它是国家为了防治煤与瓦斯突出灾害制定的法规性文件，是总结了多年现场防突经验的基础上制定出来的，是指导全国突出矿井生产和设计的规范性文件。

（5）煤的破坏类型

煤层突出鉴定的原则是在无动力现象的情况下，应测定最大的瓦斯压力，选取最软的煤层煤样，考虑在最危险的条件下揭开（即石门揭煤）时有无突出危险。有，则鉴定为突出煤层；无，则鉴定为非突出煤层。如图 7-28 所示。

6 中煤层光泽以半亮、半暗为主，尚未失去层状，较有次序，条带明显，不规则块状，多棱角，次生节理面多，且不规则，无节理，易掰开，成小块，用手捻可成粉末。属于 Ⅳ 类煤，为粉碎煤。

（6）煤样的坚固性系数测定

1）测定原理

煤的坚固性用坚固系数的大小来表达。分析预测采用常用的落锤破碎测定法，简称落锤法。所测结果采用一种假定指标称为 f 值。这个测定方法是建立在脆性材料破碎遵循面积力能说的基础上。这个学说是雷延智在 1867 年提出来的，他认为"破碎所消耗的功（A）与破碎物料所增加的表面积的（ΔS）的 n 次方成正比"即：

$$A \infty (\Delta S)^n$$

图 7-28 6 中煤层煤样

实验表明，n 一般为 1。以单位重量物料所增加的表面积而论，则表面积与粒子的直径 D 成反比：

$$S \infty \frac{D^2}{D^3} = \frac{1}{D}$$

设 D_q 与 D_h 分别表示物料破碎前后的平均尺寸，则面积就可以用下式表示：

$$A = K\left(\frac{1}{D_h} - \frac{1}{D_q}\right)$$

式中　K——比例常数，与物料的强度（坚固性）有关。

上式可以写为：$K = \frac{AD_q}{i-1}$

式中　$i = D_q/D_h$，i 称为破碎比，$i > 1$。

从上式可知，当破碎功 A 与破碎前的物料平均直径为一定值时，与物料坚固性有关的常数 K 与破碎比有关，即破碎比 i 越大，K 值越小，反之亦然。这样，物体的坚固性可以用破碎比来表达。

2）仪器设备

JPT-2 型架盘天平：$Max = 200\ g$，$e = 0.2\ g$；

量筒：直径 23 mm；

落锤；

分样筛：孔径 0.5 mm。

测定步骤：从煤样中选取块度为 20～30 mm 的小煤块分成 5 份，每份重 50 g，各放在测筒内进行落锤破碎试验。测筒包括落锤（重 2.4 kg），圆筒及捣臼组成。测料及量具如图 7-29 所示。

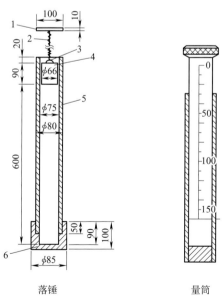

图 7-29　硬度测定装置

1—手柄；2—落锤连接杆；3—缓冲垫；4—重锤；5—捣碎筒；6—底座。

将各份煤样依次倒入圆及捣臼内,落锤自距臼底 600 mm 高度自由下落,撞击煤样,每份煤样落锤 3 次,可由煤的坚固程度决定。

5 份煤样全部捣碎后,倒入 0.5 mm 筛孔的筛子内,小于 0.5 mm 的筛下物倒入直径 23 mm 的量筒内,测定粉末的高度 h。

3)数据处理

试样的坚固系数按下式求得:

$$f_{20\sim30}=20\,n/h$$

式中 $f_{20\sim30}$——煤样粒度 20～30 mm 的坚固系数测定值;

n——落锤撞击次数,次;

h——量筒测定粉末的高度,mm。

如果煤软,所取煤样粒度达不到 20～30 mm 时,可采取粒度 1～3 mm 煤样进行测定。并按下式进行换算:

当 $f_{1\sim3}>0.25$ 时,$f_{20\sim30}=1.57f_{1\sim3}-0.14$。

当 $f_{1\sim3}\leqslant0.25$ 时,$f_{20\sim30}=f_{1\sim3}$

式中 $f_{1\sim3}$——煤样粒度 1～3 mm 的坚固系数测定值。

根据《煤与瓦斯突出矿井鉴定规范》(AQ 1024—2006)第 5.1.3 的要求,同一煤层煤的坚固性系数取所有测点的最小值。

(7)煤样的瓦斯放散初速度 ΔP 测定

煤的瓦斯放散初速度 ΔP 也是预测煤与瓦斯突出危险性的指标之一,该指标反应了含瓦斯煤体放散瓦斯快慢的程度。ΔP 的大小与煤的瓦斯含量大小、孔隙结构和孔隙表面性质等有关。在煤与瓦斯突出的发展过程中,瓦斯的运动和破坏力,在很大程度上取决于含瓦斯煤体在破坏时瓦斯的解吸与放散能力。采用 WT-1 型瓦斯扩散速度测试系统,如图 7-30 所示。

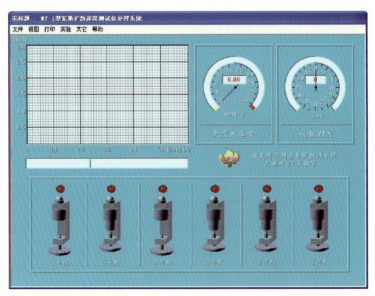

图 7-30　WT-1 型瓦斯扩散速度测试系统

1)测试原理

在煤与瓦斯突出发生、发展过程中,就煤质自身而言,人们公认的观点只有两个因素:一是煤的强度。强度越大越不容易破坏,对突出发展的阻力就越大,突出的危险性就越小;相反,煤的强度越小越易破坏,其阻力就越小,破碎所需的能量就越小,突出危险性也就越大。

二是煤的放散瓦斯能力,在突出的最初一段时间内煤中所含的瓦斯放散出的越多,在突出过程中就容易形成携带煤体运动的瓦斯流,其突出危险性也就越大;相反如煤中含有大量瓦斯,但在短时间内放出的量很小,那么这种煤虽含有大量瓦斯,但不易形成瓦斯流,其突出危险性就越小。

该仪器就是测定上述煤质自身的第二个因素。煤的瓦斯放散能力:煤的放散初速度 ΔP;煤样在一分钟内的瓦斯扩散速度 ΔD。

煤的瓦斯放散初速度 ΔP,是指在 1 个大气压下吸附后用 mmHg 表示的 45~60 s 的瓦斯放散量 P_2 与 0~10 s 内放散量 P_1 的差值。煤样在 1 min 内的瓦斯放散速度 ΔP,是在 1 个大气压下的吸附后,在 0~60 s 各段时间上煤样放散出的瓦斯累计量。

2) 试样制备

在井下采新鲜暴露面的煤样,并按煤层破坏结构分层采样,每一煤样重 250 g。煤样粉碎混合后,将粒度符合标准(0.2~0.25 mm)的煤样仔细均匀混合后,称出煤样,每份重 3.5 g;潮湿煤样要自然晾干,除掉煤的外在水分。

旋下仪器的煤样瓶下部的紧固螺栓,将煤样装入。为防止脱气和充气时的煤尘飞入仪器内部,必须在煤样上放一个小棉团。装上煤样瓶后先用手扶正,再旋紧紧固螺栓。

2. 煤与瓦斯预测评估

突出煤层鉴定应当首先根据实际发生的瓦斯动力现象进行。当动力现象特征不明显或者没有动力现象时,应当根据实际测定的煤层最大瓦斯压力 P、软分层煤的破坏类型、煤的瓦斯放散初速度 ΔP 和煤的坚固性系数 f 等指标进行鉴定。根据 6 中煤层突出危险性单项指标测定结果分析,水打桥隧洞 6 中煤层具有煤与瓦斯突出危险性,为突出煤层全部指标均达到或者超过临界值的,确定为突出煤层,瓦斯突出工区。相关测定结果如下:

(1) 施工中,水打桥隧洞在前期施工前探钻孔时出现,顶钻、卡钎、喷孔等煤与瓦斯突出预兆,按照《煤与瓦斯突出矿井鉴定规范》(AQ 1024—2006)煤与瓦斯突出基本特征的瓦斯动力现象,水打桥隧洞 6 中煤层具有突出危险性。

(2) 当煤层瓦斯含量大于或等于 8 m³/t 时,该煤层具有突出危险性。水打桥隧洞 6 中煤层实测瓦斯含量为 14.778 4 m³/t>8 m³/t,6 中煤层具有突出危险性。

(3) 6 中煤层各单项指标中,煤样的破坏类型为Ⅲ类煤;煤层的相对瓦斯压力为 0.75 MPa,大于 0.74 MPa;煤样的坚固性系数为 0.278,小于 0.5;煤样的瓦斯放散初速度为 41.0 mmHg(5.465 kPa),大于 10 mmHg(1.333 kPa);6 中煤层的破坏类型、相对瓦斯压力、坚固性系数及瓦斯放散初速度都达到了《防治煤与瓦斯突出规定》中的单项临界指标。根据《煤与瓦斯突出矿井鉴定规范》(AQ 1024—2006)规定,全部指标达到或超过其临界值时划为突出煤层,水打桥隧洞 6 中煤层具有突出危险性。见表 7-5。

表 7-5 突出煤层鉴定的单项指标临界值

煤层	破坏类型	瓦斯放散初速度 ΔP	坚固性系数 f	瓦斯压力(相对压力)P(MPa)
临界值	Ⅲ、Ⅳ、Ⅴ	≥10	≤0.5	≥0.74
6 中煤层	Ⅲ	41.0	0.278	0.75

7.2.7 施工通风技术

施工通风是瓦斯隧洞开挖过程中的重要安全保障,通风效果的好坏直接关系到作业人员的生命安全。

1. 通风计算

根据《贵州省高速公路瓦斯隧洞施工指南》按瓦斯绝对涌出量计算风量时,应将洞内各处的瓦斯浓度稀释到0.5%以下;以及《煤矿安全规程》中瓦斯隧洞需要的风量,按下列要求分别计算,并取其最大值。

(1)按到瓦斯隧洞工作面最多人数计算

$$Q_{进} = 4 \times N \cdot K_{通}$$

式中 $Q_{进}$——瓦斯隧洞总供风量,m^3/s;
N——瓦斯隧洞同时工作的最多人数,按20人计算;
$K_{通}$——通风系数,包括内部漏风和配风不均匀等因素,取 $K_{通}=1.25$。

$Q_{进} = 4 \times 20 \times 1.25 = 100 \ m^3/min = 1.67 \ m^3/s$。

(2)按绝对瓦斯涌出量计算

根据隧洞瓦斯涌出量预测方法 AQ 1018—2006 标准开挖工作落煤的瓦斯涌出量计算。

$$\begin{aligned} Q_4 &= S \cdot v \cdot \gamma \cdot (W_0 - W_c) \\ &= 32.15 \times 0.0028 \times 1.45 \times 14.7784 \times 7.6 \\ &= 14.66 \ m^3/min \end{aligned}$$

式中 Q_4——掘进巷道落煤的瓦斯涌出量,m^3/min;
S——掘进巷道断面积,m^2;
v——巷道平均掘进速度,m/min;
γ——煤的密度,t/m^3;
W_0——煤层原始瓦斯含量,m^3/t,实测 14.7784 m^3/t;
W_c——运出地面后煤的残存瓦斯含量,m^3/t,无实测值根据原煤挥发分为7.60%,可按参照规范选取 7.6 m^3/t。

开挖工作面按绝对瓦斯涌出量计算风量的公式为:

$$Q = 100 \ Q_{绝} k = 100 \times 14.7784 \times 2.0 = 2956 \ m^3/min$$

式中 $Q_{绝}$——开挖工作面绝对瓦斯涌出量(未抽放时),m^3/min;

(3)按最大炸药消耗量计算

$$\begin{aligned} Q &= 25A = 25 \times 40 \\ &= 1000 \ m^3/min \end{aligned}$$

式中 A——掘进工作面最大炸药消耗量,约 40 kg。

(4)按瓦斯绝对涌出量计算风量时,应将洞内各处的瓦斯浓度稀释到0.5%以下。

$$\begin{aligned} Q_{req(CH_4)} &= \frac{60 Q_{CH_4} \cdot \alpha}{B_g} \\ &= (60 \times 0.244 \times 2.0)/0.005 \\ &= 5856 \ m^3/min \end{aligned}$$

式中 $Q_{req(CH_4)}$——稀释瓦斯所需风量,m^3/min;

α——斯涌出的不均衡系数，1.5~2.0；

B_g——隧洞内瓦斯浓度安全控制值，0.5%；

Q_{CH_4}——隧洞内单位时间瓦斯涌出量，m³/s。

如采用抽放，且经抽放达标，残余瓦斯含量在浓度 8 m³/min 以下，其所需风量如下：

$$Q_{req(CH_4)} = \frac{60 Q_{CH_4} \cdot \alpha}{B_g}$$
$$= (60 \times 0.133 \times 2.0)/0.005$$
$$= 3\ 200\ m^3/min$$

开挖工作面采用一台 SDF(B)-4-NO12.5 2×110 型通风机压入式供风，其风量为 1 550~2 912 m³/min（正常风量 2 385 m³/min），一台 SDF(B)-4-NO11.5 2×75 型通风机压入式供风，其风量为 1 171~2 281 m³/min（正常风量 1 863 m³/min）；开挖工作面正常实际配风为 4 248 m³/min。

(5) 按风速验算

$$Q_{min} = 15S = 15 \times 32.15$$
$$= 482.25\ m^3/min$$
$$Q_{max} = 240S = 240 \times 32.15$$
$$= 7\ 716\ m^3/min$$

式中：S——掘进工作面断面，32.15 m²。

综合上述计算，如不采取瓦斯抽放，开挖工作面应按 $Q = 5\ 856$ m³/min 配风，采取瓦斯抽放且抽放达标后，现有实际配风 4 248 m³/min 满足要求。

临时躲避洞室深度不超过 6 m，采用扩散通风，不单独配风。

2. 通风实施方案

结合通风计算结果，根据《煤矿安全规程》采用大型风机时应有 100% 的备用量。

在水打桥隧洞进口端洞口外 30 m 安装 2×110 kW+2×75 kW 对旋轴流式风机 2 台（备用 1 台 2×110 kW 风机），通风机采用风筒压入式向隧洞内通风，风筒直径 100 cm，转速 1 480 r/min，高效风量 2 691 m³/min，既能满足隧洞施工风量要求亦能满足在揭煤时最大断面风速不小于 0.5 m/s。

如果按照隧洞内回风流中的最低风速 0.5 m/s 计算，由此选择的风机配备的送风风筒双路（风筒直径 100 cm）承受的压力一般，风筒内风速也比较适中，通风比较容易管理，如图 7-31 所示。

根据《铁路瓦斯隧道技术规范》要求，瓦斯隧洞施工期间，实施连续通风。因检修、停电等原因停风时，必须撤出人员，切断电源。

3. 通风效果检测

采用专用检测仪器进行监测，实测掌子面最大风速为 3 m/s，回风巷风速为 0.5 m/s，满足通风计算和规范要求。炮后瓦斯浓度最高为 25%，通风 30 min 分可将瓦斯浓度降低至 0.5% 以下，停电后 5 min 备用电源可正常启动风机通风。通风检测如图 7-32 所示。

7.2.8 煤与瓦斯突出防治技术

瓦斯突出是煤矿或高瓦斯隧道生产中存在的一种极其复杂的地质动力现象，执行防突措

图 7-31 双风筒供风

图 7-32 通风检测

施的主要目的是降低或消除煤层的受力状态并排除煤层中的瓦斯,使煤层中的瓦斯含量或瓦斯压力降低到不会发生突出的安全水平。水打桥隧洞煤与瓦斯突出防治技术借鉴煤矿、公路、铁路行业防治煤与瓦斯突出的经验并结合了水利行业的特点。

1. 石门揭煤技术

揭煤是瓦斯施工安全保障重要技术。瓦斯隧道施工采用石门分层、分段揭煤,不得同时多层揭煤,在瓦斯隧道施工中石门为隧道掘进方向掌子面至隧道设计开挖线内煤层的法向距离岩层。水打桥隧洞设 5 m 石门,复杂情况石门距离应加大。石门工作面距煤层的垂距不得小于 1 m,当石门揭穿后,在半岩半煤中掘进。各掘进工作面应始终保持前方安全区不得小于 5 m。如图 7-33 所示。

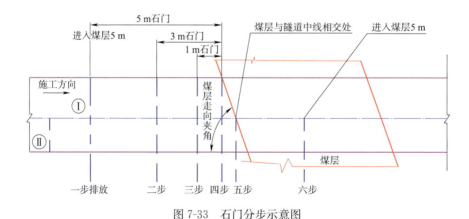

图 7-33 石门分步示意图

揭煤前应设置钢架、超前支护等防护措施。

进入煤系地层后,采用湿式钻孔,爆破作业采用煤矿许用炸药,并采用煤矿许用电雷管电力起爆。其中,炸药安全等级不低于三级的煤矿许用含水炸药。在开挖工作面使用煤矿许用瞬发电雷管或煤矿许用毫秒延期电雷管(最后一段的延期时间不大于 130 ms),不同厂家生产的或不同品种的电雷管不得掺混使用。

煤系地段无论煤层突出与否,均采用振动放炮揭煤。

揭煤施工过程采取分步实施,从石门工作面距煤层顶(底)板 10 m 垂距开始至石门工作面进入煤层顶(底)板至少 1 m 止。分别进行如下施工步骤：

1)石门工作面距煤层垂距 10 m 位置施作 3 孔 ϕ89 地质超前钻孔，并取岩(煤)芯，以掌握煤层位置、走向、倾向、倾角、煤层厚度、瓦斯赋存情况以及瓦斯放散初速度指标和煤的坚固性系数。

2)石门工作面施工至煤层 5 m 垂距处，施作 3 孔 ϕ89 穿透煤层全厚的预测孔，测定煤层瓦斯压力、煤的瓦斯放散初速度与坚固性系数、钻屑瓦斯解吸指标等。预测煤层突出危险性，如果有突出危险性，施工排放钻孔进行瓦斯抽排，一段时间后，再进行效果检验直至有效。如无突出危险性，继续向前施工。预测孔与超前钻孔、探测孔见煤点的间距不小于 5 m。

3)石门工作面施工至煤层 3 m 垂距处，施工 3 孔 ϕ89 钻孔，采用钻孔法测定每个钻孔的最大钻屑量和最大瓦斯涌出初速度，预测煤层的突出危险性，如果有突出危险性，施工排放钻孔进行瓦斯抽排，一段时间后，再进行效果检验直至有效。如无突出危险性，继续向前施工。

4)石门工作面施工至煤层 1.5 m 垂距处，再采用钻孔法测定每个钻孔的最大钻屑量和最大瓦斯涌出初速度，预测煤层的突出危险性，如果有突出危险性，施工排放钻孔进行瓦斯抽排，一段时间后，再进行效果检验直至有效。如无突出危险性，继续向前施工。

揭煤防突作业流程如图 7-34 所示。

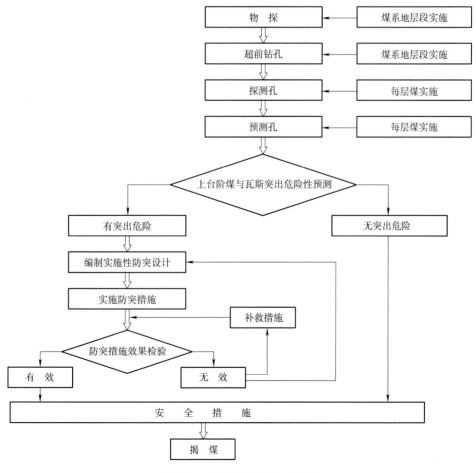

图 7-34 揭煤防突作业流程图

(1)突出危险性预测

在瓦斯突出工区施工时,应在距煤层垂距 5 m 处的开挖工作面打瓦斯测压孔,或在距煤层垂距不小于 3 m 处的开挖工作面进行突出危险性预测。

预测孔和测压孔均布置在拟首次揭煤的断面范围内,根据隧道开挖断面尺寸,布置 3 个预测孔和 1 个测压孔,钻孔要能控制开挖周边 2~3 m 范围,钻孔穿透煤层全厚,并进入煤底板不小于 0.5 m。测压采用主动式封孔深孔测压技术。

测压孔径为 75 mm;测定瓦斯涌出的初速度后应即时封孔,测定瓦斯压力。预测孔开孔孔径为 89 mm,见煤后改用电煤钻(孔径 42 mm)打穿煤层,每打 1 m 煤孔,收集全部钻屑,按《防治煤与瓦斯突出规定》有关规定,检测有关指标,判定其突出危险性,判定是否需要排放瓦斯。上述各孔的见煤点与原超前探孔见煤点的间距应不小于 5 m。

揭煤前进行瓦斯突出危险性预测,且预测方法不得少于两种,以相互验证。石门揭煤采用瓦斯压力法、钻屑指标法。突出危险性预测方法中有任何一项指标超过临界指标,该开挖工作面即为有突出危险工作面。其预测时的临界指标应根据实测数据确定,当无实测数据时,可参照《铁路瓦斯隧道技术规范》中所列突出危险性临界值,见表 7-6 和表 7-7。

表 7-6 预测石门揭煤工作面突出危险性临界值

钻屑解析指标临界值	
Δh_2(Pa)	$K_1[\mathrm{mL}/(\mathrm{g} \cdot \mathrm{min}^{1/2})]$
干煤 200	0.5
湿煤 160	0.4

表 7-7 预测煤巷掘进工作面突出危险性临界值

名称	Δh_2	最大钻屑值		K_1	突出危险性
单位	Pa	kg/m	L/m	$[\mathrm{mL}/(\mathrm{g} \cdot \mathrm{min}^{1/2})]$	
干煤	≥200	≥6	≥5.4	≥0.5	突出危险性工作面
湿煤	<160	<6	<5.4	<0.5	无突出危险性工作面

在钻孔过程中,出现顶钻、卡钻、瓦斯和煤粉的喷孔等动力现象时,应视该开挖工作面为突出危险工作面。

接近突出煤层前,必须对设计标示的各突出煤层位置进行超前探测,标定各突出煤层准确位置,掌握其赋存情况及瓦斯状况。

1)初步探测

在综合超前地质预测预报结合物探的工作基础上,施作至少 5 个超前地质钻孔。超前钻孔直径为 ϕ108,钻孔与煤层顶(底)板交点控制在衬砌开挖轮廓线外 10 m 范围内,确保在正洞开挖遇到煤层前 10 m 外了解煤层的大致位置。超前钻孔水平距离每 30 m 一环,搭接 10 m,每环 5 孔,每孔长约 32 m。

2)精确探测

在距初探煤层位置 10 m(垂距)处的开挖工作面上打 3 孔 ϕ89 mm 超前探孔,并取岩(煤)芯,分别探测开挖工作面前方上部及左右部位煤层位置;按各孔见煤、出煤点计算煤层厚度、倾角、走向及与隧道的关系,并分析煤层顶、底板岩性;掌握并收集探孔施工过程中的瓦斯动力现象。

各探孔施工要求：

①各探孔要求应穿透煤层进入顶(底)板不小于 0.5 m；

②正式探孔应取完整的岩(煤)芯，进入煤层后宜用干钻取样；

③各探孔直径为 89 mm；

④所有钻孔要详细记录岩芯资料，以利于探明煤层的相对位置，煤层倾角、厚度、走向的变化及地质构造和瓦斯情况等；

⑤在钻孔过程中要仔细观察孔内排出的浆液、煤屑变化情况，是否有喷孔、卡钻、顶钻等异常现象，并做好记录；

⑥在布孔时应本着一孔多用的原则，探孔尽可能用作预测孔和起到瓦斯排放孔的作用。

3)揭煤防突应规定

施工人员必须佩戴自救器。

掘进工作面中煤层爆破时，所有人员必须撤到洞外。

应加强通风管理，开挖面应有足够新鲜空气。

加强地勘与调查收集邻近隧道、矿山等相关资料工作。

对于不知道是否具有突出危险性的煤层，必须进行预探，并进行瓦斯考查，检验其是否具有突出危险性。预探时必须保证足够的安全距离。

当经预测具有突出危险性时，必须按照突出煤层进行施工管理，并严格遵守《煤矿安全规程》及《防突实施细则》的规定。

4)防突措施效果检验

瓦斯排放措施实施后，进行瓦斯排放效果检验，以确保是否有效。当检验结果的各项指标都在该煤层突出危险临界值以下，则视为措施有效；否则，认为措施无效，应采取延长排放时间，增加排放孔数量、瓦斯抽放等补救措施。效果检验方法及要求同煤与瓦斯突出性预测。

2. 预抽煤层瓦斯防突技术

根据《贵州省高速公路瓦斯隧洞设计技术指南》，预抽瓦斯钻孔采用 $\phi76$ 的孔径。钻孔间距应根据煤层透气性按钻孔抽放半径确定。无实测钻孔抽放半径时，钻孔孔底间距不宜小于 3 m。

隧洞断面型式为半径 $r=2.7$ m 圆形断面，开挖断面 $r=3.50$ m。因无实测钻孔抽放半径，抽放瓦斯钻孔孔底间距以 5 m 进行设计。瓦斯抽排孔计 5 孔，利用掌子面中心灌浆孔④和部分灌浆孔②，其中灌浆孔②利用 4 孔，隔孔利用，抽排深度同灌浆深度相同，要求抽瓦斯负压不小于 15 kPa，抽排结束以瓦斯浓度低于 10% 或瓦斯压力小于 0.2 MPa。

钻孔之前对掌子面采用厚 1 m C20 混凝土进行封闭，瓦斯抽排孔布置如图 7-35 所示。

(1)抽排瓦斯方法

根据《煤矿瓦斯抽排工程设计规范》(GB 50471—2008)，瓦斯抽排方法应根据煤层赋存条件、瓦斯来源、隧洞布置、时间配合、瓦斯基础参数等因素，经技术经济比较后确定。采用浅孔网格法抽排，抽排控制范围的外边缘到隧洞轮廓线的最小距离不小于 5 m。

(2)抽排参数确定

1)抽排率确定

瓦斯抽排量抽排率的大小根据 AQ 1026—2006 标准确定，取 40%。抽排规模为 $4.79\times$

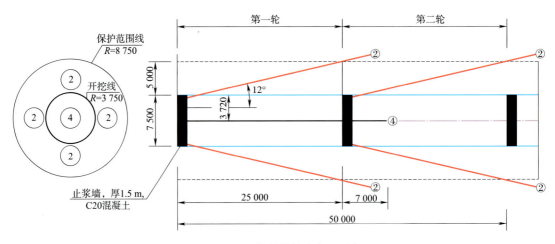

图 7-35 瓦斯抽排钻孔布置示意

$40\% = 1.92 \text{ m}^3/\text{min}$。

2)抽排时间

采用实际抽排效果来决定抽排时间,对每一个单孔进行检测,确保每一个单孔消突。

3)抽排负压

预抽瓦斯孔口负压为 15 kPa。

(3)抽排钻孔布置及施工

1)抽排参数

瓦斯抽排钻孔直径为 76 mm,抽排孔每环长度为 35 m,循环搭接长度 7 m,抽排半径为 7.75 m。

2)抽排钻孔

钻孔采用 ZDY-3200L 型钻机施工如图 7-36 所示。按设计参数进行施工,作好钻孔竣工参数记录。

预抽瓦斯钻孔封堵必须严密,穿层钻孔的封孔段长度不得小于 5 m。

3)封孔方式

抽排钻孔封孔方式采用人工聚胺酯封孔,由异氰酸酯和聚醚并添加几种催化剂反应而生成硬质泡沫体密封钻孔,聚胺酯封孔操作简单,省时省力,气密性好,抽排效果好。

图 7-36 瓦斯抽排钻孔

主要材料为聚氨酯、水泥、沙、毛巾。

主要封孔操作方法:

①封孔前必须清除钻孔内煤岩粉,其封孔采用聚氨酯砂浆泵进行注浆封孔。

②封孔时用 2 寸软管其管长 12 m,钻孔最里段 2 m(4 cm 小孔布置)处严禁封堵,在软管外口用木锥将管口堵死以防煤尘进入管内。

③先用毛巾在抽放管前端 2 m 处用铁丝扎紧。

④药液调制与封孔:取甲乙两种药液按一定比例倒入容器内药液调制到封孔管送入孔内,

进行混合搅拌成乳白色时倒在已绑扎好的毛巾上,迅速将封孔管裹上扎紧送入钻孔。必须在 2 min 内完成,否则聚氨酯开始膨胀将封孔管无法送入孔内。

⑤封孔要确保钻孔不漏气、封孔管无松动、钻孔气路畅通。孔口由专人用水泥封堵,必须确保封堵段长度大于 0.5 m,孔口水泥必须平整。如图 7-37 所示。

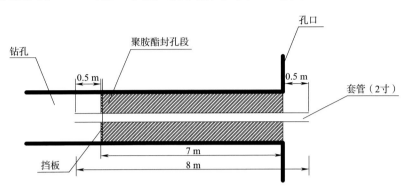

图 7-37 封孔泵与被封钻孔的连接图

(4)瓦斯抽排系统及设备选型

根据抽排泵站位置、管路安装条件等进行确定。移动抽排泵距工作面距离不小于 200 m。高负压抽排主管为 $\phi 200$ 的 PVC 管,敷设至洞外 50 m 排放。

1)瓦斯管路敷设

在隧洞敷设管路必须用 0.3 m 高的混凝土台座。

管路敷设应尽量将管道调设平直,坡度一致。

敷设管路时应创造排除管中积水的条件,在易积水处设置放水器。

敷设管路时,一般采用法兰盘或快速接头接合,法兰盘中间应夹有胶皮垫,且胶皮垫的厚度最好不小于 5 mm。

瓦斯管路都要进行漏气检验。

2)附属装置

管路系统的附属装置有各类阀门、测压嘴、计量装置、钻孔连接装置、防爆阻火器等。

瓦斯泵出入口阀门,每台瓦斯泵的入口和出口各一个,要求阻力小,最好使用闸板式阀门。

入口负压测量装置——静压管。

出口正压测量装置——静压管。

测量测定装置——流量、压力、浓度测量计。

瓦斯泵有独立的供电系统,由洞口变压器房引两回独立线路至瓦斯泵。

3)瓦斯管的连接方式、主管趟数

用弹簧软管将钻孔瓦斯抽排管与钻场汇流管相连,汇流管与钻场瓦斯管连接后与隧洞中的瓦斯抽排连接。如图 7-38 所示。

瓦斯抽排主管道为 1 趟,均采用法兰盘螺栓紧固连接,中间夹橡胶密封圈,为安装方便,抽排管路拐弯处采用弹簧软管。如图 7-39 所示。

4)抽排设备选型

抽放泵采用 2BEA-42 型水环真空泵 1 台,最大抽气量 42 m^3/min,极限真空度 33 kPa,真

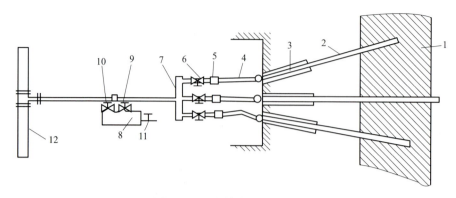

图 7-38 瓦斯抽放连接示意图

1—煤层；2—钻孔；3—封孔材料；4—胶管；5—流量计；6、9、10、11—闸门；
7—汇总管；8—放水器；12—瓦斯抽排主管。

空泵配套电机功率为 55 kW，转速 472 r/min。如图 7-40 所示。

图 7-39 集引管

图 7-40 瓦斯抽排移动泵站

(5) 泵站供配电、照明、供水及通信

1) 瓦斯抽排站电源采用 380 V 供电。采用 YJV22-3×240+2×120 矿用电缆，供电开关采用煤矿专用防爆开关。如图 7-41 所示。

照明电源配备有短路、过负荷及漏电闭锁的矿用隔爆照明综合保护器供给，在瓦斯泵站配备有隔爆型照明灯具，而且满足照明度不低于 20lx 的要求。

2) 供排水

供水主要用水为抽排泵冷却水，抽排泵的冷却水系统取自供水管路，通过三通分支进水管路敷设至瓦斯抽排泵站内，为其提供足够的用水量。

图 7-41 洞内防爆开关

排水由抽排泵排出的冷却水收集后排入排水沟。

3) 通信

在瓦斯抽排泵处设置直通值班室的电话，其型号选用矿用防爆型拨号电话机。

(6) 瓦斯抽排监测及控制

同时为保证瓦斯抽排系统的安全运行和安全生产，瓦斯抽排泵处必须具备完善的安全监测系统,对抽排泵处的瓦斯浓度、抽排泵管路内的瓦斯浓度、负压、温度、一氧化碳等参数进行实时监测。

移动抽排泵处环境甲烷传感器,报警值、断电值设为≥0.5%,复电值设为<0.5%,断电范围为移动抽排泵所有非本质安全型电器设备。

在抽排泵输入管路中设置高浓度甲烷传感器、一氧化碳传感器、温度传感器、负压传感器等对抽排管路内数据进行监测监控。如图7-42所示。

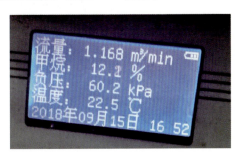

图 7-42 瓦斯抽排监测

3. 固结灌浆

瓦斯抽排完成后,对隧洞前方煤层采取固结灌浆方法,固化煤层,提高其坚固性系数,并封堵隧洞开挖工作面外围瓦斯。

水打桥隧洞 1+410～1+600 段,帷幕加固长度为 35 m,每环长度与抽排孔一致,搭接长度 5 m。帷幕注浆使用水泥—水玻璃双液浆,采用压密注浆,形成对围岩加固及封堵瓦斯。如图 7-43 所示。

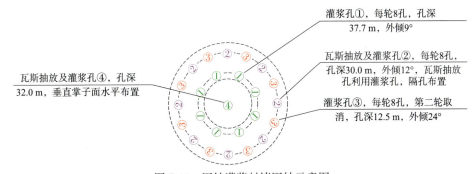

图 7-43 固结灌浆封堵固结示意图

灌浆孔①,距掌子面边缘 1.85 m,环向布置,每轮 8 孔,孔深 37.7 m,外倾 9°;灌浆孔②,距掌子面边缘 0.6 m,环向布置,每轮 8 孔,孔深 30.0 m,外倾 12°;灌浆孔③,距掌子面边缘 0.6 m,与灌浆孔②相间布置,每轮 8 孔,第二轮取消,孔深 12.5 m,外倾 24°;灌浆孔④,孔深 35.0 m,垂直掌子面水平布置。

4. 固结灌浆施工

(1)止浆墙施工方法

全断面止浆墙(共 8 环)采用挂网 C20 混凝土,混凝土厚度为 1.5 m,环向采用 ϕ25 钢筋锚杆,与初期支护接茬加固,每根长 3 m,间距 0.5 m。

(2)钻孔施工

1)注浆钻孔结构及施工技术要求

对于超前帷幕注浆的注浆孔开孔孔径为 $\phi 110$ mm,埋设 2.0 m 长 $\phi 108$ mm 孔口管,2.0 m 以后孔径为 $\phi 91$ mm 直至终孔。

注浆钻孔孔口位置应准确定位,与设计位置的容许偏差为 ± 5 cm,偏角应符合设计要求,每钻进一段,检查一段,及时纠偏,孔底位置偏移应小于 30 cm;钻孔顺序应先外后内,同一圈孔间隔施工,钻进时对孔内情况进行详细记录,如掉块、坍塌、堵钻、钻速等,尤其是出水量的高低需要准确记录。

2)钻机安装

钻孔选用 SM-14 地质钻机,先根据设计图孔位、钻孔参数,在工作面上放出钻孔位置,并用油漆标定。

调整钻杆的仰角和水平角,移动钻机,将钻头对准所标孔位。

将棱镜放在钻杆的尾端,用全站仪检查钻杆的姿态并调整。

同时采用罗盘根据计算的方位角与倾角复核钻杆状态,确保钻孔准确。

3)埋孔口管及试验

钻进预埋孔口管段,采用 $\phi 90$ mm 钻头钻进,该段长度为 3.0 m,钻进结束后,装入规格 $\phi 90$ mm$\times 5$ mm,$L=3.0$ m 的热轧无缝钢管,再灌入水灰比为 0.5∶1 的早强水泥浆将其固定,待凝 48 h 后,安装闸阀,开始扫孔。扫孔结束后,采用 1.2~1.5 倍的设计注浆压力进行耐压及抗渗试验,经试验确认无泄漏且满足耐压要求,才可以继续钻进,否则必须进行处理直至达到设计要求为止。

4)钻进成孔

钻孔按先内圈,后外圈的顺序进行。内圈钻孔可参照外圈钻孔的顺序,后序孔可检查前序孔的注浆效果。逐步加密注浆,一方面可根据钻孔的情况调整注浆参数,另一方面如果钻孔情况证明注浆效果已达到设计要求,即可进行下一圈孔的钻进,减少钻孔的工作量,加快施工进度。钻孔时,还要严格作好钻孔记录,包括孔号、进尺、起讫时间、岩石裂隙发育情况、出现瓦喷位置。

①钻进注意事项

为了及时清除孔内岩渣、减少钻具的磨损,应经常从孔底提起冲击器,对孔进行充分的排渣。

如孔内突然发生坍塌、钻进过程中遇瓦喷或岩层破碎造成卡钻,应停止钻进,同时保持冲击器动作并立即在孔内上下运动,如果有必要,可以增加冲击器转速,一直到冲击器能自由上下,以岩渣从孔内排清为止。

加接钻杆时,要特别注意钻杆内的清理,以免岩渣及管内铁锈等赃物进入冲击器,引起零件损坏或发生停钻事故,钻杆螺纹应涂润滑脂。

当一根钻杆打完时,必须将孔内岩渣吹扫干净,然后减少气量,将冲击器慢慢放入孔底,过一会在缓慢停气,方可接上另一根钻杆,以防岩渣倒灌进入冲击器。

调换钻头时,要保证替换钻头小于被替换钻头,以防替换钻头卡在孔内,因此,钻头应排队使用。

应经常检查圆键及柱销的磨损情况,及时修理或调换,以防钻头掉进孔内。

②钻进过程中的防尘措施

无水正常钻进时,孔内将返出大量灰尘,这是需在孔口安装防尘罩,并在防尘罩与孔口之间喷射高压水流。

现场工作人员需佩戴防尘口罩和防护眼镜。

加强现场的通风。

(3)注浆工艺

采用分段注浆工艺,注浆范围、长度与灌浆孔一致。

1)钻孔冲洗

决定钻进孔段需注浆时,必须立即进行钻孔冲洗工作。钻孔冲洗的目的是清除钻孔中的残存岩粉,岩石裂隙中所填充的黏土杂质等物。冲孔方式采用压力骤升骤减的放水方式,冲洗结束的标准为:出水管的水洁净后再延续10 min,总冲洗时间不低于30 min,对个别特殊情况还要增加冲洗时间。

2)浆液材料及制浆

浆液采用纯水泥浆或水泥—水玻璃浆液。水泥浆的水灰比(重量比)为0.5∶1,水泥采用P·O42.5普通硅酸盐水泥,水泥细度要求通过80 μm方孔筛的筛余量不大于5%,所用水泥必须新鲜无结块,每批进场水泥均应有出厂合格证及检验分析报告单,不合格的水泥不能使用。当耗浆量大于1 000 kg/m时,可掺入水玻璃稀释液,水泥浆与水玻璃体积比为1∶1～1∶0.6,水玻璃浓度采用波美度$Be'=40$,模数为2.4～3.0,最终配合比由现场试验确定。

选用JZ350叶片式搅拌机作为制浆设备,为了保证浆液的均匀性和在注浆间隙时不沉淀,另自行加工搅拌储浆桶两台,容量1 m³,采用立式电动机和摆线针轮式减速器,用支架倒立于储浆桶上,通过联轴节将动力直接传给搅拌轴。为了方便吸浆,在储浆桶外侧设两个以上取浆口,以保证大流量注浆时浆液的供应。

根据选定浆液的配比参数拌好浆液,其中水泥浆拌好后用1 mm×1 mm网筛过滤,放入叶片立式搅拌机进行二次搅拌,确保浆液均匀。

3)注浆

注浆顺序:先实施瓦斯抽排孔,抽排结束后再实施固结灌浆孔,固结灌浆孔按照由内及外的原则进行,按④—①—②—③孔顺序实施。

注浆结束标准:灌浆结束标准以注入率不大于1 L/min后,继续灌注30 min,可结束灌浆。

灌浆压力0～5 m灌浆压力0.3 MPa;5～10 m灌浆压力0.8 MPa,其余段灌浆压力1.5 MPa。注浆压力可以根据注浆过程中止浆墙的变化情况进行适当调整,但注浆过程必须要避免初支、止浆墙开裂。

①注浆过程注意事项

注浆前进行注浆试验,初步掌握浆液填充量、注浆量、浆液配比、凝结时间、浆液扩散半径、注浆终压等指标。

一个孔段的注浆作业一般应连续进行直到结束,不宜中断,应尽量避免因机械故障、停电、停水、器材等问题造成的被迫中断。对于因实行间歇注浆、制止串浆冒浆等有意中断,则应先扫孔至原设计深度后进行复注。

岩层破碎容易造成坍孔时,采用前进式注浆,否则采用后退式注浆。

当注浆中断时间超过浆液凝胶时间时,应在浆液凝胶之前把浆液从注浆管路系统中排出,用清水冲洗干净,查明中断原因,排除故障,处理好后再恢复注浆。

为防止浆液中混入纸片及水泥硬块杂物堵塞管路,在搅拌桶进口及出口处设置过滤筛或过滤网。

注浆过程中,必须注意观察注浆压力和吸浆量的变化情况,当出现异常时,应立即检查并及时处理。

注浆中出现注浆压力突然下降、流量增大,属跑浆或超扩散,可采用缩短凝胶时间,增大浆液浓度或采用低压、间歇注浆方法,及时调整处理。

②特殊情况下的注浆措施

注浆中断:对于注浆中断,应及时采取措施,缩短中断时间,尽量恢复注浆。如中断时间较长,应及时冲洗钻孔,并检查注浆设备,找出中断原因,采取有效措施,对注浆中断的孔段扫孔并进行复注弥补,以保证注浆质量。

串浆:当发生串浆应立即采取措施,可对串浆孔同时进行灌浆或者将串浆孔用堵头封堵,带灌浆孔结束灌浆后,再将串浆孔打开,进行扫孔,冲洗,而后继续钻机或注浆。

岩层大量漏浆:发生岩层大量漏浆时,应立即停止注浆施工,查明原因。

查询钻孔记录,如是可能溶腔或裂隙发育部位,采用后退式注浆方式通过溶腔部位。同时缩短注浆段高,降低注浆压力,限制进浆量或加大浆液浓度等措施,严格控制注浆量,既保证注浆质量又不浪费浆液。

注浆工艺如图 7-44 所示,其注浆施工及效果如图 7-45 所示。

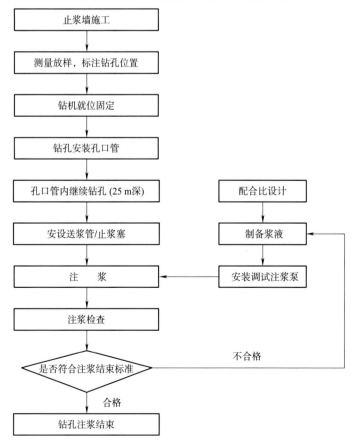

图 7-44 注浆工艺流程

图 7-45 注浆施工及效果照片

5. 工作面防突效果检验

(1)工作面防突措施效果检验必须包括以下两部分内容：

检查所实施的工作面防突措施是否达到了防突方案要求和满足有关的规章、标准等，收集工作面及实施措施的相关情况、突出预兆等（包括喷孔、卡钻等），作为措施效果检验报告的内容之一，用于综合分析、判断。检验各检验指标的测定情况及主要数据。

(2)钻屑指防突措施效果检验法。

瓦斯检测孔⑤，每轮 4 孔，孔深 25 m，按上、下、左、右垂直掌子面水平布置，检验孔布置如图 7-46 所示。

瓦斯检测孔需测定瓦斯放散初速度 ΔP_{max}、煤层坚固性系数 f_{min} 和瓦斯压力 P_{max}，如检测为不突出煤层时方可进行开挖，如检测仍为煤与瓦斯突出煤层，及时上报设计单位，以确定下步施工方案。

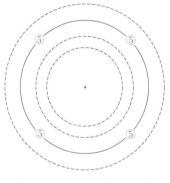

图 7-46 检验孔布置示意图

当检验结果措施有效时，若检验孔与防突措施钻孔向隧洞掘进方向的投影长度（简称投影孔深）相等，则可在留足防突措施超前距（掘进工作面应保留的最小防突措施超前距为 5 m），并采取安全防护措施的条件下掘进。检测过程如图 7-47 所示。

图 7-47 检测过程

7.2.9 设备配置与供配电配置技术

水工高瓦斯隧洞由于洞身狭窄,根据相关规范要求,为保障施工安全需对洞内机械及供电设施进行改装。总结高瓦斯水工隧道设备的改装要求,确定了尾气处理及电气系统的防爆改装方法。通过实践证明,改装后的设备与电力设施能保证工程施工安全,防爆改装技术为类似工程提供借鉴和参考。

1. 瓦斯隧道设备要求

根据相关规范的要求,高瓦斯工区和瓦斯突出工区的电气设备与作业机械必须使用防爆型。隧洞在进洞前已对所使用的机械设备进行防爆改装。主要包括:挖掘机、装载机、自卸汽车、湿喷机(机械手)、岩石挖机等。机械设备改装选择有资质的单位对隧洞内使用的机械进行防爆改装。

在根据相关规程规定,并结合隧洞施工实际情况,针对瓦斯隧洞内燃施工机械、设备选配了一套适合于车载的瓦斯自动监测报警闭锁系统。该系统安装于内燃施工机械、设备上,实时监测其周围环境空气中的瓦斯浓度,当环境瓦斯浓度超过报警限值,系统发出声光报警;浓度继续上升,超过断电上限后,监控系统发出车辆自动断油断电信号,控制车辆上相关电子装置实现自动断电熄火功能。当环境瓦斯浓度降到安全限值以下报警解除后,该内燃施工机械、设备方可再次启动。

改装后防爆柴油机的技术要求:

(1)排气温度不超过70 ℃;水箱水位下降设定值;机体表面温度不超过150 ℃;电器系统采用防爆装置;启动系统采用防爆装置;以上各项设定值是光指标、声报警,延时60s自动停车;防爆柴油机采用低水位报警和温度过高报警。

(2)排气系统中一氧化碳、氮气化物含量不超过国家设定排放标准。

(3)改装柴油机防爆系列按照国家柴油机的技术规范和要求标准。

2. 矿用防爆设备选型配套

已按高瓦斯隧洞进行组织施工,洞内按无轨运输方案进行组织施工,已改的防爆设备主要有:

(1)挖掘式装载机(扒渣机),1台,自带防爆功能,当瓦斯超标时自动停机。

(2)装载机,1台,改装内燃排气系统及电气系统,并实现瓦电联锁,当瓦斯超标时自动停机。

(3)自卸汽车,3台,改装内燃排气系统及电气系统,并实现瓦电联锁,当瓦斯超标时自动停机。

(4)喷浆车,1台,改装内燃排气系统及电气系统,并实现瓦电联锁,当瓦斯超标时自动停机。

(5)全液压式煤用钻机,1台,自带防爆功能,当瓦斯超标时自动停机。

(6)其他小型电动机械,进行防爆电机及电气系统进行改装,并实现瓦电联锁,当瓦斯超标时自动停机。见表7-8。

表7-8 机械设备配置

序号	设备名称	规格(型号)	数量	额定功率(kW)	用于施工部位	备注
1	挖掘机	1 m³	1	110	出渣	加装隔爆装置

续上表

序号	设备名称	规格(型号)	数量	额定功率(kW)	用于施工部位	备注
2	侧卸式装载机	ZL40C	1	145	装车	加装隔爆装置
3	自卸汽车	15t	3	290	出渣运输	加装隔爆装置
4	空压机	28 m³/min	1	160	打钻供风	
5	空压机	20 m³/min	4	132	打钻供风	
6	管棚钻机	DK-300	1	11	洞门导向墙施工	
7	防爆超前钻机	ZLJ-250	1	4	超前预测	
8	掘进设备	YT28	12		开挖	
9	压入式通风机	SDF(B)-NO18-200X2	4	220	洞内通风	
10	抽水机	KWPK200-400	10	15	洞内抽水	
11	离心泵	MD155-30×3	2	15	洞内抽水	
12	发电机	400 kW	1	400	备用电源	
13	混凝土喷射机	PM500PC	2	75	洞内喷浆	
14	防爆注浆机	2TGZ60/210	2	7.5	洞内注浆	
15	防爆台车	TMKB-12	1	50	二次衬砌	
16	主变压器	KBY-10/0.4/630	1	800 kVA	供电	
17	专用变压器	KBY-10/0.4/315	1		通风专用	
18	矿用干式变压器	KSG-4	2		电源	
19	瓦斯抽放泵	ZWY15/37	1	37	抽瓦斯	
20	瓦斯断电仪	DJ4G	2		瓦斯超标自动断电	
21	瓦斯报警仪	FBJ(A)	4		瓦斯超标报警	
22	瓦斯检测仪	CJG10X	2		瓦斯检测	
23	防爆馈电开关	KB	2		洞内开关箱	
24	防爆磁力启动器	KB	4		洞内开关箱	
25	煤钻综合保护	ZB80-4.0	8		洞内开关箱	
26	漏电检保仪	JYB82-2	2		漏电保护	
27	防爆电话	KTH17B	2		通信	
28	防爆电话交换机	KTA121	1		通信	
29	防爆照明灯	DGS18/127/36L(A)	120		照明	

3. 防爆闭锁改装技术

(1)瓦电联锁系统选型

煤矿瓦斯监测设备目前市面上型号众多,但多数设备都比较笨重,价格质量也参差不齐,设备的安装维护也各有不同。考虑到监测系统在内燃施工机械、设备上应用与矿井的条件差别,选用××煤科院研制的 KZJ001-F 煤矿监测分站和 KG9701A 低浓度甲烷传感器,该系统具有体积小巧、安装方便、运行稳定、价格便宜的特点。

(2)系统结构及工作原理

系统主要由三部分组成:系统维护与配置管理中心、控制分站、检测控制器。系统结构如

图 7-48 和图 7-49 所示。

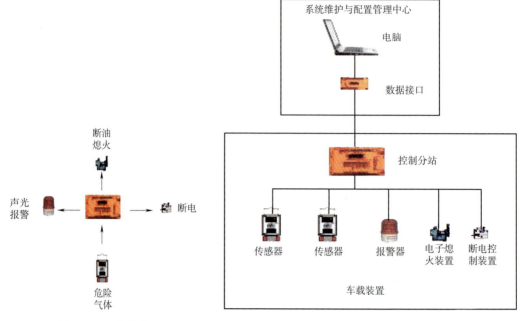

图 7-48 系统结构　　　　　　图 7-49 系统工作原理

1) 系统结构

① 系统维护与配置管理中心

系统维护与配置管理中心主要用于设置、调试系统配置参数和控制逻辑。主要由中心电脑、系统软件、数据传输接口组成。这部分配置主要由设备提供方使用,用户也可购置用于平时的维护。系统正常运行时不需该部分设备。

② 控制分站

分站是系统的数据采集处理和逻辑控制中心,负责从传感器采集环境参数,并将结果按照管理中心软件所设计的控制逻辑进行判断处理,根据配置方案在检测到异常时输出报警和断电等控制信号;分站还具备与管理中心进行数据通信的功能,接收管理中心下达的配置逻辑指令,并可将采集的数据发送至管理中心进行实时监测调试。

检测控制器包括传感器和报警器。传感器主要是采集隧洞的环境参数,传感器的种类比较多,如:瓦斯、一氧化碳、二氧化碳、开停、风速等。

报警器接收分站发来的报警信号,发出声光报警提示,提前发出预警。

2) 系统工作原理

系统主要采集施工机械工作区域的环境瓦斯气体浓度参数,控制分站根据采集的浓度值和控制逻辑进行分析处理。系统工作时,当环境瓦斯浓度逐渐上升,达到比较危险的浓度(比如按照有关规定设定为 1%),分站向报警器发出报警信号,报警器发出声光报警,驾乘人员听到或看到报警信号后,立即停止作业,通知相关人员核查现场实际情况,在查明起因并解除危险后再行作业,可以实现危险提前处理的作用。如果瓦斯浓度上升较快或者是施工机械现场无人值守时,环境瓦斯浓度达到较高危险限值(比如按照有关规定设定为 0.5%),此时控制分站向机械的断油熄火控制器和电源控制器发出控制信号,使机械自动停止工作并关闭总电源,实现闭锁,防止机械工作中或不知情人员重新启动,因火花造成爆炸事故。系统工作原理示意图如图 7-49 所示。

(3)安装方法

监测分站安装位置可根据内燃施工机械、设备本身的结构特点进行选择,可安装于驾驶室、内燃机械设备底部或侧面以及驾驶室与车厢连接处等。传感器安装于驾驶室顶部通风处。由于内燃施工机械、设备在运行中是一个振动剧烈的载体,因此相关设备需要做加固与防振设计。布置示意图如图 7-50 所示。

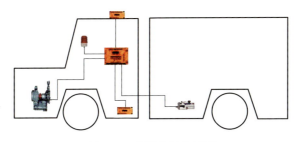

图 7-50　监测分站布置图

(4)系统配置

系统配置详见表 7-9。

表 7-9　系统配置

序号	设备名称	型号	单位	数量	备注
1	煤矿监测分站	KZJ001-F	台	1	
2	低浓度甲烷传感器	KG9701A	个	4	带保护箱,防振设计
3	声光报警器	—	个	1	
4	专用线缆及配件	—	套	1	
5	标气		瓶	1	
6	减压阀		个	1	可多台共用
7	流量计		个	1	

(5)改装与检验

施工机械进行防爆性能改装由具有专业资质单位进行,并经专业检测机构检测合格后投入使用。喷浆车防爆改装效果如图 7-51 所示。

7.2.10　隧道供配电

瓦斯灾害事故表明,瓦斯爆炸和瓦斯燃烧轻则会造成设备损坏和初支破坏,重则会造成人员伤亡。为便于分析,常将高瓦斯隧洞供电事故分为人身事故和设备事故。全都涉及到人员伤害的供电事故。后者使设备短路、漏电、误保护等事故。无论何种事故,如果不从根源上遏止,均可能造成严重的安全事故。故提高瓦斯系统安全供电管理工作是避免安全事故的重要途径,对于提高安全水平和企业效益具有重要意义。

图 7-51　喷浆车防爆改装

1. 供电线路的配置

依据《铁路瓦斯隧道技术规范》第 7.1.3 条"高瓦斯工区供电应配置两路电源。工区内采用双电源线路，其电源线上不得分接隧洞以外的任何负荷"的要求，隧洞供电方案设计为各自独立系统，洞内电器全部采用防爆型。

隧洞内设两回路电源线路，主要供隧洞内射流风机、照明及局扇使用；当一回路运行时，另一回路备用，以保证供电的连续性。

洞内的高压电缆应使用有屏蔽的监视型橡套电缆，低压电缆应使用不延燃橡套电缆，各种电缆的分支连接，必须使用与电缆配套的防爆连接器、接线盒。

为保证隧洞的正常通风及照明，备用 1 台 630 kW 发电机（图 7-52），在停电 15 min 内，启动发电机供隧洞内通风、监测及照明。

图 7-52　发电机

进入隧洞内的供电线路，在隧洞洞口处装设避雷装置。

洞内照明系统采用由洞内防爆变压器输出经矿用防爆主电缆在各相应地段设置照明及信号专用 ZXB4 型综合保护装置，将 380 V 三相中性点不接地电源降为 127 V，用分支电缆、防爆接线盒接入防爆灯具，以满足道路和施工的需要。

固定敷设的电线采用铠装铅包纸绝缘电缆。铠装聚氯乙烯或不延燃橡套电缆；移动式或手持式电气设备的电缆，采用专用不延燃橡套电缆；开挖面采用铜芯质电缆。

隧洞内照明灯具在已衬砌地段的固定照明灯具采用 EXdⅡ型防爆照明灯。开挖工作面附近固定照明灯具采用EXdⅠ型矿用防爆照明灯。移动照明全部采用矿灯。如图7-53所示。

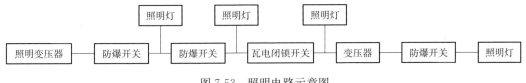

图7-53 照明电路示意图

2. 安全用电技术措施

(1)电气设备安全技术规定

所有洞内机电设备,不论移动或固定式都必须采用安全防爆类型。

禁止洞内电气设备接零。

检修和迁移电气设备(包括电缆移动、更换防爆灯泡)必须停电进行,不准带电作业。普通型携带或测量仪表(电压、电流功率表等)只准在瓦斯浓度0.5%以下的地点使用。

电缆的连续或分路时,必须使用防爆接线盒;电缆与电气设备的连接,必须用与电气设备性能(防爆型或矿用型)一致的接线盒。

洞内任何操作人员(包括电、钳工),不得擅自打开电气设备进行处理。电气设备的修理工作应在洞外进行。

不准使用不合格的绝缘油。

瓦斯隧洞供电,应采用双回路直供电源线路。

为了防止地面雷击波在隧洞中引起瓦斯爆炸,必须注意以下几点:

经由地面架空线路引入隧洞内的供电线路,必须在隧洞洞口外安设避雷装置。

通信线路必须在洞口处装设熔断器和避雷装置。

每月必须测定一次接地电阻值。接地网上任一保护接地点的电阻值,不得超过2Ω,每移动式和手持式电气设备同接地网之间的保护接地用的电缆芯线(或其他相当接地导线)都不得超1Ω。

防爆性能受到破坏的电气设备,应立即处理或更换,不得继续使用。

洞内使用的各种机电设备,必须安设自动检测报警断电装置。

洞内各种机电设备的开关、保险丝盒等均匀密闭,主要闸刀应有加锁装置。

(2)照明设备安全技术规定

①使用电灯照明(固定、移动式)的规定:

高瓦斯隧洞电压不应大于220 V。

输电线路必须使用密闭电缆,严禁使用绝缘不良的电线及裸体线输电。

使用的灯头、开关、灯泡等照明器材必须为防爆型。

灯具架设要离开易燃物30 cm以上,固定架设高度不低于3 m。

做现场移动照明时,应采用36 V安全电压。

②使用手电筒及空气电池灯照明的规定:

所有使用接触导电的部件,必须进行焊接。

不准在导坑内进行装拆、敲打、碰击。

使用前必须检查电池是否拧紧。

③进洞人员管理:工作人员进入隧洞前,必须进行登记和接受洞口值班人员的检查;不准

将火柴、打火机、损坏的灯头及其他易燃物品带入洞内；严禁穿化纤衣服进洞。

7.2.11 隧洞洞身施工

1. 隧洞开挖

每一循环经采取瓦突治理且经过效果检验无突出危险后,预留 7 m 安全距离(开挖每循环长度控制在 25 m 之内)。该段围岩为炭质泥岩加粉煤层,围岩自稳性非常差,采用上台阶法施工,水打桥隧洞 1+410～1+600 段采用台阶法施工,分三步开挖,上台阶高度约 3.0 m,下台阶高度约 4.0 m(预留沉降量 0.10 m),上台阶长度控制 3～5 m,下台阶分左右侧开挖。开挖顺序如图 7-54 所示。

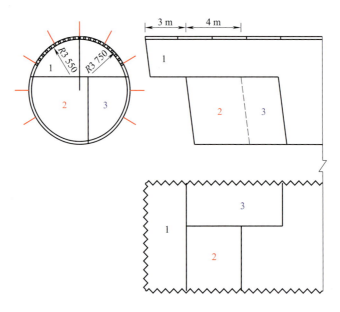

图 7-54　台阶法施工开挖示意图

开挖每循环控制在 1 m 以内(拱架间距 0.5 m)。开挖时,为减轻对周边围岩的扰动,应控制好装药量,采用弱振动爆破法开挖,各部位开挖完成后,及时施工初期支护结构,具体流程图如图 7-55 所示。

(1)隧洞开挖施工要求

严格执行"三人连锁爆破制"(指放炮前放炮员将警戒牌交给班组长,班组长派人警戒准备下达放炮命令,然后将自己的放炮命令牌交给瓦斯检查员,经检查瓦斯浓度符合要求后,再将放炮牌交给放炮员)。

瓦斯作业面必须采用电力起爆,严禁使用半秒、秒级电雷管。

瓦斯作业面爆破必须使用煤矿许用炸药和煤矿许用电雷管。

洞内爆破时,人员应撤至洞外。

炮孔的装药及填塞必须符合相关技术指标参数要求。装药前应清除炮孔内的煤(岩)粉。

爆破母线应采用铜芯绝缘线,严禁使用裸线和铝芯线爆破,爆破母线、连接线和电雷管脚线必须相互扭紧并悬挂,不得与轨道、金属管、钢丝绳、刮板运输机等导电体接触。

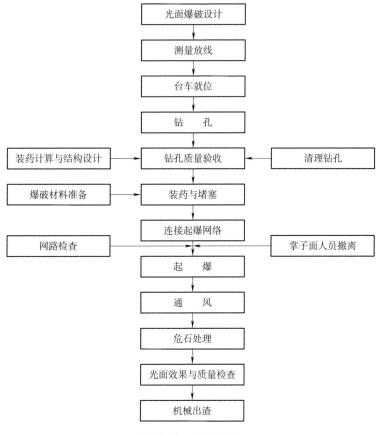

图 7-55 开挖流程

(2)钻爆设计

1)炮眼布置

隧洞主要穿越 6 中煤层,采用台阶法进行施工。炮眼布置如图 7-56 所示。

爆破眼数:隧洞断面积为 37.5 m², 炮眼布置眼孔数上台阶 47 个,下台阶为 41 个合计 88 个。

2)炮眼深度

炮眼深度跟开挖面大小有关,炮眼过深,周边岩石夹制作用也就越大,爆后围岩不稳定性也会提高。围岩属于软弱围岩,为Ⅴ级围岩,故炮眼深度不宜过深,循环进尺为 1.0,设计除掏槽眼垂直深度采用 1.1 m 深,其他眼均采用 1.0 m 深,钻孔采用 YT-28 风钻,炮眼直径为 $\phi 42$。

3)光面爆破

光面爆破参数有周边眼间距 E、最小抵抗线 W、装填系数 β、单孔装药量 Q_k。周边眼深为 1.0 m,小于 2.0 m,故不需考虑外插斜率,周边眼间距一般为 $(8\sim15)d_k$,即 $336\sim660$ mm,为尽量减少超欠挖可能性,按多钻孔、少装药的原则,根据经验取值 50 cm,最小抵抗线 W 取值范围为 $(1.0\sim1.5)E$,取较小值 600 mm,则周边眼密集系数 $K=E/W=0.83$。

单孔装药量,$Q_k = \pi d_ت^2 \beta l K$

$= 3.14 \times 2.5 \times 0.15 \times 100 \times 0.83$

$= 244$ g(先取 300 g,具体取值看现场试验定)

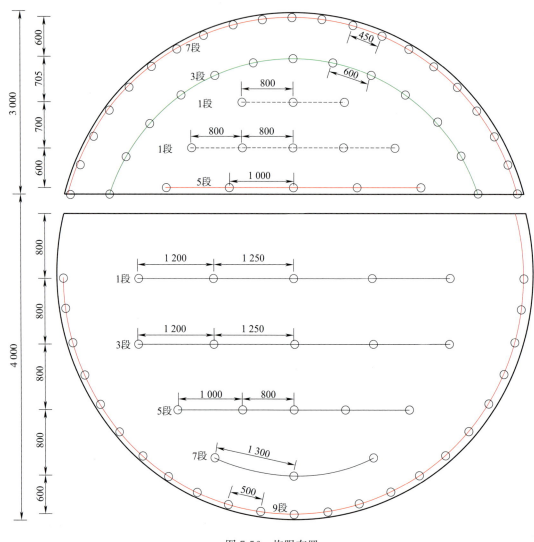

图 7-56 炮眼布置

式中 β——光面爆破装填系数,取值 0.15;

E——周边眼间距,cm,取 50 cm;

W——最小抵抗线,cm,取 60 cm;

l——炮眼深度,cm,在此为 100 cm;

d_k——炮眼直径,cm,直径为 4.2 cm;

d_t——炸药直径,cm,在此取计算值 2.5 cm。

4)掏槽眼布设参数

采用楔形掏槽技术(减少掏槽难度),为减少掏槽爆破对围岩的振动,采用 3 对掏槽眼竖直依次布置,掏槽炮眼与开挖面的夹角 α、左右炮眼的眼底间距 a、和上下排炮眼间距 b 是影响掏槽效果的重要因素。参数值的选用参考表 7-10。

表 7-10　楔形掏槽参数表

围岩级别	α	斜度比	b(cm)	a(cm)
V级	70～75	1∶0.4～1∶0.3	55～70	20～30

根据经验值,选用夹角 α 取 75°,a 值取 30 cm,b 值取 60 cm。

5)炮眼装药量设计见表 7-11 和表 7-12。

表 7-11　1+410～1+600 段 V 类围岩上台阶钻爆参数

序号	炮眼分类	炮眼数(个)	雷管段数(段)	炮眼长度(m)	炮眼装药量		
					每孔药卷数(卷/孔)	单孔装药量(kg)	合计药量(kg)
1	周边眼	21	4	1.2	1	0.3	5.5
2	底板眼	5	3	1.1	2	0.6	3
3	辅助眼	13	2	1.1	2	0.6	7.8
4	掏槽眼	8	1	1.1	3	0.9	6.2
5	合计	47					24.3

表 7-12　1+410～1+600 段 V 类围岩下台阶钻爆参数

序号	炮眼分类	炮眼数(个)	雷管段数(段)	炮眼长度(m)	炮眼装药量		
					每孔药卷数(卷/孔)	单孔装药量(kg)	合计药量(kg)
1	周边眼	23	5	1.2	1	0.3	6.9
2	内圈眼	3	4	1.1	2	0.6	1.8
3	辅助眼	5	2	1.1	2	0.6	3
4	辅助眼	5	3	1.1	3	0.9	4.5
5	顶板眼	5	1	1.1	3	0.9	4.5
6	合计	41					13.8

2. 初期支护

1+410～1+600 段穿越煤系地层,为一级瓦斯设防段。采用 V 类围岩全封闭复合衬砌,开挖按照台阶法开挖,因此上台阶开挖完毕后及时完成初期支护。支护参数为:拱顶 120°范围设超前 $\phi42$ 超前小导,长度 4.5 m,纵向搭接长度 1.5 m,环向间距 0.35 m;拱架采用 I20b 型工字钢环向间距 50 cm,纵向采用 $\phi25$ 钢筋与工字钢套筒式连接,绑扎 $\phi8$ 钢筋网片;系统锚杆采用 D32 自进式中空注浆锚杆,锚杆布设为上部钢支撑 270°范围,间排距 1.5 m,长度 6 m;注浆初始压力 0.1 MPa,最大压力不超过 0.3 MPa,注浆范围在深入基岩 0～6 m;锁脚锚杆上台阶在台阶往上 50 cm 位置两侧各设置 2 根 3 m 长 $\phi32$ 自进式中空锚杆,下台阶在底板往上 50 cm 位置两侧各设置 2 根 3 m 长 $\phi32$ 自进式中空锚杆;喷射混凝土全断面采用掺气密剂 C20 混凝土,厚度为 20 cm;拱底回填 30 cm 厚的 C20 混凝土。鉴于隧洞瓦斯及地应力较大,部分洞内初支掉块严重,钢架变形,为减少初支变形侵限,预留量沉降调整为 10 cm,以备该段出现较大变形时增设套拱,避免再拆换初支,如图 7-57 和图 7-58 所示。

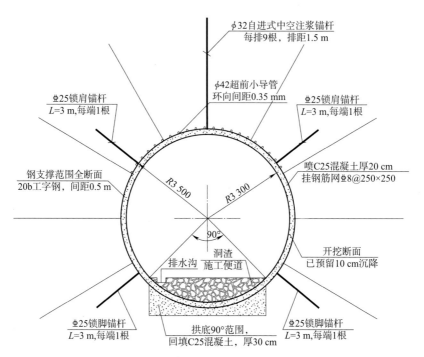

图 7-57 初支结构示意图

图 7-58 施工完成后初支

3. 超前小导管注浆

超前小导管在隧道开挖轮廓线以外施作。$\phi 42 \times 4$ mm 注浆超前小导管施工时,钢管与隧道中心线平行,其仰角为 $5°\sim10°$(不包含路线纵坡),拱部 $120°$ 范围布置;$\phi 42$ 注浆超前小导管环向距离 35 cm。超前支护单根长 4.5 m,搭接长度不小于 1.5 m,端部焊接在钢架上。

小导管打入地层后应进行注浆,通常为纯水泥浆($W/C=1.0$),注浆压力 $0.1\sim0.3$ MPa。

(1)施工准备

1)施工前,应复测全线已完成导线点、水准点的测量数据,并在线路附近增设导线点与水准基点。

2)施工拌和场地在隧道出洞附近建设完毕。配备 JS750 强制拌和机二台,设备及相应的小型机具的安装调试均已完成。

3)施工用水取自自然沟渠,按照标准化要求设置蓄水池,采取高压变频供水。

4)施工用电:供电采用 400/230 V 三相五线系统,动力设备采用三相 380V。隧道内照明成洞段和不作业段采用 220 V,一般作业地段用低压电源不大于 36 V。

5)施工用风:隧道掘进左、右洞口各建一座高压风站,两个供风站内各设 3 台 20 m³/min 电动空压机,负责洞内施工用风的供应。

6)施工通风

为加快施工进度,保证洞内作业环境满足要求,隧道内采用压入式通风方式。在掘进洞口安设轴流式通风机。

7)人员配备:开工前,组织全体技术人员,包括测量、质检、试验、材料相关人员。熟悉施工图纸,了解施工内容。由技术总管主持开展技术工作,对各部门人员进行分工。

8)施工机械设备:灌浆泵 1 台、灰浆搅拌机 1 台,气腿式凿岩机不少于 6 台,气焊机 1 台,电焊机 1 台、1.5 kW 电钻 1 台、切割机 1 台。

9)施工配合比:施工所需用水泥等材料均已抽样送试验室试验合格;施工用配合比已报批,可按配比施工。

10)材料准备。

(2)小导管施工流程

注浆小导管施工工艺流程如图 7-59 所示。

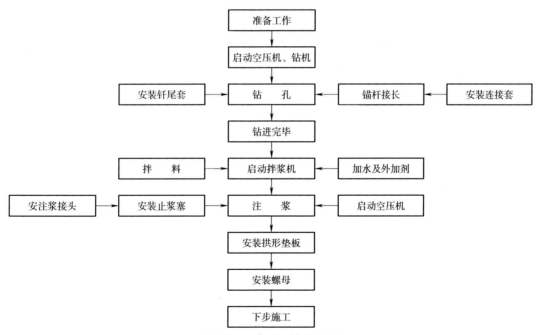

图 7-59 注浆小导管工艺流程

(3)小导管施工方法

1)小导管的制作安装

小导管制作:超前预支护的小导管杆体由 φ42 mm 热轧无缝钢管制作,壁厚 4 mm,管壁四周每隔 15 cm 交错钻 φ6 mm 的注浆孔,为防止漏浆,管口段 1.0 m 钢管不开孔。管前端用 φ34 mm 热轧无缝钢管做 10 cm 锻成锥头,并与 φ42 mm 钢管进行焊接。如图 7-60 所示。

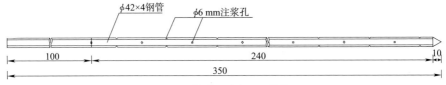

图 7-60　注浆小导管加工(单位:cm)

钻孔:首先沿开挖轮廓线环向每间隔 40 cm 标出钻孔位置,用 YT-28 风钻开孔,风钻钻头采用 60 mm 的合金钻头,在设计的位置上钻孔(外插角 5°～10°),然后用高压风吹净孔内岩屑。孔位误差不得大于 5 cm,角度误差不得大于 2°。

安装导管:用带冲击的 YT-28 风钻将小导管顶入孔中或直接用锤击插入钢管。导管打入后管内需用高压风或掏勺清理干净,导管周围用塑胶封堵或喷 5～8 cm 混凝土防止漏浆。施工时钢管与钢架支撑配合使用时,应从钢架腹部穿过,尾端与钢架焊接,前后两循环导管的重叠长度不得小于 1.0 m,钢管插入孔内的长度不得短于设计长度的 95%,为增强小导管的刚度,在钢管内插 φ25 钢筋,长度 3.5 m。

2)注浆施工工艺

超前小导管纵向在拱部开挖轮廓线外一定范围内向前上方倾斜一定角度或者在拱脚向下方倾斜一定角度注浆。注浆管外露端通常支于开挖面后方的型钢钢架上,共同组成支护体系。浆液借助注浆泵的压力,通过导管渗透和扩散到地层和裂隙中,以改善土体物理力学性能,故注浆既能加固洞壁一定范围内的围岩,又可以止水,而注浆管又起到支托围岩的作用。注浆适用于较干燥的砂土层,分化严重、节理发育和断层破碎带、软弱围岩浅埋段等地段的施工。

超前注浆施工步骤:

①熟悉设计文件,根据试验确定各种围岩类型的注浆半径、所需注浆压力和单管注浆量。

②按设计加工小导管,准备注浆用各种设备并进行试运转。

③测量放线,定出隧道中线和开挖轮廓线,沿开挖轮廓线以 35 cm 间距布置注浆眼。

④安装注浆管:小导管应先钻孔再将导管顶入。向前顶入严格按设计进行施工。孔位误差不得大于 5 cm,角度误差不得大于 2°。小导管或锚杆顶入长度不小于锚杆长度的 90%。

⑤注浆:注浆一般应先注拱顶部位,如遇窜孔或跑浆,则应间隔一孔或几孔注浆。注浆压力控制在 0.1～0.3 MPa;水灰比按设计进行搅拌,浆液水灰比为 1∶1。注浆过程采用注浆压力和浆液注入量进行控制。为节约注浆材料,降低工程成本,保证工程质量,注浆压力长时间达不到设计的采用定量注浆,即每根导管注入量达到设计要求时即可停止注浆。

在注浆过程中应随时观察注浆压力,分析注浆情况,防止堵塞、跑浆等现象的发生,对注浆孔按顺序编好号,并对每孔的浆液注入量、注浆压力、注入起讫时间做好记录。

进行注浆效果的检查,固结效果的检查在前后排小导管的搭接范围内进行,主要检查注浆量偏少和有怀疑的钢管,要认真填写检查记录;采用小撬棍或小锤轻轻敲打钢管附近,判断固结情况,并配合风钻钻速测试检查注浆范围,固结不良或厚度不够时要补管注浆。

开挖过程中,随时观察注浆效果,分析测量数据,发现问题后及时处理。

超前小导管注浆施工现场如图 7-61 所示。

图 7-61 超前小导管注浆施工

4. 工字钢架加工与安设

水打桥隧洞 1+410~1+600 段采用 20b 工字钢,环向间距 0.5 m,一般每循环进尺按 2 榀钢支撑控制。钢支撑与锚杆、钢筋网片绑扎连接,特别是锁脚锚杆,一定要与钢支撑连接牢固。两榀钢支撑之间通过套筒式连接筋连接、固定,安装间距、倾斜度、偏差等均要符合图纸要求。钢支撑在洞外钢筋加工场加工,运至洞内进行拼装,每榀中的相邻段拱架通过连接板加螺栓连接。

钢支撑支护施工流程如图 7-62 所示。

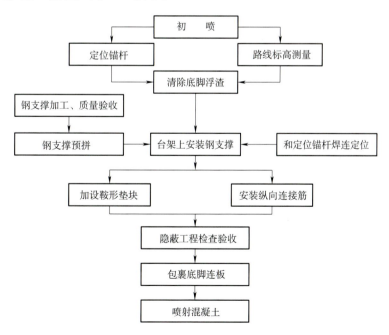

图 7-62 钢支撑支护施工流程图

5. $\phi 32$ 自进式注浆锚杆

(1)工艺流程

锚杆长度为 6 m,一根分两节钻进,每根 3.0 m,采用套筒连接,如图 7-63 所示,另一端与

图 7-63 套筒连接

凿岩机相接,施工时,调整钻机钻进角度,从两侧底部 120°沿拱顶隔孔施工,以减少对围岩的扰动及对初支的破坏,待该榀已施工的锚杆注浆完成且达到强度后,再施工该榀余下的锚杆。为提高抗剪和抗拉以及钢筋防腐蚀能力,孔内注浆压力须控制在 0.1~0.3 MPa,并将孔内水泥砂浆注饱满,从而使锚杆达到设计锚固能力。自进式锚杆工艺流程图如图 7-64 所示。

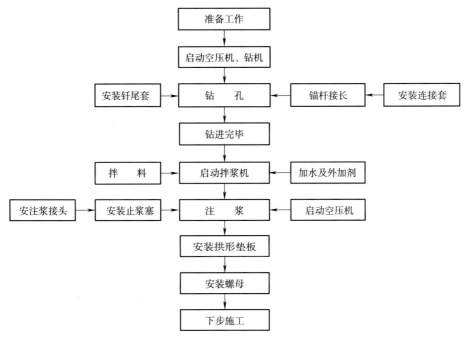

图 7-64 自进式锚杆工艺流程图

锚杆杆体采用 HRB400 材料,垫板采用 150 mm×150 mm×10 mm 的 HPB235 钢板,螺母采用与锚杆配套产品,中空锚杆注浆采用 P·O42.5 水泥制浆液。

(2)注浆

①注浆前增加临时支撑措施,保证作业面安全,待注浆完成达到龄期后拆除。

②准备好注浆机及其他材料,保证注浆机安全正常运转。

③用水或风检查锚孔是否畅通,孔口返水或风即可。

④调节水流量计,使水灰比至设计值为止,并记下流量计刻度,从泵出口出来的水泥浆,必须要均匀,不能有断续不均现象。

⑤迅速将锚杆和注浆管及泵用快速接头连接好。

⑥开动泵注浆,整个过程应连续灌注,不停顿,必须一次完成,观察到浆液从止浆塞边缘流出或压力表达到设计值,即可停泵。若注浆过程中,出现堵管现象,应及时清理锚杆、注浆软管及泵,此时若泵的压力表显示有压,应反转电机 1~2 s 卸压,方可卸下各接头,电机反转时间必须短暂,孔内注浆压力须控制在 0.1~0.3 MPa。

⑦当完成一根锚杆的注浆后,应迅速卸下注浆软管与锚杆的接头,清洗并安装至另一根锚杆,然后注浆;若停泵时间较长,在对下根锚杆注浆前应放掉前段不均匀的水泥浆,以免堵孔。注意:整个注浆过程中,操作人员应密切配合,动作迅速。

⑧注浆过程中,应及时清洗接头,保证注浆过程的连续性。

⑨完成整个注浆后,应及时清洗及保养泵。

⑩在灰浆达到初始设计强度后,方可上紧垫板及螺母。

自进式锚杆注浆现场如图 7-65 所示。

6. 喷射混凝土

喷射混凝土采用湿喷工艺。喷射混凝土在洞外拌和站集中拌和,由自卸汽车运至洞内,采用湿喷机喷射作业。在隧道洞身开挖完成后,先喷射 4~5 cm 厚混凝土封闭岩面,然后打设锚杆、架立钢支撑、挂钢筋网,对初喷岩面进行清理后复喷至设计厚度。

隧洞喷射混凝土施工流程如图 7-66 所示。喷射混凝土配合比及其性能见表 7-13 和表 7-14。现场图片如图 7-67 所示。

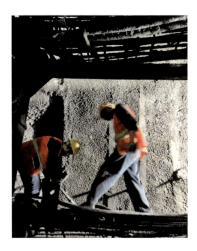

图 7-65 自进式锚杆注浆

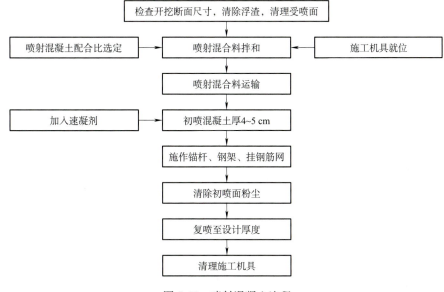

图 7-66 喷射混凝土流程

表 7-13 C25 喷射混凝土推荐配合比表

混凝土名称	混凝土设计强度等级	水胶比	1 m³ 混凝土材料用量(kg)					
			水	水泥	砂/砂率	小石	速凝剂	气密剂
C25 喷射混凝土	C25	0.50	175	438	827/49%	860	26.28	21.90
备注	砂、碎石以饱和面干状态为基准,速凝剂掺量为胶材重量 6.0%,气密剂掺量为胶材重量 5.0%。							

表 7-14 C25 喷射混凝土试验配合比性能

强度等级	水灰比	容重(kg/m³)	坍落度(mm)	抗压强度(MPa)	
				7 d	28 d
C25 喷射混凝土	0.40	2 320	0	23.7	32.0

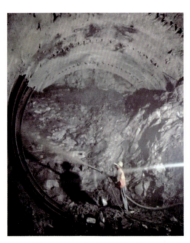

图 7-67 喷射混凝土施工

7.3 本章小结

由于水工隧洞用于输送水流的自身的特点,对涌水、穿暗河、瓦斯、不良气体、腐蚀性地下水等不良地质情况的处理方式既与公路、铁路不一致,也与煤矿有较大的差别,特别是在水工隧洞施工中瓦斯隧洞的施工基本为空白。本章以东关隧洞低瓦斯段落施工关键技术和水打桥隧洞煤与瓦斯突出隧洞施工关键技术为重点,按照瓦斯的浓度分别就低瓦斯洞段的施工难点、瓦斯等级与评价体系、瓦斯洞段施工超前地质预报、瓦斯检测与预测技术、瓦斯超前探测技术、施工通风技术、煤与瓦斯突出防治技术、施工瓦斯排放方案、设备配置与供配电配置技术、供电线路的配置、通信系统配置、隧洞衬砌等建设关键技术。特别详细地介绍了水打桥隧洞煤与瓦斯突出隧洞施工难点、瓦斯自动检测、瓦斯人工检测、瓦斯超前探测、隧洞地质超前预报手段和方法、煤与瓦斯突出预测与评估、施工通风技术、通风监测、通风效果检验建设关键技术以及石门揭煤、负压预抽煤层瓦斯防突、固结灌浆、防突效果检验煤与瓦斯突出防治技术和隧洞开挖、初期支护、设备配置与供配电配置、矿用防爆设备选型配套、防爆闭锁改装、供配电、安全用电技术措施等关键技术。这些技术主要是借鉴了目前铁路和公路瓦斯隧洞施工一些经验和煤矿瓦斯相关技术,结合水工隧洞特点总结形成的,比较适用于水工瓦斯隧洞施工和建设指导。

下　篇

第8章 建设管理

8.1 管理模式及机构建设

为加快推进夹岩工程的建设工作,参照国内同行业管控模式,夹岩工程建设单位采取直管项目建设管理模式,对工程的安全、投资、进度、合同和质量管理进行全面管理,同时做好工程项目的外部协调和项目验收资料的收集整理工作,协助地方政府做好征地移民搬迁工作。

8.1.1 机构设置

夹岩工程是准公益性大(1)型水利枢纽工程,是国务院纳入"十三五"期间分步建设的172项重大水利工程之一,水利部直管重点项目,也是贵州省有史以来最大水利枢纽工程。工程建设要求推进速度快,社会关注度高,工程涉及建筑物多,结构复杂,主要有大坝、导流设施、泄洪设施、引水发电、过鱼设施,深埋长隧洞、渡槽、高大跨管桥、管道、渠道、倒虹管等,堪称水利工程建设博物馆。沿线地形地质复杂,技术难度大,要求标准高,移民征地范围广,安全风险高,工程管理难度大。为建立高效、专业的工程建设管理机构,设工程管理科、合同管理科、安全管理科、技术管理科、质量管理科、移民环境科,办公室。

在开展具体工作的过程中,由于工程投资大、涉及面广、点多、输水线路长、地形地质复杂、施工难度大、协调面广,现场建设管理距离建设单位较远,存在沟通不畅,协调工作被动,信息传递不及时,不利于及时决策等问题,影响管理工作正常有序开展。为有效解决上述存在问题,建设单位内部机构设置考虑到建设的需要,设置水源毕大建管部、大纳建管部、黔西建管部、金遵建管部等4个工程现场管理机构;具体管理模式如图8-1所示。

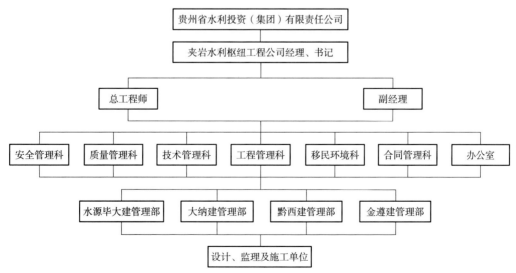

图 8-1 夹岩公司管理机构图

8.1.2 职责分工

建设单位各科室及建设管理部门职责如下：

1. 工程管理科工作职责

主要负责统筹公司工程建设和进度管理相关工作，指导、督促检查建管部相关工作。

2. 合同管理科工作职责

主要负责公司工程目标计划、招标、工程资金审核、投资审计、合同管理等相关工作。

3. 安全管理科工作职责

主要负责统筹公司安全生产监督管理相关工作，指导、督促检查各建管部相关工作，同时也是夹岩工程安委会办公室，承担建设单位安全生产监督管理责任和建设工程安委会日常工作。

4. 技术管理科工作职责

主要负责公司工程技术、咨询及机电设备管理相关工作，指导、督促检查建管部相关工作。

5. 质量管理科工作职责

主要负责统筹公司工程建设质量监督管理工作，指导、督促检查各建管部质量相关工作。

6. 移民环境科工作职责

主要负责统筹公司工程征地、移民安置和环境保护相关工作，指导、督促检查建管部相关工作。

7. 综合办公室工作职责

主要负责公司党务、政务、文秘、群团、信访、人力资源、文化宣传及后勤保障等综合性事务工作。

8. 水源毕大建管部工作职责

负责水源枢纽工程，毕大供水工程等施工标、监理标、设代组的现场管理工作。代表建设单位负责对管辖区域内所有标段建设项目的工程安全、质量、进度、投资、计量、环保、水保对外协调等现场的管理工作，保障建设单位、各科（室）的各项指令传达至各参建单位并有效执行。

9. 大纳建管部工作职责

负责总干渠，南干渠及织纳供水工程标，部分北干渠标等施工标段、监理标段、设代组的现场管理工作。代表建设单位全面负责对管辖区域内所有标段建设项目的工程安全、质量、进度、投资、计量、环保、水保对外协调等现场的管理工作，保障建设单位、各科（室）的各项指令传达至各参建单位并有效执行。

10. 黔西建管部工作职责

负责北干渠部分标段，黔西分干渠标，部分支渠标等施工标段、监理标段、设代组的现场管理工作。代表建设单位全面负责对管辖区域内所有标段建设项目的工程安全、质量、进度、投资、计量、环保、水保对外协调等现场的管理工作，保障建设单位、各科（室）的各项指令传达至各参建单位并有效执行。

11. 金遵建管部工作职责

负责金遵干渠、金沙分干渠标、部分支渠标等施工标段、监理标段、设代组的现场管理工作。代表建设单位全面负责对管辖区域内所有标段建设项目的工程安全、质量、进度、投资、计量、环保、水保对外协调等现场的管理工作，保障建设单位、各科（室）的各项指令传达至各参建单位并有效执行。

8.2 安全生产管理

8.2.1 建设安全生产管理

1. 安全生产目标管理

（1）目标管理和制定

为贯彻执行“安全第一、预防为主、综合治理”的方针，明确安全生产目标的限定、分解、实施、检查、考核等要求，建设单位于2015年11月制定《安全生产目标管理制度》，明确了安全生产目标的管理内容，同时结合项目安全生产实际情况，制定了安全生产总目标和年度目标，包括生产安全事故控制、安全生产投入、安全教育培训、隐患排查治理、重大危险源监控、职业健康、安全生产管理等目标，并以正式文件发布，作为目标管理和控制的依据。

（2）目标分解和落实

建设密切结合工程实际情况和各参建单位（部门）的安全生产管理职责，每年年初对年度安全生产目标进行分解和进一步细化，明确安全生产隐患排查治理率、安全教育培训覆盖率、各类事故等安全目标，与所有参建单位（部门）签订年度安全生产目标责任书，制定安全生产目标保证措施，确保安全生产目标实现。

（2）目标检查和考核

建设单位每半年组织对各部门（单位）安全生产目标完成情况进行检查、评估，并对检查中发现的问题采取有效措施，督促整改落实到位，必要时调整安全生产目标实施计划。根据签订的安全生产目标责任书，每年年终检查目标完成情况并进行考核，按照《安全生产考核奖惩制度》，奖优惩劣。目标考核时，优先考虑施工安全风险大，安全管理好，安全隐患治理好的施工单位，从思想上激励把安全工作做得更好。在每年年度目标考核中，专门针对施工风险大、安全管理难度大且未发生事故或重大安全隐患的深埋长、瓦斯、涌水、突泥等隧洞，高大跨渡槽、高难度管道施工等土建标段，优先列为评优对象进行激励。如图8-2所示。

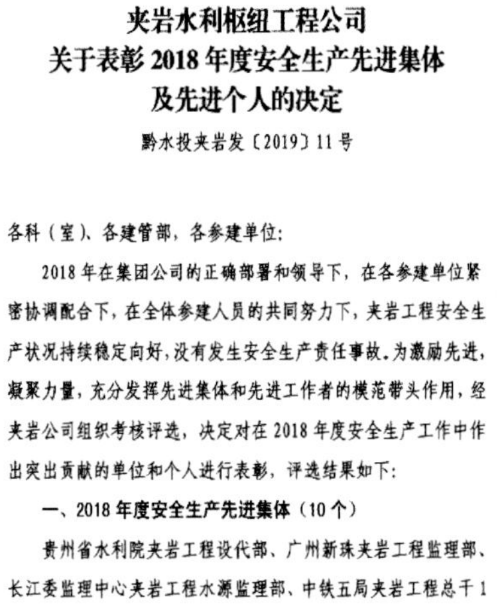

夹岩水利枢纽工程公司
关于表彰2018年度安全生产先进集体
及先进个人的决定

黔水投夹岩发〔2019〕11号

各科（室）、各建管部，各参建单位：

2018年在集团公司的正确部署和领导下，在各参建单位紧密协调配合下，在全体参建人员的共同努力下，夹岩工程安全生产状况持续稳定向好，没有发生安全生产责任事故。为激励先进，凝聚力量，充分发挥先进集体和先进工作者的模范带头作用，经夹岩公司组织考核评选，决定对在2018年度安全生产工作中作出突出贡献的单位和个人进行表彰，评选结果如下：

一、2018年度安全生产先进集体（10个）

贵州省水利院夹岩工程设代部、广州新珠夹岩工程监理部、长江委监理中心夹岩工程水源监理部、中铁五局夹岩工程总干1

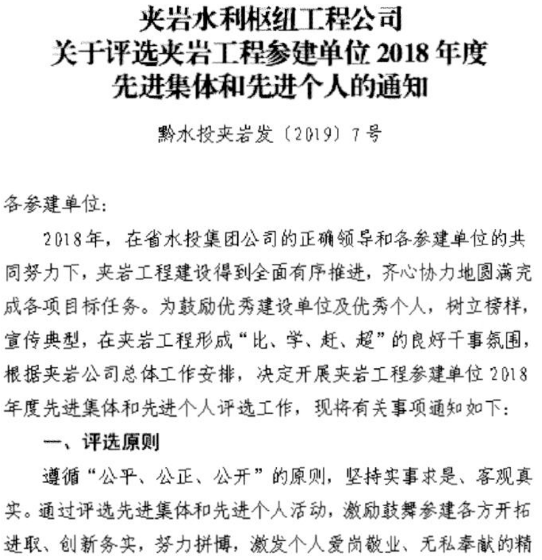

夹岩水利枢纽工程公司
关于评选夹岩工程参建单位2018年度
先进集体和先进个人的通知

黔水投夹岩发〔2019〕7号

各参建单位：

2018年，在省水投集团公司的正确领导和各参建单位的共同努力下，夹岩工程建设得到全面有序推进，齐心协力地圆满完成各项目标任务。为鼓励优秀建设单位及优秀个人，树立榜样，宣传典型，在夹岩工程形成“比、学、赶、超”的良好干事氛围，根据夹岩公司总体工作安排，决定开展夹岩工程参建单位2018年度先进集体和先进个人评选工作，现将有关事项通知如下：

一、评选原则

遵循“公平、公正、公开”的原则，坚持实事求是、客观真实。通过评选先进集体和先进个人活动，激励鼓舞参建各方开拓进取、创新务实，努力拼搏，激发个人爱岗敬业、无私奉献的精

图8-2 安全考核

2. 安全生产管理机构和职责

(1)安全生产委员会

由于工程施工战线长、参建单位多,为有效组织、协调、部署、实施安全生产管理工作,成立了以建设单位和各参建单位组成的安全生产委员会。组长由经理担任,副主任或成员由副经理、参建单位主要负责人担任。安委会下设办公室,由安全管理科兼任,负责安委会的日常管理和协调工作。根据参建单位人员变化情况,及时调整安委会成员并正式发布。如图 8-3 所示。

工程安全生产委员会每月按期组织一次安全生产例会。例会主要检查落实上次会议要求落实的安全问题,协调处理和研究解决安全生产工作重大问题;传达学习相关文件,通报国内外近期发生的事故,开展安全生产警示教育,分析当前安全生产形势,统筹部署工程安全生产工作,并形成会议纪要印发各参建单位。

夹岩水利枢纽工程公司关于调整夹岩工程安全生产委员会的通知

黔水投夹岩发〔2018〕87 号

各科(室)、各建管部、各参建单位:

为进一步加强夹岩工程安全生产工作,推行安全生产标准化,把安全生产责任体系落到实处,防止和减少生产安全事故,根据目前参建单位及人员架构的变化情况,现对夹岩水利枢纽及黔西北供水工程安全生产委员会进行调整,调整后小组成员名单如下:

组　长:谭其志(夹岩水利枢纽工程公司经理、副书记)

副组长:王　可(夹岩水利枢纽工程公司书记、副经理)

李正江(夹岩水利枢纽工程公司副经理)

赵德才(夹岩水利枢纽工程公司副经理)

丰启顺(夹岩水利枢纽工程公司副经理)

郭　毅(夹岩水利枢纽工程公司副经理)

杨　文(夹岩水利枢纽工程公司总工程师)

李　巍(省水利院夹岩项目经理)

邹启新(长江委监理夹岩项目总监)

曾文学(贵阳院监理夹岩项目总监)

高　剑(黔水监理夹岩项目总监)

郭振斌(新珠监理夹岩项目总监)

张圣峰(贵州江河监理夹岩项目总监)

李　伟(长江委监理夹岩金遵项目总监)

徐海洋(贵阳院夹岩环境监理项目部负责人)

石维春(贵州华水监理夹岩项目总监)

成　员:张　勇、严哲辉、夏云东、陆晓霞、钟　勋、蒋成环、张　贺、李国祥、姚天波、代骁虎、张　乾、陈大松、王　凯、李明刚、张加柱、李向国、盘小平、王俊义、李文昌、曾金石、党国安、翟树坤、陈利刚、李　伟、漆学雷、翟　益、王学军、徐青松、任映东、张俊超、张培军、王　巡、齐丙涛、席学权、赵海涛、马印德、高小平、叶世清、郑　强、程　端、聂小红、许颜军。

安全生产委员会办公室设在夹岩公司安全管理科,张勇兼任办公室主任,负责工程日常事务管理。

图 8-3　安委会适时调整

(2)安全生产管理机构和人员

建设单位结合灌区骨干输水工程总长 648.19 km,战线长、施工标段多等特点,采取条块结合的方式进行安全生产管理。既在建设单位层面设置了安全管理科,配备 4 名专职安全生产管理人员外,又在 4 个建管片区各配备 1 名兼职安全生产管理人员,加强施工现场的安全管理。

各参建单位分别设立安全生产管理机构,监理单位按合同、分片区、分标段配备专职安全监理人员。施工单位按合同、作业面配备专职安全管理人员,并在班组设置兼职安全管理人员。工程安全生产管理网络健全,确保了工程安全生产管理体系正常运行。对深埋长及瓦斯、涌水、涌泥隧洞的安全管理,派专人重点进行现场的施工安全管控。

(3)落实安全生产责任制

为进一步落实工程各参建单位和人员的安全生产责任,建设单位制定《安全生产责任制度》,明确了各部门、各参建单位及人员的安全生产职责、权限和考核奖惩等内容,并于每年年初逐级签订安全生产目标责任书,再次对安全生产责任进行分解和细化,确保安全生产工作全员参与、层层有人负责,安全生产责任体系健全,确保安全生产责任制落到实处。建立激励约束机制,完善安全管理网络职能分配,每季度对各部门(单位)及人员安全生产责任制落实情况进行检查、考核，并根据考核结果进行奖惩。

工程编制了《夹岩水利枢纽及黔西北供水工程保证安全生产措施方案》，落实了各参建单位安全生产组织机构，制定安全生产相关管理制度，查验安全管理人员和特种人员持证上岗情况，制定重大危险源管控措施，建立应急预案体系，并报安全监督机构备案，如图 8-4 所示。

夹岩水利枢纽工程公司关于商请报备夹岩水利枢纽及黔西北供水工程保证安全生产措施方案的函

黔水投夹岩函〔2017〕28 号

贵州省水利工程建设质量与安全监测中心：

根据《水利水电工程施工安全管理导则》（SL721-2015）及《贵州省水利工程建设质量和安全监督指南》的规定，夹岩公司编写了《保证安全生产措施方案》（附后），现特商请向贵单位备案。请贵单位予以支持为谢。

特此函商

保证安全生产措施方案

一、项目概况

夹岩水利枢纽及黔西北供水工程涉及贵州省毕节、遵义 2 个地级市，工程由水源工程、毕大供水工程、灌区骨干输水工程 3 大部分组成。工程的任务以供水和灌溉为主，兼顾发电，并为区域扶贫开发及改善生态环境创造条件。

夹岩水利枢纽及黔西北供水工程为Ⅰ等工程，水库总库容 13.23 亿 m^3，水库正常蓄水位 1323m，死水位 1305m，电站总装机 3 台总容量 90MW。总干渠渠首设计流量为 $34m^3/s$，毕大供水工程设计流量为 $6m^3/s$。灌区骨干输水工程由总干渠、北干渠、南干渠、金遵干渠、黔西分干渠、金沙分干渠、供水管线、支渠，以及灌区骨干泵站等组成。

水源工程：由混凝土面板堆石坝、岸边溢洪道、泄洪洞、放空洞、坝后发电系统、库尾伏流处理等部分组成。

毕大供水工程：毕大供水工程采用有压隧洞库内取水，设一级泵站提水，出水池后采用自流无压隧洞接有压管道的方式输水，终点接入位于山家寨的连接池。

二、编制依据和安全生产目标

制定本措施方案的依据是《中华人民共和国安全生产法》、《中华人民共和国防洪法》、《中华人民共和国建筑法》、《建设工程安全生产管理条例》、《建设工程质量管理条例》、《安全生产许可证条例》、

图 8-4　保证安全生产措施方案

3. 安全教育培训

(1)教育培训管理

为明确安全教育对象与内容、组织与管理、检查与考核等要求，建设单位制定《安全教育培训制度》，严格贯彻执行，定期进行安全教育培训需求。每年年初编制培训计划，按计划开展培训，并对培训效果进行评价、改进，建立教育培训记录、档案。同时要求监理、施工单位，必须按照安全教育培训及继续教育要求，结合自身的实际，每年年初制定年度的安全教育培训计划，报监理单位审核后实施。

安全教育培训一是根据单位实际需要，派人参加外部机构组织培训；二是根据工程实际情况，聘请外部专家到现场培训；三是利用工程安全生产会议、安全生产活动、网络在线学习等，内部开展警示教育和日常培训，采用多媒体安全培训工具箱进行全覆盖安全教育培训，安全教育培训考核过程规范，形成完整的安全教育培训档案。

(2)人员教育培训

各级管理人员进行教育培训，确保其具备正确履行岗位安全生产职责的知识与能力，每年按规定进行再培训；新员工上岗前接受三级安全教育培训，经考核合格后方可上岗；在岗作业人员进行安全生产教育培训，培训时间和内容符合有关规定，特种作业人员经考核合格并持证上岗；外来人员进行安全教育培训，主要包括安全规定、可能接触到的危险有害因素、职业病危害防护措施、应急知识等，由专人带领做好相关监护工作。

(3)班前安全交底

深埋长隧洞工程作业点多,专职安全管理人员难以满足施工生产需要,建设方要求施工单位增设"群安员",并按月设安全奖,提高积极性。施工单位"群安员"由作业班组长兼任,结合当班工作任务,除常规的三级教育、班前教育外,主要针对瓦斯、涌水、涌泥等发生的前兆、防范措施、应急自救、逃生方法等,利用每天班前 5 min 时间向一线作业人员进行再教育,如图 8-5 所示。

图 8-5　班前安全教育

通过开展班前安全交底,在深埋长隧洞安全管理上取得了很好的效果,增强突发事件的应急处置、自救互救能力,进一步夯实安全生产基础,防止和减少安全生产事故。2016 年 9 月 11 早晨 6 点 40 分,两路口隧洞 1 号施工支洞支护班施工人员在主洞段 3+343 段施工时,听见该裂隙有异响,随即所有人员立即向洞口撤离;7 点左右该裂隙的涌泥已淹至支洞 0+200 处。初步判断该部位涌泥约 7 000 m^3,在主洞施工的装载机、矿车、喷锚机、手风钻等开挖支护设备均被淹没。由于班前教育到位,施工人员逃生及时,该起事件未造成人员伤亡。

4. 安全生产费用管理

(1)安全生产费用保障

为建立安全生产投入长效机制,加强安全生产费用管理,保障安全生产资金投入,按照"项目提取、政府监管、确保需要、规范使用"的原则,工程在概算、招标文件和承包合同中明确建设工程安全生产措施费,不得删减。实施过程中,建设单位制定《安全生产费用保障制度》,以规范生产费用的提取、使用、管理程序、职责权限等工作。

(2)安全生产费用管理

1)安全生产费用计划

在开工前,承包人根据工程施工特点及合同约定,编制安全生产费用使用总计划,经监理单位审核,报项目法人审批。同时每年(月)编制年(月)度安全生产费用计划,明确安全生产费用使用项目及金额,报监理人审批。

2)安全生产费用使用

按照《企业安全生产费用使用管理办法》(财企〔2012〕16 号)规定范围使用安全生产费用。在规定使用范围内,安全费用应优先用于满足企业、行业、政府安全主管部门对安全生产提出的整改措施或者达到安全生产标准所需的支出。安全生产费用投入应有计划、有依据、有方案、有记录、有签证,必要时还应附相应发票等。

3)安全生产费用监督管理

安全生产费用按规定范围足额使用,不得挤占、挪用,如投入不足或不用、滥用安全生产费用,承包人应承担相应的法律责任和可能产生的后果,并接受相应处罚。建设单位组织有关参建单位和专家对安全生产费用使用落实情况进行检查、总结和考核,对存在的问题督促承包人及时进行整改。安全生产费用线上管理如图 8-6 所示。

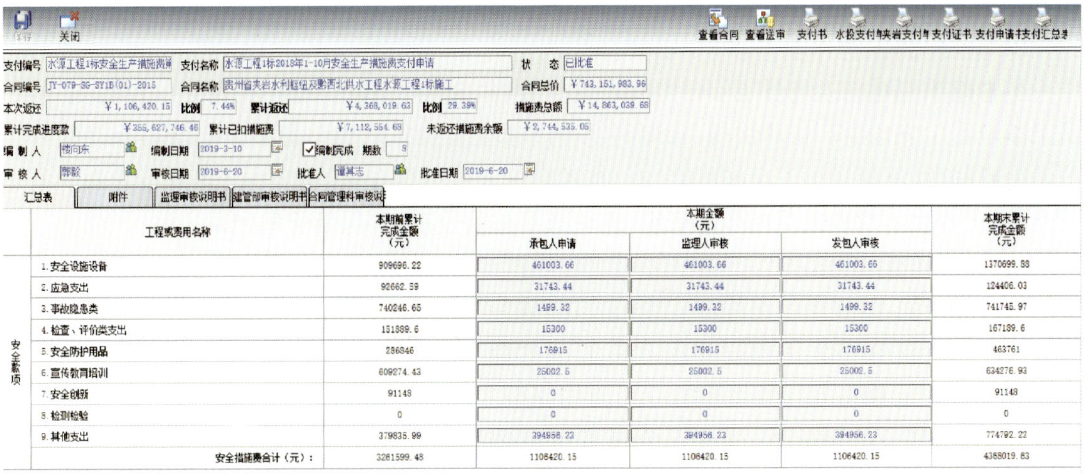
保存 关闭 查看合同 查看送审 支付书

支付编号 水源工程1标安全生产措施费 支付名称 水源工程1标2018年1-10月安全生产措施费支付申请 状 态 已批准
合同编号 JY-079-SG-SY1B(01)-2015 合同名称 贵州省夹岩水利枢纽及黔西北供水工程水源工程1标施工 合同总价 ￥743,151,983.96
本次返还 ￥1,106,420.15 比例 7.44% 累计返还 ￥4,368,019.63 比例 29.39% 措施费总额 ￥14,863,039.68
累计完成进度款 ￥355,627,746.46 累计已扣措施费 ￥7,112,554.68 未返还措施费余额 ￥2,744,535.05
编 制 人 楼向东 编制日期 2019-3-10 编制完成 期数 8
审 核 人 郭毅 审核日期 2019-6-20 批准人 谭其志 批准日期 2019-6-20

汇总表 附件 监理审核说明书 建管部审核说明书 合同管理科审核说

	工程或费用名称	本期前累计完成金额（元）	本期金额（元）			本期末累计完成金额（元）
			承包人申请	监理人审核	发包人审核	
安全款项	1.安全设施设备	909696.22	461003.66	461003.66	461003.66	1370699.88
	2.应急支出	92662.59	31743.44	31743.44	31743.44	124406.03
	3.事故隐患类	740246.65	1499.32	1499.32	1499.32	741745.97
	4.检查、评价类支出	151889.6	15300	15300	15300	167189.6
	5.安全防护用品	286846	176915	176915	176915	463761
	6.宣传教育培训	609274.43	25002.5	25002.5	25002.5	634276.93
	7.安全创新	91148	0	0	0	91148
	8.检测检验	0	0	0	0	0
	9.其他支出	379835.99	394956.23	394956.23	394956.23	774792.22
	安全措施费合计（元）：	3261599.48	1106420.15	1106420.15	1106420.15	4368019.63

图 8-6　安全生产费用线上管理

5. 设备设施管理

(1)设备设施管理制度

为加强对施工现场设备设施的管理，明确施工现场设备设施的监督检查职责、流程要求，最大限度地防止和减少事故的发生，建设单位制定《施工现场设备设施监督管理办法》《自有设备设施管理制度》，明确设备设施采购、租赁、安装(拆除)、验收、检测、使用、检查、保养维修、改造、报废等职责、流程和要求。

(2)设备设施管理网络

工程设备设施实行分级管理，自上而下形成设备设施管理网络。公司办公室负责自有设备设施归口管理，建管部负责监督检查各参建单位的设备设施管理，各参建单位设立设备设施管理部门，各部门(单位)分别配备专(兼)职管理人员，负责建立本单位设备设施台账和档案。

(3)设备设施管理

购买、租赁设备设施符合安全施工要求，租赁和分包方设备设施纳入本单位的安全管理范围，实施统一管理。新购设备设施由生产厂家负责安装调试，租赁设备设施由出租单位负责安装调试，防护措施到位，操作规程齐全，由监理单位按规定对进入现场的设备设施进行查验，验收合格后投入使用。特种设备安装、改造、维修由具有相应资质和技术能力的单位进行，安装完成后组织验收，并报当地质量技术监督部门检验合格后投入使用，作业人员须取得特种作业操作证书。

设备操作“定人、定机、定岗”三定责任制，操作人员经培训考核取得国家规定的资质证书方可上岗，严格遵守设备安全操作规程，做好交接班、运行记录。设备运行前进行全面检查，确保设备不带病运行，设备管理人员进行巡检并做好记录。根据设备出厂说明书、操作技术规程等制定维保、检测计划，由使用单位根据计划实施，并做好维保、检测记录。如图 8-7 所示。

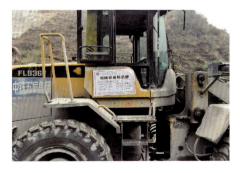

图 8-7　机械设备管理

6. 作业安全管理

(1) 安全交底

各参建单位对新入场员工实行"三级"安全教育，定期、不定期地开展安全教育培训，组织员工学习有关安全生产法律法规、管理制度和岗位安全操作规程。各参建单位实行逐级安全技术交底制度，层层进行安全技术交底。技术负责人对工程技术、安全生产等现场管理人员进行交底，工程技术管理人员向作业班组、作业人员进行交底，并保留交底记录。

(2) 爆破作业

爆破作业前，建设单位组织保险经纪公司、保险公司、施工单位、当地政府、爆破影响区内村民房屋进行炮前调查，并作好相应记录，作后期炮损赔付依据。

工程各施工单位均与当地有相应资质的爆破公司签订了爆破协议，由技术人员编制爆破设计，并由持证的爆破员、爆破安全员进行爆破作业。在施工爆破过程中，对炮孔钻孔、装药、联网等进行检查验收，并在施工现场设置爆破公告牌，对整个爆破作业记录进行登记存档。

(3) 安全防护

为确保建设工程项目的安全设施按规定与主体工程"三同时"，建设单位制定《安全设施"三同时"管理制度》，施工单位对临边、沟槽、坑、孔洞、交通梯道、高处作业、交叉作业、临水和水上作业、机械转动部位、暴风雨雪极端天气的安全防护设施实施管理，分别制定相应的安全防护措施，并安排专人进行安全监护、巡视，确保施工安全可控。

(4) 临时用电

施工单位按照规定编制现场临时用电专项施工方案，报监理单位审核批准后实施。临时用电采用三级配电二级漏保一机一闸一漏一箱设置，在隧洞等潮湿施工环境中，要求施工单位采用36 V及以下安全照明电压，用电系统部署完成并经过监理单位验收合格后，方可投入使用。

(5) 交通安全

为加强交通安全管理工作，防止和减少交通安全事故，建设单位制定了《交通安全管理制度》《工程施工区道路交通安全管理规定》，定期开展交通安全教育培训，定期开展交通安全隐患排查整改。

各施工单位分区对施工现场进行交通安全管理，并对大型设备运输、搬运制定专项安全措施，确保交通运输安全。

(6) 消防安全

为加强消防安全管理工作，贯彻落实"预防为主，防消结合"的方针，建设单位制定《消防安全管理规定》《施工现场消防安全管理制度》，定期开展消防安全检查整改。

各施工单位制定油料、炸药等易燃易爆危险物品的采购、运输、储存、使用、回收、销毁的消防措施和管理制度。防尘棚、临时工棚及设备防尘覆盖膜等，选用防火阻燃材料；室内严禁存放易燃易爆物品，严禁乱拉乱接电线，未经许可不得使用电炉；施工现场使用明火或进行电、气、焊作业时，要求落实防火措施，特殊部位办理动火作业证。

每年的火灾高发期，组织参建单位分别开展消防安全培训、消防应急演练。同时，结合消防管理情况，开展不同形式的消防安全教育和消防安全应急演练，如图 8-8 所示。

图 8-8 消防安全应急演练

(7)交叉作业管理

工程参建单位多，交叉施工协调难度大，制定《工程交叉及相邻作业安全管理规定》，组织相关参建单位制定协调一致的施工组织和安全技术措施，签订安全生产管理协议(图 8-9)并督促实施，明确交叉作业区域各自的安全管理范围和职责、现场安全旁站或巡查要求。遇较大分歧时，由监理单位或建设单位进行总体协调和调度，确保双方协调一致进行安全施工。

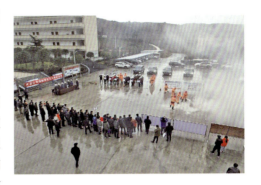

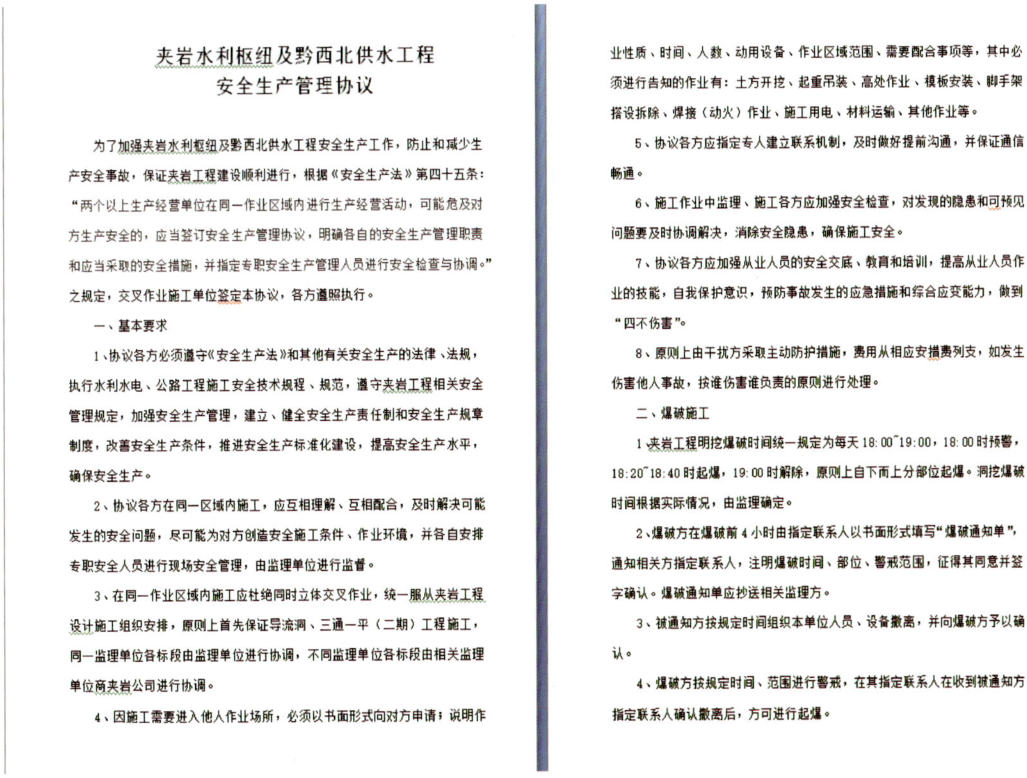

夹岩水利枢纽及黔西北供水工程
安全生产管理协议

为了加强夹岩水利枢纽及黔西北供水工程安全生产工作，防止和减少生产安全事故，保证夹岩工程建设顺利进行，根据《安全生产法》第四十五条："两个以上生产经营单位在同一作业区域内进行生产经营活动，可能危及对方生产安全的，应当签订安全生产管理协议，明确各自的安全生产管理职责和应当采取的安全措施，并指定专职安全生产管理人员进行安全检查与协调。"之规定，交叉作业施工单位签定本协议，各方遵照执行。

一、基本要求

1、协议各方必须遵守《安全生产法》和其他有关安全生产的法律、法规，执行水利水电、公路工程施工安全技术规程、规范，遵守夹岩工程相关安全管理规定，加强安全生产管理，建立、健全安全生产责任制和安全生产规章制度，改善安全生产条件，推进安全生产标准化建设，提高安全生产水平，确保安全生产。

2、协议各方在同一区域内施工，应互相理解、互相配合，及时解决可能发生的安全问题，尽可能为对方创造安全施工条件、作业环境，并各自安排专职安全人员进行现场安全管理，由监理单位进行监督。

3、在同一作业区域内施工应杜绝同时立体交叉作业，统一服从夹岩工程设计施工组织安排，原则上首先保证导流洞、三通一平（二期）工程施工，同一监理单位各标段由监理单位进行协调，不同监理单位各标段由相关监理单位商夹岩公司进行协调。

4、因施工需要进入他人作业场所，必须以书面形式向对方申请；说明作业性质、时间、人数、动用设备、作业区域范围、需要配合事项等，其中必须进行告知的作业有：土方开挖、起重吊装、高处作业、模板安装、脚手架搭设拆除、焊接（动火）作业、施工用电、材料运输、其他作业等。

5、协议各方应指定专人建立联系机制，及时做好提前沟通，并保证通信畅通。

6、施工作业中监理、施工各方应加强安全检查，对发现的隐患和可预见问题要及时协调解决，消除安全隐患，确保施工安全。

7、协议各方应加强从业人员的安全交底、教育和培训，提高从业人员作业的技能，自我保护意识，预防事故发生的应急措施和综合应变能力，做到"四不伤害"。

8、原则上由干扰方采取主动防护措施，费用从相应安措费列支，如发生伤害他人事故，按谁伤害谁负责的原则进行处理。

二、爆破施工

1 夹岩工程明挖爆破时间统一规定为每天 18:00~19:00，18:00 时预警，18:20~18:40 时起爆，19:00 时解除，原则上自下而上分部位起爆。洞挖爆破时间根据实际情况，由监理确定。

2、爆破方在爆破前 4 小时由指定联系人以书面形式填写"爆破通知单"，通知相关方指定联系人，注明爆破时间、部位、警戒范围，征得其同意并签字确认。爆破通知单应抄送相关监理方。

3、被通知方按规定时间组织本单位人员、设备撤离，并向爆破方予以确认。

4、爆破方按规定时间、范围进行警戒，在其指定联系人在收到被通知方指定联系人确认撤离后，方可进行起爆。

图 8-9 安全生产管理协议

(8)职业健康

1)职业健康管理规定

为预防、控制和消除职业危害，保护员工身心健康和相关权益，建设单位制定《公司职业健康管理规定》《施工现场职业健康监督制度》《劳动防护用品管理制度》，明确职业危害的监测、评价和控制的职责和要求，明确为从业人员提供符合职业健康要求的工作环境和条件，配备相适应的职业健康防护用品。

2）职业病防护设施

在产生职业病危害的工作场所设置相应的职业病防护设施,如图 8-10 所示,确保砂石料生产系统、混凝土生产系统、钻孔作业、洞室作业等场所的粉尘、噪声、毒物指标符合有关标准的规定。在可能发生急性职业危害的有毒、有害工作场所,设置报警装置,制定应急处置预案,现场配置急救用品、设备。同时制定职业危害场所检测计划,定期对职业危害场所进行检测,并保存实施记录。

图 8-10　隧洞施工作业人员职业病防护

3）职业危害申报和告知

施工单位及时、如实申报职业病危害项目,如实告知作业过程中可能产生的职业危害及其后果、防护措施等,并对从业人员及相关方进行宣传,使其了解生产过程中的职业危害、预防和应急处理措施,在存在严重职业病危害的作业岗位,设置警示标识和说明,如图 8-11 所示。

图 8-11　职业病危害告知牌

4）职业健康检查

对从事接触职业病危害的作业人员进行职业健康检查(包括上岗前、在岗期间和离岗时),如图 8-12 所示,建立健全职业卫生和员工健康监护档案。

(9)警示标志

制定了《现场安全文明施工标准化图册》,统一规范现场标识标志,树立安全文明施工形象。施工单位施工现场均按图册要求设置"六牌两图",在施工现场入口处、交叉路口、施工起重作业、临时用电设施、脚手架、基坑边缘、孔洞口等危险场所、危险部位设置明显的安全警示标志、标牌进行提示和警示,如图 8-13 所示。

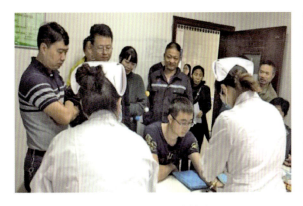

图 8-12　职业健康体检

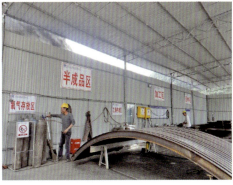

图 8-13　安全警示标志

(10)反违章及不文明施工

工程开工以来，为加强工程施工人员安全生产意识，防止违章作业安全事故，制定《反违章及不文明施工处罚细则》，明确施工作业人员及施工现场安全防护、设备设施管理、文明施工、安全保卫、交叉作业等 81 种违章行为的处罚标准，以罚促改，转变思想观念，把“要我安全”变成“我要安全”和“我会安全”的自觉行动。如图 8-14 所示。

反违章及不文明施工处罚细则

1、总则

安全生产工作应当以人为本，坚持安全第一、预防为主、综合治理的方针。为了加强夹岩公司安全生产工作，防止和减少生产安全事故，使反违章及不文明施工处罚有章可循，树立公司安全、文明施工良好形象，特制定本细则。

《反违章及不文明施工处罚细则》（试行）试行一年来，违章及不文明施工仍屡禁不止，本细则特加重处罚标准，以防止和减少安全事故的发生。

2、查处违章及不文明施工的主要原则和要求

2.1 以罚促改，不能以罚代管、只罚不管，加强对安全生产的认识，转变思想观念，把“要我安全”变成“我要安全”和“我会安全”的自觉行动。

2.2 反违章及不文明施工是一项长期行为，是落实安全生产责任制的积极措施，各部门、各参建单位必须把反违章及不文明施工作为安全文明施工的重点，坚持常抓不懈，认认真真地抓，杜绝搞形式主义或“一阵风”现象。

2.3 反违章及不文明施工属全员行为，全体员工应互相监督、纠正，并有权控告和制止他人的违章及不文明施工行为。

2.4 反违章及不文明施工坚持实事求是的原则，严格执法，不得随意降低标准，杜绝“说情风”。

2.5 夹岩工程所有参建人员违章及不文明施工达 2 次，按罚款标准 2 倍进行处罚；达 3 次，按罚款标准 3 倍进行处罚，并以此类推。对违章及不文明施工超过 2 次的人员，通过各种形式予以通报，同时进行安全学习，经考试合格后方可上岗。

2.6 指挥性违章及不文明施工管理的责任者是指挥人员或管理人员，但作为具体施工人员，明知指挥性违章及不文明施工会造成不良后果或损失而不抵制，也应负相应责任。

2.7 处罚实行连带制，违章及不文明施工肇事人及其上级直至项目负责人应受相应标准处罚。

2.8 查处的罚款在进度结算款中直接扣除。

2.9 本条例已列入条款内容是施工过程中常见的违章及不文明施工，未列入的内容比照相关条款处罚；发生安全事故的，参照国家相关处罚标准进行处罚。

2.10 本细则解释权归属夹岩水利枢纽工程公司，由监理单位或夹岩公司行使处罚权利，自颁布之日起执行。

3、违章及不文明施工处罚标准表

序号	主要内容	处罚金额(元)/人、次
01	进入现场不戴安全帽和不用规定的劳动防护用品	1000
02	安全帽未按规定颜色、在安全帽上乱涂划、或不系帽带等	500
03	酒后进入施工现场	500
04	酒后上岗作业	1000
05	穿拖鞋、高跟鞋、短裤、背心或赤脚、赤膊进入施工现场（车间）	500
06	女性工作人员作业时没有将长发塞入安全帽内	500
07	工作时间在施工现场（车间）追逐、嘻戏、打闹、睡觉、看书报等从事与工作无关的活动	1000
08	洞内、高边坡等危险地带停放设备或休息逗留	1000
09	随意损坏、移动、拆除安全设施，除按要求进行恢复外	1000
10	各型施工设备及机动车辆方向、制动良好、灯光齐备，违者每项	1000
11	安全网张挂不正确或不及时，或损坏后未恢复，不及时清除安全网内的砖块、材料、废铁等杂物件	1000
12	从事特种作业人员无证上岗或证件不符合要求	1000
13	在施工现场私自生火取暖、照明，未办理动火审批	1000
14	在设备、管道和建筑物上乱涂乱划	500
15	危险出入口没有专人监护或悬挂警告牌	1000
16	材料堆放或设备停放不整齐、不规范，现场凌乱。	1000
17	在现场主要道路上乱停靠车辆或堆放设备、材料等，阻塞通道和有碍施工	2000
18	建筑废料、垃圾等未运至指定的弃料场，或未做到“工完、料尽、场地清”	2000
19	施工现场或营区生活垃圾随处堆放，乱倒剩饭菜，随地大小便等	2000
20	施工生产现场、办公生活营区垃圾不及时清扫，存在脏乱差现象	2000
21	坑井、沟道、平台、孔洞等没有盖板、围栏或未有防护设施就施工	1000
22	临边、高处作业不系挂安全带（绳）或安全防护不到位	1000
23	危险区域没有划定警戒范围、设警告标志，或未安排专人警戒。	1000
24	不服从安全管理，甚至无理取闹	2000~10000
25	殴打监理、设计、业主等管理人员	10000~200000
26	戴手套清除机械转动部份（正在运行）附近的杂物	1000
27	使用磨光机、砂轮机械打磨不戴防护眼镜	1000
28	高处作业脚手架平台、走道、斜道等未设防护栏杆或防护网，或使用未经检测合格的材料（脚手架、扣件等），或未经验收合格就投入使用的。	1000
29	垂直交叉作业层间没有搭设严密、牢固的防护隔离设施	500

图 8-14　反违章和不文明施工处罚细则

7. 重大危险源辨识与管理

(1)重大危险源管理制度

组织制定了《重大危险源管理制度》，明确重大危险源辨识、评价和控制的职责、方法、范围、流程等要求。

(2) 重大危险源安全评估

根据重大危险源管理制度规定,组织参建单位进行重大危险源辨识,确定危险等级。对辨识出的重大危险源,报请项目主管部门进行安全评估并形成报告,将重大危险源辨识和安全评估的结果印发各参建单位。

(3) 重大危险源管理

重大危险源实行风险分级管控。低风险等级危险源由施工单位自行管控;一般风险危险源由施工单位管控,监理单位监督;较大风险危险源由监理单位组织施工单位共同管控,建设单位监督;重大风险危险源由建设单位组织监理单位、施工单位共同管控,主管部门重点监督检查。

针对重大危险源制定防控措施,明确重大危险源管理的责任部门和责任人,实施动态管理,对其安全状况进行定期检查、评估和监控,并做好记录,确保重大危险源始终处于受控状态。

(4) 重大危险源告知

对于重大危险源可能发生的事故后果和应急措施等信息,施工单位以适当方式告知可能受影响的单位、区域及人员,同时组织对重大危险源的管理人员进行培训,使其了解重大危险源的危险特性,熟悉重大危险源安全管理规章制度及应急措施,并在重大危险源现场设置明显的安全警示标志和警示牌。如图 8-15 所示。

(5) 重大危险源事故应急预案

对辨识出的重大危险源,施工单位组织

图 8-15 安全风险告知牌

制定重大危险源事故应急预案,建立应急救援组织或配备应急救援人员、必要的防护装备及应急救援器材、设备、物资,并保证其完好和方便使用。

8. 隐患排查和治理

(1) 安全事故隐患排查制度

为了建立安全生产事故隐患排查、治理长效机制,及时发现、控制和消除隐患,防止和减少生产安全事故,制定《工程安全事故隐患排查制度》,主要内容包括隐患排查目的、内容、方法、频次和要求等。

(2) 安全事故隐患排查

安全事故隐患排查方式主要包括定期综合检查、专项检查、季节性检查、节假日检查和日常检查等。根据事故隐患排查制度,建设单位每月组织开展事故隐患排查,排查前制定排查方案,明确排查的目的、范围和方法;对排查出的事故隐患,及时书面通知有关单位,定人、定时、定措施进行整改,并按照事故隐患的等级建立信息台账。

(3) 安全事故隐患治理

逐级建立并落实隐患治理和监控责任制,运用隐患自查、自改、自报信息系统,通过信息系统对隐患排查、报告、治理、销账等过程进行管理和统计分析,并按照有关要求报送治理情况。

重大事故隐患治理方案由施工单位主要负责人组织制定,经监理单位审核,报上级公司同意后实施,内容包括重大事故隐患描述、治理的目标和任务、采取的方法和措施、经费和物资的落实、负责治理的机构和人员、治理的时限和要求、安全措施和应急预案等。

重大事故隐患治理完成后,组织对治理情况进行验证和效果评估,并签署意见,报项目主管部门和有关部门备案。对于地方或有关部门挂牌督办,并责令全部或者局部停止施工的重大事故隐患,治理工作结束后组织对治理情况进行评估,经治理后符合安全生产条件的,项目法人应向有关部门提出恢复施工的书面申请,经审查同意后,方可恢复施工。

(4)雨后巡查

深埋长隧洞工程地质风险点多,雨后排查能及时发现并处置险情隐患,防止和减少度汛安全事故,减少灾情损失。雨后排查作为一项常态化度汛工作,在每次降雨后,督促监理、施工单位对洞口边坡、涌水、暗河及岩溶通道的隧洞、浅埋隧洞等进行排查。对排查出的现场隐患,按照"五落实"要求进行整改。现场监理作好巡查和督促,确保雨后排查工作落到实处。同时要求安全监测单位加强监测频次,准确掌握各部位安全稳定状态。

9. 应急管理

(1)应急管理制度

制定《应急救援管理制度》,通过加强应急管理,建立健全预警、突发事件应急和对外联系机制,提高预防和处置突发事件的能力,最大限度地预防和减少突发事件及其造成的损害,保障人民群众的生命财产安全,维护工程区域安全和社会稳定。

(2)预测预警

1)预测预警管理办法

为全面加强工程自然灾害及生产事故隐患预测预警工作,最大限度地减少损失,制定《自然灾害及生产事故隐患预测预警管理办法》,并根据工程地域特点及自然环境、工程建设、安全风险管理、隐患排查治理及事故等情况,运用定量或定性的安全生产预测预警技术,建立项目安全生产状况及发展趋势的预测预警体系。

2)水情预报

工程灌区沿线布设 6 座遥测雨量站和 7 个临时遥测水位站,通过采取多种途径及时获取水文、气象等信息,分片区预报预警,采取针对性应对措施指导工程施工。

(3)应急准备

1)事故应急处置指挥机构

事故应急处置指挥机构是应急处置的决策核心,在发生安全事故时,统一指挥,能够有效调配各参建单位的应急物资、装备、抢险救援队伍等资源,最大限度减少事故伤亡和损失。

工程开工建设以来,成立了以建设单位主要领导为组长,公司分管领导、设计单位项目经理、监理单位总监为副组长,公司科(室)、建管部负责人、设计单位现场负责人、监理单位安全负责人、施工单位项目负责人为成员的事故应急指挥机构,指挥机构办公室设在公司安全管理科,负责日常应急管理工作。

2)生产安全事故应急预案体系

生产安全事故应急预案是应急管理的技术保障,编制 1 个综合应急预案、8 个专项应急预案、9 个现场处置方案,以正式文件发布,并报主管部门备案,同时与地方政府应急预案体系相衔接,建立健全应急预案体系。

3)应急救援组织

各参建单位分别成立应急领导小组,按照事故级别分级处置,分别建立本单位应急救援组织,并配备应急救援人员,根据人员变化及时调整;涉及瓦斯的单位与地方专业救援队伍签订应急救援协议,涉及消防、度汛的单位与当地应急部门建立联动机制。

4)应急设施、装备和物资

根据预案配备了防洪警报、柴油发电机、卫星电话、固定电话、对讲机、抛绳器、救生衣、铁锹、应急手电、雨衣、水鞋、救护车、应急药品等应急设施、装备和物资。施工单位根据预案在现场配备挖掘机、装载机、应急车辆、编织袋、应急药品、应急食品等应急设备和物资。工程所有应急设施、装备和物资,统一服从指挥调配,确保发生事故和突发事件时能有效处置和救援抢险。

5)生产安全事故应急知识和应急预案培训

不定期组织各参建单位进行应急知识、应急预案专项培训,各设计、监理、施工单位分别组织本单位人员进行应急知识、应急预案全员培训,全面熟悉应急处置程序、应急处置方式、应急信息上报等。重点加强一线作业人员应急避险意识,增强作业人员应急处置能力,最大限度地减少人员伤亡和财产损失。

各参建单位根据本单位事故风险特点,每年至少组织1次综合应急演练或专项应急演练,每半年至少组织1次现场处置方案演练。演练完成后进行总结和评估,根据评估结论和演练发现的问题,修订、完善应急预案,改进应急准备工作。

6)定期评估应急预案

制定《应急预案评审制度》,根据应急预案执行情况,结合工程建设实际,定期组织对应急预案进行评估,根据评估结果及时进行修订和完善,并以正式文件发布和报备,用以指导现场应急处置,逐步形成完整的应急预案体系。

每年督促和组织深埋长隧洞相关参建单位开展瓦斯突出、斜井应急救援、隧洞涌水、涌泥等专项应急演练,并于汛前组织所有施工单位开展防洪度汛应急演练,通过演练普及安全知识,增强全员逃生意识;通过演练检验各专项应急预案的可操作性和实用性,并进一步修改完善预案;通过演练提高工程各参建单位应急抢险救援的反应和应急处置能力,最大限度地减少人员伤亡和财产损失。

(4)应急处置

发生事故或突发事件时,严格按照预案分级启动,按规定程序开展处置工作,采取正确措施实施救援,必要时寻求社会支援,防止和减小应急处置过程中发生的次生事故。

应急救援工作结束后,组织参建各方以及地方政府相关单位完成善后处理、环境清理和监测工作,防止事故再次造成人员伤亡、财产损失、环境污染等次生灾害。

应急处置工作结束后,事故涉及的参建单位分别对应急处置工作进行总结评估,分析处置过程中存在的薄弱环节,有针对性的调整和修订预案和现场处置方案,使应急处置能力不断提升。

(5)隧洞应急措施

施工作业人员是安全风险的第一承受者,提高一线施工作业人员的安全技能是避免安全事故最直接的手段。各施工单位分别针对深埋长隧洞涌水、涌泥、塌方、瓦斯、超标洪水等制定专项应急预案,明确预警分级及响应措施,落实应急转移责任人,设置临时安置点并规划撤离路线,与地方政府建立联动机制，报监理单位审批。

根据批准的应急预案，各施工单位设置应急电话（图8-16）、警铃、救命绳，配备对讲机、救生衣、氧气袋、口罩、手电等应急设备物资（图8-17），制作应急逃生手册、应急处置卡，作业人员随身携带，并组织对应急预案进行培训（图8-18和8-19），分别开展专项应急演练（图8-20和图8-21），并邀请地方政府等单位参加，确保险情发生时有序撤离。

图8-16 洞内应急电话

图8-17 洞内应急物资

图8-18 逃生知识培训

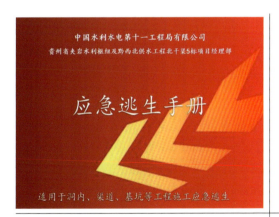

图8-19 应急逃生手册

图 8-20 瓦斯突出应急演练

图 8-21 防洪度汛应急演练

2017年7月3日上午9时，××隧洞进口瓦斯检测检人员在掌子面进行检测时（现场采取人工与智能瓦斯监控系统相结合的双控检测），突然发生粉煤溜坍现象，产生的气浪将瓦检员推出距掌子面20 m并淹埋至胸部，陪检人员立即用洞内电话通知洞外值班人员、同时进行施救，工区立即采取措施：安排6人佩戴自救器跑步进洞抢救，同时将现场情况上报项目部，项目部领导立即上报建设、设计、监理单位相关人员，并赶赴现场指挥。9时55分，被困人员1人，抢救人员7人全部安全撤离出洞。经外观检查，瓦检员腿部轻微擦伤，其余部位无明显外伤，及时将受伤人员送至医院检查、治疗，全身检查无碍。为确保安全，切断洞内电源、切断洞口上部空压机房生活、施工用电，空压机值班人员撤离；洞口上部2户村名劝离并上报鼎新乡政府、猫场镇政府协同配合；要求距水打桥隧洞进口100 m范围内禁止使用明火；要求洞口值班人员加强巡查、锁闭大门、禁止所有人员入内。通过及时有效的应急处置，该次事件未造成人员伤亡。

10. 事故管理

（1）事故报告

1）事故报告和调查处理制度

制定《安全事故报告和调查处理制度》，规定事故报告（包括程序、责任人、时限、内容等）、事故调查和处理内容（包括事故调查、原因分析、纠正和预防措施、责任追究、统计与分析等），并将造成人员伤亡（轻伤、重伤、死亡等人身伤害和急性中毒）、财产损失（含未遂事故）和较大涉险事故纳入事故调查和处理范畴，规范生产安全事故的报告和调查处理程序，并以正式文件下发各参建单位执行。

2）事故报告

根据制定的《安全事故报告和调查处理制度》规定，当事故发生时，事发单位需按照事故报告程序及时、准确、完整地向上级有关部门报告。若事故报告后出现新情况时，应当及时补报。

（2）事故调查和处理

1）事故控制措施

按照《安全事故报告和调查处理制度》要求，若发生事故时，事发单位在现场安全距离外设置警戒线，安排专人实施警戒，疏散危险范围内人员至安全区域，防止事故扩大，同时保护事故现场及有关证据，做好事故的善后工作。

2）事故调查

按照《安全事故报告和调查处理制度》要求，若事故发生时，按规定组织事故调查组对事故进行调查,查明事故发生的时间、经过、原因、波及范围、人员伤亡情况及直接经济损失等。事故调查组应根据有关证据、资料,分析事故的直接、间接原因和事故责任,提出应吸取的教训、整改措施和处理建议,编制事故调查报告。

对由相关人民政府组织调查的事故,相关参建单位全力配合地方人民政府开展调查工作。

3)事故处理

制定《工程安全生产责任追究及处罚办法》,按照事故原因未查清不放过、责任人员未处理不放过、整改措施未落实不放过、有关人员未受到教育不放过的"四不放过"原则,对责任单位和人员进行处罚,并督促责任单位提出防止相同或类似事故发生的切实可行的预防措施,并组织对相关人员进行教育培训,防止同类事故再次发生。

(3)安全事故管理

按照一个事故一套档案的要求,建立从事故发生、事故报告、事故处置到事故调查处理的完整档案资料,建立、完善事故档案和管理台账,为事故统计分析和预防提供数据和案例支持。

11. 持续改进

在工程建设过程中,建设单位每年对安全管理规章、制度的运行情况进行评估,修正与现场实际不适用的部分,修订后重新发布实施;对瓦斯、涌水、斜井等重要的专项措施在实施过程中,逐步修改和优化、完善。为后期遇到的类似问题提供重要的参考。如东关隧洞瓦斯施工的总结为后续的木蓑衣隧洞提供参考经验。

8.2.2 深埋长隧洞安全管理的难点和安全风险分析

工程灌区输水隧洞累计总长185 km,占灌区骨干输水工程总长648.19 km的28.5%。其中长度大于1 km的隧洞有21条,总长133.203 km(长度大于5 km的隧洞有7条,总长101.598 km;长度大于10 km的隧洞有5条)。如东关隧洞总长3.09 km,猫场隧洞总长15.7 km,水打桥隧洞总长20.36 km,长石板隧洞总长15.41 km,两路口隧洞总长8.8 km,余家寨隧洞总长11.34 km。灌区骨干输水隧洞中,深埋长隧洞工程多、战线长,喀斯特地形地质条件复杂,遇Ⅳ、Ⅴ类围岩、断层、岩溶、煤系地层与瓦斯等不良地质洞段多,遇地下暗河、涌水、突泥、塌方、支洞斜井及高边坡等施工安全风险大;加之工程隧洞标段和参建单位、施工人员多,管理水平参差不齐,交叉施工协调难度大等特点,施工中的安全生产管理形势严峻,控制不当易造成较大及以上安全生产事故发生。安全管理主要存在以下各类施工安全风险。

1. 深埋长隧洞安全风险

灌区骨干输水工程深埋长隧洞主要有猫场隧洞、水打桥隧洞、长石板隧洞、两路口隧洞、余家寨隧洞等,其中猫场隧洞最大埋深达442 m。深埋长隧洞地质条件复杂,施工用电距离长,洞内通风难度大,主要安全风险有洞内塌方、冒顶、瓦斯、涌水、突泥、施工用电、洞内爆破等情况,人员逃生距离长,转移能力受限,应急救援难度大。

2. 斜井施工安全风险

深埋长隧洞施工支洞斜井主要有水打桥隧洞1#、2#、3#支洞、两路口隧洞1#支洞、余家寨隧洞1#、2#、3#支洞共7条。斜井长度为多数为200～700 m,坡度在22.17%～45.3%。其中水打桥隧洞3#施工支洞斜井最长为704 m,坡度最大约35.4%。主要安全风险为斜井运输矿车脱轨、钢丝绳断裂、汛期洪水倒灌等造成洞内人员伤亡和设备损失。人员逃生通道坡度陡,应急救援受限。

3. 瓦斯隧洞安全风险

深埋长隧洞中瓦斯隧洞主要有东关取水隧洞(瓦斯段长 1 594 m)、猫场隧洞(瓦斯段长 5 200 m)、水打桥隧洞(瓦斯段长 1 625 m)等洞段。其中,水打桥隧洞进口为瓦突洞段,瓦斯浓度最大达到了 20%。主要安全风险有瓦突、瓦斯爆炸、施工作业人员窒息、中毒等,施工安全风险很高。

4. 隧洞浅埋段安全风险

灌区骨干输水工程隧洞存在浅埋洞段,主要安全风险为隧洞围岩承载力不足,以及汛期暴雨引起冒顶、涌水、涌泥等突发性安全风险较大,造成洞内人员、设备被掩埋。

5. 隧洞涌泥安全风险

灌区骨干输水工程隧洞涌泥主要有东关取水隧洞、猫场隧洞、水打桥隧洞、两路口隧洞等 13 处。主要安全风险为突发性涌泥,事故发生可预见性小,安全风险较大,易造成洞内人员、设备被掩埋。

6. 溶洞暗河、岩溶通道及涌水安全风险

灌区骨干输水工程遇较大溶洞共有 366 处,长石板隧洞遇到溶洞多达 63 处。遇地下暗河主要有总干渠猫场隧洞遇大坡地下暗河、狗吊岩地下暗河,北干渠遇小田坝地下暗河、水落洞地下暗河、以那田坝地下暗河、鼠场地下暗河、牛落坝地下暗河、理化地下暗河等,以上地下暗河分布高程位于隧洞线以上或隧洞线附近,总共已揭露 33 处涌水点,日涌水量合计达 16.8 万 m^3/d,其中猫场隧洞最大涌水量约 30 000 m^3/d。主要安全风险为溶洞、岩溶管道水量增加,暗河水位抬升,造成隧洞涌水淹没隧洞施工人员和设备等。

7. 隧洞进口边坡安全风险

灌区骨干输水工程主要有总干渠东关取水隧洞进出口、长石板隧洞出口、两路口隧洞进口、凉水井隧洞进口、高石坎隧洞进口、余家寨隧洞出口、1#、3# 支洞口等 14 处高边坡。主要安全风险为边坡失稳、汛期强降雨导致滑坡、泥石流等灾害造成隧洞进口被封堵,洞口人员、设备被掩埋风险。

8.2.3 深埋长隧洞主要安全管控措施

1. 设计单位安全管理

对工程涉及度汛安全的重点部位、关键环节、技术难题,充分发挥设计单位的技术优势,特别是在工程地质、水文、汛前汛期检查、汛情分析研判等方面提供重要技术支持。针对夹岩工程深埋长隧洞特点,设计单位在工程专门设立输水代组,按合同规定配备人员,设计人员常驻现场,并进行考勤管理,汛期 24 h 值班,及时协调解决工程建设中的设计问题。针对设计服务质量,建设单位定期进行考核,设计工作不到位的,按合同规定进行处罚。

在工程设计文件中,注明涉及施工安全的重点部位和环节,并提出防范生产安全事故的指导意见,并向施工单位和监理单位进行设计交底,说明勘察设计意图,解释勘察设计文件等。针对高风险的瓦斯、涌水、突泥等,设计单位委托具有类似工程技术处理经验的咨询单位开展咨询工作,根据咨询意见出具专项安全技术措施或方案,并组织安全技术交底。如图 8-22 和

图 8-23 所示。

在每月组织的安委会例会中,结合现场实际施工情况,再次提出防范安全事故的意见和要求;针对设计提出的意见和要求,由监理单位督促施工单位贯彻落实,确保施工生产安全。

2. 监理单位安全监理

监理是督促施工单位依照法律法规以及有关技术标准、设计文件和建设工程承包合同,代表建设单位对施工单位实施全方位、全过程监理,规范施工单位的建设行为,防止和减少生产安全事故。针对工程点多、面广、战线长、单位多、风险高的特点,实行"大监理小业主"模式,按合同规定配备安全监理人员,分标段落实专(监)职安全监理工程师,常驻施工现场,并进行考勤管理,汛期 24 h 值班。监理单位按照规定编制规划和实施细则,及时组织例会、设计交底、防汛检查、雨后排查等,及时审核施工单位专项方案、防汛度汛及抢险措施,并督促施工单位严格落实,及时协调解决工程施工中遇到的问题。如图 8-24 所示。

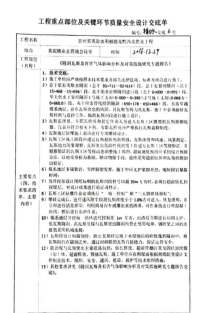

图 8-22 深埋长隧洞瓦斯专题研究报告

图 8-23 设计技术交底单

图 8-24 监理巡视记录

建设单位制定了《工程监理管理办法》《工程监理工作考核实施细则》,并定期进行考核,监理工作不到位的,按合同规定进行处罚。

3. 充分调查优化设计

施工单位进场后,结合施工图在充分调查现场实际情况后,综合考虑施工安全、质量、进度、投资等因素,提出优化设计的方案。如长石板隧洞 3#、4#、5#、6# 支洞、水打桥隧洞 4# 支洞由原斜井有轨改为平洞无轨,斜井有轨运输易出现脱钩溜车、掉轨、刹车盘抱死等安全事故,应对涌水、涌泥等地质灾害能力较差。改为平洞无轨后安全风险大大降低,提高了应对突发事故处置能力,施工进度也有保障。实践证明,斜井有轨优化为平洞无轨后,施工进展顺利,施工安全风险大大降低,未出现过生产安全事故。

4. 专项施工方案及措施

针对深埋长隧洞尤其是重大风险工程部位施工,严格要求施工单位必须编制专项施工方案。编制水打桥隧洞进口瓦斯隧洞专项施工方案、西溪河管桥专项施工方案、白甫河管桥拱圈专项施工方案、长石板隧洞浅埋段专项施工方案,白甫河、西溪河管桥监测等专项施工方案,落实瓦斯监测、防爆、防止涌水突泥、缆索吊等安全技术措施,建设单位多次组织召开专题会议研究专项施工方案合理性、可操作性。专项施工方案实施时,组织设计,监理、施工单位指定专人对专项施工方案实施情况进行旁站监督,总监理工程师、施工单位技术负责人定期对专项施工方案实施情况进行巡查,并及时组织人关人员进行验收。如图8-25～图8-28所示。

图8-25 果木洼地(浅埋段)专项施工方案

图8-26 水打桥隧洞瓦斯洞段专项施工方案

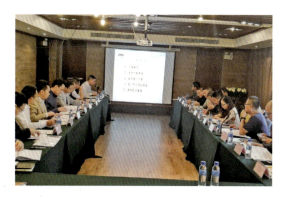

图 8-27　长石板隧洞浅埋段专项施工方案专家论证

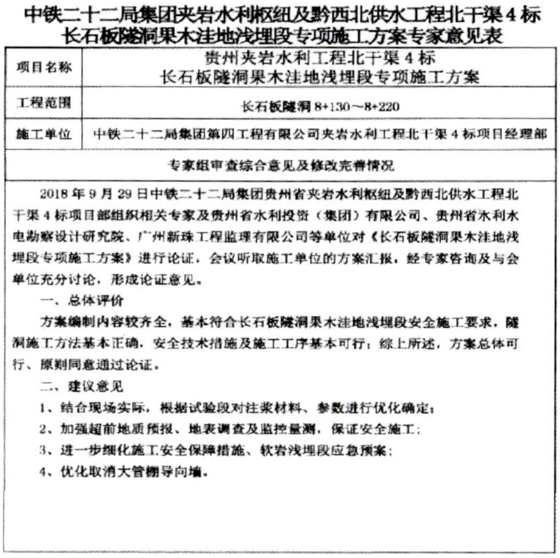

中铁二十二局集团夹岩水利枢纽及黔西北供水工程北干渠 4 标
长石板隧洞果木洼地浅埋段专项施工方案专家意见表

项目名称	贵州夹岩水利工程北干渠 4 标 长石板隧洞果木洼地浅埋段专项施工方案
工程范围	长石板隧洞 8+130～8+220
施工单位	中铁二十二局集团第四工程有限公司夹岩水利工程北干渠 4 标项目经理部
专家组审查综合意见及修改完善情况	

2018 年 9 月 29 日中铁二十二局集团贵州省夹岩水利枢纽及黔西北供水工程北干渠 4 标项目部组织相关专家及贵州省水利投资（集团）有限公司、贵州省水利水电勘察设计研究院、广州新珠工程监理有限公司等单位对《长石板隧洞果木洼地浅埋段专项施工方案》进行论证，会议听取施工单位的方案汇报，经专家咨询及与会单位充分讨论，形成论证意见。

一、总体评价

方案编制内容较齐全，基本符合长石板隧洞果木洼地浅埋段安全施工要求，隧洞施工方法基本正确，安全技术措施及施工工序基本可行；综上所述，方案总体可行、原则同意通过论证。

二、建议意见

1、结合现场实际，根据试验段对注浆材料、参数进行优化确定；

2、加强超前地质预报、地表调查及监控量测，保证安全施工；

3、进一步细化施工安全保障措施、软岩浅埋段应急预案；

4、优化取消大管棚导向墙。

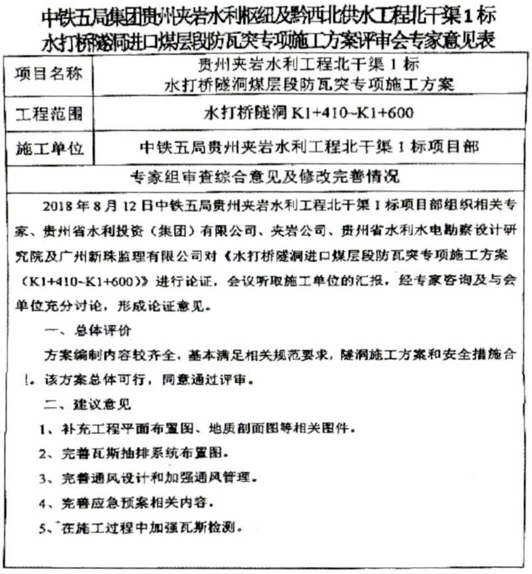

中铁五局集团贵州夹岩水利枢纽及黔西北供水工程北干渠 1 标
水打桥隧洞进口煤层段防瓦突专项施工方案评审会专家意见表

项目名称	贵州夹岩水利工程北干渠 1 标 水打桥隧洞煤层段防瓦突专项施工方案
工程范围	水打桥隧洞 K1+410~K1+600
施工单位	中铁五局贵州夹岩水利工程北干渠 1 标项目部
专家组审查综合意见及修改完善情况	

2018 年 8 月 12 日中铁五局贵州夹岩水利工程北干渠 1 标项目部组织相关专家、贵州省水利投资（集团）有限公司、夹岩公司、贵州省水利水电勘察设计研究院及广州新珠监理有限公司对《水打桥隧洞进口煤层段防瓦突专项施工方案（K1+410~K1+600）》进行论证，会议听取施工单位的汇报，经专家咨询及与会单位充分讨论，形成论证意见。

一、总体评价

方案编制内容较齐全，基本满足相关规范要求，隧洞施工方案和安全措施合l。该方案总体可行，同意通过评审。

二、建议意见

1、补充工程平面布置图、地质剖面图等相关图件。

2、完善瓦斯抽排系统布置图。

3、完善通风设计和加强通风管理。

4、完善应急预案相关内容。

5、在施工过程中加强瓦斯检测。

图 8-28　专项施工方案专家论证意见

5. 安全风险管控

(1)安全风险辨识

建设方制定《安全风险管理制度》，明确风险辨识与评估的职责、范围、方法、准则和工作程序等内容，并且组织参建单位对安全风险进行全面、系统的辨识，并对安全风险辨识进行统计、分析、整理和归档。

建设单位 2018 年组织监理、施工单位对工程各施工作业面按照作业环境类、机械设备类设施场所类、作业环境类和其他类等五个类型开展全面的施工危险源辨识；并对辨识出的施工危险源进按照 LEC 法行风险评价分级，按照风险大小分出施工重大危险源和一般危险源，工程深埋长隧洞共计辨识出瓦斯隧洞施工、斜井施工、隧洞涌水等施工重大危险源八大项，制定了瓦斯抽排、超前大管棚等具有针对性的控制措施，同时明确管控责任人，并建立台账，定期更新，移除已消失的危险源，增加新辨识出的危险源，实行动态管理。如图 8-29 和图 8-30 所示。

投保险种：建筑工程一切险及第三责任险　行业：水利枢纽

查勘日期：2018年04月10日、11日

报告制作日期：2018年04月23日

制作人：黄玉福

报告号：－－

贵州省夹岩水利枢纽及黔西北供水工程北干渠3标

风险监理（巡防）报告

中国平安财产保险股份有限公司

2018年04月

目　录

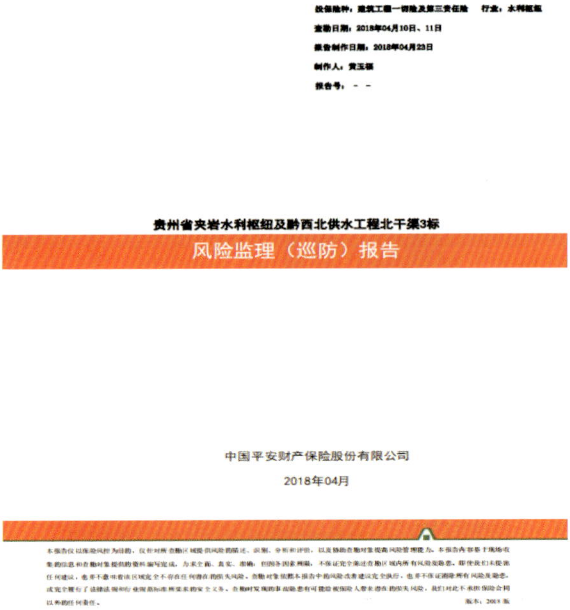

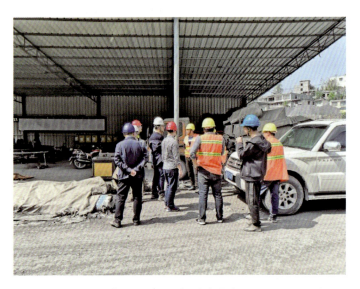

图 8-29　风险巡防报告

图 8-30　现场风险巡防

(2)安全生产评估

2018 年 11 月，组织第三方安全评估机构专家组对工程施工进行安全评估技术咨询，如图 8-31 所示，对夹岩工程存在主要安全风险，提出防范风险的措施和建议，以指导工程安全施工。2019 年夹岩工程又专门聘请了省水利安全专家库中的知名专家，对夹岩工程尤其是深埋长隧洞开展了安全风险辨识和评估。

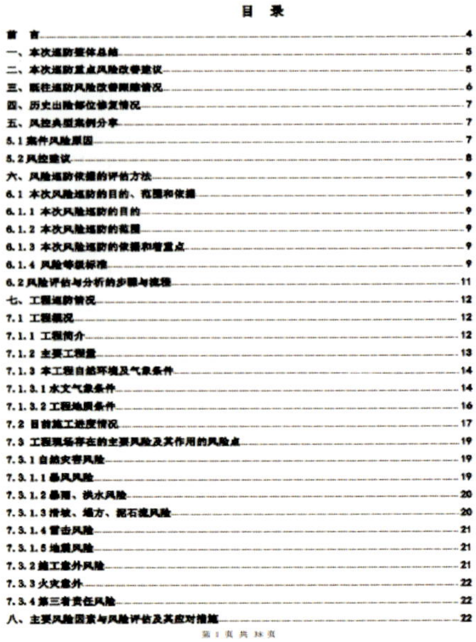

(3)安全风险转移(工程保险)

由于工程参建单位多，施工战线长，施工安全风险高，引入保险机制进行风险管控，通过将

图 8-31　安全评估咨询报告

风险损失赔偿责任转移,有效分散承包商的损失赔偿风险。

在工程招标阶段,统一为各标段购买了建筑/安装工程一切险和第三者责任险,选择保险业务经验丰富、实力雄厚的保险机构承担工程保险工作。同时,由于施工单位对保险工作的专业性相对欠缺,引进了专业的保险经纪公司对各施工单位进行保险业务咨询代理服务,为施工单位的报险、资料收集、理赔流程进行全过程的咨询,如图 8-32 所示,最大限度地缩短了保险理赔工作时间,使工程损失能够第一时间得到理赔。

图 8-32　工程保险培训会

6. 超前地质预报

由于工程深埋长隧洞较多,其中多是穿越溶丘坡地、峰丛洼地、谷地岩溶等地质的隧洞,岩溶地层大面积分布,地表地下岩溶均较发育,且洞身多位于地下水位以下或地下水位附近,隧洞不同程度的存在遇岩溶管道并可能出现涌水、涌泥等问题。实施超前地质预报主要是综合应用各种预报方法和手段,查明隧洞掌子面前方可能存在的较大不良地质缺陷的规模、空间分布、围岩结构完整性、含水与含瓦斯气体的可能性、地应力分布特征等,为正确选择开挖断面、支护设计参数和优化施工方案提供依据,为预防隧洞涌水、突泥、突气等灾害性事故及时提供信息,为施工、设计及时做出正确的处理预案,使参建各方提前做好施工准备,确保工程施工顺利进行,能有效避免事故的发生。

工程开工建设初期,组织各参建单位对 TSP 在工程上的应用进行了培训学习,要求深埋长隧洞施工必须实施超前地质预报,设计单位也提出了相关技术要求。工程深埋长隧洞采用打超前钻孔结合 TSP、红外探水、EH_4 电磁成像系统等技术进行超前地质预报,提前掌握前方地质情况,针对不同类型的地质条件采取相应的处理措施,同时采取控制爆破,支护及时跟进,有效预防和减少了突水、突泥和塌方。实施过程中,超前地质预报成果和监控量测数据及时反馈施工、监理、设计单位,做到了动态设计、动态施工、动态管理。工程深埋长隧洞通过实施超前地质预报,提前发现了瓦斯、涌水、涌泥、溶洞、暗河等影响施工安全的因素,并采取了相应的措施,使得施工进展顺利,有力确保了工程施工安全。如图8-33～图8-36所示。

图 8-33　隧洞超前地质预报技术要求

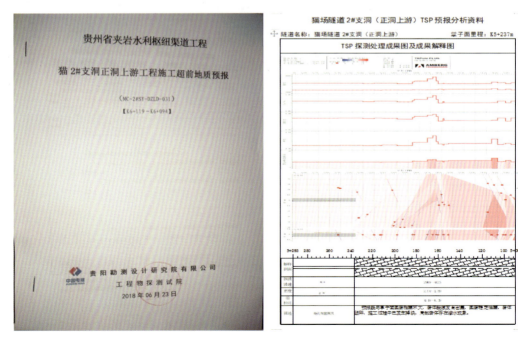

图 8-34　隧洞超前地质预报成果

图 8-35　超前钻孔

图 8-36　TSP 探测

7. 重要部位安全监测

针对深埋长隧洞围岩类型多，地质条件复杂的特点，为掌握隧洞安全状态，委托具有专业资质的公司对 5 条深埋长隧洞尤其是瓦斯、涌水、涌泥、浅埋、洞口高边坡等部位埋设了衬砌结构钢筋应力监测仪器钢筋计、衬砌结构与围岩接触缝监测仪器测缝计、围岩内渗水压力监测仪器渗压计、隧洞支护结构应力监测仪器多点式锚杆计、边坡表面变形监测的位移标点边坡深部位移监测的测斜孔，抗滑桩混凝土钢筋应力监测的钢筋计等安全监测设备（监测手段或措施）定期进行监测，准确掌握支护结构运行状况。通过监测，及时发现监测部位有无安全问题。若有异常，及时采取相应措施有效防范安全事故。如图 8-37 所示。

图 8-37　隧洞安全监测

8. 视频监控

深埋长隧洞工程作业点多、战线长，常规管理手段难以适应工程建设管理要求。工程实施视频控系统，在深埋长隧洞工程重点部位，特别是隧洞进口高边坡、隧洞口、涌水突泥点等重点部位，采取 24h 视频监控，实时掌握现场施工情况，指挥、调度、协调组织施工，发现险情或生产不正常及时进行协调处理，实现远程可视化管理。

对 13 条隧洞洞内、洞外设置 35 个视频监控点，主要监控人员进出、机械设备管理、安全防护、施工情况，发生异常情况时，及时组织人员撤离。2016 年 8 月 19 日水打桥隧洞被淹，通过视频监控系统完整记录了被淹过程,及时组织洞内人员撤离,有效防止了安全事故的发生。

9. 斜井安全管理

为保障长距离大坡度斜井出渣安全施工,主要采取了一系列的安全措施。一是确保绞车、钢丝绳、挡车栏、信号铃等设备完好;二是每次开绞车前进行检查,同时加强"一坡三挡"装置的有效使用;三是加强信号铃的指挥和控制,设置摄像头,可视化控制;四是操作人员持证上岗,严格遵守操作规程,严禁违章操作;五是运行过程中作好运行记录;六是采用钢丝绳探伤仪对钢丝绳定期进行无损检测,并定期更换。如图8-38和图8-39所示。

图 8-38　操作室

图 8-39　钢丝绳无损检测

10. 瓦斯安全管控

隧洞瓦斯洞段安全管理,一是现场聘请有经验的专业人员进行管理和作业;二是设置瓦斯浓度自动监测系统,同时采取人工监测的双保险,瓦斯浓度达到0.5%限值报警,0.75%时断电立即撤离人员;三是每天24 h通风,对瓦斯突出洞段掌子面进行瓦斯抽排,通风后浓度降低到0.5%安全范围内再进行施工;四是对洞内设备设施、用电线路进行防爆改造,防止发生瓦斯爆炸;五是采取"一炮三检"、风电瓦斯闭锁制度,使用煤矿专用爆破器材;六是严格进洞管理,洞口设置门禁和静电消除装置,严禁人员携带手机、打火机、相机等电子器材和可能产生火花的物品进洞;七是与当地专业救援队伍签订救援协议,依托瓦斯事故救援队伍提供专业的应急救援;八是定期开展安全专题培训,增强项目管理人员和施工人员的安全意识和安全技能,确保瓦斯隧洞施工安全可控。九是每次进洞人员限制在 9 人以内,进洞前进行 5 min 的安全教育和安全告知。如图 8-40 和图 8-41 所示。

图 8-40　瓦斯自动监测和人工检测

图 8-41　瓦斯隧洞设备防爆改装

11. 涌水涌泥处理

工程深埋长隧洞沿线多为岩溶地层,多位于地下水位以下,且横空跨越大小数十条地下岩溶管道,存在遇岩溶管道及涌水、涌泥问题,是深埋长隧洞安全度汛的主要问题,也是工程的控制性关键问题。隧洞底板无水溶洞采取清除充填物,回填洞渣夯实处理,并根据溶洞规模加强隧洞配筋;有水溶洞采取埋设涵管连通原有排水通道,或设置钢筋混凝土盖板保留原有排水通道,跨度较大时设排架或中墩。隧洞侧壁溶洞较小时直接浇筑衬砌混凝土回填,较大时采取混凝土挡墙处理,后期进行浇筑衬砌混凝土。隧洞顶部溶洞采取型钢拱架支撑,拱架外侧浇筑混凝土处理。

其中猫场隧洞涌水处理总体上采取"先探后掘、以排为主、堵排结合"的处理方案,施工过程中立足于超前地质预报、超前钻孔泄压及超前注浆封堵等措施进行处理,主要采取措施如下:

(1)涌水量小、点多时,一般采用分段设置集水坑,利用水泵抽水排出洞外;遇水易软化洞段,排水沟及时硬化处理。

(2)宜封堵的渗水、涌水量较小的洞段,采用超前小导管封堵灌浆或局部浅孔灌浆;灌浆孔深度5 m以内,重点部位放在拱部。

(3)预报填充型溶腔充水时,设置超前探孔或加深炮孔泄压,待无涌水风险后再予以清除开挖。

(4)采用超前地质预报后,预测涌水量大的洞段,先采取泄压或超前封闭等措施,将每小时最大涌水量控制在1 200 m³/h以内,以防止供电负荷不能满足要求;当涌水量较大,抽排费用过高,对主要涌水点(段)进行强制封堵,以降低抽排水费用。

(5)可能发生较大突水、突泥的点(段),采用超前帷幕注浆止水,在隧洞开挖断面以外范围形成全封闭的堵水固结圈,以防止涌水事故的发生。

(6)对于高压富水地段可能发生大～特大涌水,单独采用超前帷幕注浆难以成效时,采用钻孔排水与导坑排水分流降压措施,然后采取超前帷幕注浆止水综合处理。

(7)对于规模较大的富水管道式岩溶暗河,由于地下水补给充分、流量大、水流急,充分利用枯水时段施工,同时用小导坑掘进或在主洞左右两侧开挖排水导坑。

(8)在涌水部位安装压力表,时刻关注涌水压力,对抽排水措施进行24 h视频监控,防止抽水中断。

针对隧洞不同岩溶及涌水突泥地质情况,因地制宜地采取针对性技术和管理措施,严格按照"短进尺、弱爆破、强支护"的原则进行施工,单循环进尺控制在0.5 m,爆破药量控制在12 kg,采用超前小导管、系统、锁肩、锁脚锚杆、钢支撑、喷混凝土、网片等强支护措施,必要时永久支护及时跟进,处理效果良好,工程安全顺利推进。如图8-42～图8-48所示。

图8-42 深埋长隧洞涌水(猫场隧洞)最大涌水量30 000 m³/d

为预防隧洞涌水突泥事故发生,多次组织参建单位开展2018年6月发生的"贵南高铁6.10涌水突泥事件"、2019年7月发生的"7·23水城县山体滑坡事件"等国内影响较大的事故安全警示教育和安全知识培训,进一步增强和提高参建单位管理人员对隧洞涌水、涌泥、坍塌等安全风险的认识,提高防范意识。

图 8-43　深埋长隧洞(长石板隧洞 5[#] 支洞)涌水量约 300 m³/h

图 8-44　深埋长隧洞抽水外排

图 8-45　深埋长隧洞涌水处理效果

图 8-46　深埋长隧洞涌泥情况

图 8-47　深埋长隧洞涌泥注浆封堵

图 8-48　深埋长隧洞涌泥段衬砌完成

12. 隧洞浅埋段施工安全管理

隧洞浅埋段施工过程中严格遵守"管超前、严注浆、短进尺、弱爆破、强支护、早封闭、勤量测"原则,在开挖线外 5 m 进行超前固结灌浆,长度 30 m 一循环;注浆压力 2～4 MPa,水灰比采用 1∶1 和 0.5∶1 两种；拱顶采用 ϕ108 大管棚支护，管棚之间增加 ϕ42×4 超前注浆小导管；锁肩锁脚锚杆调整为管内注浆 ϕ42 小导管；底部增加 16# 工字钢横撑；C20 喷射混凝土厚度调整为 20 cm，开挖半径调整为 3.4 m；开挖采用台阶法，进尺控制在 0.5 m/榀，下台阶每 6 m 进行一次底板混凝土封闭，地表采取自进式锚杆、地表灌浆等方式对进行加固，同时做好地表排水措施，定期对浅埋段进行安全监测，根据监测情况采取相应措施，保证施工安全。如图 8-49～图 8-53 所示。

图 8-49 隧洞浅埋段地表塌陷坑洞

图 8-50 隧洞浅埋段处治

图 8-51 隧洞浅埋段地表劈裂灌浆施工

图 8-52　隧洞前浅埋段大管棚施工

图 8-53　隧洞浅埋段地表塌陷处理完成

13. 隧洞进口高边坡安全管理

开挖前首先对边坡进行实地勘察,掌握地质情况,在开口线外设置截水沟,做好排水措施,防止雨水冲刷发生垮塌、滑坡等情况;二是采取设置马道的方式自上而下、分段分级开挖,上级边坡支护完成后再开挖下一级边坡;三是采取控制性爆破,采用双聚能预裂爆破技术,并严格单响药量控制爆破振动;四是根据不同的地质条件采用系统锚杆、锚索、挂钢筋网、混凝土喷锚等方式进行支护,针对坡体不稳定的情况增设抗滑桩、框格梁、挡墙等方式进行加固;五是定期对边坡稳定情况进行监测,根据监测情况采取相应措施,保证施工安全。通过监测,未发生洞口边坡出现垮塌、失稳滑坡等问题。

14. 洞口安全管理

深埋长隧洞施工安全风险高,严格洞口管理是安全管控的重要手段。工程采取的主要措施有:一是洞口设立值班室,落实值班人员 24 h 值班,保持与洞内通信畅通;二是洞口设置防护棚,长度不少于 5 m,同时在开口线外设置围挡措施;三是做好洞口排水挡水措施,洞顶设置排水沟并保持通畅,洞口常备防洪应急沙袋,防止外水倒灌入洞;四是严格进出洞管理,做好人员进出登记,详细记录进洞人员姓名、进出洞时间、进洞事项等,特别是瓦斯隧洞要严格防爆、除静电管理;五是设置门禁系统,防止无关人员进洞,严格控制进洞人员不超过9人,防止发生重特大安全事故。六是洞内重大风险部位、斜井运输设置视频监控适时掌握洞内情况,部分标段还加装了人员定位系统,实现可视化管理。如图8-54～图8-57所示。

图8-54 隧洞出口安全防护

图8-55 洞口值班

图8-56 人员定位管理系统

图 8-57　洞口门禁系统

15. 现场监护

对各隧洞施工作业面,尤其是涌水、突泥、塌方、深基坑、高边坡等重要部位,要求各施工单位按照每个作业面落实 1 名专职安全人员现场监护施工情况,及时制止违章行为,排查整改安全隐患,是密切注意周边、有异常情况及时组织撤离、为洞内施工人员提供一双安全的眼睛,并与洞口采取对讲机、电话的方式确保通信畅通。在深埋长隧洞施工过程中,出现几次涌水、突泥、塌方险情,由于监护到位、应对及时、措施得当,有效地避免了安全事故发生。

16. 防洪度汛安全管理

工程灌区输水工程深埋长隧洞施工中,截至目前累计有 13 处涌泥、33 处涌水点,合计日涌水量最大达 16.8 万 m^3/d。深埋长隧洞工程安全度汛责任重、任务艰、难度大,度汛形势非常严峻。

针对度汛严峻形势,制定《安全度汛工作责任制度》《工程防洪度汛管理办法》,协调相关单位、部门和地方政府,建立健全了工程防汛体系和制度,明确了预警分级及响应措施,落实应急转移责任人。工程已经历 5 个汛期,每年汛前都组织编制工程度汛方案及超标洪水应急预案,并经充分论证、多次审查、层层把关,由省水利厅、省防汛抗旱指挥部批复同意后实施。同时,开展汛前汛期安全检查,组织保险公司进行汛前风险踏勘,开展防汛宣传教育培训,落实"三个责任人",落实汛期 24 h 值班制度,并作好应急保障准备,确保工程安全。工程开工 5 年来,未发生过工程度汛安全事故,圆满完成公司安全度汛目标任务,取得丰富的防汛经验供同类工程参考。

工程专门对工程区域的雨情、水情监测,单独列出一个标段进行招标。雨水情监测单位在灌区骨干工程沿线布设 6 座遥测雨量站和 7 个临时遥测水位站,通过采取多种途径及时获取水文、气象等信息,分片区预报预警,采取针对性应对措施指导工程施工。如图 8-58~图 8-61 所示。

● 第 8 章 建 设 管 理

图 8-58 水情监测平台

图 8-59 预警信息系统

灌区工程预警为Ⅰ级、Ⅱ级预警，分级明确预警指标、响应措施、预警发布方式和解除程序，并建立预警信息发布平台，遇紧急情况，通过平台向相关人员发送预警信息，及时预警响应。

8.2.4 安全生产管理主要做法与经验

1. 强化企业安全文化建设

建设单位自成立以来，高度重视安全文化建设工作，经常开展各种安全活动，增进各参建

313

图 8-60 度汛方案评审会议

图 8-61 地区联合防汛会议

单位之间的沟通交流和学习,大力营造工程安全管理工作氛围,形成了人人关心安全、自觉遵守安全、主动宣传安全、人员参与的安全理念和意识。树立全体员工正确的安全生产观,增强安全防范意识,有利于健全安全生产组织管理,有利于建立安全生产管理长效机制,有利于实施预防型安全生产管理。

每年制定安全文化建设计划,定期组织开展安全理念、安全知识、安全技能的教育、宣传和培训,普及提高安全技术知识技能,每年组织"安康杯"竞赛,进一步增强工程各参建单位的安全生产意识,进一步提升各参建单位的安全生产管理水平,营造安全文明、团结进取、和谐融洽的良好工作氛围,共同筑牢工程安全生产防线,确保工程安全生产形势持稳定向好。如图 8-62 和图 8-63 所示。

图 8-62 安全知识培训会议

图 8-63 安全知识竞赛

2. 实行安全生产制度化管理

(1)规章制度

根据识别、获取的安全生产法律法规,按照安全生产标准化相关要求,结合工程和各参建单位实际情况,建立健全安全生产规章制度体系,制定《安全生产目标管理制度》《安全生产责任制度》《安全生产费用保障制度》等 39 个安全生产管理制度,以正式文件下发各部门(单位),并组织相关单位和人员进行宣贯学习。根据各项规章制度的运行情况,每年组织一次对规章制度适应性的评审、修订和发布,对安全管理制度进行新增、修订和补充,每年组织一次安全生产管理制度执行情况监督检查,并对检查发现的问题督促整改到位。

针对深埋长隧洞瓦斯、涌水、涌泥、斜井、浅埋等洞段施工,严格按照《安全技术措施编制审查制度》《重大危险源管理制度》《工程施工作业安全监督制度》等制度,要求各项施工风险较大及以上工程部位的施工,强化和严格落实安全管理程序,严格执行各项规章制度。对关键部位或环节的施工安全管理,严格落实旁站和施工期间定期与不定期巡视检查,有效制止和杜绝习惯性违章作业,及时有效地消灭事故隐患苗头。如图8-64所示。

图8-64 安全管理制度汇编

(2)操作规程

工程施工战线长、建筑类型多、机械设备及施工工艺多种多样,各参建单位进场时间先后不一,安全生产管理水平参差不齐,安全操作规程编制质量有差距。为此,组织汇总各单位安全操作规程,并进行取长补短,逐步完善并形成69个安全操作规程,要求施工单位根据现场工作情况必须在现场悬挂操作规程牌。每年组织一次安全操作规程专项检查,检查各单位安全操作规程编制、修订、发布、学习、考核情况,确保其适宜性和有效性,确保作业人员熟练掌握运用,防止和减少安全事故发生。

针对深埋长隧洞的施工特点,督促各施工单位做好施工人员安全教育培训,在施工过程中严格执行《开挖作业安全操作规程》《爆破安全操作规程》《卷扬机操作规程》《瓦斯检查员安全操作规程》等相关操作规程,进一步提高一线作业人员的规范化作业,防止发生安全事故。如图8-66的图8-67所示。

(3)安全措施及方案

深埋长隧洞施工涉及的专项施工方案由项目总工组织编制,内容包含技术措施、劳动力投入、安全措施、应急预案等相关内容,经施工单位组织专家进行论证、审查可行后,再经施工单位技术负责人签字,总监理工程师核签,上报建设单位备案后才允许实施。施工单位严格按照专项施工方案组织施工,监理、施工单位指定专人对专项施工方案实施情况进行旁站监理,总监理工程师、施工单位技术负责人定期对专项施工方案实施情况进行巡查，并及时组织有关人员进行验收。

目 录

基本规定 5
钢筋调直切断安全操作规程 7
钢筋切断机安全操作规程 9
钢筋弯曲机安全操作规程 11
预应力钢筋张拉安全操作规程 13
开挖作业安全操作规程 17
爆破安全操作规程 21
空气压缩机安全操作规程 24
通风机安全操作规程 27
发电机安全操作规程 28
变压器安全操作规程 31
插入式振动器安全操作规程 35
混凝土泵安全操作规程 38
泥浆搅拌机安全操作规程 42
混凝土搅拌机安全操作规程 43
混凝土拌和楼安全操作规程 45
颚式破碎机安全操作规程 46
皮带输送机安全操作规程 48
筛分机安全操作规程 50
龙门吊安全操作规程 51
架桥机安全操作规程 53
卷扬机操作规程 61
履带式吊机安全操作规程 62
塔机安全操作规程 65
起重作业安全操作 71
管路、水泵安全操作规程 73
潜水泵安全操作规程 74
泥浆泵安全操作规程 76
对焊机安全操作规程 78

图 8-65 安全操作规程汇编

图 8-66 现场安全操作规程牌

针对瓦斯、涌水涌泥、斜井、高大跨渡槽施工等重点部位编制了相应的应急预案,并每年组织防洪度汛、瓦斯突出、隧洞涌泥等各专项的应急逃生和救援演练,进一步提高一线人员的逃生和救援意识与能力,防止发生安全事故。

(4) 隐患治理

工程隐患排查治理工作按照建设单位月排查,监理单位周排查、施工单位日排查的原则,分级进行隐患排查治理,同时对水利部、省水利厅等上级部门历次检查和建设单位组织排查出的隐患,督促相关责任单位按照"措施、资金、责任人、预案、时限"五落实要求,逐条进行治理,治理措施落实后经监理单位、建设单位复查验收后方可销号,力争隐患100%治理到位。

3. 开展安全生产标准化建设

根据贵州省水利厅、省水投(集团)公司下发了《关于开展水利安全生产标准化评审的通知》相关要求,建设单位成立后,随即着手开展安全生产标准化建设准备,以通过开展安全生产标准化建设,进一步规范工程参建单位行为,提升工程安全生产管理水平,防止和减少安全事故的发生。

2015年至2018年,组织专家对工程相关参建单位和人员开展安全生产标准化专题培训;成立经理为组长,设计、监理单位负责人为副组长安全生产标准化建设领导小组;完成安全生产标准化相关管理制度汇编,开展安全生产标准化自评工作,编写水利安全生产标准化自评报告,并向水利部提交《水利安全生产标准化评审申请表》及《水利安全生产标准化自评报告》。根据水利部安全生产标准化核查组核查复查意见和建议,进行原因分析,制定整改措施计划,并进行逐条逐项地整改,为进一步开展和做好水利安全生产标准化达标打下了扎实的基础。

2017年12月,水利部安全生产标准化核查组再次对工程安全生产标准化管理情况进行了复查,根据复查意见再次提交了整改报告。

2018年3月,水利部授予建设单位为水利工程项目法人安全生产标准化一级单位,建设单位也是贵州省第一个大型水利工程项目法人安全生产标准化一级单位,如图8-67所示。其他参建主要施工单位中获得水利水电施工企业安全生产标准化一级单位有16家、二级单位有1家。

通过标准化建设,深埋长隧洞各参建单位在安全生产目标管理、机构建立和职责落实、安全教育培训、安全生产费用投入、设备设施管理、重大危险源管控、作业安全管理、应急管理、事故管理等方面的管理水平进一步提高,各隧洞洞口安全防护到位,洞口值班落实,洞内外通信畅通,度汛措施完善,应急逃生手段有效,风险管控到位,自开工以来,多次避免了安全事故的发生。

4. 推行安全生产信息化建设

图 8-67 安全生产标准化一级单位

为规范各参建单位安全管理行为,提高安全生产管理水平,防止和减少生产安全事故,推行安全生产标准化管理;工程战线长,参建单位多,安全管理人员少,实施安全生产信息化管理。开展《大型水利工程安全生产标准化、信息化平台研究开发及推广应用》课题相关工作,以工程为载体,围绕水利工程项目法人安全生产标准化建设要素,利用现代计算机、网络、通信等技术将工程建设安全管理模块化、数据化,并达到安全生产信息共享,通过超前地质预报让地质状况信息化,利用视频监控系统实时对各风险部位进行 24 h 监控,省水利厅、省水投集团公司等上级单位也可以通过登录监控软件实时查看施工现场状况,做到安全施工可视化;雨水情监控实现监测预警常态化,实现瓦斯浓度监测、隧洞安全监测数据化,从源头开始做好安全管控,实现施工期安全标准化、信息化管理。工程实施标准化、信息化管理后,安全内业管理资料规范,实现安全生产电子台账管理,安全现场管理流程缩短,管理效率大大提高。

5. 多措并举解决安全难题

针对深埋长隧洞施工遇到的不同技术难题和重大安全问题,在开工之初就督促相关施工单位严格按照规范要求编制专项施工方案,邀请煤矿、公路、水利等多个行业的专家对专项方案进行论证把关;在施工现场通过超前地质钻孔、TSP、地质雷达等方式提前掌握掌子面前方地质状况;通过固结灌浆、地表劈裂灌浆等方式加固围岩和浅埋土层,提高围岩承载能力;对瓦斯突出洞段,采取 24 h 通风,借鉴煤矿行业瓦斯区域防突和局部防突措施相结合进行瓦斯突出治理,洞内设置瓦斯浓度自动监测和人工检测向互校对,掌子面瓦斯 24 h 抽排,洞内设备设施进行防爆改装等措施,全面防范瓦斯突出事故;对浅埋和瓦斯突出洞段,按照"先固结,后开挖"的方法和"短进尺、弱爆破"的原则,分循环开挖,同时根据治理效果多次不断优化相关参数和施工工艺,确保隧洞施工安全。

8.2.5 取得效果

灌区骨干输水工程深埋长隧洞虽然战线长,地质情况复杂,施工安全风险高,安全管理难度大。但在建设单位的精心组织和各参建单位的共同努力下,大力开展安全生产标准化建设,通过优化和完善设计施工处理方案,采取工程技术处理措施和多种检测、监测手段,加强安全管理和安全防护措施等,不断克服并解决了施工过程中面临和遇到的各种困难和问题,解决深埋长隧洞高地下水涌水、涌泥、地下暗河和溶洞、瓦斯突出,支洞大坡度长距离斜井运输等高风险施工重大安全事故隐患问题,有效避免了一般及以上安全生产事故的发生。不断积累和总结了处理深埋长隧洞施工所面临的各种重大安全风险管控的经验。灌区骨干输水工程隧洞自开工以来,深埋长隧洞高风险施工未发生一起安全生产事故,安全生产状况持续稳定向好。

由于安全生产管理取得较好的成效,同时也推动各个方面取得多项荣誉。2015 年、2016 年、2017 年、2018 年连续四年获省水投集团公司绩效考核一等奖;荣获贵州省总工会 2016 年度"五一劳动奖状";荣获贵州省总工会、贵州省安监局 2017 年度"安康杯"竞赛优胜单位;荣获全国总工会 2017 年度"工人先锋号"荣誉称号;2018 年 3 月通过水利工程项目法人安全生产标准化一级达标;荣获 2018 年度长江经济带重大水利工程建设劳动和技能竞赛先进集体。

8.3 质量管理

工程质量形成过程中受影响的因素较多,主要归纳有五个方面,即人、材料、机械、方法、环境。建设单位作为建设工程的主导者和责任人,对建设工程全过程、全方位实施有效的管理,保证建设总体目标的实现。

在工程建设过程中,通过借鉴类似工程(如黔中工程)的经验,在建设工程不停探寻和改进,取得了不错的成效。

8.3.1 建设工程质量管理

1. 质量管理目标

工程质量管理涉及设计、监理、施工等参建单位,管理目标的实现需要各单位通过制定质量方针和质量目标,以保证工程建设质量。坚持"百年大计,质量第一"的工作方针;以杜绝重、特大质量事故、避免较大质量事故,防范一般性质量事故,减少质量缺陷的发生,确保工程质量全部合格,力争优良的质量总目标。

为实现质量总目标,建设单位结合工程实际,建立健全质量体系,执行规范过程质量管理行为,落实工程质量终身制,加强过程施工质量控制,认真做好事前、事中、事后的控制工作。

(1)设计单位要杜绝因设计深度不够和图纸要求(指标)存在不明确、不合理、不完善等问题,所造成施工质量问题。

(2)监理单位从源头、从工序上控制工程质量,全过程、全方位控制工程质量。杜绝重、特大质量事故,避免较大质量事故,防范一般性质量事故;减少质量缺陷的发生,确保工程质量合格,力争整体达到优良标准。

(3)施工单位要以强化责任和管理、施工过程控制为手段,把质量管理各阶段、各环节的职能严密组织起来,明确任务、职责、权限、相互协调、促进的质量管理体系,确保所承建的工程质量合格,力争整体达到优良标准。

(4)检测、监测单位要严格遵循职业准则和行为规范,按照"科学、客观、公正、独立、自主"的原则开展工程试验检测工作,保证试验、检测成果真实准确。

2. 制度建立

为规范工程的质量管理,加强质量过程管控,规范作业人员的质量意识和行为,从施工源头上确保质量目标的实现,使工程施工质量管理工作能够有章、有序、有效地实施,确保所承建的工程质量合格,力争整体达到"优良标准"要求。根据《建设工程质量管理办法》(国务院令第279号)《水利工程质量管理规定》《工程建设强制性条文》等相关文件精神和各参建单位合同文件的相关要求制。特制定了《夹岩工程质量管理细则》《夹岩工程不合格成品控制管理办法》《夹岩工程首件工程认可实施细则》《夹岩工程质量处罚细则》《夹岩工程强制性条文实施管理办法》《夹岩工程质量教育培训制度》《夹岩工程质量管理考核细则》《夹岩工程外观质量评定标准》等实施细则和规章制度。

(1)明确公司各科室、各建管部、各参建单位职责;

(2)明确过程验收程序及要求;

(3)明确质量缺陷及事故的处理;

(4)明确质量问题处罚明细;

(5)明确不合格产品的管理和处置;

(6)明确强制性条文实施的目的、适用范围、职责、管理要求等;

(7)强调一个单元、分部、单位工程施工的重要性,严格执行首件工程验收程序,让首件工程存在的不足,在类似工程施工中及时纠偏,让后续施工作业中起指导性作用。

3. 质量管理机构

(1)质量委员会

为加强工程质量管理工作,建立协调统一的工程质量监管机制,有效保障各工程项目的施工质量,成立了工程质量管理委员会,以建设单位经理为主任,副经理为副主任,相关职能科室负责人、建管部负责人、设计代表、中心试验室主任、各监理单位总监、各参建单位项目经理和项目总工为委员的质量管理委员会,全面负责工程建设的质量管理工作。

(2)公司部门设置

工程以公益性为主导的国家大(1)型水利枢纽工程,在开展具体工作的过程中,由于工程投资大、涉及面广、点多、输水线路长、地形地质复杂、施工难度大、协调面广、现场建管机构距离机关路途遥远等,存在沟通不畅、协调工作被动、信息传递不及时、决策环节繁锁等问题,制约正常工作有序开展。为有效解决上述存在问题,公司内部机构设置考虑到工程建设需要。设办公室、安全管理科、工程管理科、技术管理科、质量管理科、计划合同科、移民环境科,设有水源毕大建管部、大纳建管部、黔西建管部、金遵建管部等 4 个工程现场管理机构。其中质量管理科统筹公司工程建设质量管理工作,指导、督促检查各建管部相关工作;建管部负责现场质量管理,落实各级检查发现问题的整改,协调质量与安全、进度的关系,确保工程质量。如图 8-68 所示。

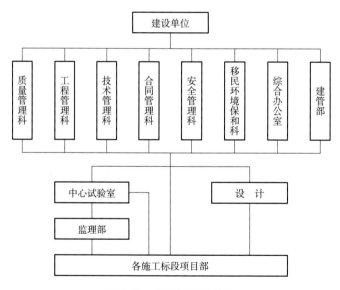

图 8-68　质量管理机构图

4. 公司各部门职责

(1)质量管理科职责

1)负责公司质量管理委员会日常管理工作;

2)负责贯彻执行工程质量管理方面的法律、法规、条例及规定;

3)负责制定、修订公司质量相关规章制度及管理办法,制定质量目标责任书;

4)负责督促指导建管部对各参建单位质量管理工作;

5)负责组织或督促指导建管部对各参建单位开展工程质量验收评定工作;

6)组织季度质量综合检查;

7)组织协调工程中心试验室在各建管部开展的建设单位抽检的相关试验及检测服务;

8)组织召开公司质量例会;

9)组织质量管理人员的教育培训工作;

10)组织工程质量缺陷的调查处理工作。

(2)工程管理科职责

1)参与工程质量缺陷和事故的调查处理工作;

2)参与阶段验收、合同工程完工验收、专项验收和工程竣工验收相关工作。

(3)技术管理科职责

1)参与工程质量缺陷和事故的调查处理工作;

2)参与单位工程、阶段验收、合同工程完工验收、专项验收和工程竣工验收相关工作。

(4)合同管理科职责

1)对验收资料不全或达不到验收要求的工程不予支付,负责对质量合格的工程进行计量结算;

2)对结算之后出现质量缺陷或质量问题的单元工程,施工单位不及时进行处理或者处理不到位的,在相关部门出具依据后,负责对已结工程款进行扣回;

3)参与单位工程、阶段验收、合同工程完工验收、专项验收和工程竣工验收相关工作。

(5)安全管理科职责

1)参与阶段验收、合同工程完工验收、专项验收和工程竣工验收相关工作。

2)参与质量事故调查。

(6)移民和环境保护科

参与阶段验收、合同工程完工验收、专项验收和工程竣工验收相关工作。

(7)综合办公室职责

参与阶段验收、合同工程完工验收、专项验收和工程竣工验收相关工作。

(8)建管部职责

1)负责片区所属各标段工程建设质量管理,组织辖区工程质量月检查;

2)组织一般工程质量事故调查,参与工程较大工程质量事故调查与处理,参与公司开展质量活动;

3)督促各参建单位建立健全有效的质量管理责任制、质量问题的整改。负责向质量管理科定期报告工程质量情况和质量问题整改;

4)负责对辖区内参建单位的工作质量进行定期考核;

5)负责协调质量与安全、进度的关系,确保工程质量;

6)负责督促监理单位开展单元工程验收、分部工程验收、重要隐蔽单元和分部工程的验收工作;

7)参与重要建筑物、关键部位的施工组织方案评审;

8)参与单位工程、阶段验收、合同工程完工验收、专项验收和工程竣工验收相关工作。

5. 工程各参建单位职责

(1)设计单位质量管理

1)勘测、设计单位必须按照工程建设强制性条文进行勘测、设计,并对提供的成果质量负责;

2)建立健全质量管理体系,按规定履行设计文件的校审制度,确保勘测、设计成果的正确性;

3)图纸设计必须按国家相关规定、规程和规范执行,确保工程安全和工程质量。工程规模、枢纽总体布置、主要建筑物型式及其他涉及工程质量的重大问题的设计原则、标准和方案发生重大变化时,应编制相应的设计文件,并报送建设单位;

4)根据现场施工进度,设立相应设计代表机构。现场设计代表机构应做到人员相对稳定、专业与工程进度配套;

5)现场设计代表机构应建立健全质量保证体系,落实技术岗位责任制和质量奖罚制度,各类设计文件(包括试验任务书、设计计算书、技术说明书、科研报告、地质素描、施工图纸和设计变更通知等)必须按规定进行核审和专业会签;

6)根据制定的供图计划,保证供图的质量和进度,及时进行技术交底;

7)开展施工地质素描、地质预报和地质资料编制工作;根据施工现场地质条件及时做好现场跟踪设计;

8)收集施工反馈信息,检查现场地质、施工成果是否符合设计要求,对存在问题需向建设单位和监理及时反映并提供技术资料;

9)参加工程质量检查、工程质量事故调查与处理、工程验收等工作,接受上级水行政主管部门工程质量监督检查工作。

(2)中心试验室质量管理职责

1)根据工程建设的总体安排,制定工程试验检测中心的总体工作规划及年度工作计划;

2)指导施工单位开展试验检测工作,定期对参建单位工地试验室运行情况进行检查,对检查发现问题及时上报至建设单位;

3)负责对相关的原材料、半成品、成品、构配件等性能和质量进行抽样试验、检测;

4)负责监理单位委托的试验及检测工作;

5)负责对施工单位的试验检测机构、试验、检测计划、方案及设备等进行指导;

6)负责对施工单位的重要建筑物、构筑物的混凝土配合比进行复核性试验工作;

7)不定期对关键部位和重要隐蔽工程进行实体检测;

8)代表建设单位审查施工单位和监理单位提交的单位工程验收和竣工验收中的相关试验、检测成果,并对其质量进行评价;

9)及时根据工程需要对工程的现场抽样试验、检测并提交相关的试验、检测报告;定期向建设单位提供试验检测中心工作报告(月报、季报、年报)

10)配合建设单位对工程质量缺陷、事故的调查处理工作。

(3)监理单位质量管理职责

1)严格执行国家相关水利工程建设管理的法律、法规以及相关技术标准、规范、规程及设计文件和工程委托监理合同、承包合同,对施工质量实施监督,承担监理制责任;

2)根据监理大纲,结合本工程情况,编制监理实施细则,按相关规定制订各种表格和统计报表,规范质量文件;

3)严格按招标文件及合同规定投入足够的技术力量,以确保其技术能力满足工程质量的要求;选派具备相应资格的总监理工程师和专业监理工程师进驻施工现场;

4)建立健全有效的质量监督体系,制订质量监督、考核等管理制度,并编制各项质量控制

程序和工作流程,严把"开工审查(批)关""施工过程旁站关""工序验收关";

5)审批施工单位的施工组织设计、施工技术措施、施工技术图纸等,并审核签发设计图纸和设计通知,组织设计交底;

6)审查承包人的质量保证体系,督促承包人进行全面质量管理;

7)系统记录并分析整理各项质量成果,并上报建设单位;及时向建设单位报告工程质量事故,组织或参加工程质量事故调查、事故处理方案的审查,并监督工程质量事故的处理;

8)对施工单位原材料、半成品和成品(包括商品预制构件)使用前进场验收,认真检查生产厂家的相关证件和外观质量,必要时监理单位应对生产厂家生产的产品进行现场抽样试验,确定产品质量是否合格;

9)组织重要建筑物、关键部位的施工组织方案评审;单元工程和分部工程验收相关工作;

10)参与单位工程、阶段验收、合同工程完工验收、专项验收和工程竣工验收相关工作。

(4)施工单位质量管理职责

1)施工单位对承包工程项目的施工质量负全面责任,不得转包或违法分包所承揽的施工项目;同时监理、建设单位的工程质量检查签证与验收不替代也不减轻施工单位对施工质量应负的直接责任;

2)建立健全质量保证体系,建立完善的质量责任制度,设置专业的质量检测、管理机构,配备质量管理人员和技术力量满足工程质量的需求,加强施工人员的岗位技术培训、质量意识教育;

3)严格按招标文件及合同规定投入施工资源(包括人、材、物、设备等),并根据调整后的进度计划及时调整施工资源;

4)在工程开工前完成质量计划编制,施工组织设计中,必须明确制定保证施工质量的技术措施;

5)按规程规范及合同规定的技术要求进行施工,规范施工行为,严格质量管理,实行"三检制",严格实施保证施工质量的技术措施。建立健全教育培训制度,加强对职工的教育培训,未经教育培训或考核不合格的人员不得上岗作业。特殊技术工种应按相关规定持证上岗,并报监理单位备案;

6)接受政府质量监督机构、建设单位、中心试验室和监理单位对施工质量的检查监督,并予以支持和积极配合;

7)建立满足工程需要的工地试验室。按合同规定对进场工程材料及设备进行试验检测、验收,保证试验检测数据的及时性、完整性、准确性和真实性;

8)定期向监理单位和建设单位报告工程质量情况,对工程质量情况进行统计、分析与评价。及时向监理单位报告工程质量事故,提供质量事故的分析报告,并实施工程质量事故的处理;

9)按规定参加工程质量检查、工程质量事故调查和处理、工程验收,配合工程质量事故调查;

10)按照工程设计图纸和施工技术标准施工,在施工过程中发现设计文件或设计图纸有差错的,应及时提出意见和建议;按照工程设计要求、施工技术标准和合同约定,对建筑材料、建筑构配件、设备和混凝土进行检测;检测应有书面记录和专业人员签字,未经检验或检验不合格的,不得使用;

11)及时建立健全施工质量归档工作,保证档案资料的真实性和完整性。

(5)材料、设备供应商质量管理职责

1)建立健全质量管理体系,明确制定保证产品质量的技术措施;

2)按行业规程规范及合同规定的技术要求进行加工制造,严格质量管理,实施保证供应产品质量的技术措施;

3)接受并配合监理单位的随机抽检及驻厂监造工作;

4)产品出厂时,必须提交相应的出厂证明、产品合格证及质量检验报告。配合做好相关方组织的出厂验收并作好产品的售后服务工作。

(6)调试、测试单位质量管理职责

1)建立健全质量保证体系;

2)编制调试方案,并在其中明确保证质量的技术措施。调试(测试)方案须经监理单位审查后报建设管理单位,必要时须建设单位审查后实施;

3)必须按照相关规程、技术标准、方案进行操作,对操作过程中发现的问题及时向相关单位提出意见和建议;

4)参加工程验收工作,及时提交工作报告;

5)建立健全工程档案,保证档案资料的准确性和完整性。

6. 办理质量监督手续

工程质量监督制度是我国工程质量管理的主要制度之一,国务院建设行政主管部门对全国的建设工程质量实施统一监督管理。水利部按国务院规定职责分工,负责对全国的水利建设工程质量的监督管理。由于工程建设周期长、环节多、点多面广,工程质量监督工作是一项专业技术性强且很复杂的工作,政府部门不可能亲自进行日常检查工作。因此工程质量监督管理由建设行政主管部门或其他有关部门委托的工程质量监督结构具体实施。

(1)办理质量监督手续

工程自2015年开工后,建设单位主动与水利部水利工程建设质量与安全监督总站联系,申请对工程执行政府监督,于2015年6月与水利部水利工程建设质量与安全监督总站签订《水利工程建设质量监督书》,水利部水利工程建设质量与安全监督总站联合长江水利委员会河湖保护与建设运行安全中心成立了质量监督总站夹岩项目站。同时按《水利水电建设工程验收规程》接受监督机构监督管理。在质量监督总站夹岩项目站的监督下,增强对工程过程质量管理力度,有效借助监督力量,强化、规范工程过程质量管理和控制。

(2)服从政府监督

1)监督依据

根据《水利工程建设质量监督书》,依据《建设工程质量管理条例》《水利水电建设工程验收规程》、有关部门规章、强制性标准、有关行业标准、经批准的设计文件等的要求,对工程建筑主体的质量行为和工程实体质量履行政府质量监督检查职责。

2)政府质量监督检查

水利部建设管理与质量安全中心联合长江水利委员会河湖保护与建设运行安全中心按年度对工程开展5~10天全面的质量监督巡查和对原材料、中间产品、工程实体进行监督检测,对检查中发现的问题以书面形式进行通报,分别为《质量监督巡查情况的通报》《质量监督实体检测情况的通报》。如图8-69和图8-70所示。

图 8-69 质量监督巡查会议

图 8-70 质量监督巡查现场实体检测

3）项目站质量监督检查

根据双方签订的水利工程建设质量监督书的约定，质量监督总站夹岩项目站作为现场监督机构，常驻现场，实行站长负责制，负责现场的日常监督管理工作。项目站开展监督检查。

监督过程工作方式和内容：

①项目站根据结合工程实际建设情况，以抽样检查、检测与评价等方式开展质量监督工作。

②监督检查建设工程的实体质量及其使用的原材料和中间成品质量。

③对监理、施工单位的作业过程记录和成果资料及检测报告等有关工程质量方面的资料和文件进行监督检查。

④监督检查工程验收情况，编制工程施工质量监督报告，并向工程竣工验收委员会提出工程质量是否合格的建议。

⑤承担政府主管部门委托的与工程建设质量有关的其他工作。

夹岩项目站对工程质量监督检查发现的问题以《质量监督检查情况通知书》的形式通知相关单位，并提出整改要求。如图 8-71 和图 8-72 所示。

图 8-71 现场监督检查

图 8-72 体系监督检查

(4)监督效果

在夹岩项目站的监督下,从施工前期质量管理体系的建立到施工现场检查参建各方的质量行为,再到工程实体和工程验收,各项行为得到了规范,同时提高了参建各方的质量管理能力,增强了对工程质量管理力度,有效强化、规范工程质量管理。截至目前工程无质量事故发生,整体质量处于受控状态。

8.3.2 深埋长隧洞质量管理的重难点分析及对策

深埋长隧洞工程施工环境差、地质条件复杂、岩溶发育、地下水丰富且有煤系地层,易发生隧洞坍塌、涌水、涌泥、瓦斯中毒或爆炸等事故。为了在工程建设施工中,能把握全局,增强工作的前瞻性,充分了解施工特性,抓住工程的重难点和关键点,使工程建设遵循总体计划目标的安排,统筹兼顾,使工程建设在施工中循序渐进、有条不紊地进行。施工前根据招标文件、设计图纸等技术资料,并结合本工程的特点,对深埋长隧洞的质量控制重点与难点进行了相应的分析,便于施工过程中有针对性的重点管控。

1. 施工测量控制

(1)重难点分析

工程输水线路战线长,建筑物型式多样,包括明渠、隧洞、渡槽、官桥以及相配套的渠系配套建筑物,施工测量、放样工作量大,对测量精度要求高。施工测量是保证整个工程施工顺利的一项基本工作,它的成果直接影响着工程施工质量,也是工程正确计量的依据和重要手段,是工程质量控制、投资控制的重点和难点。

(2)采取的对策

1)设置导线复核测量标,定期对工程的施工控制网进行复测(首级及施工单位建立的施工控制网),并对整个控制网的现状及稳定性做出分析评价;复测建筑物的轮廓点、关键点、各标段的衔接点等。给施工测量加一道保险。

2)督促和组织各施工标段承包人对控制网进行复测以及相邻施工标段要组织联合复测,及时发现问题,以便尽早修正相关坐标或高程,减少测量误差,保证测量精度。

3)由于施工标段较多,因此加强对相邻施工标段测量工作的协调管理,特别是针对渠道、隧洞的贯通测量。在施工过程中,定期组织相邻施工标段对明渠、隧洞的轴线、标高进行交叉复测,及时修正误差,保证工程顺利贯通。

4)定期复核检查明渠、隧洞等重要结构物的轴线、标高。渠道(隧洞)每进尺50~100 m,测量监理工程师利用自有仪器进行轴线复核一次,以校验轴线的准确性,使施工测量误差能及时得到调整,确保渠道(隧洞)能顺利贯通。

5)加强建筑物施工测量和金属结构安装测量的复核和检查。对于建筑物的轮廓线,测量监理工程师应全过程跟踪检查施工测量情况,必要时,应由测量监理工程师自备仪器独立复测。经测量监理工程师复核满足测量精度,方可进行下一步施工。如图 8-73 所示。

2. 岩溶管道处理

(1)重难点分析

工程深埋长隧洞,所处地区是典型的喀斯特地貌,岩溶发育,地质条件复杂。开挖过程一旦处理不当,易发生塌方、涌水、涌泥等事故。且受隧洞埋深深、线路长等因素影响,地质勘探工作无法精确探明岩溶发育洞段的具体位置和发育情况,导致隧洞开挖施工有很大的不可预

图 8-73 隧洞开挖结构尺寸复核

见性。

揭露出溶洞大多以回填以及支护处理等方式处理,溶洞回填一旦未按照技术要求进行,会对后期施工的固结灌浆和回填灌浆造成不必要的损失,而且会影响工程质量和运行安全,岩溶管道处理施工是深埋长隧洞质量管理中的重点。

(2)采取的对策

1)针对地质特点和隧洞开挖施工的钻爆工艺,在工程深埋长隧洞施工中运用超前地质预报来准确预判隧洞开挖前方地质围岩情况,便于及时采取预防措施。

2)结合隧洞施工特点,在单元工程项目划分时将岩溶洞段的开挖和支护均划分为重要隐蔽单元工程,在实施过程中由建设单位、设计、监理、施工四方共同验收。

3)设置第三方检测专业机构,施工期对隧洞脱空进行检测,回填灌浆施工完成后,对关键洞段的灌浆质量进行检测合格后才允许进行固结灌浆施工。

3. 富水洞段施工

(1)重难点分析

工程深埋长隧洞,最大埋深达到 442 m,大部分洞段处于地下水位线以下,地下水丰富,多数洞段穿越地下暗河,开挖过程中易发生涌水、涌泥等事故。涌水、渗水洞段在进行衬砌混凝土浇筑时,若出水点未进行妥善处理,将可能会导致混凝土低强、衬砌混凝土面渗水等情况的出现。富水洞段的衬砌施工是质量控制的难点。

(2)采取的对策

1)对于富水洞段采用超前钻孔和红外线探水等超前地质预报手段在施工中进一步探明隧洞前方围岩情况,提前制定处理措施,待涌水得到治理后在进行开挖。

2)隧洞衬砌施工前采取引排、封堵结合的方式进行处理,对于小的渗水点以引排为主,主要以排水盲管和防水板相结合的方式进行,引排出衬砌工作面,待隧洞衬砌达到一定强度后再统一封堵。对于涌水量大无法正常施工的洞段在衬砌施工前先进行灌浆封堵,确保仓面在无水状态方可开始混凝土浇筑施工,确保隧洞衬砌施工质量。

3)涌水洞段的灌浆封堵因地下水压力大,且处于流动状态,若要有效的封堵无论是施工工艺和灌浆技术要求都相对较高,施工过程中由各参建方共同到场见证,不仅能及时确认水泥用量,而且能及时处理施工过程中的各类突发情况。

4)涌水洞段的灌浆,直接选用水泥浆液封堵,因浆液还未凝固就会被涌水带走,很难起到有效的封堵效果。合理选择水玻璃等外加剂和掺量是关键,外加剂掺量多少是通过涌水大小和根据试验确定。如图8-74所示

图 8-74 猫场隧洞 4# 支洞超前堵水灌浆

4. 斜井混凝土运输

(1)重难点分析

工程深埋长隧洞共有7条施工支洞为斜井,隧洞衬砌混凝土均采用溜槽运输。斜井长度在300~700 m之间,坡度33%~45%,其中水打桥隧洞的3条斜井高差大、坡度陡、距离长,施工难度最大,受坡度和长度的增加,混凝土离析现象越难控制。

斜井溜槽运输方式的主要难点是混凝土离析的控制和混凝土下滑过程中堵塞、下滑不顺畅现象的避免。隧洞衬砌施工,混凝土入仓多为输送泵入仓,混凝土在满足溜槽运输的同时还应达到正常泵送的标准。

(2)采取的对策

1)组织参建各方共同见证进行溜槽运输试验。溜槽运输试验十分必要,因施工场地的不同,溜槽架设的长度和坡度都各不相同,且可调整的空间不大,在溜槽固定的情况下,调整混凝土配合比适应溜槽运输是最直接有效的办法,这要通过现场试验进行验证。影响溜槽运输的主要因素是混凝土的坍落度,溜槽试验不但能优化调整混凝土配合比,还能检验溜槽运输能力及薄弱环节,且能提升施工操作人员的熟练度。

2)组织方案会审。在施工前应根据混凝土浇筑需求计算溜槽运输能力选择溜槽型式和大小,以及安装方案、试验方案和运输管理等都需要精细化管理,在施工前组织会议对这些内容讨论细化。如图8-75所示。

5. 高边坡施工预应力锚索施工

(1)重难点分析

深埋长隧洞因埋深较深,大多进洞口位置边坡较高,高边坡大多采用预应力锚索进行处理。预应力锚索施工从钻孔、注浆到张拉等工序相对技术要求高,且一旦有锚索施工质量不达标,返工所造成的施工困难和经济损失都很大,是质量控制的重点。

(2)采取的对策

1)为确保锚索锚固段能够准确地进入基岩起到锚固作用,要求在成孔后,根据施工缺陷选择有代表性的钻孔进行声波检测,探明围岩地质情况。

2)施工前按照区域选择有代表性的锚索进行工艺试验,工艺试验由参建各方共同见证进行,通过试验验证设计参数和施工工艺。

3)锚索张拉前,随机选取由检测单位进行检验复核,同时组织四方联合验收。

东关隧洞进口高边坡支护采用的预应力锚索进行处理,如图8-76所示。

图 8-75　水打桥隧洞 1# 支洞溜槽安装

图 8-76　深埋隧洞高边坡锚索

6. 煤系地层混凝土施工

(1)重难点分析

煤系地层常伴有腐蚀性以及瓦斯气体,混凝土施工既有抗腐蚀性同时还有气密性要求,防止瓦斯气体外溢;受瓦斯影响混凝土钢筋接头无法采用焊接方式,需要使用机械接头。

(2)采取的对策

1)对于瓦斯洞段的施工方案组织会审,必要时请瓦斯处理方面的专家。

2)煤系地层由设计单位统一取水样化验,分析其腐蚀性能,在混凝土设计中提出相关技术处理要求。

3)由第三方检测单位对防腐蚀气密性混凝土配合比进一步复核,验证其配比内的各项参数。

4)拌和站需要配置有存储功能的操作系统,不定期抽查拌料记录检验原材料,特别是外加剂是否有按照配合比添加。

8.3.3　深埋长隧洞主要质量管控措施

1. 强化责任追究、签订责任书

(1)签订工程质量责任承诺书

认真贯彻执行贵州省质量监督文件《水利工程建设责任主体项目负责人质量终身责任制实施》办法,落实工程建设责任主体项目负责人质量终身责任制,与参建单位签订《项目负责人质量终身责任承诺书》,提高参建单位质量责任意识、强化质量责任追究、保证工程建设质量。

(2)签订年度质量目标责任书

为进一步落实工程质量目标责任制，加强质量意识、强化过程管控、提高工程质量，结合年度工程施工内容，制定符合工程质量控制的年度质量目标责任书，与参建单位签订以年度为目标的质量目标责任书。如图8-77所示。

2. 混凝土施工质量管控措施

混凝土的质量管控是保证工程实体质量的主要环节。尤其在工程深埋长隧洞沿线穿越地质条件复杂多变，遇有涌水、涌泥、穿越暗河、跨溶洞、浅埋软岩洞段、煤系地层、岩爆、有毒气体等特殊洞段。为了有效保证工程实体质量，工程中使用的原材料、配合比设计、专项施工方案的确定、混凝土浇筑过程控制尤为重要。

(1)普通洞段混凝土质量控制

1)原材料的质量控制

图8-77　签订年度质量目标责任书

混凝土是由水泥、砂、石、水组成，同时掺有掺合料和外加剂。为控制用于工程原材料符合相应的质量标准，结合相关规程规范制定原材料全性能检测和常规检测项目标准。用于工程原材料除施工单位自检外，工程中心试验室根据合同和规范要求开展建设单位抽检和监理平行检测相关检测检验工作进行质量管控。

混凝土的配合比应满足混凝土强度等级、抗冻、抗渗、耐久性、坍落度等要求，混凝土配合试验必须经过监理单位审批，不得使用未经验批的配合比。对于结构性建筑物和构筑物混凝土配合比需由工程中心试验室复核后使用。

2)混凝土浇筑质量的控制

①混凝土浇筑前，对有特殊要求的结构混凝土应要求施工单位编制专项施工方案，监理单位需审查方案中的：人员组织、混凝土配合比、混凝土的拌制、浇筑方法及养护措施；混凝土施工缝的处理措施；大体积混凝土的温控及保湿保温措施；施工机械及材料储备、停水、停电等应急措施；审查模板及其支架的设计计算书、拆除时间及拆除顺序，施工质量和施工安全专项控制措施等，同时审查钢筋的制作安装方案、钢筋的连接方式、钢筋的锚固定位等技术措施。

②严格执行验收规范，坚持"三检"制度和工序交接制度，坚持上道工序不合格或未经验收，下道工序不准施工的原则。要求开仓前认真检查模板支撑系统的稳定性，检查模板、钢筋、预埋件、预留孔洞是否按设计要求施工，其质量是否达到施工质量验收规范要求。

③混凝土运到施工地点后，要求首先检查混凝土的坍落度，预拌混凝土应检查随车出料单，对强度等级、坍落度和其他性能不符合要求的混凝土不得使用。

④浇筑混凝土时，严格控制浇筑流程。要求合理安排施工工序，分层、分块浇筑。混凝土浇灌过程中，实行监理旁站制。

⑤加强混凝土的养护。混凝土养护主要是保持适当的温度和湿度条件。保温能减少混凝土表面的热扩散，降低混凝土表层的温差，防止表面裂缝。

(2)特殊洞段混凝土质量管控措施

针对涌水、穿越暗河、有毒气(液)体、斜井等特殊洞段混凝土浇筑时,按普通洞段混凝土质量控制外,还应对以下问题进行控制和处理。

1) 涌水、穿越暗河洞段

①浇筑前应对隧洞渗水部位采取排、堵、引等方式,避免在混凝土待浇仓面渗水、积水等。

②对涌水大、地下暗河及外水压力大等部位除采取排、堵、引等方式外,应加强支护,防止外水压水造成的破坏。

③加强混凝施工缝质量控制。

2) 腐蚀洞段

①混凝土浇筑前对隧洞岩层渗透的液体、气体进行防渗处理。如固结灌浆、封闭岩层缝隙。

②对混凝土配合比进行优化,采用耐腐蚀混凝土抵抗地下腐蚀物的腐蚀。

③加强混凝施工缝质量控制,防止通过施工缝渗漏接触混凝土。

3) 斜井洞段

针对斜井坡度大的隧洞(如水打桥隧洞 $1^\#$ 施工斜井支洞长 $L=604$ m,底坡 $i=36.3\%$),在采用溜槽运输装置进行混凝土浇筑施工,浇筑前应进行如下控制:

①溜槽安装时,要严格控制高程,保证溜槽平直顺畅和井底搅拌车接料高度的要求。

②对混凝土配合比优化,避免骨料离析。要求在溜槽安装完成后进行混凝土运输生产性试验,试验混凝土是否满足现场实际条件需要,通过试验调整混凝土配合比,改变混凝土坍落度、和易性、流动性以适应溜槽运输,确定最佳混凝土施工配合比。

3. 质量检查、排查隐患

工程除水利部建安中心开展年度质量监督巡查和实体检测、水利厅、夹岩项目站、集团公司等上级部门开展质量监督检查外。建设单位按季度组织开展质量综合检查,并要求监理单位按月组织质量隐患排查。对检查中发现的问题以书面形式进行通报,并要求被检查单位对通报的内容作出详细的原因分析、制定出有针对性、可操作性的整改措施,限期整改,同时对整改结果进行定期复查。对重点施工部位实行定期或不定期质量抽查,在抽查过程中发现问题,以工程联系单或通知的形式要求监理单位督促施工单位整改。如图 8-78~图 8-81 所示。检查内容包括:

图 8-78 开展季度检查　　　　　　　　图 8-79 季度检查中实体检测

图 8-80 抽检原材料

图 8-81 季度综合检查

(1)设计单位的设计质量、现场服务体系的建立、服务质量；

(2)监理单位资质及质量控制体系建立、制度制定与执行、施工组织设计(方案)的审查审批、质量过程控制、工程验收、质量缺陷检查及登记等；

(3)施工单位资质等级、质量保证体系的建立情况、工地试验室投入运行情况、施工准备、原材料、中间产品及设备的质量管理、施工质量现场质量管理、工程质量检验及评定、质量缺陷管理；

(4)历次各类检查发现的质量问题整改情况等。

4. 质量考核

为了加强工程建设质量管理，加强建设质量管理执行力度，规范质量管理行为，预防和减少质量事故的发生。根据《中华人民共和国建筑法》《建设工程质量管理条例》《水利工程质量管理规定》《水利工程质量事故处理暂行规定》以及有关质量管理的法律、法规、规程、规范、质量标准等相关文件精神，制定《质量管理考核细则》对参建单位每年考核一次。

(1)考核目标

杜绝重、特大质量事故，避免较大质量事故，防范一般性质量事故，减少质量缺陷的发生，确保工程质量合格，力争达到优良。

(2)考核内容

1)对参建单位的质量管理考核实行年度考核，考核实行测评分制。考核内容主要包括质量管理体系建立及运行情况、工程施工过程质量及验收评定管理、工程实体质量及质量综合管理等三个部分。

2)对参建单位的测评，由建设单位组织，每年测评一次。如图 8-82 所示。

①勘测设计单位的测评内容主要包括勘测设计质量保证体系建立及运行情况、设计单位现场服务、重大设计变更及设计质量综合测评 4 个部分。

②监理单位的测评内容主要包括现场监理机构人员配置及规章制度、监理质量过程控制管理、监理工作综合评价等 3 个部分。

③施工单位的测评内容主要包括质量保

图 8-82 质量考核

证体系建立及运行情况、施工质量过程控制记录、工程实体质量、历次各级单位质量检查提出问题整改4个部分。

(3)考核效果

加强工程建设质量管理,加强建设质量管理执行力度,规范质量管理行为,预防和减少质量事故的发生。

5. 质量活动

工程开展有"质量月"和"质量年"活动,以宣传、培训、知识竞赛、质量检查、考核等方式,提高参建单位管理人员质量意识、质量管理水平、人员素质、加强过程质量管控力度。如图8-83所示。

(1)开展质量主题宣传,增强质量意识。要求各参建单位(含监理单位)采用宣传横幅、标语、板报等,围绕活动主题(如"强化过程管控、提高工程质量")开展宣传活动,并在标段内醒目位置悬挂宣传标语。如图8-84所示。

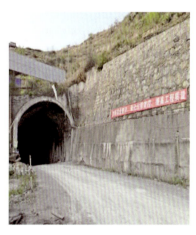

图8-83 开展质量年活动　　　　　图8-84 质量目标宣传

(2)开展质量培训,提高质量管理水平。根据工程总体进度,综合标段施工情况,开展质量培训活动。要求工程各参建单位根据所承建工程施工内容,制定质量专题培训计划,并开展培训活动。

(3)开展知识竞赛,提高人员素质。组织参建单位主要管理人员(监理单位总监及分管质量副总监,施工单位项目经理、分管质量负责人、质检部门主任)进行质量答卷知识竞赛。同时要求工程各参建单位根据项目情况,制定竞赛内容,组织本标段人员开展不少于1次竞赛活动。如图8-85所示。

图8-85 组织质量提升活动

(4)开展质量检查,加强过程管控。成立"质量月"或"质量年"质量检查组,定期或不定期深入各参建单位施工现场,开展质量检查,对检查中发现的问题以书面形式进行通报,对于实体质量问题不可修复部位(混凝土强度存在低强、建筑结构不符合设计要求等),由建设单位组织各参建单位进行拆除观摩。

8.3.4 质量管理主要做法与经验

工程施工是按照设计图纸和相关文件要求,形成过程实体建成最终产品的活动。通过施工变为现实,直接关系到过程的安全、可靠、使用功能的保证,是形成实体质量的决定性环节。在工程建设实施过程中,开展严格的质量管理工作,有利于规范施工人员质量行为和提高工程实体质量管理水平。为提高质量管理效果,引进了相应专业机构,协助工程质量管理。

1. 科学划分工程项目

(1)工程项目划分

结合工程特点及施工合同要求,根据《水利水电工程施工质量检验与评定规程》要求,结合工程点多、面广、参加单位多的特点,建设前期组织各监理单位、施工单位召开会议共同讨论项目划分原则,确定工程编码,确定主要单位工程、主要分部工程、重要隐蔽单元工程和关键部位单元工程,并将工程项目划分情况上报质量监督总站夹岩项目站批复确认。

1)项目划分原则

工程项目划分使用三级划分四级编码形式,三级划分即为"单位工程—分部工程—单元工程",四级编码即为"单位工程编码—分部工程编码—单元工程类别编码—单元工程序号编码",分部工程以下编码使用阿拉伯数字,如:北干渠2标的项目划分起始编码为"BGQ201-01-01-001"。

2)单位工程划分

①当只有一个建筑物的或者只承担建筑物的部分工程施工的标段,以标段名称;有多个单位工程的标段一按一个建筑物单独划分的单位工程,直接由标段+建筑物名称。

②按由多个不同类别的分部工程组成的单位工程,以标段名称+主要建筑物名称为单位工程名称。单位工程编码以单位工程编码为施工标号简称。如"夹岩工程总干渠2标猫场隧洞",则单位工程编号为"ZGQ201";再如:"夹岩工程北干渠2标水打桥隧洞",则单位工程编号为"BGQ201"。以猫场深埋长隧洞为例如图8-86所示。

3)分部工程划分

①深埋长隧洞各支洞为一个分部工程。

②主洞以进口、出口、支洞上游、支洞下游所属范围的开挖及支护为一个分部;其余隧洞单个隧洞划一个分部。

③隧洞衬砌原则上每3 km一个分部。

④渐变段,附近暗渠按开挖,衬砌对应划分入相应隧洞分部。

⑤回填灌浆,固结灌浆一个单位工程划分一个分部。

4)隧洞单元工程划分

隧洞工程的单元工程划分如下:

①洞脸边坡开挖,按照设计图纸每一级边坡划分为一个单元。

②洞脸边坡支护,按照设计图纸每一级边坡划分为一个单元。

夹岩水利枢纽总干渠、北干渠工程单元工程划分表

单位工程		分部工程			单元工程		划分原则
编码	桩号	分部工程名称	编码	桩号	名称	编码	
ZGQ201	总干8+218.98~总干18+914.693	2#支洞上游控制段洞身开挖及支护	ZGQ201-03	总干8+218.98~总干10+789.108	▲洞身开挖	ZGQ201-03-01-001~	每60m为一个单元，60m内遇围岩类型变化以围岩分界处桩号为新一单元
					▲洞身支护	ZGQ201-03-02-001~	
		2#支洞下游控制段洞身开挖及支护	ZGQ201-04	总干10+789.108~总干12+971.98	▲洞身开挖	ZGQ201-04-01-001~	
					▲洞身支护	ZGQ201-04-02-001~	
		4#支洞上游控制段洞身开挖及支护	ZGQ201-05	总干12+971.98~总干15+215.98	▲洞身开挖	ZGQ201-05-01-001~	
					▲洞身支护	ZGQ201-05-02-001~	
		4#支洞下游控制段洞身开挖及支护	ZGQ201-06	总干15+215.98~总干16+378.98	▲洞身开挖	ZGQ201-06-01-001~	
					▲洞身支护	ZGQ201-06-02-001~	
		隧洞出口段洞身开挖及支护	ZGQ201-07	总干16+378.98~总干18+914.693	洞脸土石方开挖	ZGQ201-07-01-001~	按照设计图纸每一级边坡划分为一个单元
					洞脸边坡支护	ZGQ201-07-02-001~	
					洞脸截、排水沟	ZGQ201-07-03-001~	开挖和砌筑各划分为一个单元
					▲洞身开挖	ZGQ201-07-04-001~	每60m为一个单元，60m内遇围岩类型变化以围岩分界处桩号为新一单元
					▲洞身支护	ZGQ201-07-05-001~	
		△2#支洞上游控制段洞身衬砌	ZGQ201-08	总干8+218.98~总干10+789.108	△洞身衬砌	ZGQ201-08-01-001~	参照设计施工图纸结合针梁台车或钢模台车（简易拱架）的实际长度，每一仓混凝土为一个单元，一般为9~12m一仓
		△2#支洞至4#支洞段洞身衬砌	ZGQ201-09	总干10+789.108~总干15+215.98	△洞身衬砌	ZGQ201-09-01-001~	
		4#支洞段至隧洞出口段洞身衬砌	ZGQ201-10	总干15+215.98~总干18+914.693	洞脸混凝土衬砌	ZGQ201-10-01-001~	每一仓混凝土为一个单元
					△洞身衬砌	ZGQ201-10-02-001~	参照设计施工图纸结合针梁台车或钢模台车（简易拱架）的实际长度，每一仓混凝土为一个单元，一般为9~12m一仓
		隧洞固结灌浆	ZGQ201-11	总干8+218.98~总干18+914.693	固结灌浆	ZGQ201-11-01-001~	每60m为一个单元，根据混凝土衬砌每仓长度适当调整，原则上一个混凝土单元不跨2个灌浆单元
		隧洞回填灌浆	ZGQ201-12	总干8+218.98~总干18+914.693	回填灌浆	ZGQ201-12-01-001~	

注：1、部分蓝图没下发部位参照招标图划分，正式图纸下发后，单元工程根据图纸调整，划分原则不变。
2、▲标注的单元工程内符合重要隐蔽（关键部位）单元工程划分原则的属于重要隐蔽（关键部位）单元工程。
3、隧洞工程中的施工支洞内Ⅴ类围岩及不良地质洞段（包括滑洞、涌水涌泥段、含煤地层、断层破碎带）的开挖、支护、衬砌和灌浆单元工程属重要隐蔽（关键部位）单元工程。
4、倒虹管工程中的基础处理、压力钢管制作及安装单元工程属重要隐蔽（关键部位）单元工程。
5、渡槽工程中的基础处理、支撑结构混凝土单元工程属重要隐蔽（关键部位）单元工程。
6、水闸工程中的闸室段基础处理、闸室段混凝土、闸门安装单元工程属重要隐蔽（关键部位）单元工程。

图 8-86 猫场隧洞项目划分

③洞脸截、排水沟的开挖和砌筑各划分为一个单元。

④洞脸混凝土浇筑按每个仓号划分为一个单元。

⑤隧洞开挖，每 60 m 为一个单元，60 m 内遇围岩类型变化以围岩分界处桩号为新一单元。

⑥隧洞支护，每 60 m 为一个单元，60 m 内遇围岩类型变化以围岩分界处桩号为新一单元。

⑦隧洞衬砌，参照设计施工图纸结合针梁台车或钢模台车（简易拱架）的实际长度，每一仓混凝土为一个单元，一般为 9~12 m 一仓。

⑧隧洞回填灌浆，每 60 m 为一个单元，根据混凝土衬砌每仓长度适当调整，应为整数倍的混凝土单元。

⑨隧洞固结灌浆，每 60 m 为一个单元，根据混凝土衬砌每仓长度适当调整，应为整数倍的混凝土单元。

（2）规范化验收

工程项目进行验收时，在合同中有明确规定验收要求的，按合同条款执行。合同中未作具体要求的，原则上依照《水利水电工程施工质量检验与评定规程》《水利水电工程单元工程施工质量验收评定表及填表说明》《水利水电建设工程验收规程》《水利水电工程单元工程施工质量验收评定标准》《水利水电工程分部工程验收实施细则》等规范要求执行。

1）工序验收

工序（非工序）验收均在施工现场进行，首先必须由施工单位进行"施工质量三检"（以下简称三检），监理工程师组织工序验收。在满足设计要求后，签发开仓证，允许进入下道工序

施工。

2）单元工程验收

①单元工程验收以工序检查验收为依据。

②一般单元工程由专业监理工程师会同施工单位"三检"质检人员组成的验收小组进行验收和质量评定。

③重要隐蔽工程、关键部位单元工程。除按常规单元工程验收资料要求提供，还应提供地质编录、测量成果、检测试验报告、影像资料、单元评定等资料备查。重要隐蔽工程、关键部位单元工程由联合验收小组共同检查核定其质量等级，并由建设单位报质量监督机构核备。如8-87 所示。

3）分部工程验收

①当分部工程达到验收条件时，监理部组织分部工程验收小组。及时作好资料查阅、施工现场查看。根据与监理单位的合同约定，分部工程验收由监理单位主持。如图 8-88 所示。

图 8-87　大坝基坑联合验收

图 8-88　开展分部工程验收

②分部工程验收的主要任务，是检查施工质量是否符合设计要求，并在单元工程验收基础上，按相关规程和标准评定工程质量等级。

③分部工程验收鉴定书是单位工程验收、合同工程完工验收的基础。

④施工单位在完成验收资料整理和施工报告编写之后，向监理部提出分部工程验收申请，并提交施工报告和全部验收资料。

⑤联合验收组进行现场检查的主要内容有：

a. 建筑物部位、高程、轮廓尺寸、外观是否与设计相符；

b. 建筑物运行环境是否与设计情况相符；

c. 各项施工记录是否与实际情况相符；

d. 建筑物是否还有什么不足之处或缺陷需要处理，施工中出现过的质量缺陷或事故进行的处理是否满足设计要求。

4）单位工程验收

①当单位工程在合同项目工程竣工前已按设计要求完成施工，经试运行合格，并能独立发挥效益时，应及时进行单位工程验收。

②申请单位工程验收必须具备以下条件：

a. 该单位工程的土建施工已按设计要求施工完毕，并已全面完成了分部工程竣（交）工验

收,质量符合要求,施工现场已清理完成;

  b. 设备的制作与安装经调试和试运行,安全可靠,均符合设计和规范要求;

  c. 观测仪器、设备均已按设计要求埋设,并能正常观测;

  d. 工程质量缺陷已经妥善处理,能保证工程安全运行;

  e. 单位工程运行制订各项操作规程,配齐合格的管理、运行人员。

③施工单位应在规定的验收日期之前,向监理部提交单位工程验收申请报告,同时提交验收文件资料:

  a. 施工报告;

  b. 竣工图纸和设计修改通知;

  c. 主要原材料、设备的出厂合格证、技术说明和质量检测资料;

  d. 隐蔽工程、分部工程验收签证和质量等级评定资料;

  e. 质量事故分析、处理及检验资料;

  f. 施工大事记和主要会议记录。

④监理收到施工单位报送的单位工程验收申请报告后,认真组织审核、检查。经审核资料能满足本单位工程验收要求时,及时签署意见报送建设单位。

⑤监理部在验收前,应及时向建设单位提交监理报告,并做好参加单位工程验收的各项准备工作。

2. 引进质量管理咨询机构

(1)咨询必要性

1)强化质量管理是水利改革发展的重点任务之一

国务院《质量发展纲要(2011—2020年)》指出,质量发展是兴国之道、强国之策。2017年度,国家发展改革委、水利部、住房和城乡建设部又联合印发了《水利改革发展"十三五"规划》,提出"十三五"水利改革发展要全面强化依法治水、科技兴水。其中针对依法治水这一条着重强调了要加强水利建设项目全过程质量管理,完善质量管理制度和质量标准体系,健全水利工程质量责任体系,强化政府质量监督。

2)质量管理技术咨询能够提高工程质量管理水平,保证工程质量

水利工程质量的控制与管理对于整个水利工程建设的意义极为重大。水利工程质量一旦出现问题,不仅会影响工程的使用寿命,还会增加工程的运行与维护的费用,更严重的可能使国家的安全和人们的经济财产遭到极大的威胁。

工程工期为66个月,深埋长隧洞多,地质条件复杂,多处存在高边坡开挖处理、深埋隧洞的衬砌、跨河管桥的施工等一系列技术难题,建设管理和施工难度很高,施工质量控制难,因此在工程建设管理过程中,如何提高参建各方质量行为及工程实体质量管理水平十分重要。

通过专业机构工程质量管理工作进行咨询,对工程建设中存在的施工技术难题和容易出现的质量通病、质量缺陷等进行技术咨询,对项目组织管理、质量管理制度、施工过程质量控制等提出建议,对施工质量评定与验收资料整理归档,对减少工程质量缺陷的发生,提高工程施工质量有着明显的作用。

3)促进达到各级水行政主管部门水利工程质量考核要求

从2015年开始,水利部根据《水利建设质量工作考核办法》,每年对大型水利工程进行质量考核和质量巡查。在国家及行业高度重视工程质量管理工作的大背景下,保证工程能够达

到各级水行政主管部门水利工程质量考核标准要求也是一项体现建设单位质量管理水平的硬指标。在工程建设实施过程中,专业机构开展质量管理技术咨询工作,帮助建设单位解决相关管理难题,提高参建各方质量行为及工程实体质量管理水平。

4)大型水利项目开展质量管理技术咨询取得成效

贵州黔中水利枢纽一期工程、江西省浯溪口水利枢纽、江西省峡江水利枢纽工程等一系列项目,在开展过质量技术咨询工作以后,取得了良好成效,建设单位的质量管理水平得到了提高。咨询工作开展过程中,每年根据工程建设情况有针对性的咨询,特别针对工程施工过程中涉及的质量和安全问题提出意见和建议。主要开展的工作有:

①对工程建设中容易出现的质量通病、质量缺陷等质量问题的防范处理提出咨询意见和建议,减少工程质量缺陷的发生。

②对单位工程验收、阶段验收、竣工验收等主要阶段的质量验收资料准备及相关技术问题开展技术咨询等。

③针对傍山明渠衬砌及边坡支护、高大跨渡槽通水前结构试验方案和运行期的安全监测等存在的施工问题,提出了合理问题处理的建议,保证了该工程的顺利实施。

(2)咨询技术服务内容

1)根据工程现场建设管理情况,制定培训及咨询内容,开展培训和讲解。

2)协助完善项目建设管理制度,提出参建各方建设质量管理行为检查表。

3)对项目质量管理体系的运行情况、工地现场试验室建立和运行情况、施工质量评定和验收管理情况、现场质量控制重点难点问题及质量缺陷问题、历次水利部及流域机构、贵州省质量检查发现的问题等进行咨询,提出年度咨询报告。

4)根据《夹岩水利枢纽及黔西北供水工程质量管理咨询实施方案》及工程建设具体进展情况,组织专家到工程现场进行技术咨询服务。如图8-89所示。

(3)咨询工作开展的经验

根据工程进度情况,制定培训内容(如法律法规、规程规范、强制性条文、验收资料填写要求、混凝土施工质量控制、锚索施工质量控制、金结机电施工质量控制等),并开展培训、讲解和指导,对项目建设过程中质量管理问题有比较全面深入的了解和跟踪。

图8-89 质量培训及咨询

大型水利工程的质量管理技术咨询服务目前是一种趋势,水利枢纽工程建设管理难度大,开展质量管理技术咨询服务可以有效提高质量管理水平,减少实体质量缺陷。

3. 设置第三方中心试验室,用数据科学管理

为了有效控制工程质量,确保试验数据的真实可靠,顺利进行工程验收,同时为了能及时准确的代表建设单位进行抽检和监理平行检测,引进第三方检测单位作为工程中心试验室,开展建设单位抽检和监理平行检测相关检测检验工作。如图8-90所示。

(1)中心试验室检测必要性

1)根据国2012年6月颁布的《质量发展纲要》明确提出要"建立健全科学、公正、权威的第

图 8-90　工程中心试验室

三方检验检测体系"。

2）完成监理合同义务的需要。为统一管理监理平行检测试验工作，再监理合同中约定了："为监理机构指定具有检验、试验资质的机构并承担检验、试验相关费用。"

3）借鉴省内外大型水利工程建设管理成功先例：

①黔中公司于2012年设置了中心试验室，承担了监理平行检测的试验工作，解决了前期试验单位同体的现象，规范了试验检测工作，并在建设过程中完成了建设单位抽检，高大跨渡槽高强度等级混凝土设计配合比的复核等工作。

②云南牛栏江—滇池补水工程委托第三方检测单位负责工程材料及施工质量的平行检测，在工地现场建立试验检测中心，代表建设单位履行法人检测工作，对施工质量进行抽检，同时对施工单位检测成果进行复核，确保了工程质量。

4）工程建设的需要。

①工程施工有混凝土、砌体、帷幕灌浆、原材料和半成品有钢筋、水泥、外加剂和止水材料等，试验检测项目多，试验工作量大，各种试验检测需集中有序可控地进行。

②水利工程项目建设的试验检测常规流程为：施工单位自检，监理单位平检，建设单位抽检。建设过程中，部分施工企业质量意识淡薄，管理制度不完善，存在着以资料应付检查的现象；监理单位的平行检测，一般都采用送样检测的方式，其取样和送样不及时的现象时有发生。如果设立中心试验室，在建设单位的管理下，独立、公正地完成各项试验，还能与施工单位自检和监理单位平检相互印证，更好地控制工程质量。

（2）第三方检测工作内容

1）代表建设单位抽检、接受监理平行检测的相关试验及检测工作，对工程建设全过程所需的原材料、半成品料、混凝土及大坝填筑等进行试验、检测；对混凝土、锚杆质量进行现场物理探测检测工作；对重要部位的混凝土配合比试验进行必要的试验及复核工作。

2）针对工程建设的重点、难点、重要建筑物、构筑物的特点，开展对深埋长隧洞脱空检测、压力钢管接触灌浆脱空检测、焊缝探伤检测等。

（3）第三方检测作用

1）有效控制工程质量，及时、准确的代表建设单位进行抽检和监理平行检测，为工程质量提供了准确的数据,每月、季度、年检测报表内能准确的分析原材料和中间产品的检测合格率,有利于分析工程质量薄弱部位,可针对性地制定改进措施。如图 8-91 所示。

图 8-91　试验室质量检测年报

2)提高质量管理控制水平、规范质量行为,加强过程质量管控,确保合格的原材料用于工程实体。如施工前期施工单位自产的砂石骨料不合格现象较为普遍,经过检测分析主要不合格参数为砂的细度模数和碎石级配,结合贵州地区机制砂的特点,针对性的优化了加工设备和生产系统,合格率有了显著的提高。

3)混凝土施工质量一旦出现强度、抗冻、抗渗等指标情况下将很难处理,会给工程带来损失,通过对施工混凝土配合比的复核,从源头控制配合比使用,通过这种"双保险"的复核模式,为工程混凝土的实体质量奠定了基础。

4)利于工程验收,为工程验收提供可靠依据,工程深埋长隧洞较多,为隐蔽工程,对于衬砌后混凝土的脱空、灌浆施工效果等经过检测验证其质量。

4. 设置第三方测量控制

工程渠道线路长,建筑物型式多样,包括明渠、隧洞、渡槽以及相配套的渠系配套建筑物,施工测量工作量大,对测量精度要求高。施工测量是保证整个工程施工顺利的一项基本工作,它的成果直接影响着工程施工质量,也是工程正确计量的依据和重要手段。为保证施工单位施工控制网点位平面坐标及高程满足工程施工使用要求,确保工程施工测量质量受控,工程设置"施工控制网复测及测量复核"标。

(1)必要性

1)基于工程首级施工基准网控制网建立完成(等级为二等),已覆盖整个工程。各标段的施工加密控制网由各家施工单位自行完成,由于各标段技术力量参差不齐,可能会造成标段之间衔接问题,为确保各标段在深埋长隧洞施工期间各隧洞能段顺利衔接。

2)由于施工控制网是保证该工程输水线路正确贯通和施工测量的基础,工程施工周期长达 66 月,如果不及时进行检测掌握控制点的稳定状况,将会对该工程质量造成严重隐患。因此,定期对控制网进行检查测量,对检查成果进行比较分析和评价,及时了解控制点的稳定状态,并进行相应技术处理是非常必要的。

3)工程涉及的一级、二级等重要水工建筑物,工程质量要求高,有必要成立专门的测量控制中心,对测量数据进行独立平行检测,校核监理单位和施工单位的测量成果,及早发现问题,并把事故隐患消灭在萌芽状态。

(2)复测内容

1)定期对工程的施工控制网进行复测(首级及施工单位建立的加密施工控制网),提供最新的施工控制网点坐标(平面坐标,高程),并对整个控制网的现状及稳定性做出分析评价,复测精度不低于建网时的精度。如图8-92所示。

图8-92 导线复核测量图

2)施工单位放样的建筑物的轮廓点、关键点、各标段的衔接点等处需要进行复测,复测工作量根据建筑物的重要程度及标段之间的衔接处进行安排。

3)根据实际情况,完成建设单位指派的测量复核工作,如有异议的施工测量收方资料复核、原始地形的复测等。

4)负责施工控制网点复测成果,并提供测量咨询服务。

(3)复测原则

在论证建网时坐标系统、建网精度满足施工要求前提下,复测应保证如下原则。

1)精度原则:用不低于建网精度等级复测,原则上采用同等级精度等级进行复测。

2)基准原则:采用与建网相同的坐标系统、高程基准;即位置、方位、尺度基准应与建网阶段一致。

(4)复测目的及效果

1)对施工单位所做的施工控制网进行复核,保证其数据的可靠性及正确性。

2)对各标段所做的独立控制网进行联合观测,统一平差,保证各标段控制网坐标数据的兼容一致性,最终保证输水线路的顺利贯通。

3)定期对整个施工控制网(首级网、次级网)进行复测,进行多期数据分析,做出稳定性评价,对变化较大的点位,及时更新其坐标,保证数据的正确性与现时性。如猫场隧洞的控制网复核,如图8-93所示。

4)对重要数据(建筑物主要轮廓点、关键点、各标段的衔接点)点进行复核,保证其按图施工,避免测量质量事故。

5)防止测量质量事故的发生引起安全、经济等重大事故的出现,保证工程建设质量。

4.3.2 总干1标复测结果分析

总干1标施工控制网原测与第3次复测高程对比分析表

表4-4

序号	点号	与已知点距离 (km)	原测高程 (m)	第3次复测高程 (m)	原测高程与第3次复测高程较差 (mm)	限差 (mm)
1	G02	2	1 343.866	1 343.872	-6	28

从4-4对比分析表可以得出:高程较差皆能满足限差要求(限差按±20√R计算),说明其原高程与复测高程吻合。

4.3.3 总干2标复测结果分析

总干2标施工控制网原测与第3次复测高程对比分析表

表4-5

序号	点号	与已知点距离 (km)	原测高程 (m)	第3次复测高程 (m)	原测高程与第3次复测高程较差 (mm)	限差 (mm)
1	2支-0	17	1 434.996	1 434.964	32	82
2	XJ4-3	8.4	1 430.688	1 430.649	39	58
3	IM1001	2	1 354.564	1 354.550	14	28

从4-5对比分析表可以得出:高程较差皆能满足限差要求(限差按±20√R计算),说明其原高程与复测高程吻合。

5 结论

总干渠原测数据与第3次复测数据皆吻合,其复测控制点高程沿用原测高程成果。

图 8-93　总干渠猫场隧洞施工控制网复测

5. 推行首件工程认可制

制定首件工程认可制实施细则主要是为了加强现场施工质量的管理,强化质量检查程序,规范作业人员的质量意识和行为,从施工源头上确保质量目标的实现,使工程施工质量管理工作能够有章、有序、有效地实施。

(1)首件工程的内容与定义

首件工程认可制是对工程质量管理程序的进一步完善和加强,旨在以首件工程的标准在后续同类的施工过程中得以推广,认真落实质量控制程序,实现工序检查和单元工程验收标准化,统一操作规范和工作原则。

在分部工程开工之前,由施工单位制定详细的施工方案及措施,经监理批准,首先制造出一件(段)工程样品,监理工程师对其材料、设备、工艺进行评估,对验收程序、表格进行规范;对首件工程各项指标进行检查、验收,并形成对该单元工程(或工序)材料、施工工艺、验收程序、各项验收指标的结论性意见或报告;对后续同类工程施工作指导意见。同时,对首件工程存在的不足,提出具体整改意见和预防措施。

(2)首件工程的目的和作用

1)由于不同工程项目在不同条件环境下进行的材料、人员、设备、工艺、地理环境、安全环境等均发生了变化,这些环境的变化将不同程度地影响到工程建设质量,通过首件工程可以评价这些变化对项目工程质量的影响程度。

2)便于施工单位优化、完善施工工艺,总结经验,加强管理,为规范化施工创造条件。

3)可以预见施工中遇到的困难与问题,特别是有效地解决有可能影响工程质量的各种因素,对出现的问题及时处理,减少避免施工造成的损失。

4)熟悉设计规范与技术要求,根据项目特点,确定验收标准,落实建设单位对单元工程特别是重要隐蔽部位和关键工序单元工程的特殊要求。

(3)首件工程验评小组成员组成

首件工程验评小组组长由监理单位负责人担任,小组成员由以下单位人员组成:监理单位;建设单位;设计代表;施工单位;中心试验室。

经施工单位对首件工程的施工方案、施工工艺、安全措施、质量管理措施、工程材料、报检程序和表格,进行初检合格后施工单位申请进行复检。监理单位复检合格后,由总监或分管质量的副总监牵头组织相关单位组成质量验评小组,对首件工程进行全面的检查与验收。

(4)项目首件制实施的范围

首件制贯彻"以工序质量确保单元、以单元质量确保分部、以分部质量确保单位、以单位质量确保总体工程"的质量创优保障原则,着眼抓各单元工程(或工序)的首件工程质量。实行首件制的工程范围为主要建筑物。

(5)首件制的实施程序

1)选定

各施工单位根据规定确定工程项目内容,在单元工程中选择第一个施工项目作为首件工程,并上报监理单位同意实施和夹岩公司备案后将首件工程的每一道工序作为首件工序。根据现行岗位操作技术规程,编制首件工序的操作规程。如图8-94所示。

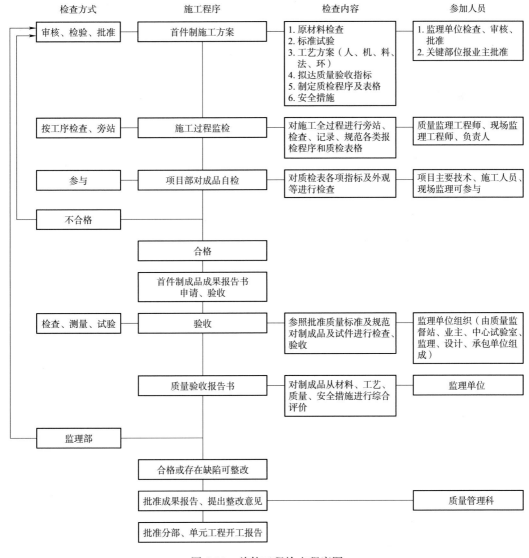

图8-94 首件工程检查程序图

2)实施及要求

①施工单位在实施首件工程施工前,必须完成相应的开工审批程序和所有施工准备工作。

②实施首件工程的关键在于事前控制和实施过程的控制。

③首件工程主体结构现场正式施工前应提前通知监理单位、建管部人员和质量管理人员到现场参加施工前各项准备工作的检查验收,验收合格后方可开始施工。

④排架、槽壳、隧洞衬砌等对混凝土外观质量要求较高的工程部位和大坝填筑要进行专项工艺试验。

3)评价和认可

①在首件工程完成后7天内(混凝土工程指拆模后7天内),施工单位应完成以下工作:对已完成项目的施工工艺进行书面总结,对该项目质量进行综合评价,提出自评意见,"追根溯源、穷追不舍",提出相应质量改进措施,以《首件工程认可申请表》报监理单位和建管部认可。

②评价前施工单位和监理根据需要进行必要的检测,以充实评价依据。

③首件工程施工总结应包括以下内容:

首件工程概况、首件工程主要施工方法及施工工艺、首件工程施工情况、各工序检测试验数据及相关报告、首件工程质量评价、首件工程施工中存在的质量技术问题及针对性的改进措施、推广的意见和建议。

④首件制评价责任体系应坚持"自下而上,分级负责"的原则。施工单位作为施工责任主体,承担自评责任,评价时应提供施工工艺措施、自检资料、质量管理措施及质量责任人姓名。

⑤对重要的工程项目,经建管部或质量管理科提出可以组织专家召开专题会对首件工程进行审查认可,将会议纪要作为审批的附件。

⑥对首件工程的评价意见分为优良、合格和不合格三等,优良工程推广示范,合格工程予以接收,不合格工程责令返工。

4)推广和实施监督

实行首件制是通过首件优良工程的示范作用,带动、推进和保障后续工程的质量,后续工程的质量不能低于首件工程标准;施工单位在进行后续工程施工时,应严格按照认可的首件工程质量改进措施进行施工,现场监理工程师应严格监督施工单位按首件工程确定的标准实施后续工程。

首检制作为质量保证和控制手段,参建单位须建立相关的制度确保其正常的推进,并将首件制执行情况纳入质量考评内容,必要时组织现场点评,以确保首件制的严格执行。

具体案例:如水打桥隧洞1#支洞是2018年5月首个通过斜井溜槽运输开始隧洞衬砌施工的标段,施工中实行首件制度。施工前对施工单位所编制的混凝土运输施工方案进行了评审,并经过15次现场试验验证,提出改进意见。如配合比比选、混凝土流速控制、人员配备、通信联络等;每道工序经小组成员联合验收,浇筑完成后及时召开了总结会议,对施工中存在的混凝土在溜槽中溢出、衬砌底部90°气泡集中、端头有漏浆等现象,提出了溜槽在斜井底附近设置变坡点、中部增加集料斗、针梁式台车底部增加排气孔、堵头采用定型钢模等措施完善了施工工艺,确保了混凝土在溜槽内的运行较快、连续均匀、无离析、衬砌混凝土外观圆顺、光洁等效果,保证了施工质量及进度。对后续混凝土衬砌起到了指导性的作用,为规范化施工创造有利条件。如图8-95和图8-96所示。

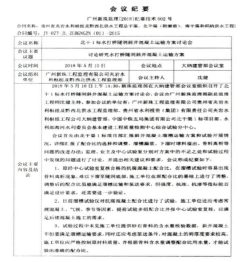
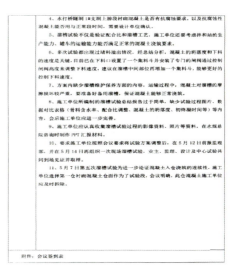

图 8-95　首件工程方案讨论会

图 8-96　首个斜井混凝土浇筑工作面首件验收

8.3.5　取得效果

工程自开工以来,结合工程特点,认真分析工程的深埋长隧洞质量管理的重难点,制定、采取了建设管理制度、措施、对策和引进专业机构等一系列的体系建设,有效解决工程点多、面广、战线长、参建各方质量管理水平参差不齐等难题,取得的成效体现如下:

(1)通过质量管理咨询技术服务,提高了各参建单位质量管理水平,促进贯彻执行验收管理相应的法律、法规和强制性标准,加强建设质量管理执行力度,规范质量管理行为,杜绝了质量事故的出现和减少质量缺陷的发生。

(2)通过施工控制网复测及测量复核,保证了各参建单位施工控制网数据的可靠性,使各标段控制网坐标数据的兼容一致性,最终保证了输水线路的顺利贯通。

(3)通过第三方检测单位代表建设单位抽检和监理平行检测,开展对原材料、中间产品、半成品及成品的相关检测工作,提高了质量管理控制水平,加强了过程质量管控,确保合格的原材料用于工程实体,为工程验收提供可靠依据;结合工程建设的特点,开展对深埋长隧洞脱空检测、回填灌浆和固结灌浆检测等,确保了工程实体质量。

(4)通过开展首件认可制工作,加强了现场施工质量的管理,强化了质量检查程序,规范作业人员的质量意识和行为,从施工源头上确保质量目标的实现,使工程施工质量管理工作能够有章、有序、有效地实施。

截至目前,工程无质量事故及重大质量缺陷等情况,工程验收合格率100%,优良率90%,整体工程质量处于受控状态。

8.4 进度管理

8.4.1 深埋长隧洞基本情况

工程输配水区深埋长隧洞主要由水源工程水库至黔西县附廓水库之间东关取水隧洞、猫场隧洞、水打桥隧洞、长石板隧洞、两路口隧洞、凉水井隧洞、余家寨隧洞、蔡家龙滩隧洞、高石坎隧洞等约80km连续深埋长隧洞群。

工程深埋长隧洞工程具有洞径较小,斜井支洞较多,布置集中的特点。结合沿线地形、地质条件具有斜井支洞影响工程安全,制约进度;穿煤系地层,安全风险高,技术要求高,施工进度慢;穿暗河不良地质处理难度高,岩溶发育,渗漏水处理难度大,安全风险高;施工用电负荷大,电力保障困难等制约工程建设的难点。对工程建设进度管控提出更高要求。

8.4.2 进度管控难点

鉴于深埋长隧洞工程地质条件、水文地质条件和施工条件,导致施工过程不可抗力影响因素增多,进度管控较难,主要体现在:其一,隧洞工程地质条件、水文地质条件复杂,施工过程中遭遇岩溶涌水、涌泥和地下水,瓦斯及有毒有害气体富集,围岩不稳定,地应力集中等不良地质问题。遭遇不良地质情况,将很大程度影响施工整体进度及施工计划。其二,深埋长隧洞部分施工支洞较长,坡度较陡,大坡度斜井采用轨道出渣,施工条件较差,进度难把控。其三,不可抗力外界环境因素影响,如国家大力扶贫政策下,工程受地方扶贫项目"组组通"影响,部分施工道路受阻,施工材料无法进场等。

8.4.3 进度管控措施

工程进度管控由于深埋长隧洞的特殊性,情况复杂性分为常规性管控与特殊洞段管控。

1. 常规性管控措施

常规性管控主要针对一般性工程洞段,对工程整体进度进行宏观把控,主要管控措施如下:

(1)有计划才能稳健有序推进

要求编制施工进度计划及相关资源需求计划,如劳动力需求计划、物资需求计划及资金需求计划等。在编制计划时,要求注重计划系统性,各个环节要互相关联。编制完成后按时上报发包人审核。

(2)掌握实时数据才能动态调整

在工程实施的过程中,注重偏差分析,动态调整。实时跟踪检查,收集工程数据,建立工程形象进度台账及投资管理台账,每旬更新并对照施工计划对比分析滞后原因,召开专题会及时解决影响工程进度的因素。

（3）专项专制才能降低影响

对于不可抗力影响因素，例如北干渠 4 标长石板隧洞工作面，因受到大方县"组组通"扶贫项目影响道路通车，采取每周召开进度会，制定每周、每旬进度计划，实时动态调整。合理协调各工作面人材机，保证利用率。

（4）落实责任、提高效率

每年年初针对每个标段上报的年度施工计划，制定目标责任书。施工方与投资方、投资方内部分别签订目标责任书，年底按照工程实际进度情况，采取有效的奖惩制度。

（5）树立典型、鼓励先进

在工地一线奋斗有苦有甜、有收获，在关注工程进度的同时，更要关注职工身心健康。工程项目每年都会举办劳动竞赛，优质工程评选等活动，激发工作动力与积极性；还有参建单位篮球联赛、联谊会等，增进职工交流与团结。通过开展"劳动竞赛暨争创工人先锋号"活动，调动参建各方积极性，形成"追、比、赶、超"的良好氛围，促进共创各项目标任务的全面完成。此外，每年都会根据各标段进度、投资完成情况，开展先进集体、优秀项目经理、总工、优秀总监及副总监的评比工作，激发了参建单位和参建人员的工作积极性、主动性和责任意识，进而推动了各项工作的更高效开展。如图 8-97 和图 8-98 所示。

图 8-97　工人先锋号活动

图 8-98　工人先锋号旗帜在长空中飞舞

建设单位及多家施工标段先后被贵州省总工会、全国总工会授予"工人先锋号"光荣称号和"五一劳动奖章",并在《长江经济带重大水利工程建设劳动和技能竞赛》中荣获先进集体称号。

(6)党建联建促生产

为高质快速推进工程项目建设,为全省脱贫攻坚提供坚实水资源支撑,省水投集团公司党委结合大型骨干水源工程建设实际,率先在夹岩水利枢纽工程项目探索实施党建联建共创工作,明确提出党建"五联五创"工作内容,在"联"上着眼、"创"上发力,实现组织共建、活动互联、信息共享、优势互补,目标共融、携手互进,充分发挥出项目业主单位党组织、参建单位党组织和地方党组织的政治优势、组织优势和共产党员的先锋模范作用,排除了工程建设中的疑难险阻,化解了移民搬迁中的困难矛盾。针对工程"点多、面广、战线长、工程建设难度大"的特点,联建党组织建立了党员先锋队、党员突击队、党员专家攻关队、劳模创新工作室等,奋战在工程建设、抢险、技术攻关的最前线,有力保障了工程建设进度,创造了"夹岩速度"。

建设单位党支部带领全体党员干部职工,牢固树立"四个意识"、坚定"四个自信",深入宣传贯彻党的十九大,坚持以习近平新时代中国特色社会主义思想武装头脑,围绕习近平总书记新时期治水思想、省委十二届三次、四次全会及水投集团各类精神,指导实践、推动工作。采取各种活动形式,抓好政治建设、思想建设、组织建设,将领导干部的意识和站位统一到打造"党建示范型"夹岩工程上来,党建工作不断加强。全面落实"两个责任",加大政策宣传和廉政知识学习,营造廉洁氛围,盯牢重点环节和岗位,注重源头防控,严格执行中央八项规定和省委实施细则坚守纪律"底线",与毕节市人民检察院职务犯罪预防局建立职务犯罪预防联系协调制度,共筑阳光工程,进一步强化了预防职务犯罪的工作合力,党风廉政建设工作成效显著。认真贯彻落实省委常委、省委组织部重要讲话精神,与22家参建单位成立了工程党建联建共创工作临时支部委员会,建立健全组织机构和人员设置,围绕"五联五创"工作内容,打造党建活动特色品牌,推动工程建设管理工作实现高质量发展,党建联建共创工作不断深入,真正实现了党建联建促生产的目的。

建设单位的党建联建共创工作得到了省委常委、组织部的高度肯定,并要进一步丰富拓展提升党建联建共创工作的内涵、外延和价值,做成示范典型。

省水投集团公司对工程项目在开展党建联建共创工作的经验进行了认真总结,归纳了以"党建联建,创标准型组织;党建联学,创学习型团队;工作联融,创攻坚型团队;群团联动,创服务型组织和地企联合,创和谐型环境"为核心的"五联五创"工作经验,在直管大型项目全面推行,有效推进了建设进度,保证了目标任务的落实。如图8-99~图8-102所示。

图8-99 工程党建联建共创临时总支部委员会党员代表大会

图 8-100　党建联建共创档案管理业务咨询交流会

图 8-101　党建联建共创学习交流会

(7)建立信息化办公系统

建立了多方参与的 PIP 项目信息管理平台,运用现代管理手段,使用先进的合同管理软件,实现从传统管理到现代管理的战略性转变,在实现无纸化办公的同时,大大提高项目管理水平。在进度管控方面,设置了 PIP 施工日报项,每日要求按时上报施工工况。

2. 特殊地质洞段管控措施

深埋长隧洞进度管控受地质条件及施工条件影响较大,需根据实际情况,实时动态调整施工计划,解决施工影响因素。

(1)不良地质超前报

深埋长隧洞易遭遇岩溶涌水、涌泥和地下水,因而地质超前预报必不可少。针对可能遇到的不良地质问题,由设计单位根据勘察资料对不良地质问题进行梳理,预判可能遇到的不良地质问题,提出应对不良地质问题的对策措施和施工技术要求。在设计单位提交资料的基础上,有针对性地对区域构造集中洞段、穿越暗河或平行暗河岩溶水文地质条件较复杂洞段开展超前地质预报工作。做到早知道,早防范,早处理。

"五联五创"构建一体化党建新格局
——贵州省水利投资(集团)有限责任公司党建工作助推大型水利枢纽工程项目建设高质量发展

图 8-102

(2)瓦斯洞段强方案

瓦斯隧洞安全风险高,是管控的重难点。除了针对性地对瓦斯及有毒有害气体富集洞段开展超前预报外,还需在施工前由委托的专业机构编制专项施工方案,组织专家评审,报主管部门备案,才能按方案要求投入资源进行施工。针对水打桥隧洞瓦斯洞段,为了更高效,安全稳健的推进,委托具有资质的高等院校与科研单位进行合作研究与管理。在瓦斯隧洞专项方案实施过程中,提供专业的帮助与技术支持。

(3)斜井出渣用轨道

深埋长隧洞施工支洞一般较长、坡度较陡,斜井掘进过程中出渣困难,采用有轨运输出渣方式。要求编制轨道出渣方案,加强供电、通风方案等方案的落实。

(4)施工计划动态调

鉴于深埋长隧洞施工过程中可能遭遇不良地质的影响,编制的年度、月施工计划也将会受影响,针对有滞后的施工面,现场监理每日上报工况,每周召开进度专题会,根据实际施工进度,动态调整施工计划。

(5)必要手段抓进度

施工单位的建设人员水平参差不齐,施工单位自身组织不力,管理制度的不完善也是导致施工进度受阻的一大因素。面对这种情况,首先采取了开专题会提要求增加人员配置,完善管理机制等,针对仍然无改进的单位,采用向后方公司发函,约谈来加大管理力度。在北干2标水打桥隧洞的施工中,就通过采取了一系列措施,取得了非常好的效果。见表8-1。

表8-1 水打桥隧洞进度统计

项目名称	围岩类别		
	Ⅲ类围岩	Ⅳ类围岩	Ⅴ类围岩
单日最高进尺	10	8	4
单日平均进尺	8	6	3

水打桥隧洞进度具体保证措施如下:

1)紧抓工序衔接,隧洞内保证通信畅通,在上一工序完成前,下一工序施工人员要完成施工准备,并在洞口准备进入施工现场。

2)加强隧洞内跟班作业,现场出现影响施工的因素,及时进行处理,确保前一班出现的影响施工的因素不影响到下一班施工。

3)加强机械设备的检修和保养,确保施工过程中机械完好率在90%以上;加强常用耗材储备量,保证机械在出现故障后能够及时进行修理。

4)加强隧洞内道路的维护和修正,发现道路破损或者排水沟堵塞,及时进行维护,保证车辆等通行。

5)加强与参建各方的沟通、协调,确保信息畅通,同时加强超前地质预报工作,对于现场围岩及时准确判断,为下一步施工提供技术支持。

6)加强测量保证,在立拱架过程中,测量班全程跟踪,及时修正拱架安装位置,加快拱架安装进度。

7)加强突发事件的处理力度,对突然揭露岩溶出现的小范围的涌泥、涌水等现场,加强与设计沟通力度和现场处理能力,在保证安全的前提下,加快处理速度,保证施工进度。

8.4.4 管控措施实施成效

夹岩工程稳健推进,自开工以来,2015年完成投资22.882亿元,完成20.7亿元年度投资计划的110.54%;2016年完成投资27.2661亿元,完成26.1亿元年度投资计划的104.47%;

2017年完成投资32.6471亿元,完成30.6亿元投资计划的106.69%;2018年完成投资31.5252亿元,完成30.7782亿元投资计划的102.43%。连续4年完成省政府下达的投资任务。

8.5 合同管理

改革开放后,我国的水利工程建设取得了举世瞩目的成就。随着我国法制建设的不断推进和完善,在水利工程建设过程中参建各方对合同管理也越来越重视。施工承包人经营成功与否与合同管理水平高低有着密切的关系。建设单位合同管理的好坏,直接影响到工程建设的有效推进和国家资金管控。随着建设各方合同意识的增强,合同管理水平的高低,在一定程度上代表了参建各方工程管理水平的高低和盈利能力的高低。因此只有不断增强合同风险防范意识,提高合同管理人员的综合素质和能力,才能有效提高合同管理水平,降低施工项目成本,为企业获取最大经济效益。当前,建设合同管理已经成为水利工程项目管理的重要环节,对合同管理水平的提高是合同双方认真履行权力、义务和承担责任的保证,是避免额外损失的前提。所以加强水利工程建设合同管理,已成为水利工程建设参建各方的共识。

8.5.1 建设工程合同管理的概念

水利工程建设合同管理是指在水利建设项目的实施过程中,对签订的各类合同文件规定的履约活动进行的管理,主要包括对合同约定的工程建设内容、范围、价款、工期、安全、质量、环保和水保等进行管理以实现建设方的建设意图。同时,通过合同管理确保工程建设过程在建设方的控制下并保障合同双方的合法权益。工程所称的合同管理是指由建设单位承办的对有关工程各类合同进行的审查、监督、管理,包括资信调查、意向接触、商务谈判、审查报批、跟踪签订、监督履行、变更、解除及争议解决等活动。水利工程无论是建设方还是承包人,合同管理始终是水利工程项目管理的重要内容。

8.5.2 建设工程合同管理的重要性

1. 为水利工程建设提供法律保障

水利工程一般是由国家投资的与人民群众生活息息相关的重要基础设施工程,工程质量的好坏直接影响到其使用性能,关系到群众的生产、生活及生命财产安全。所以,水利工程建设需要强有力的法律机制来约束参建各方,以确保工程安全、质量、投资和进度可控。工程建设合同是承发包双方依法签署的明确双方权利和义务的一系列文件,其受国家法律的保护,即合同约定的双方的权利、义务受国家法律的保护。因此工程建设合同为工程建设顺利开展提供了有效的法律保障和强有力的法律约束。

2. 加强合同管理是合同双方认真履行义务的重要保证

在合同签订前虽然已经考虑了工程建设中可能出现的各类风险,但由于工程具有规模大、建设周期长、涉及参建单位多的特点,在合同履约过程中,仍然会发生很多不可预见的事件,如:工程地质条件的变化、国家相关法律法规和地方政策的变化、洪水、暴雨、地震等。参建各方在履约过程中经常会发生矛盾和争议,甚至有些参建单位为了自己的利益,消极履行义务,进而对工程安全、质量和进度造成严重影响。因此只有加大合同管理力度,在熟悉合同条款的基础上积极进行沟通、协调,以合同赋予的权利为手段,制止在施工过程中的一些违约行为,避免因不履行合同或合同履行不到位而对工程安全、质量和进度造成影响,确保工程建设的各项工作顺利开展。

3. 合同管理有利于控制工程安全、质量、投资和进度等目标

在签订合同时,合同双方对工程项目的工期、安全标准、质量标准、人员及设备投入、施工方案、工程价款等问题已经达成一致,且在合同中予以了明确。在工程建设过程中,承包人首先就必须按照合同约定的人员及设备投入到工程建设施工中,以保证满足工程建设的安全、质量和进度要求。其次,还要按照约定的施工方案进行施工以保障工程建设安全、质量和进度满足要求。另外,承包人也要熟悉合同条款并结合现场施工的实际情况对发生的变更或索赔事件提出费用补偿,将经济损失降至最低。所以在施工过程中加强合同管理,既可以使双方认真履行合同规定的权利和义务,也保证了工程安全、质量、投资和进度等目标得以实现。

8.5.3　工程合同管理的特点、难点

夹岩工程是国务院纳入 172 项重大水利工程之一,也是贵州省水利建设"三大会战"的龙头项目。工程是以城乡供水和农田灌溉为主要任务、兼顾发电的综合性大型水利枢纽工程,为Ⅰ等大(1)型工程。工程由水源工程、毕大供水工程和灌区骨干输水工程三部分组成,骨干输水工程由总干渠、北干渠、南干渠、金遵干渠、黔西分干渠、金沙分干渠等 6 条干渠及锦星支渠等 16 条支渠组成,总长 648.19 km。工程概算总投资 186.49 亿元,总建设工期为 66 个月。夹岩工程合同管理具有工程规模大、施工战线长、深埋长隧洞多、地质条件复杂、建设周期长、标段多的特点。

工程合同管理的难点在于标段多,工程初步设计批复有 108 个标段,招标阶段优化后有 94 个标段;合同管理任务重,合同管理所面临的纠纷多。加之,工程施工地质条件复杂,在施工过程中经常遇到涌水、涌泥、溶洞、暗河、高瓦斯及瓦斯突出、岩爆、地下水腐蚀等不良地质洞段,造成变更项目多,加之国内可供借鉴的类似不良地质洞段合同管理相关问题处理经验少,造成合同变更管理工作难度大、任务重。

8.5.4　工程合同管理采取的措施

1. 优化标段划分,便于现场管理

工程初步设计批复中分标方案有 108 个标段,其中环境保护监理共划分为 7 个标、水土保持监理 2 个标、环境保护监测划分为 3 个标,建设方通过咨询了解相关政策,从便于管理便于通过专项验收的角度出发并上报上级主管部门批准后将 7 个环境保护监理标和 3 个监测标合并为一个标;水土保持监理 2 个标合并为一个标;将古树木移栽标纳入水保植物工程标段,将拦鱼栅标纳入主体工程金属结构标。调整后截至目前为止工程共划分为 94 个标。

2. 通过增加管理咨询类标段,弥补业主管理人员专业不足

工程由于战线长标段多,现有管理人员无法满足全过程,全方位的细化管理,特别是工程质量控制方面又需要大量的专业人员和设备。工程针对这个问题在初设分标方案外使用建设管理资金新增了中心实验室、第三方质量咨询、施工控制网复核及测量复核等标段,这类标段因为金额较大已上报上级主管部门批准进行招标程序。

工程还涉及跨度较大的管桥施工;部分渠道涉及下穿高速公路;部分渠道下穿铁路等。针

对这些高安全风险跨专业部位施工,委托第三方专业机构进行设计方案及施工方案的咨询。这类专项咨询合同由于金额较小未达到招标条件,但签订过程也严格按照建设单位合同管理办法进行签订。

3. 根据夹岩工程特点设置适用的专业合同条款及工程量清单

工程施工合同采用《水利水电工程施工合同示范文本》(2007版)并根据工程特点对合同专用条款和工程量清单进行了补充细化。

(1)由于贵州地区为典型的喀斯特地貌,深埋长隧洞施工过程中可能会出现穿越暗河引发较大涌水,在涉及深埋长隧洞施工的标段中,均在工程量清单中设置了施工期专项排水的项目。隧洞在掘进的过程中常规排水是不可避免的,本着合同公平公正风险共担的原则,每日 3 000 m^3 内(含 3 000 m^3)的排水视为隧洞开挖排水相关费用已含在合同单价中,每日 3 000 m^3 以外的排水视为专项排水按投标单价进行计量支付。

(2)为满足国家对农民工工资的按时发放管理,工程在合同专用条款 4.1.10 承包人其他义务中约定"农民工工资保证承包人按贵州省人民政府令(2014)第 151 号《贵州省建设工程务工人员工资支付保障金实施办法》的有关管理规定缴纳农民工工资保证金,并向发包人提供缴费凭证复印件备案和不拖欠农民工工资的承诺书。建立农民工实名制管理制度,按月支付农民工工资,与农民工订立书面劳动合同,实行流动性管理。"

(3)工程线路总长 648.19 km 涉及很多明渠工程需要长距离的征地,所以与地方政府的移民征地协调尤为重要。工程支渠标的合同文本中针对此项问题增加专用条款 4.12.1 条"征地拆迁过程中,承包人负责与县(区)政府,县(区)工程指挥部、移民局等相关部门,乡村两级政府的协调工作并承担相关费用。"并在工程量清单中增加"移民实施协调管理费"。避免了由于移民征地协调造成承包人间接费增加而提出向发包人索赔的风险。

(4)工程是一项民生工程,建成后将造福黔西北地区 200 多万人口,在建设的过程中,公司党支部牵头以党建联建促进工程建设力争将工程打造成廉洁、高效、环保的优质工程。并在支渠片区合同专用条款 28.2 中约定"承包人在工程建设现场管理机构设立党组织,充分发挥党组织在工程建设中,特别是在工程攻坚克难、防灾救灾、合同履约、群众工作中的政治优势和组织优势。承包人党组织要与建设单位党组织和地方党组织深入开展党建联建共创工作,全力推进工程建设各项工作任务。"

4. 增强法律观念、明确合同内容,依法签订合同

《合同法》对工程招标及合同管理提出了具体要求,各行各业也在此基础上制定了相关条例,合同双方在签订合同前一定要熟悉有关法律法规,对所签订合同的标的、计量规则、安全标准、质量要求、价款支付、变更管理、材料调差、工期、违约责任以及合同条款的释疑内容进行明确的解释,要增强合同的严密性和可操作性,尤其要防止出现歧义,甚者出现违背法律规定的条款出现,从而避免因没有合同或合同本身有问题导致的争议和不必要的经济损失。工程在每个标的招投标过程中都会多次组织相关人员开展招投标文件评审工作,在正式合同签订前还会再次组织进行合同条款评审工作。

5. 加强施工合同审查制度,严格招标时企业资格审查

坚持施工合同审查制度,是施工合同能否顺利履行的前提和保证。一般情况下,施工合同审查的内容包括:建设项目是否具备合同签订的条件、施工合同内容是否符合有关法律法规、合同条款是否详细、是否出现有歧义或争议的条款,计量规则、安全标准、质量要求、价款支付、

变更管理、材料调差、工期、违约责任等是否具体，是否符合国家相关规程规范。另外，在工程招投标时对施工企业的主体资格、企业信誉、注册资金、财务状况、技术设备、履约能力、过往业绩等进行了严格的审查，确保了中标企业能更好地履约。在面对施工中遇到的实际问题时，这类施工企业可以通过自身的经验合理调整施工组织设计，在保证安全、质量的前提下控制工期。工程中标企业基本上都是"中"字头的中央企业，其中部分企业多次参类似大型水利工程建设，合同履约情况良好。

6．提高工程风险意识，建立担保制度

建立工程担保制度，有利于加强合同管理，最大限度降低工程风险，保障工程建设的顺利实施。水利工程担保主要有预付款保函、履约保函、履约担保、质量保函等形式。担保应采用书面形式，在合同设立保证条款、明确担保期限、范围、金额等。施工合同签订前要求中标单位必须按规定提交履约保函，保证建设单位的合法权益；在支付预付款前，要求承包人必须按规定提交预付款保函。

7．加强合同管理，建立健全合同管理体系和制度

要使合同管理规范化、科学化、法律化。首先要提高企业管理人员的法律意识，从完善制度入手，制定切实可行的合同管理制度，使管理工作有章可循。通过建立完善的合同管理制度，做到管理层次清楚、职责明确、程序规范，从而使合同的签订、履行、考核、纠纷处理都处于有效的控制状态。先后制定《合同管理实施细则》《工程价款结算支付管理实施细则》《工程变更管理实施细则》《资金监管办法》《工程农民工实名制管理办法》《工程勘测设计管理办法》和《工程监理管理办法》等相关合同管理制度，从制度上做到了各项工作有章可循、有规可依，起到了很好的指导作用。

8．加强对设计单位和监理单位的履约管理

提高工程勘察设计单位的质量责任意识和服务意识是工程项目建设的首要工作，是保证建设工程质量的关键环节，甚至是工程建设项目各项工作能否有效开展的关键。为了加强对设计单位的履约管理，制定了《工程勘测设计管理办法》，同时和设计单位签订了合同补充协议，对工程的设计组织机构及人员、现场设计工作、设计质量、设计进度、投资控制等明确了相应的考核内容、考核评分标准及考核措施，并对设计工作不到位时的处罚标准进行了明确。同时每年年初会结合工程施工的实际情况，组织参建各方召开每年的需图计划专题会，并以参建各方最终确定的需图计划时间作为对设计单位考核的主要依据。每月会要求各个建管部对当月的设计供图情况和现场设代服务情况进行严格考核，然后每个季度根据每月的考核情况给设计单位开具罚款，并以函的形式发给设计单位。通过以上办法，使得设计单位的供图及时情况和现场设代服务情况有了很大改善，从而保证工程建设的顺利推进。

建设单位每年都会根据监理合同和《工程监理管理办法》对监理单位的人员到位情况、质量控制体系运行情况、规程规范及强制性条文执行情况和日常工作开展情况进行季度和年度检查，及时发现和解决了监理单位在履约过程中存在的问题，促进工程建设监理工作的有效开展。

9．选择好的监理单位、优秀的监理工程师和优秀的项目经理

有实力的监理单位，在人员、资质、业绩等方面均有保证，其履约能力也更高，后期的监理服务工作也更好。工程选择的均是在国内声誉很好的大型综合监理单位。监理工程师是工程参建各方进行沟通、协调的重要纽带，是工程建设合同管理过程中非常重要的一员。优秀的监

理工程师尤其是总监理工程师是监理人委派常驻施工场地对合同履行实施管理的全权负责人,必须具有很高的综合素质,能够认真掌握和理解合同条款并结合现场实际情况公平、公正的处理在工程建设过程中出现的合同管理问题,能够提前对可能出现的违约行为进行警示或对出现的违约行为及时进行制止,同时可以及时协调解决施工过程中出现的很多合同管理问题,可以为工程建设参建各方创造一个和谐的氛围,这样更有利于工程建设顺利推进。多次要求监理人对不合格的总监理工程师、监理工程师进行更换,保证了各项监理工作的高效开展。

项目经理作为承包人派驻施工场地的全权负责人,是项目团队的领导者,其综合能力水平的高低直接关系到建设工程施工合同履约情况的好坏,更是直接关系到工程施工安全、质量和进度等工作开展的好坏,因而必须选择综合能力水平高的人作为项目经理,每年会定期对各个施工标段的项目经理进行考核,考核不合格的,直接通知承包人更换项目经理。每年还会开展先进集体、优秀项目经理、总工、优秀总监及副总监的评比工作,激发参建单位和参建人员的工作积极性、主动性和责任意识。

10. 运用现代管理手段,使用先进的合同管理软件,提高合同管理效率

工程建设的全过程管理,涉及包括业主、设计、监理、施工单位、设备单位、咨询单位、技术服务单位等众多项目干系人,在内部还涉及不同职能部门和建管部,随着项目的进展,各方工作是相互影响和制约的,因此沟通和反馈就变得非常重要。为了实现工程项目管理的规范化,信息传递与业务流程的自动化,实现工程合同管理的网络化、信息化、规范化,有效降低管理成本,提高工作效率;统一变更审批、材料调差、进度款审批的业务流程;提供及时、准确、全面的合同信息及执行情况,为各级管理者的决策服务,全面提高工程公司的项目管理水平,建立了一个与工程业务特点吻合,符合合同管理工作要求,多方参与的PIP项目信息管理平台。运用现代管理手段,使用先进的合同管理软件,实现从传统管理到现代管理的战略性转变,在实现无纸化办公的同时,大大提高项目管理水平。

(1)夹岩工程PIP项目信息管理系统简介

1)建设信息管理系统的目的

通过工程项目管理信息系统的建设,实现工程项目管理的规范化,信息传递与业务流程的自动化,全面提高工程公司的项目管理水平。通过建设该系统达到如下几个目的:

建立一个多方参与的项目信息交换平台。对于工程建设的全过程管理,涉及包括业主、设计、监理、施工单位、设备单位、咨询单位、技术服务单位等众多项目干系人,在公司内部还涉及不同职能部门和建管部,随着项目的进展,各方工作是相互影响和制约的,因此沟通和反馈就变得非常重要。就项目而言,项目管理信息系统应该起到这样一个衔接各方单位对信息进行沟通和反馈的这样一个平台作用,是一个覆盖工程项目管理的各个阶段,以进度为主线来指导项目实施的管理系统。

逐渐形成与工程业务特点的项目管理体系。要逐渐形成与工程业务特点吻合的项目管理体系,在工程中可以起到指导作用,有实际帮助的,完全由公司自己控制的、弹性可成长的系统。通过系统的建立,形成工程的项目管理模式。

建立一套符合合同管理工作要求,与建设单位规定相结合的合同管理体系。实现工程合同管理的网络化、信息化、规范化,有效降低管理成本,提高工作效率。统一变更审批、材料调差、进度款审批的业务流程。提供及时、准确、全面的合同信息及执行情况,为各级管理者的决

策服务。

2)合同管理应用规划

根据建设单位现有费用管理方式,对合同管理进行规划,如图8-103所示。

其中与参建单位相关的合同管理业务都由参加单位负责编制、报审;包括施工图工程量编制、材料调差编制、变更管理编制、计量报验编制、工程进度款编制等。

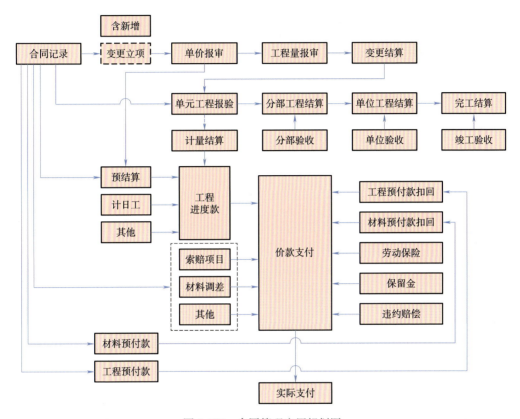

图8-103 合同管理应用规划图

合同管理应用规划。总括:合同管理规划数据包括应付款种类、扣款类别、支付项规划、科目规划等应付款类别。应付款类别分为以下八大类:合同项目;变更项目;新增项目;计日工项目;索赔项目;材料调差;延期付款利息;其他。

扣款类别。扣款类别分为八大类:

工程预付款;材料预付款;工程质保金5%;违约赔偿;劳动保险0.95%;安全生产措施费2%;罚金;合同约定的其他扣款。

支付规划。支付项(合同工程量)是系统费用管理的基础,任何项目执行过程中的工程量都需要有唯一编码才能进行结算。

支付项编码规则:按照项目、类型、建立支付项层级结构(可通过EXCEL形式导入)(图8-104)。

概算科目分解结构。概算科目是系统查询、分析、统计费用情况的一个视角,可实现每一费用科目(总项、分项)上概算、合同、实际费用的实时比较、分析。系统中概算科目分解结构如图8-105所示。

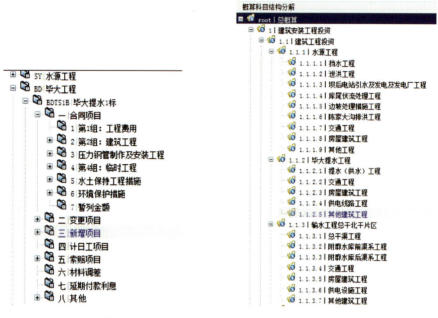

图 8-104　支付规划图　　　　　　图 8-105　概算科目结构分解图

工程价款审批流程：

第一步：承包商（项目经理）在系统中填报每期完成工程量，在合同管理界面进度款支付的任务栏中选择新建流程并录入进度款申请，编制完成后提交监理审核。如图 8-106 和图 8-107 所示。

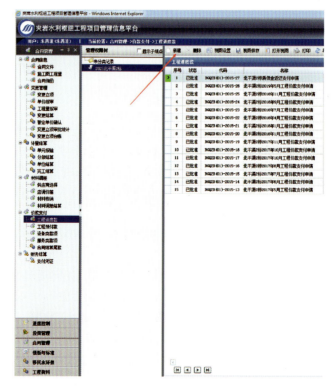

图　8-106

图 8-107

第二步：专业监理工程师及总监审核工程量数量、单价，审核通过后提交建管部标段负责人审核。如图 8-108 和图 8-109 所示。

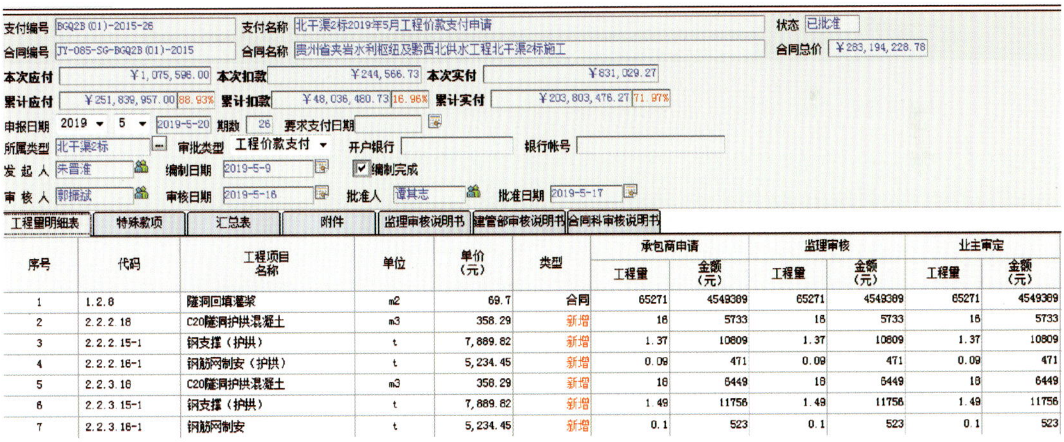

图 8-108

第三步：建管部标段负责人审核工程量数量，确认后提交建管部负责人审核，建管部负责人审核通过后提交合同科片区负责人审核。如图 8-110 所示。

第四步：合同科片区负责人审核工程量单价及合价，确认后提交合同科科长审核。

第五步：合同科科长审核工程量单价及合价，确认后提交合同分管领导审核。

第六步：合同科分管领导审核工程量单价及合价，确认后提交公司负责人批准。

工程变更审批流程：

图 8-109

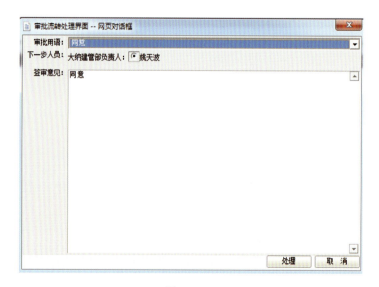

图 8-110

第一步:承包商(项目经理)在合同管理界面变更立项的任务栏中选择新建流程,在系统中填报变更申报表(需详细说明变更事由、变更原因、变更依据、变更范围及内容、变更方案及附件、变更的影响、图纸或通知书编号)、变更估算表(项目编号、工程细目名称、单位、单价、合同工程量、施工图工程量、估计变更后工程量、估计增减数量、金额增减)、上传相关附件支撑资料,编制完成后提交监理审核。如图 8-111~图 8-113 所示。

● 第8章 建设管理 ◀◀◀

图 8-111

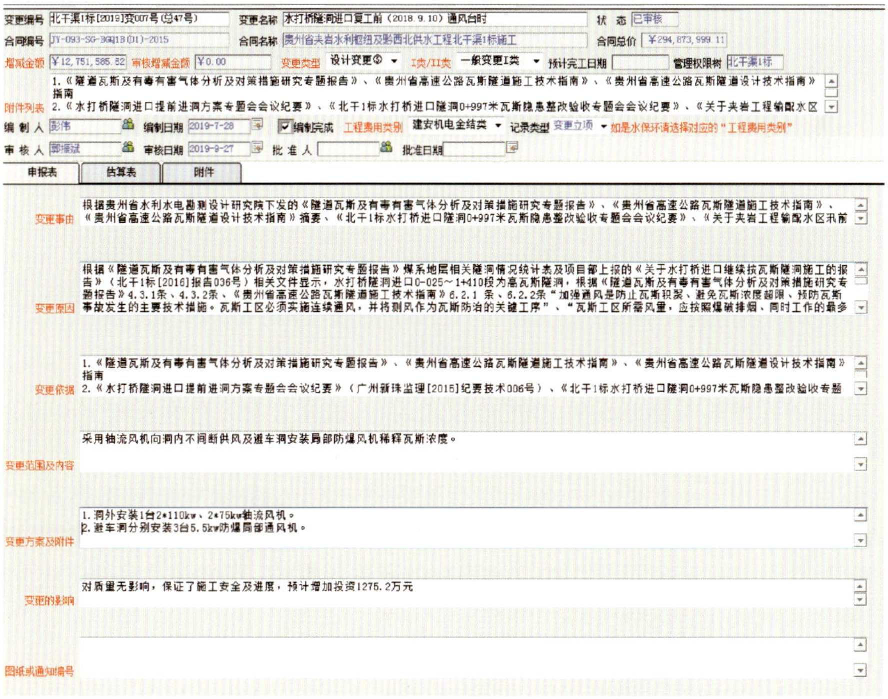

图 8-112

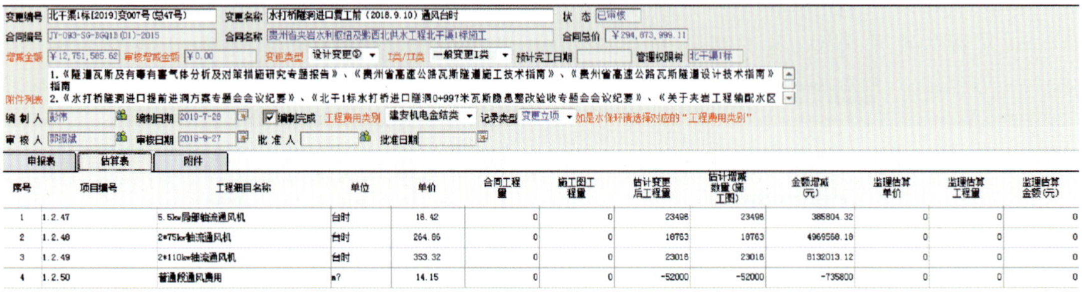

图 8-113

第二步：专业监理工程师及总监对变更依据、变更申报表的内容、变更估算表中的估算工程量及估算单价、相关附件资料进行审核。审核通过后提交设计单位进行审核，不同意则提出意见后驳回。

第三步：设计单位设计代表对变更依据、变更申报表的内容、变更估算表中估算工程量及相关附件资料进行审核，审核通过后提交建管部审核，不同意则提出意见后驳回。

第四步：建管部对变更依据、变更申报表的内容、变更估算表中估算工程量及相关附件资料进行审核，审核通过后提交技术管理科审核，不同意则提出意见后驳回，如图 8-114 所示。

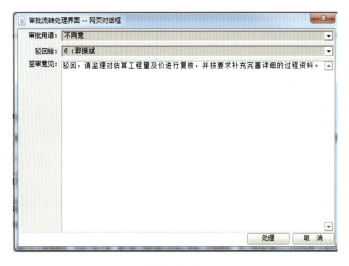

图 8-114

第五步：技术管理科对变更依据、变更申报表内容、技术方案可行性及相关附件进行审核，审核通过后提交合同管理科审核，不同意则提出意见后驳回。

第六步：合同管理科对变更依据、变更申报表内容、变更估算表中估算单价及相关附件资料进行审核，审核通过后提交片区分管副经理进行审核，不同意则提出意见后驳回。

第七步：片区分管副经理对变更涉及的所有内容进行审核，审核通过后提交建设单位总工程师批准，不同意则提出意见后驳回。

11. 多措并举，加强工程变更管理

工程多为深埋长隧洞，工程施工地质条件复杂，在施工过程中经常遇到涌水、涌泥、溶洞、暗河、高瓦斯及瓦斯突出、岩爆、地下水腐蚀等不良地质洞段，造成变更项目多，合同变更管理工作难度大、任务重。为了做好工程的变更管理,一是制定了《工程变更管理实施细则》,对工程的变更分类、各类变更的资料要求、各类变更的授权管理、各类变更的处理(审核)流程、参建各方在变更管理中的职责等进行了明确,确保了各项工作有章可循、有规可依,起到了很好的指导作用。二是要求相关科室、建管部加强同参建各方的信息沟通,及时了解变更项目的推进情况,对于变更项目立项及单价报审过程中存在的问题,适时组织参建各方召开专题会进行协商处理,及时解决了变更项目立项及单价报审过程中存在的问题,同时也提高了参建各方的工作积极性和主动性。三是充分利用多方参与的PIP项目信息管理平台,大大缩短变更项目立项及单价报审的时间,确保工程变更价款能及时支付给承包人。

(1)工程合同变更处理

1)工程变更分类

根据工作变更发生的阶段和提出工程变更的主体,将工程变更分为设计变更、施工变更和业主变更三类。

设计变更是指设计单提出的变更,可细分为三类:

①招标阶段与初步设计阶段相比工程方案、工程量的变化;

②施工图阶段与招标设计阶段相比工程方案、工程量的变化;

③工程实施过程中工程方案、工程量的变化。

施工变更指施工单位进场后根据现场施工条件对施工布置、施工工艺、专项施工方案等进行调整带来的与招标或投标施工方案不同引起的变化。

业主变更是指根据工程建设管理需要,将招标漏项项目或工程建设需要的新增项目委托有关施工单位实施引起的承包范围变化。

2)各类工程变更处理流程

对设计变更中的第①类变更,由设计单位编制变更情况说明材料、招标概算、招标预算,省水投公司组织评审后招标。处理流程如图8-115所示。

对于设计变更中的第②类变更,设计单位提交施工图设计后,监理单位审核签发,施工单位组织实施。同时设计单位编制变化情况说明材料、招标预算和预算单价,监理单位对施工单位针对工程量变化的项和量编制的报价进行审核后报业主审核。业主单位结合设计招标预算和预算单价进行单价及总价审核,如单价和总价处于可控状态,实施完成后按程序计量结算;如不可控,则组织评审、论证。处理流程如图8-116所示。

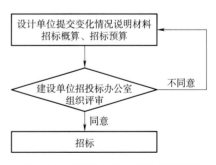

图8-115 设计变更①类处理流程图

对于设计变更中的第③类变更,由设计单位根据现场建设条件提出具体的设计方案、工程项目和工程量、预算,监理单位组织业主单位进行评估。如变化必要、技术方案可行、经济,由监理单位审签设计文件后下发施工单位组织实施,实施完成后按程序计量结算;如变化不必要、技术方案不可行、不经济,由设计单位重新论证提出新方案。处理流程如图8-117所示。

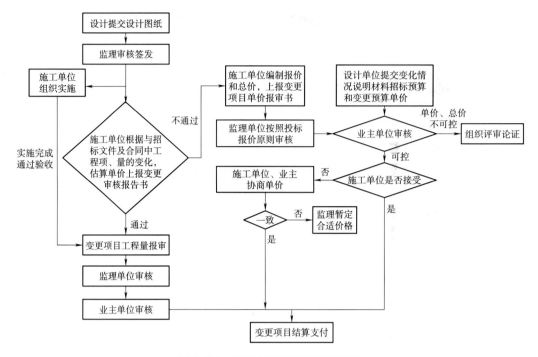

图 8-116 设计变更②类处理流程图

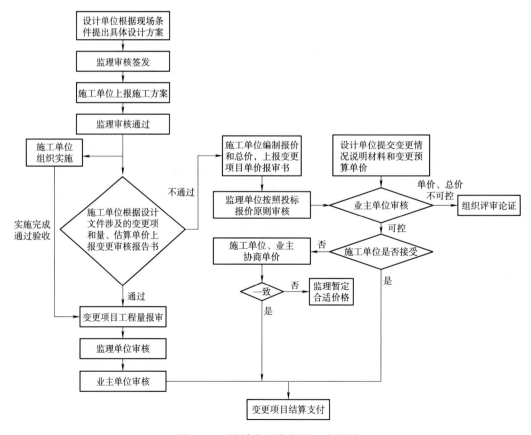

图 8-117 设计变更③类处理流程图

对于施工变更,由施工单位根据现场施工条件提出拟调整的施工布置、施工工艺、施工专项方案,并编制相应的变更建议书,报监理单位审查,监理单位审查同意后组织建设单位、设计、施工三方共同审核。如同意按施工单位所报方案实施,并由设计单位开展变更设计,实施完成后按程序计量结算;如不同意按原方案实施。变更建议书应包括(但不限于)一下内容:

①变更的原因及依据。
②变更的内容及范围。
③变更引起的投资增加或减少(含新增项目单价)。
④变更引起的工期的提前或延长。
⑤变更设计图纸及原设计图纸。
⑥工程量、投资变化对比表。

施工变更处理流程如图 8-118 所示。

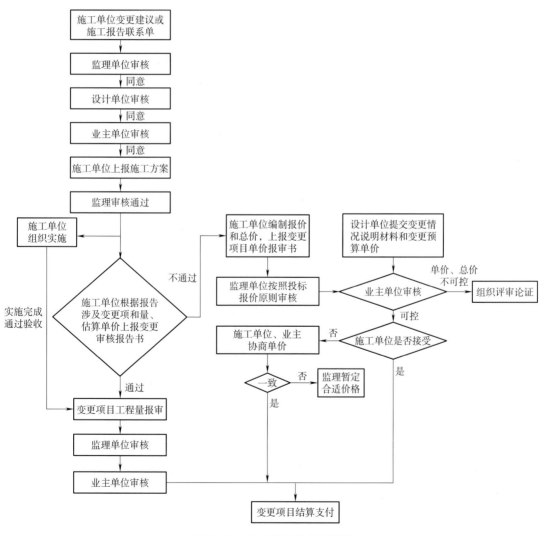

图 8-118　施工变更处理流程图

对业主变更,由设计单位提出或确认变更项目的范围和内容、工程量的项和量、预算(包括总价和单价),由监理单位提出实施单位建议报业主审核,业主审核同意后组织实施,实施完成后按程序计量结算。处理流程如图 8-119 所示。

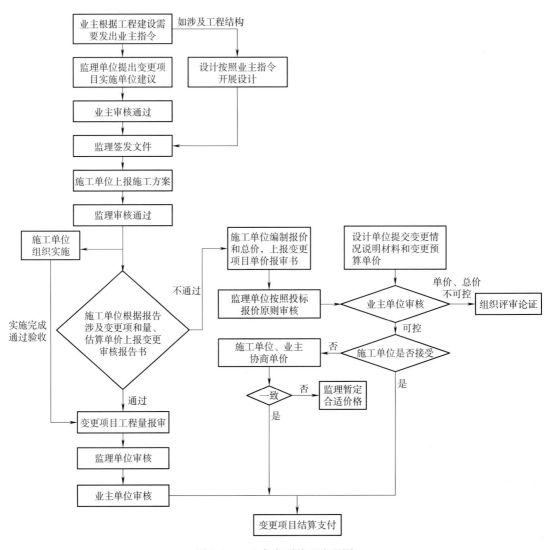

图 8-119　业主变更处理流程图

3) 各类变更资料要求

① 对设计变更中的第①类变更,需要有以下资料:

a. 设计单位的变化情况说明材料、初步设计图纸及初设概算、招标设计图纸、招标概算、招标预算;

b. 省水投公司组织评审的评审意见。

② 对设计变更中的第②类变更,需要有以下资料:

a. 设计单位的变化情况说明材料、招标设计图纸及招标预算、施工图预算和预算单价;

b. 建设单位组织评审的评审意见;

c. 施工单位对工程量项和量变化的报价资料；

d. 监理单位对施工单位单价的审核意见。

③对设计变更中的第③类变更，需要有以下资料：

a. 设计单位根据现场条件提出的具体设计方案、工程项目和工程量、预算；

b. 监理单位组织业主等单位进行评估的评估意见；

c. 施工单位施工组织文件；

d. 施工单位对工程量项和量的报价资料；

e. 监理单位对施工单位单价的审核意见。

④对于施工变更，需要以下资料：

a. 施工单位调整施工布置、施工工艺、施工专项方案的变更建议书；

b. 监理单位审查意见；

c. 监理单位组织业主、设计、施工审核的审核意见；

d. 施工单位对工程量项和量的报价资料；

e. 监理单位对施工单位单价的审核意见；

f. 对业主变更，需要有以下资料；

g. 设计单位提出或确认的变更项目设计文件、工程量的项和量、预算（包括总结和单价）；

h. 监理单位提出的实施单位意见；

i. 业主对监理意见的审核意见；

j. 施工单位施工组织文件；

k. 施工单位对工程量项和量的报价资料；

l. 监理单位对施工单位单价的审核意见。

4）变更的授权管理

工程变更采取分级管理制度。重大工程变更由省水投公司报水利部审核同意后实施；一般变更由省水投公司审核同意后实施，并将有关材料报省水利厅核备。

为明确一般工程变更的管理职责和审批权限、程序，将设计变更③类、施工变更、业主变更分为工程变更Ⅰ类工程和变更Ⅱ类工程两种。

①工程变更Ⅰ类：指工程技术方案重要、复杂，对工程安全、质量、工期影响重大、会造成其他不良影响的工程变更或单项变更造成投资额估算增加（或减少）300万元（含）以上的工程变更；

②工程变更Ⅱ类：指工程技术方案简单，对工程安全、质量、工期影响较小，不会造成其他不良影响且单项变更造成投资估算增加（或减少）300万元（不含）以内的工程变更；

③工程变更投资额增减额度按施工单位投标报价进行估算。

工程变更的分类首先要评估变更技术方案的复杂性、对安全、质量、工期的影响程度，然后结合投资增减情况进行划分。以下情况应划分为Ⅰ类变更、以下情况之外可划分为Ⅱ类变更。

①边坡：边坡等级为2级及以上的边坡，紧邻重要建筑物或村庄的边坡，崩塌堆积形成的边坡，顺向或有明显不利结构面的边坡。

②渡槽：高度高于20 m或输水流量大于2 m^3/s 的渡槽的结构调整或基础方案调整。

③跨河建筑物：跨度大于50 m的跨河建筑物的结构调整或基础方案调整或拱圈施工专项方案调整。

④岩溶水文地质条件复杂(建筑物与有水岩溶管道紧邻交叉或穿越有水岩溶洼地,建筑物与区域构造相邻或交叉)的岩溶、涌水、涌泥处理方案。

⑤穿越煤系地层或煤矿采空区的处理方案。

⑥施工布置或施工工艺的重大调整,施工专项方案调整。

⑦方案调整会带来安全隐患的。

⑧方案调整会引起质量缺陷的。

⑨方案调整引起工期延长3个月及以上的。

⑩机电及金属结构方面的调整。

对工程变更Ⅰ类,由上级主管部门省水投公司技术质量部牵头组织审核工程变更的必要性、可行性和技术方案、安全性、变更单价的

合理性和合同的符合性,建设单位审核变更资料的完备性。变更审核同意后的后续管理工作由建设单位负责。对工程变更Ⅱ类,由建设单位全面审核并负责审核同意后的实施管理工作。

5)参建各方在变更管理中的职责

施工单位职责:

①提出施工变更的变更建议书,报监理单位审查。

②提出工程变更的单价或价款,报监理单位审查。

③根据监理单位核查签发的工程变更设计文件,编制变更项目施工组织设计方案并组织实施。

监理单位职责:

①按照监理规范的规定进行工程变更管理,全面协调涉及变更的参建各方。

②对施工变更的变更建议书进行审查。

③根据施工合同审核施工单位提交的变更报价。

④当业主与施工单位不能就变更单价协商一致时,监理单位应确定暂定单价,通知施工单位执行。

⑤核查工程变更的设计文件、图纸,向施工单位下达变更指示。

⑥监督施工单位实施变更项目。

⑦及时组织变更的计量工作,并对计量的真实性负责,严禁在事后补做计量工作。

⑧分析变更的影响,妥善处理变更涉及的费用和工期问题,尽量避免引起索赔或争议。

设计单位职责:

①在合同规定的时间内完成工程变更的设计工作。认真作好工程勘察、设计产品的设计技术控制、施工现场的技术服务、配合工作。为工程变更管理及今后的调整概算和审计工作提供详实的基础资料。

②严格执行《水利工程设计变更管理暂行办法》,参与施工过程中施工方案变更控制管理工作。

建设单位职责:采用分级管理方式对工程变更进行全面管理。对重大变更,按照《水利工程设计变更管理暂行办法》的规定,报原审批部门审批;对一般变更,根据分级管理的原则进行审批。

①省水投集团公司技术质量部:

a. 组织评审重大设计变更"变更建议书",协调、参与重大设计变更审批、审核。

b. 作为工程变更管理部门,牵头组织审核工程变更Ⅰ类的必要性、可行性、重大技术方案、安全性、工程变更单价的合理性和合同的符合性。

c. 对项目管理单位已批准并上报的工程变更Ⅱ类进行核备。

②夹岩水利枢纽工程公司

a. 审批工程变更Ⅱ类,全面审查工程变更Ⅱ类的变更必要性、可行性、技术方案、合同的符合性、变更价格。变更的必要性、可行性和技术方案由技术管理科进行复核审查;变更的合同符合性、变更价格由合同管理科进行复核审查。

b. 审核工程变更Ⅰ类,全面审查一般工程变更Ⅰ类的变更的必要性、可行性、技术方案、合同的符合性、变更价格。将工程变更Ⅰ类资料报省水投集团公司技术质量部审批。

c. 负责工程变更实施的跟踪管理工作。

d. 参与重大设计变更技术审查。

e. 负责工程变更文件的归档工作。

f. 片区建管部负责对工程变更的必要性、可行性、技术方案、合同的符合性、变更计量进行全面复核审查,同时对工程变更的实施进行跟踪管理。

g. 合同管理科负责复核审查变更的合同符合性、变更价格。

h. 技术管理科负责复核审查变更的必要性、可行性和技术方案;联系集团公司技术质量部,负责上报重大变更、一般工程变更Ⅰ类,负责工程变更Ⅱ类的报备;负责工程变更文件的归档工作。

6)工程变更的提出

以下单位均可提出工程变更建议:

①发包人可依据施工合同约定或工程需要提出工程变更建议。

②设计单位可依据有关规定或设计合同约定在职责与权限范围内提出工程变更建议。

③承包人可根据工程现场实际情况提出工程变更建议。

④监理人可依据有关规定、规范,或现场实际情况提出工程变更建议。

⑤以下情况不属于工程变更范畴,不得提出工程变更。

a. 发包人在工程招标文件及其配套的补充通知、设计图纸等文件中已明确应由承包人承担的工作内容、义务和风险,如工程实体的实施(含临时工程)、现场安全生产措施等。

b. 因承包人自身技术力量、施工机械、流动资金以及其他应由承包人自身解决的问题等原因导致的工程无法实施或难以实施。

c. 承包人投标失误,如工程量、单价或总价计算错误,对现场施工组织考虑不周等。

d. 按合同文件规定,应包含在保险中的自然灾害等风险因素造成的损失。

e. 合同约定的其他内容。

7)变更项目单价及工程量的报审

变更项目单价的报审:

①变更估价原则

除合同另有约定外,因变更引起的价格调整按下列规定处理:

a. 合同已标价工程量清单中有适用于变更工作的子目,直接采用该子目的单价;

b. 合同已标价工程量清单中无适用于变更工作的子目,但有类似子目的,可在合理范围内参照类似子目的单价或合价作为合同双方变更议价的基础。

c. 合同已标价工程量清单中无适用或类似子目的单价或合价,承包人可依据合同文件约定的原则和编制依据,重新编制单价或合价。

d. 当发包人与承包人协商不能一致时,监理人应确定合适的暂定单价或合价,再组织三方协商,如仍不能协商一致,以监理暂定单价或合价通知承包人执行。

②变更项目单价审批流程

Ⅰ类、Ⅱ类工程变更项目单价的审批流程相同,即:承包人申报→监理单位审核→建设单位合同管理科审核→建设单位副经理审批(分管合同)。

③单价报审时应同时报送工程变更项目的审核文件、施工组织设计(施工措施)文件及批复文件等。

④工程变更获得批准后,承包人应及时进行变更项目单价的报审工作,监理人应依据合同文件约定认真审核把关,出具审核意见,并对审核意见负责。

⑤建设单位变更项目单价审批的归口管理部门为合同管理科。

工程变更项目工程量报审:

①工程变更项目实施完成后,承包人应完善相关资料(图纸和报告),并申请监理人进行质量评定和验收。如因承包人原因未履行必要的变更工程验收、检查、测量、计量等手续,造成无法计量,对无法计量部分不予计量结算。

②监理人应及时组织质量评定及验收,对质量评定验收合格的变更工程量进行签证,对签证工程量的准确性、合规性负责。

③工程变更项目工程量审批流程:Ⅰ类、Ⅱ类工程变更项目工程量的审批流程相同,即:承包人申报→监理单位审核→建设单位各建管部审核→建设单位各片区分管副经理审批。

④工程变更项目实施完成并经质量评定及验收合格后,承包人应及时进行变更项目工程量的报审工作,建设单位变更项目工程量审批的归口管理部门为片区建管部。

12. 加强合同管理人员的培训和学习

参建各方应把提高合同管理人员的素质作为合同管理的首要任务来抓。在水利工程建设过程中,坚持择优原则,全面慎重考虑人员的综合素质,并通过学习培训,使合同管理人员掌握合同法律知识和专业知识,全面提高合同管理水平。选派具有丰富工程实践经验、懂经济、业务能力强、责任心强的人员负责合同管理。多次组织合同管理人员到大学开展合同管理培训和学习,此外还组织合同管理人员参加集团公司组织的合同管理知识培训。同时也多次组织合同管理人员同有关省(市)的水利工程建设投资单位开展交流学习。合同管理人员一定要到工程施工现场实地去了解、学习,只有掌握好施工现场的第一手资料才可能把合同管理工作做好。要求每名合同管理人员每月必须到所管辖的标段现场去,并参加有关会议。

13. 认真开展水利工程项目合同履约情况评价工作

水利工程项目合同内容丰富,真实地反映了整个建设工程项目建设的全过程,认真开展水利工程项目合同履约情况评价能够总结和归纳在建设过程中的经验和教训。同时,对建设工程合同履约情况与具体的工程实施计划进行分析比较,对合同履约情况做出客观评价,从中找出差异和干扰因素并分析其原因。每年都会对设计、监理和施工单位开展合同履约情况检查和评价,及时发现和解决了参建各方在履约过程中存在的问题,促进了工程建设各项工作的顺利开展。在合同终止之后,合同管理人员应该做好建筑工程项目合同资料的收集、保存、整理、分类、登记、编号、装订、归档备案工作,实现工程合同档案管理程序化和规范化。通过开展建筑工程项目合同履行情况评价工作,总结合同履行与管理的经验与教训,用于指导今后的合同管理工作,实现提高水利工程合同谈判的成功率和合同现代化管理水平的目标。

8.5.5 取得的效果

通过合同管理措施,工程各施工标段履约情况良好,工程安全、质量、进度和投资可控,工程连续四年顺利完成国家下达的投资任务目标,建设单位还被水利部评为安全生产标准化一级单位;建设单位及多家施工标段先后被贵州省总工会、全国总工会授予"工人先锋号"光荣称号,并在《长江经济带重大水利工程建设劳动和技能竞赛》中荣获先进集体称号。

8.6 移民征地及水保环保

8.6.1 征地工作

1. 基本内容

根据《夹岩水利枢纽及黔西北供水工程建设征地移民安置实施规划报告》(图 8-120),工程涉及征地 67 846.84 亩,其中永久征地 54 041.57 亩,临时征地 13 805.27 亩。调查年搬迁人口 24 284 人,拆迁各类房屋 766 105 m²。水库淹没影响区涉及七星关区、纳雍县、赫章县 15 个乡镇 75 个村 384 个村民组,淹没影响总面积 43 214.54 亩(不含重叠面积),其中:淹没耕地 24 301.88 亩,园地 4 677.05 亩,林地 7 224.40 亩,草地 728.05 亩,工矿仓储用地 16.08 亩,住宅用地(农村宅基地)964.36 亩,公共管理和公共服务用地 18.76 亩,交通运输用地 395.22 亩,水域及水利设施用地 4 724.27 亩,其他用地 163.47 亩。直接淹没影响人口 21 869 人。淹没各类房屋 679 211 m² 及各类附属建筑物、农副业设施;淹没各类零星树木 718 051 株,坟墓 4 436 座;影响工矿企业共 19 处。

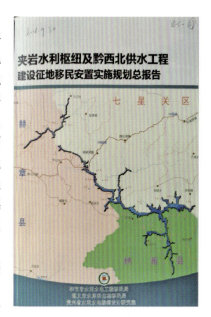

图 8-120 《夹岩工程建设征地移民安置实施规划报告》

水源枢纽工程建设区涉及毕节市七星关区、纳雍县、赫章县的 4 个乡镇 9 个村 29 个村民组,影响总面积 4 082 亩,其中永久征地 2 560 亩(含与水库淹没重叠区 1 616 亩),临时用地 1 522 亩,影响人口 560 人。影响各类房屋 18 389 m² 及各类附属建筑物、农副业设施。

毕大供水区涉及毕节市七星关区、纳雍县和双山新区的 3 个乡镇 6 个村 35 个村民组,影响总面积 1 069.08 亩,其中永久征地 141.14 亩,临时用地 927.94 亩,影响人口 160 人,各类房屋面积 5 518.40 m²。

灌区骨干输水工程区涉及毕节市的大方县、纳雍县、黔西县、金沙县、织金县和遵义市播州区、仁怀市、红花岗区 32 个乡镇 99 个村 306 个村民组,影响总面积 19 481.29 亩,其中永久征地 8 125.77 亩,临时用地 11 355.52 亩,影响人口 1 891 人。

2. 保障措施

工程征收耕地主要采取一次性调补和长期补偿方式进行生产安置。一次性调剂补偿在农户自愿选择的情况下,一次性发放耕地补偿款给农户,让农户自行流转耕地或发展二三产业进行生产安置。耕地长期补偿指一定时期内,耕地补偿补助费不直接发放给农户,而以征收耕地的地类、面积和省政府公布的亩产量,对其所有权或法定承包人进行长期逐年补偿的一次性安置方式。

工程征收土地按《关于贵州省征地统一年产值标准和片区综合地价成果的批复》(黔府函〔2009〕255号)中毕节市和遵义市的要求计列了土地的社保资金,地方政府根据失地农民社会保障相关规定和移民工作特点,结合水库移民后期扶持相关规定编制失地农民社会保障方案。为提高集镇和城镇安置点的移民综合素质和生产技能,增强就业竞争力,促进移民劳动力向非农业和城镇有序转移,加速库区农业结构调整、移民增收和经济社会协调发展,结合库区经济现状、主导产业现状和移民的需求,地方政府统筹进行移民的劳动技能培训,开展以新型劳动者生产技术、二、三产业技能、职业教育和就业培训中心专业老师,制定移民培训工作具体实施方案。结合生产开发,聘请劳动就业培训中心专业老师,对移民进行服务业培训。使移民后期生产生活得到保障,实现库区移民搬得出,稳得住,能致富的目标。集中安置点如图 8-121 所示。

图 8-121　双山安置点

为保障工程顺利建设,2016 年 3 月中共毕节市委办公室下发《关于成立夹岩水利枢纽及黔西北供水工程建设协调工作指挥部的通知》。主要内容为负责统筹协调相关县(区)在工程建设征地、拆迁安置等方面的工作,强化对相关县(区)在认真履行地方政府职责、着力营造良好建设施工环境、积极推动项目建设等工作的督促落实;统筹相关县(区)指挥部工作力量,深入工程建设一线,及时研究解决施工过程中遇见的各种重大问题。指导相关县(区)在依法维护好群众的合法权益的前提下,着力强化群众思想教育和引导工作,将各种有苗头性、倾向性的不稳定因素化解在萌芽状态,严厉打击影响工程正常施工秩序的各种违法犯罪活动。该文件为工程的顺利建设起到保驾护航的作用。

为确保工程建设进度,省移民局每年年初根据工程用地需求向涉及市(州)移民部门下达年度工作任务,并报送省政府督查办公室进行考核监督。在征地工作开展过程中,工程涉及市县均成立了协调指挥部,市级指挥部由正厅级领导挂帅,分管副市长任常务副指挥长,市级相关职能部门主要领导或分管领导为指挥部成员,并抽调专人成立工作专班,协调处理日常事务。遇困难制约了征地工作开展,相关部门及时组织召开专题会议商讨解决方案,采取加大宣传力度,发动村集体做思想工作,特殊事件"一事一议"处理等方法,并对"涉黑涉恶"从严打击绝不姑息,从而减少阻工事件发生,为工程施工营造了良好的外部环境,使工程如期完成各节点工作任务。

3. 征地工作创新型举措

工程是贵州省内首次使用 GIS(地理信息系统)来建设移民征地信息化管理,开发"夹岩水利枢纽及黔西北供水工程建设征地移民信息管理云平台"系统(图 8-122)。该系统能方便、快捷、直观地查询涉及被搬迁征地农户的所有档案资料。各部门之间可以根据自己的权限查询相关移民征地档案资料。采用移民信息化管理系统实现了解决移民征地搬迁相关数据存储、共享、处理等基础性问题,适应于统一管理、分布存储、按需汇聚、关联分析等应用需求。

图 8-122　夹岩工程建设征地移民信息管理云平台

4. 移民监督评估

根据《大中型水利水电工程建设征地补偿和移民安置条例》《大中型水利工程移民安置监督评估管理暂行规定》,为了加强大中型水利工程移民安置管理,规范大中型水利工程移民安置行为,大中型水利工程移民安置依法实行全过程移民安置监督评估。及时督促移民安置监督评估单位按照投标文件、合同等相关约定履行职责,依法实行工程全过程移民安置监督评估,规范工程移民安置行为。主要工作范围为:对工程移民安置和专业项目实施进度及质量、移民资金的拨付和使用情况等进行监督评估,主要包括农村移民安置、城(集)镇迁建、工矿企业迁建、专业设施迁(复)建、库底清理、移民资金的拨付和使用等;对移民生产生活水平恢复情况进行监督评估。

5. 难点及处理措施

(1)补偿标准不统一,移民征地推进难

问题实例:2018 年 2 月 1 日,毕节市政府在毕节市人民政府网公布了《关于公布实施毕节市征地统一年产值和片区综合地价更新标准的通知》,在开展征地工作的过程中,涉征农户要求按照新标准执行,拒绝签订征地协议。导致工程建设用地征地工作陷入停滞状态。

对策措施:将存在的问题及时向市级、省级相关部门汇报。积极主动推进,与地方人民政府将工程建设征地执行毕节市统一年产值和片区综合地价新标准向省政府请示,根据省政府领导批示,省水利厅组织有关部门召开水库建设征地补偿标准的有关事宜专题会并形成会议纪要,同时将水库建设征地执行毕节市统一年产值和片区综合地价新标准向省政府报告。随后省政府同意工程执行征地新标准,并对以前征地部分实行"补差"。

(2)用地性质难共识,移民征地受阻碍

问题实例:工程需临时征地13 805.27亩,在征地过程中,涉征农户要求参照永久用地标准补偿,否则拒绝签订临时征地协议,导致输配水区临时征地工作推进缓慢。

对策措施:2015年工程建设开始,及时将存在的相关问题向毕节市移民局、省移民局反映。省移民局根据工程施工区征地移民搬迁存在的问题组织相关单位召开了专题会议,并在纪要中明确"对确实难以复垦的临时用地,可参照相应地类的永久用地补偿标准进行补偿。处理范围仅限于施工区进场公路、砂石料场、堆渣场及不可预计因素造成难以复垦的临时占地"。工程临时用地问题得到了有效解决。

(3)其他特性问题

问题实例:征地工作推进过程中,在可调整园地地面附着物如猕猴桃、桂花、软子石榴等经济作物补偿问题处理上,部分作业面涉征农户因补偿标准低而拒绝签订征地协议,涉及经济作物的工作面,基本处于停工状态。

对策措施:省移民局在组织召开专题会议明确,"涉及的特殊项目,可按'一事一议'的原则处理,但必须完善有关手续和履行相关程序。"至此特殊经济作物处理问题,得到了有效解决。

8.6.2 生态环境保护及水土保持

1. 目标职责

根据《中华人民共和国环境保护法》《中华人民共和国水土保持法》《贵州环境保护管理条例》《贵州省生产建设项目水土保持管理办法》《建设项目环境保护管理条例》《建设项目竣工环境保护验收管理办法》等一系列国家和地方颁布的有关法律法规、规章制度要求。工程环境保护工作严格执行落实工程"三通一平"报告书及批复意见、环境影响报告书及批复文件要求,坚持"预防为主、防治结合、综合治理、同步实施"的原则,工程各项环境保护措施、水土保持措施按照环境保护"三同时"制度进行有效落实,以顺利通过各项环保、水保工程验收为目标开展相关工作。工程水土保持工作执行《水土保持方案报告书》水土流失防治目标:"本工程水土流失防治标准执行建设类项目一级标准,设计水平年的综合防治目标为:土壤流失控制比1.0,拦渣率90%,扰动土地治理率95%,水土流失总治理度97%,林草植被恢复率达到99%,林草覆盖率27%。"

工程各项环境保护措施、水土保持措施按照环境保护"三同时"制度有效落实,以顺利通过各项环保、水保工程验收为目标进行开展相关工作。

2. 环保、水保管理

工程环境保护及水土保持工作践行"与青山绿水为伴、让青山绿水更美"的理念,遵循"预防为主、生态优先、建设与保护并重"的基本原则,严格执行环保、水保"三同时"制度及相关规范标准,促进工程建设和环境保护协调发展,努力达成"绿色夹岩、创新夹岩、精品夹岩"的工作目标。为此,建设单位组建了以移民环境科为建设单位环保、水保主管部门,委托第三方有资质单位作为工程建设过程中环境管理中心对工程环保工作进行统筹管控,结合工程特点组织起草并印发《夹岩水利枢纽及黔西北供水工程环境管理制度汇编》等管理制度,规范各参建单位开展建设期间环保水保工作,在满足整个工程建设进度需求的同时,从环境保护及水土保持的角度对工程进行监督管理,协调工程建设与环保、水保的关系。

3. 投资及招标情况

工程静态总投资168.16亿元,其中环境保护投资8.85亿元,环评批复投资4.06亿元,水土保持投资3.78亿元。根据《夹岩水利枢纽及黔西北供水工程建设期环境保护监理、监测及综合管理服务投标文件》(JY-082-FW-JLJCZHGL)(01)-2015),中标单位为夹岩水利枢纽及黔西北供水工程建设期环境保护监理、监测及综合管理服务标(即"工程环境管理中心")。依据《中华人民共和国环境保护法》、《贵州环境保护管理条例》、《建设项目环境保护管理条例》、《建设项目竣工环境保护验收管理办法》等一系列国家和地方颁布的有关法律法规、规章制度、要求,以招标文件提出的有关环境保护规定,工程环境管理中心坚持"预防为主、防治结合、综合治理、同步实施"的原则,规范施工环境保护行为,按照招标文件设计文件要求预防和控制施工现场的废水、废气、固体废弃物、噪声、振动等对环境的污染和危害,预防和控制生态破坏及水土流失,确保各项环保措施有效落实。环保管理模式如图8-123所示。

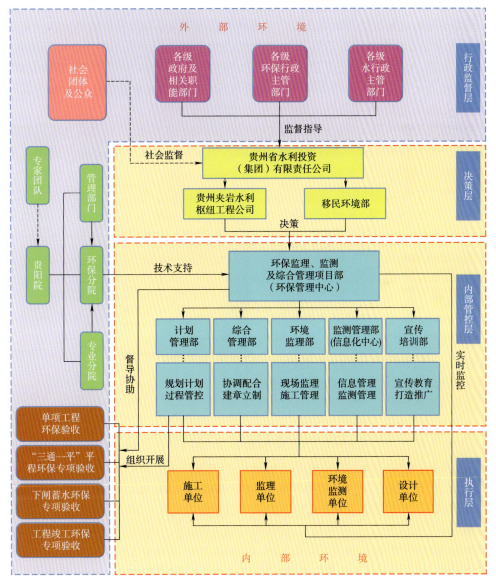

图8-123 环保管理模式

根据《中华人民共和国水土保持法》等法规,已完成《贵州省夹岩水利枢纽及黔西北供水工程水土保持工程监理》(JY-087-JL-STBC(01)-2015)、《贵州省夹岩水利枢纽及黔西北供水工程水土保持监测1标》(JY-088-JC-STBC1B(01)2015)招标工作,根据《水利部办公厅关于印发生产建设项目水土保持设施自主验收规程(试行)的通知》(办水保〔2018〕133号)等文件要求,计划于2020年开展第三方单位招标工作。工程在招标过程中将水土保持工程措施、临时措施部分纳入各标段主体工程招标文件中,在施工合同中列有专门的水土保持工程措施章节,将施工过程中防治水土流失的责任落实到各施工单位。针对工程植物措施实施,单独对植物措施实施进行招投标,完成《贵州省夹岩水利枢纽及黔西北供水工程水土保持植物工程古树木移栽》(JY-120-SBSTBCZWGC(01)-2016)。

4. 升鱼机专项

工程建设对鱼类最直接的影响是对鱼类迁移通道的阻隔效应。从影响河段的鱼类组成来看,河道中没有长距离溯河洄游的鱼类,主要为繁殖季节进行短距离洄游至产卵场的鱼类,如裂腹鱼等。因此,大坝的阻隔使河道生境片段化,使大坝上下游的鱼类种群间基因交流困难,从而出现遗传分化甚至丧失遗传多样性,为恢复河流上下游水生生物群体之间的天然联系和减缓对鱼类的阻隔影响,在工程中设置升鱼机过鱼环保专项措施。

工程升鱼机专项投资3 986.768万元,在初设阶段为独立费用,目前是贵州省内首例升鱼机措施。其主要是在位于坝下游坝后电站尾水渠右岸布置集鱼系统,通过垂直提升系统将集鱼箱提升到河道校核洪水位以上高程1 244.0 m平台后通过交通桥运输至右岸鱼类分选车间,经过鱼类分选,再通过运鱼车将鱼运至指定位置放流或鱼类增殖站。升鱼机主要建筑物由集鱼系统、提升转运系统、鱼类分选系统、运输系统、放流系统、监控系统等组成,其中集鱼系统、提升转运系统、鱼类分选系统布置在坝下游坝后电站尾水渠右侧岸边。集鱼系统按3级建筑物设计,设计洪水标准为50年一遇,校校核洪水标准为200年一遇;放流系统按4级建筑物设计,集鱼系统的边坡按4及建筑物设计。效果图如图8-124所示。

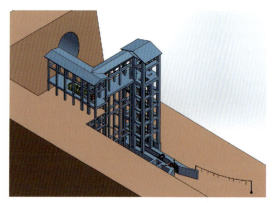

图8-124 升鱼机工程效果图

5. 鱼类增殖站专项

工程建设会使六冲河鱼类种群,特别是裂腹鱼、爬岩鳅等长江特有鱼类,在建库后将会有所下降。鱼类人工增殖放流是补偿水利水电工程开发造成鱼类资源衰退、保护珍稀濒危鱼类种群延续以及补充经济鱼类资源的一种重要环保措施。在广义上是指从保护渔业资源的角度出发,人工向水体投放具有优良渔业价值的鱼类,通过合理的品种、数量搭配,充分利用水体天然饵料,采取有效的捕捞技术,提高回捕率,从而达到提高水体渔业产量的目的;狭义上是指从维护水生生物多样性的角度出发,采用人工手段向某一特定鱼类的栖息水域补充投放一定该鱼类的资源量,以保护、恢复和增殖珍稀濒危鱼类种群,增强鱼类种群生存和延续能力,提高天然水域的鱼类资源量。因此,工程中设置鱼类增殖站环保专项措施。鱼类增殖站投资5 075.16万元。

其主要为野生亲本的捕捞、运输、驯养、人工繁殖和苗种培育;对放流苗种进行标记,建立遗传档案,实施放流;对需放流种类还未突破全人工繁殖技术的,开展繁育技术攻关;监测鱼类增殖放流效果和相关江段鱼类资源现状;展开六冲河鱼类环保科普知识。增殖站放流数量为 20 万尾/年,近远期放流数量均为 20 万尾/年,远期仅改变放流种类,不改变放流规模。效果图如图 8-125 所示。

图 8-125　鱼类增殖站效果图

6. 植物措施标及古树移栽

工程植物措施标及古树移栽投资 1.468 亿元,工期 1 583 日历天,其随着主体工程的完成而同步实施完成。主要任务以植物措施及古树木移栽为主。

水土保持植物措施是水土保持三大措施之一,与工程措施、农耕措施组成有机的水土流失综合防治体系。工程水土保持植物措施涉及水源区、毕大供水区、灌区骨干输水工程等诸多范围,是在林草植被遭到破坏的水土流失地区,通过边坡绿化、征地边沿防护林绿化、河岸岸坡绿化、渣料场植被恢复、永久道路绿化以及施工区、临时道路区的植被恢复,以及在部分区域内植物景观营造等诸多植物措施,以增加地面有效植被覆盖实现经济效益、社会效益、生态效益相统一。以往其他项目普遍采用"将植物措施划分至各工程相应的施工标内"的方式,但由于施工标管理及施工人员生态保护的建设理念淡薄,更不具备生态绿化方面的专业知识,植物措施落实效果不到位。这不但造成资金浪费,还导致水土保持各项治理指标不能满足批复要求,直接影响到水保专项验收和工程竣工验收。水利枢纽工程为提升生态治理效果,保障资金专款专用,响应国家生态文明建设的要求,保证工程最终顺利竣工,经多次研究后对"水土保持工程植物措施"单独分标,负责整个工程范围内后期植被恢复任务。生态护坡效果图如图 8-126～图 8-128 所示。

图 8-126　夹岩大坝坝后生态护坡效果图

图 8-127　R12 道路边坡植物恢复前后对比图

图 8-128　边坡植物恢复前后对比图

另外还涉及水利枢纽工程评价区内古树名木以及珍稀保护植物的移栽保护任务。古树及珍稀保护植物是一地区的生态文明的象征,是当地民族文化的瑰宝,不能因其水利工程的修建而消亡,必须将古树迁地保护,如图 8-129 和图 8-130 所示。特提出如下避让措施:

(1)古树名木、珍稀植物在渠系拟选线上,建议变更渠系线路走向,避开古树名木、珍稀植物。

(2)渠系走向不能避开的施工开放线时渠系边缘必须距离古树名木、珍稀植物中心 6 m 以上,并设置保护设施加以保护。

(3)对无法避让的古树名木、珍稀植物,采用移栽方式保护。移栽过程中建立古树档案,并请有资质的单位设计可行的整套古树移植方案,包括施工、栽植、管护、运输、病虫害防治、扶壮等的设计等,并由林业、居建等部门同时进行跟踪监督,按设计、按指定地点进行施工。迁地保护还必须建立追踪制度,保证古树在迁入地健康生长,并得到有效保护。

图 8-129　植物措施现场照片

图 8-130 古树木移栽保护照片

7. 深埋长隧洞环境保护工作

(1)深埋长隧洞主要涉及环境保护、水土保持工作内容

根据工程现场实际工作情况,深埋长隧洞涉及环境保护工作主要内容有:洞室涌水可能造成的水环境污染、影响人体健康的有毒有害气体、隧洞施工支洞进出口渣场设置、隧洞洞顶截水沟、建设完工后的洞脸绿化以及施工期间的临时拦挡、临时排水措施等。如图 8-131～图 8-133 所示。

图 8-131 渣场格宾石笼挡渣墙

图 8-132 弃渣场治理

图 8-133　渣场覆土

(2)初步设计要求

初步设计以环境影响评价报告及批复为基础,施工期废污水处理措施之隧洞施工涌水处理措施:根据隧洞施工情况,隧洞施工废水可以采用混凝沉淀工艺进行处理,混凝剂可选择聚合氯化铝或者聚丙烯酰胺。经管道混合器均匀混合进入沉淀池,出水再经二次投药沉淀。根据施工隧洞所处的环境条件,建议涌水量大于 5 000 m³/d 的采用混凝土结构沉淀池,其余采用混凝沉淀工艺钢结构成套设备进行处理。成套设备具有占地面积小、结构简单、无易损件、经久耐用、减少维修等优点。排放要求:经处理后的水质要达到Ⅲ类水的排放标准,排入临近的山沟及林地。

根据《水利水电工程水土保持技术规范》,结合工程现场实际工作情况,深埋长隧洞主要涉及水土保持工作:隧洞施工支洞进出口渣场设置、隧洞洞顶截水沟、建设完工后的洞脸绿化以及施工期间的临时拦挡、临时排水措施。

(3)深埋长隧洞分部、环水保处置措施及效果

1)洞室涌水

① 王家坝隧洞 15.559 km,除进、出口外的明洞段、1#施工支洞、3#～6#施工支洞均有不同程度的涌水。涌水洞段均修建"预沉池＋絮凝沉淀池＋污泥池"涌水处理系统,并添加絮(助)凝剂,如图 8-134 所示。

图 8-134　洞室废水处理沉淀池

② 水打桥隧洞 20.3 km,涌水洞段主要分部在进口 1#～3# 施工支洞,涌水量均超过 5 000 m³/天,涌水洞段均修建"预沉池＋絮凝沉淀池＋污泥池"涌水处理系统,并添加絮(助)凝剂。4#～6# 洞段及出口涌水量较小,按设计环境保护措施实施方案修建的二级沉淀池即可满足处理要求,如图 8-135～图 8-137 所示。

图 8-135 洞室废水处理沉淀池

图 8-136 洞室废水处理沉淀池

图 8-137 洞室废水处理

③长石板隧洞(15.4 km),涌水洞段主要分部在3#～5#施工支洞,涌水量均超过5 000 m³/天,涌水洞段均设计"预沉池＋絮凝沉淀池＋污泥池"涌水处理系统,并添加絮(助)凝剂,目前由于征地等其他因素导致3#、4#施工支洞仅修建絮凝沉淀池、5#施工支洞自制钢结构三级沉淀池处理;进、出口、1#施工支洞及6#施工支洞涌水较小或者没有涌水,按设计环境保护措施实施方案修建的二级沉淀池即可满足处理要求,如图8-138所示。

图8-138 洞室涌水处理

④两路口隧洞(8.8 km),其中进口控制段:0+000～1+640,共1 640 m;1#支洞上游控制段:1+640～改0+838,共1 538 m;1#支洞下游控制段:改0+838～5+001,共1 863 m;2#支洞上游控制段:5+001～6+757,共1 756 m;2#支洞下游控制段:6+757～6+900,共143 m;出口控制段:6+900～8+760,共1 860 m。涌水洞段主要集中在进口控制段,涌水量不小于8 000 m³/d,按设计环境保护措施实施方案修建了二级沉淀池;其他洞段涌水量很小或无涌水,洞内钻孔施工等已回用。如图8-139所示。

图8-139 洞室涌水处理沉淀池

⑤余家寨隧洞(11.3 km),其中余家寨进口控制段:2 028.3 m,余家寨1#支洞上游控制段:1 548.4 m,余家寨1#支洞下游控制段:1 078.8 m,余家寨2#支洞上游控制段:1 588.5 m,余家寨2#支洞下游控制段:1 025 m,余家寨3#支洞上游控制段:890.7 m,余家寨3#支洞下游控制段:773 m,余家寨出口控制段:2 048.6 m。涌水洞段主要集中在3#施工支洞及出口控

制段,涌水量不小于 5 000 m³/d,按设计要求修建了"预沉池+絮凝沉淀池+污泥池"涌水处理系统,并添加絮(助)凝剂;其他洞段涌水量很小或无涌水,洞内钻孔施工等已回用。如图 8-140 和图 8-141 所示。

图 8-140　洞室涌水处理沉淀池

图 8-141　隧洞洞室涌水处理沉淀池

⑥ 猫场隧洞(1.57 km),涉及标段总干渠 1、2 标。总干渠 1 标施工段面内的进口及 1# 施工支洞控制段涌水量很小或无涌水,按设计环境保护措施实施方案修建的二级沉淀池满足处理要求;总干渠 2 标施工段面内的进口及 2# 施工支洞控制段涌水量很小或无涌水,按设计环境保护措施实施方案修建的二级沉淀池满足处理要求,4# 施工支洞及出口控制段涌水较大,其中 4# 施工支洞控制段涌水约 20 000 m³/d,按设计要求修建了"预沉池+絮凝沉淀池+污泥池"涌水处理系统,并添加絮(助)凝剂。

2)洞室内有毒有害气体。

通过日常检测、加强通风、给施工人员配备口罩、特殊洞段配备氧气袋等多种方法,有效保证了施工人员的身体健康,降低了事故概率。深埋长隧洞有毒有害气体仅水打桥进口控制段存在瓦斯洞段,其余洞段空气质量较好,发现瓦斯洞段后第一时间撤出了所以施工人员,并加强通风、同时在洞内空气质量较好时进行钻孔泄压,反复排放,加强了洞室内空气质量的检测工作,同时配备了氧气袋等救援物资,截止目前该洞段无事故发生。

3)环保相应投资。

洞室内有毒有害气体监测等相关费用在投标合同"环境保护专项措施/人群健康防护"专

项,若发生瓦斯洞段,另行处理。洞室涌水处理环保投资主要属于变更,合同内洞室涌水项标价低或无洞室涌水项。

8. 难点及处理措施

(1)渠线施工中的边坡防护

涉及山区的开发建设项目中,特别是线性工程项目,边坡的防护工作尤为重要。以渠道建设工程为例,一方面,在建设项目水土保持方案编制过程中,渠道区、渡槽区等线性工程,往往一侧形成高陡开挖边坡,且以岩质边坡居多,施工难度大,治理效果差。另一方面,根据《中华人民共和国水土保持法》规定:"建设项目弃土弃渣不得随意倾倒、占用防洪河道等,必须划定专门的弃土弃渣场地。"但受限于水土保持项目投资控制、施工场地有限以及施工单位重视程度等因素,尤其是在高陡边坡作业,少量所开挖弃渣弃土不可避免地会落入下边坡中。开挖产生的弃土弃渣如果不能得到合理的倾倒和防护,将会成为水土流失产生的重要策源地,这个过程是造成建设期内的重要水土流失的主要原因,也是水土保持防治工作的难点。

对此,工程首先通过增设渣场、调整渣场位置等方式,以工程建设产生弃渣弃土的实际需求为立足点,最大限度的保证弃土弃渣在指定合法渣场堆放。其次以环保、水保监理单位为抓手,不定期组织召开"环保水保建设管理例会",通过会议、业主通知、监理指令等方式,落实环保水保工作。另外针对涉及污染水源保护地的开挖面,通过在坡面加装被动防护网、增加临时拦挡等措施,从而使工程在建设过程中的水土流失降到最少、水土保持效益达到最高。

(2)水土保持责任范围的监测

建设项目的永久占地由国家或地方国土资源部门批准,但临时占地很多由地方乡镇与建设单位或施工单位签订,在实际施工中存在一定变数,如施工道路长度增减、弃渣场的有无。因此,防治责任范围是一个变化的过程。由于在项目建设过程中,一方面由于建设时序安排的不同,防治责任范围存在一定程度的动态变化;另一方面由于建设过程中存在设计优化、变更,各种征、占地、管理和租用地面积存在一定的变化,因此,建设项目的水土流失防治责任范围相应也存在一定的变化。水土保持监测的重点内容之一是对建设项目的防治责任范围进行动态监测,如实反映建设项目对所在区域的地表扰动范围、程度,监测其是否在批复的水土保持方案确定的范围内施工建设,有无变化、变化情况如何、是否存在变更。

(3)环保水保自主验收

随着国家出台相关法规,取消竣工验收环保、水保行政许可,将验收责任主体由相关主管部门调整为建设单位。虽然有政策指导和技术指南,但建设单位在实际执行过程中对环保法律、法规和政策理解不够,对验收的管理要求和技术要求的把握性不够专业,导致工程公司缺乏主持验收的经验,对验收程序、关键工作、上报验收报备材料不熟,环水保验收工作上存在一定难度。

针对上述问题,一方面是建设单位组织监理、监测、设计单位,贯彻学习国家规定的标准和程序,加大学习交流力度,并在此基础上向相关主管部门咨询,制定符合工程实际的验收管理制度。另一方面是严格督促施工单位在规定的时间内按相关规范要求完成各项环水保工程措施,确保环水保工程专项验收顺利通过。通过上述工作,已编制完成《工程水土保持专项验收细则》及《工程环境保护专项验收细则》,明确了验收责任,规范验收行为,为夹岩工程"水土保持专项验收"及"环境保护专项验收"提供了指导依据。如图8-142和图8-143所示。

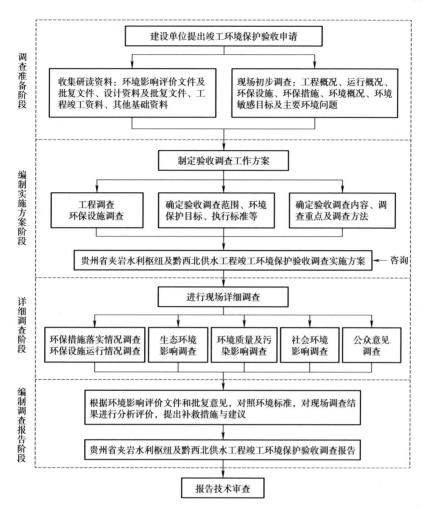

图 8-142　环保验收工作程序

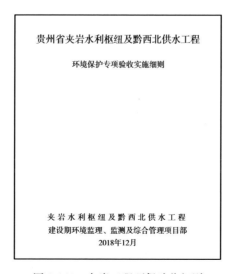

图 8-143　夹岩工程环保验收细则

8.7 建设监理工作管理

自1988年建设部提出监理建设监理制度,1997以《中华人民共和国建筑法》的形式做出规定,在全国范围全面推行工程监理制度以来,工程监理在我国的建设领域担负着越来越重职责。我国监理制度是借鉴了的FIDIC的咨询工程师的概念,在市场经济的大环境下,我国的工程监理有着其独特性。随着我国经济的发展,工程项目建设规模越来越大,建设单位管理也从提供相应的服务逐渐转变至对工程的全过程管控,而建设单位的如何在工程建设过程中充分发挥工程监理的作用,积极推动工程进展。建设单位与工程监理之间的平衡点,一直是建设管理单位在探寻和思考的问题。工程在深埋长隧洞的管理过程中,结合工程特点,参考许多大型工程项目经验,总结出了一套管理办法。

8.7.1 建设单位对监理管理中的重难点

监理工作的主要体现在监理人员对工程的"四控制、二管理、一协调"(复核)上,主要的工作都是通过监理人员来实现,人员的专业水平和专业素养是关键。建设单位对监理的存在主要难点如下:

(1)在特有的环境下,监理公司从经营成本、经营效益等多方面的考虑,有些监理公司甚至由项目负责人或总监理工程师总包的模式,往往会导致监理人员缩减或是实际进场人员与投标人员差别较大的情况。如何去管理监理单位配置监理人员的数量和人员质量是建设单位的重点工作。

(2)建设单位在工程建设管理中人员比重的增加和管理范围的加大,很容易与监理工作出现交叉或是重叠,而在此过程中如何把握工作的深入度,是建设管理人员的难点。太深入容易与监理工作发生冲突,甚至与监理人员产生矛盾,影响工作的正常推进,疏于监管一旦工程出现大的问题或是难以挽回的事故,对工程和建设管理单位都是损失。

(3)监理单位是受建设单位委托,在授权范围内独立开展工作,为建设单位和工程建设提供服务,并不是建设单位的一个管理机构,也不是传统意义上的上下级关系,建设单位如何去处理与监理单位的关系,充分发挥工程监理在项目建设中的作用是建设管理人员经常遇到的难点。

8.7.2 采取的主要措施

工程深埋长隧洞因其线路长、工作面多、安全风险大等特点,在建设期间监理作为建设单位对工程建设的一种管理手段,其在工程建设中扮演着很重要的角色。为了加强对监理的管理,使工程的建设顺利推进。建立一系列的制度及部门,在日常的管理过程中,采取一些方法及措施,来保证监理在工程建设中发挥的作用。

1. 建立制度,明确分工

为了保证工程建设顺利推进,加强建设单位对各监理单位的管理,强化监理责任,使监理能认真、积极地投入工作,履行监理工作职责,提高工程建设管理水平,合理控制工程投资、工程质量、工程进度、工程安全等,履行好合同管理的职责,根据国家有关规定及监理合同,建立了安全生产管理制度,工程变更细则,工程价款结算支付实施细则,进度管理办法,质量管理办法、监理考核办法等,提出了相应的监理的管理办法及要求,明确了各个单位各自的职责和分工,保证在各自范围内开展工作,避免工作上出现交叉或重叠。

2. 组织专业技术人员,设立片区建设管理部

建设单位片区建设管建管部是设立在工程一线的部门,是为了更好更快的建设工程而设立的部门,因为,建管部应配置专业的技术人员,了解掌握水利工程相关知识,熟悉相关的规程规范,了解监理的实施细则,监理的合同及规范,便于对监理的管理以及工作的对接和开展。

3. 让专业的人的去做专业的事,注重质量安全管理

工程深埋长隧洞涉及的专业多,专业性强。要求监理投入在深埋长隧洞更加专业的监理工程师是非常有必要的。针对专业和标段,要求监理部门配置相对应专业的监理工程师、如水工监理工程师、地质监理工程师、测量监理工程师、金属结构监理工程师、机电设备安装监理工程师等,让专业的技术人员来负责专业的工作。增加了专业性的管理,也就促进了工程上质量、安全、进度的保障。

安全是前提,质量是核心。总监理工程师负责总的牵头管理,其余副总监理工程师分别负责安全、质量、合同等工作牵头。要提高安全生产管理水平,明确安全生产责任,防止和减少安全生产事故发生。在质量上绝重、特大质量事故,避免较大质量事故,防范一般性质量事故,减少质量缺陷的发生,确保工程质量合格率100%,力争达到优良。要保证以安全为前提下,百年大计,质量第一。

4. 提供科学的手段协助监理工作开展

建设单位建立工程中心试验室,设置安全监测服务标,为工程的安全和质量提供一系列的保障,以更加专业的手段,给监理单位提供更加准确的信息,为建设管理决策提供条件。

5. 小会议解决大问题

因为建管部的设立,增加了建设单位与监理单位的沟通交流,不只是监理组织会议,建设单位也会针对某一件事,召集各个参建单位,开展专题会、座谈会,带着问题、带着思路、带着目的来开展会议,一气呵成,达成共识,会后抓落实,保证会议开展的效果。

6. 是工作伙伴,也是生活中的朋友

建设单位与监理单位只是有着合同关系,不存在上下级的关系。共同建设更好更快的工程是两家单位一致的目标。监理单位就是建设单位一名重要的伙伴,要想取得好的成绩,两家单位就要向同一方向看齐,建设单位要多向监理单位学习,监理单位要多向建设单位沟通交流,在日常工作中做到相辅相成。这样才能更好地推进工程建设。

7. 奖惩结合,充分调动积极性

管理不是监督,全过程的监督可能适得其反,但疏忽监管,也可能会造成不可挽回的事故。为了把握管理的深度,定期或不定期的各项检查是很有必要的。在检查的过程中做好记录,作出整改通知,到年底对监理单位进行考核时,从老问题入手,明细处罚制度,对于做得好的监理单位,要给与一定的奖励和表彰,作为榜样来带动其他参建单位的积极性。

8. 提供平台,各展所长

工程行业逐渐趋于年轻化,监理人员流动性大,对于有能力的人员,建议监理单位重点培养,给予年轻人更好的锻炼平台,充分考虑他们的职业规划,按特长来牵引各自的潜力。为工程建设培养一批有能力,专业可靠的监理工程师。

8.7.3 取得的成效

从工程近几年取得的成绩可以看出来,每年都完成了国家下达的投资任务,从未出现安全事故,从未出现重大质量事故,给同行同业展示了"夹岩速度"。

8.8 建设设计管理

工程建设任务以城乡供水和农田灌溉为主要任务、兼顾发电并为区域扶贫开发及改善生态环境创造条件的综合性大型水利枢纽工程,由水源工程、毕大供水工程和灌区骨干输水工程三部分组成,涉及毕节~大方城区、遵义市中心城区、黔西县城、金沙县城、纳雍县城、织金县城、仁怀市等7个城镇(区)、8个工业园区及七星火电厂、69个乡镇、365个农村集中聚居点。灌区骨干工程渠道总长648.19 km,工程涉及建筑物较多,且技术难度高,主要有大坝、导流设施、泄洪设施、引水发电、过鱼设施,深埋长隧洞、渡槽、高大跨管桥、管道、渠道、倒虹管等,堪称水利工程建设博物馆,沿线地形地质复杂,工程管理难度大。对设计单位管控及设计技术方案选择的尤为重要,是工程顺利推进的重要保障之一。

8.8.1 勘察设计服务情况

根据工程建设推进快、涉及面广,设计工作量大但相互关联较大的特点,为便于管理,结合实际需求,工程勘察设计为一个标段,服务内容主要为:

(1)工程初步设计:满足《水利水电工程初步设计报告编制规程》(SL 619—2013)和《水利水电工程地质勘察规范》(GB 50487-2008)的深度及范围的相关要求及相应科研试验的要求;包括(但不限于)初步设计报告,地质勘察报告,测绘勘察设计附图、附表,设计概算及其附件,必要的现场调查成果、试验成果等满足初设审查的相关资料;库区潘家岩脚堆积体研究专题、库区伏流洞研究专题、复杂地质条件下深埋长隧洞研究专题等;上阶段遗留问题的研究解决。

(2)招标设计:满足《水利水电工程招标文件编制规程》(SL 481—2011)和《水利水电工程地质勘察规范》(GB 50487—2008)的深度、范围相关要求及相应试验的要求;对初步设计成果的进一步深化、细化,上阶段遗留问题的研究解决;编制分标方案、年度招标计划以及各标段招标文件技术条款(含工程量清单、建议拦标价等)、图纸及相应的配合工作;按招标阶段标段划分情况,提供设计概算价、招标概算价、招标预算价、建议拦标价等造价成果资料及对比分析表;现场踏勘时进行设计交底及书面答疑;提出关键、重大、重要部位(大坝、泄洪建筑物、大跨度渡槽或倒虹管、深埋长隧洞以及复杂地质条件下的隧洞)等设计单位应提供的施工技术指导方案,同时编制防范生产安全事故指导意见。

(3)施工图设计:满足国家和行业对大型水利工程施工图设计阶段成果提交的法规、标准等的要求。包含(但不限于)总布置图,地形图,地质图,平面布置图,纵横剖面图,结构设计图、钢筋图,设计说明书,施工技术要求,施工安全指导书,设计交底,提出重要及重大施工组织建议方案,"三新"(新技术、新工艺、新材料)技术方案、防汛度汛要求、运行技术要求和调度方案,必要的试验成果、科研成果、水文分析计算成果等。

(4)其他服务:对应设计阶段的专题研究、有关试验(包括但不限于:工程总体及分区施工规划研究专题、全部水力学模型试验、材料试验、相关结构数值仿真分析等）及设计优化；环境保护工程、水土保持工程的勘察设计（包括初步设计、招标设计、施工图设计三阶段）；负责设计总结、重要隐蔽及关键部位单元工程验收、分部工程验收、单位工程验收及阶段验收、专题验收、专项验收、竣工验收等规程规范规定设计应完成的工作；配合国家相关部、委，省级相关厅、局的检查、督察等工作。

（5）现场服务：勘察设计人必须明确常驻现场设代服务机构；所派技术人员的专业、业绩必须满足投标文件及工程建设要求，现场服务应满足设计变更、设计确认、工程验收等的需要。现场设代服务应以书面形式对不良地质情况进行预报，提出施工注意事项；对非勘察设计人原因造成的影响工程安全、质量、投资、进度等的事宜，应配合提出处理方案。

8.8.2 设计管理重难点

工程点多、面广、战线长，涉及建筑物较多，主要有面板堆石大坝、导流设施、泄洪设施、引水发电系统、过鱼设施，深埋长隧洞、渡槽、高大跨管桥、管道、渠道、倒虹管等，堪称水利工程建设博物馆，沿线地形地质条件复杂，技术负责，设计单位及设计方案管理难度大。

（1）夹岩工程前期推进较快，2012年3月27日，《项目规划》获得批复；2013年8月27日，《项目建议书》得到获得批复。2014年11月24日，《项目可行性研究报告》获得批复；2015年4月29日，《初步设计报告》获得批复。工程仅仅用了三年多的时间，就顺利经过层层申报、审查、批复，创造了全国大型水利枢纽工程前期工作罕见的推进速度。建设过程中国家每年下达的投资任务重，设计工作任务重时间紧，设计进度影响工程建设。

（2）工程为Ⅰ等大（1）型工程，夹岩工程点多、面广、战线长，涉及建筑物较多，对设计单位整体实力要求高，对水工，地质、施工、水文、电气、水机、金属结构、移民、水保、市政等各设计专业人员配置及配合要求高。

（3）工程涉及其他行业建筑，如高大跨管桥，且选用施工工艺均为国内水利工程少用，水利行业设计单位经验较少，保证设计质量至关重要。

（4）工程跨区域大，灌区骨干工程渠道总长648.19km。沿线周边环境复杂，随着地方社会经济迅速发展，项目进入施工阶段，随周边环境边界条件变化导致设计调整优化情况较多，需对设计人员投入有较高要求。

（5）工程沿线地形地质复杂，特别是深埋长隧洞处于喀斯特岩溶发育区域，涉及暗河、溶洞溶腔、发育裂隙、穿越煤层瓦斯等不良地质区域，工程勘察及处理技术要求高，技术复杂，安全风险大。

（6）夹岩工程是国务院纳入"十三五"期间分步建设的172项重大水利工程之一。工程投资控制要求高。

8.8.3 采取的管控措施

1. 源头把控，确保设计质量

夹岩工程在勘察设计招标阶段就严把源头实力及业绩关，保障招标单位设计水平、服务水平，确保工程设计质量。结合工程为Ⅰ等大（1）型工程实际，以及设计管理的重难点，为保障工程设计工作，招标工作中对投标人主要要求为：

（1）具有水利行业设计甲级资质和工程勘察专业（岩土工程、水文地质勘察、工程测量）甲级资质的独立法人；在人员、设备、资金等方面满足具有承担本项目的能力。

（2）近10年内（从2004年1月1日起至2014年5月31日止）承担过中型及以上水库枢纽工程和输水工程勘察设计工作；不接受联合体投标。

工程中标设计单位与招标要求一致，实力雄厚，具有工程勘察综合类甲级资质，水利行业甲级、电力行业（水力发电）专业甲级资质，具有类似工程业绩。保障了源头质量。

2. 超强配置，保障服务

为保障合同执行，提高设计质量，要求设计单位将工程设计工作放在首位，对参与工程设计工作人员提出高要求，工程勘察设计标项目经理为具备教授级高级工程师职称，十五年及其以上专业设计年限，为设计单位副院长，是项目协调和执行的拍板人，负责工作策划、任务分解（WBS）、进度和费用控制、资源调配、生产协调、设代服务、沟通管理、合同管理；项目设计总工程师具备高级工程师职称，十年及其以上专业设计年限，为设计单位总工程师，负责项目技术策划、总体方案设计、技术接口管理、质量控制、技术把关，是质量和技术的责任人。参与工程设计的中级及以上职称人员的比例达到70%；水工设计专业、施工专业、地质专业、监测专业、环水保专业、水机专业、电气专业等各涉及专业人员配置齐全。

项目经理和项目设总在高层互相沟通、密配合、协调一致，下达统一指令，不把问题留到执行层，减少执行层的分歧，确保目标和行动一致。项目经理、项目设总不同时因其他事宜外出，确需其他事宜外出时至少确保其中1人不离岗，且在此期间在岗人兼任另一职责。

3. 强化现场服务，保障工程进展

为进一步保障设计工作质量，确保设计服务及时性、高效性，工程建设中要求勘察设计单位成立现场设代机构，主设人员常驻现场。设代组组织机构由设计单位根据项目情况批准设立，经建设单位审核批准。工程设代服务管理机构，由主要参与项目设计工作的人员组成。管理层其成员由设计单位负责人、分项目经理、项目总工、执行经理、项目副经理等组成。

根据工程点多面广，灌区骨干工程渠道总长648.19 km的实际情况，结合工程区域地理及周边交通和城镇情况，设置水源毕大供水工程设代组、输水工程1组、输水工程2组等3个设代组

水源毕大供水工程设代组：服务范围为水源枢纽工程（包含大坝、溢洪道、泄洪洞、放空洞及库尾伏流泄洪隧洞等永久性建筑物，及相应的临时、辅助、附属建筑物）；发电引水系统工程（包含发电进水口、压力钢管、坝后电站厂房等）；毕大供水工程，包括取水口及取水隧洞（含钢管）、提水泵站、提水管线、输水隧洞、输水管线。总部设计在工程水源大坝所在毕节市纳雍县厍东关乡。

输水工程1设代组：服务范围为灌区骨干输水工程总干渠、北干渠、南干渠、织金供水管及提水泵站、纳雍供水管及提水泵站；黔西分干渠、大方县境内支渠、黔西县境内支渠及相应范围内提水泵站。总部设置在毕节市黔西县。

输水工程2设代组：服务范围为灌区骨干输水工程金遵干渠、金沙分干渠、遵义、仁怀供水管线等，总部计划设置在毕节市金沙县。

现场设计代表人员根据工程施工建设情况从各专业负责人和主要设计人员中选派，项目总工根据现场情况到施工现场处理重（较）大的工程技术问题。每个设代组的设代人员主要由

各专业人员担任,除周末外须有一名水工或者地质设代组长(副组长)驻在工地。当设代组长离开现场时,委托驻现场的某一专业人员负责设代组的日常工作并协调处理工程问题。重大问题及时向各专业负责人进行汇报,必要时向项目总工进行汇报。设代组负责单位工程进行主要设计技术交底、解决施工中的设计技术问题,配合设计变更、设计确认、参加工程验收及签证,深入施工现场,结合工程实际情况,做好施工地质工作等。在设计上确保工程的顺利进行,向建设提供优质高效的服务。现场设代服务按轮流现场值班方式开展工作,工程施工高峰根据实际需要进行动态调整,调整时报建设单位。

为有效管理现场设计人员,对设代人员实行考勤管理,每月上报,设代组长及其他设代组成员驻现场时间不低于22天。现场片区设代组人员原则上不能更换,特殊情况需要更换,必须提出申请并报建设单位批准后方可更换。在勘察设计过程中,相应片区现场设代组人员不能满足现场勘察设计需求,勘察设计人需及时增加现场设代组人员。

4. 制定计划,加强进度管理

工程由于涉及面广、建筑物多,施工图设计阶段设计单位工作量较大,工程建设单位为保障设计进度紧密结合施工计划,保障施工不因供图造成影响,采取供图计划措施。供图计划的制定采取分层次,逐步细化,确保落实,计划必须满足工程的工期及现场施工的实际进度要求。

(1)工程总体计划

由设计单位根据初步设计批复的进度,结合工程招标进场情况,按照工程总体推进计划制定工程总体计划后报建设单位。

(2)标段供图计划

各中标单位进场后,设计单位根据批复的施工组织计划分标段制定标段供图计划作为标段总体供图计划报建设单位。

(3)分片区、按标段制定年度供图计划

结合建设单位现场管理机构设置管理情况,结合年度投资任务及施工进度情况,由设计单位制定下一年度控制性供图计划,报建设单位审批,设计单位按照此计划安排设计具体工作,围绕工程进度进行设计服务及现场设计人员安排。

(4)季度、月供图计划

根据工程进展实际情况,对年度供图计划中的季度或月供图计划情况进行动态调整和进一步细化,进一步确保供图及时性。由监理单位组织建设单位、设计单位、施工单位根据工程施工计划调整情况实时调整。

通过分层次,逐步细化,动态调整的制定计划,为工程设计进度提供保障。

5. 强化监督考核,提高履约意识

为保障设计单位严格履行合同,保障设计进度及服务质量,对合同进行补充,并签订勘察设计服务考核办法,主要对设计单位现场设代人员、设计成果文件供应、现场技术服务及技术方案处理等情况进行考核,并约定经济处罚标准。

(1)考核办法主要内容

1)设计单位及时成立施工现场设计代表机构并明确现场机构人员的工作职责和权限,配备足够的设计代表力量,做到专业配套齐全、人员相对稳定,满足对设计现场施工的需要;现场设计代表机构负责人由项目经理含副职)、设计总工程师担任。设计单位根据投标文件中承诺投入本项目的人员以及工程建设需要,结合工程建设进度,每年12月、6月报送半年(1~6月、

7～12月)各片区现场设代组人员名单及设代派驻计划并与建设单位协商认可,现场设代人员的数量和质量必须满足工程建设需要。当设计单位未按时间上报各片区设代派驻计划时,建设单位在设计单位上报前可按已认可的上期设代派驻计划进行考勤。

合同履行期间,建设单位将根据各片区现场设代派驻计划对勘察设计人进行考勤。片区设代组长及片区其他设代组成员在工地每月不低于22天,如有事缺席,需提前形成书面资料报相应片区建设管理部门批假,未经建设单位同意,根据缺席天数按5 000元/(人·天)扣减勘察设计费,该费用在支付当期勘察设计费时扣除。

2)设计单位应于每年12月底前提交年度设计工作完成情况及下一年
度设计工作计划及供图计划,供图计划必须满足夹岩工程的工期及现场施工的实际进度要求并获得建设单位的认可。建设单位根据设计工作成果提交计划及供图实际情况对勘察设计人的设计进度进行考核,每项设计文件提交的时间以建设单位收到文件时间为准,因设计单位原因根据计划延迟2天后提交按1 000元/(项·天)扣减勘察设计费,该费用在支付当期勘察设计费时扣除。

3)设计单位现场设计代表要按有关要求参加隐蔽工程、重要单元工程、分部分项工程、单位工程验收及工程竣工验收和阶段验收,参加工程质量安全检查、工程质量安全事故调查和处理,参与工程质量监督巡视和安全鉴定等工作。因设计单位原因不按要求参加将按5 000元/次扣减勘察设计费,该费用在支付当期勘察设计费时扣除。

4)设计单位积极主动做好现场技术服务工作,及时解决现场施工中遇到的技术问题,及时调整、优化设计,按时提交设计修改文件。其中工程变更管理必须严格按《水利工程设计变更管理暂行办法》(水规计〔2012〕93号)及建设单位变更管理细则的要求执行,设计变更成果资料提交时间根据工程实际情况协商或会议确定。对约定的提供设计修改文件、提供现场设计方案(包含设计变更成果资料)时间进行考核,因设计单位原因不按约定时间提供的将按1 000元/(天·项)进行处罚,该费用在支付当期勘察设计费时扣除。

5)各片区现场设代组组长按时参加监理月例会,若无故缺席按1 000元/次进行处罚,该费用在支付当期勘察设计费时扣除。

(2)考核工作的组织及周期

对设计单位的考核由建设单位合同管理部门组织建设单位各片区建设管理部门、技术管理部门及其他相关管理职能部门按每季度组织一次考核,考核前建设单位相关职能部门根据岗位职责,对设计单位现场设代组织人员考勤、设计工作服务及成果提交及时性、参加相关会议情况进行跟踪统计确认考核相关成果。

(3)考核依据

考核工作保证严谨,依据充分。

设计单位现场设代组织人员考勤考核依据以设计单位设代计划为依据,结合每月实际驻现场人员情况进行考核。

设计工作服务及成果提交及时性以制定的供图计划、各类工作安排文件(会议纪要、通知、函件等)为依据,结合实际提交成果时间、完成工作时间等进行考核。

(4)考核工作流程

为保障考核工作有序、准确、高效进行,考核流程如图8-144所示。

(5)考核成果运用

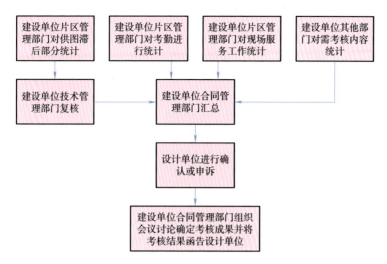

图 8-144　设计单位考核流程图

每季度确定考核成果后,考核牵头部门行文通报设计单位法人,并在最近一期勘察设计费用支付申请中予以扣除。通过考核有效提高的设计单位履约意识,确保供图及时性,保障了工程建设。

6. 紧密结合现场实际,动态设计及时优化

由于工程战线长,工程建设从项目建议书到初步设计阶段推进较快,工程建设阶段国家下达任务较重,工程建设沿线全面开工建设,施工图工作量任务重,不可避免在精度和深度上存在与实际有偏差情况,如按照原方案实施,对施工进度造成影响,投资增加,安全风险增大等。在建设过程中,参见各方都注重方案优化,对部分不符合现场或有更佳方案部位采取动态设计及时优化,确保设计方案紧密结合现场实际,保障方案科学,合理,结合现场实际情况多方案认证比选,择优采用,促进工程进度,降低安全风险,减少工程投资。

(1)施工支洞优化

灌区骨干输水工程大纳片区共有猫场隧洞、水打桥隧洞、长石板隧洞、两路口隧洞、余家寨隧洞 6 条深埋长隧洞,共规划 21 条施工支洞,其中施工斜井 17 条,最大坡度 45.3%。在工程建设中,组织设计、监理、施工等参建单位,结合实际地形地质情况对猫场隧洞、水打桥隧洞、长石板隧洞的共计 8 条斜井支洞优化为平洞。斜井改平洞后,降低施工难度,保障了总体施工进度,安全风险相对降低,减少的施工设备投入,节省了工程施工成本及投资,各标段整体施工进度得到保证。在降低施工难度和确保施工进度同时,调高平洞应急处置能力。

(2)隧洞进出口优化

水利工程行业隧洞挂口设计多停留在"晚进洞、早出洞",确保一定埋深开挖式进洞的传统观念之中,工程隧洞建设充分借鉴其他行业"早进洞、晚出洞"的设计及施工理念,对深埋长隧洞进行现场踏勘,结合实际地形、地质情况将具备优化调整的长石板、水打桥等隧洞主洞及支洞洞口进行优化。采取超前大管棚辅助进洞,保障安全的同时避免了洞口大量开挖,同时进一步促进工程建设环保。

(3) 隧洞不良地质情况下设计方案优化

贵州作为喀斯特岩溶发育强烈的山区省份，隧洞地质情况复杂，岩溶管道、地下暗河、溶洞溶腔等不良地质虽在工程初步设计阶段有详细勘察，但难免存在不可预见性。工程建设中提出对已探查的不良地质隧洞或洞段采取超前地质预报手段进行补充勘察，有异常及时采取措施处理。如猫场隧洞 11+316 穿地下暗河涌水涌泥段处理，该洞段设计方案经多次优化对比并组织评审后明确，顺利封堵通过，经过汛期高地下水检验，治理措施安全可靠；两路口隧洞 3+305 段遇连通地表大型溶洞造成突泥的处理，治理方案经多次现场地表及隧洞地质勘察，优化比选治理方案，选择调整隧洞轴线避开岩溶区域，确保了施工进度，减小安全风险；水打桥隧洞根据支洞布置及地质情况进行轴线优化，对原桩号 13+785～16+988 段进行调整，调整后轴线缩短 95.2 m，调整后增加了施工效率，加快了施工进度。对水打桥隧洞 18+812～19+096 段穿居民聚集区采取转弯绕行的优化方案，避开的隧洞浅埋通过居民聚集区的安全及协调影响，提高生产效率，加快了施工进度。

(4) 隧洞洞口边坡优化

根据施工揭露的地质情况验证勘察设计的成果，有偏差及时纠偏优化设计及施工，对工程建设进度及安全尤为重要。在工程建设中就多次出现实际地质情况较勘察设计存在偏差，原设计方案不适用情况。建设中，紧密结合现场实际，进行动态优化设计及时保障了工期及安全。如两路口隧洞进口边坡地质为残坡积黏土夹碎石及崩塌堆积物，汛期强降雨较多，边坡绿豆岩夹层形成了隔水层，使该绿豆岩以上边坡雨水饱和失稳，且该边坡为残破积黏土夹碎石及崩塌堆积物，自身稳定相差，易失稳滑塌，将牵引整个山体出现牵引滑动。该山体以下有两路口隧道进口永久闸室、县道、河道，一旦出现山体滑塌，将严重影响进口施工及闸室运行安全，同时威胁县级公路通行，可能造成木白河堵塞，严重影响地方人民群众生命安全。原设计方案仅为一般锚喷，未采取特殊治理措施，建设单位高度重视，要求保障边坡安全，经参建各方综合分析，对改边坡采取增设坡脚 C20 混凝土挡墙，中部增设 33 根 16 m 深抗滑桩的优化方案，有效地防止了绿豆岩夹层边坡的滑动，避免了该山体的牵引式滑动。完成该边坡的加固施工后，在经历了 3 个汛期考验，边坡位移监测数据、抗滑桩钢筋应力监测、边坡测斜孔监测数据显示各项指标均在正常范围内，边坡稳定，无异常，通过及时治理，取得了良好的效果。

(5) 输水渠、管线实时优化

工程跨区域大，灌区骨干工程渠道总长 648.19 km。干渠中、后段及支渠主要建筑物以渠道、管道为主，线路受沿线周边环境影响较大。随着地方社会经济迅猛发展，城镇迅速发展扩大，工矿企业如雨后春笋崛起，高速高铁等交通设施建设如火如荼，沿线矿产资源重组跨界整合调整等，导致项目勘察阶段边界条件变化巨大，项目初步设计阶段部分线路选择已不合时宜。进入施工阶段，及时组织对沿线干支渠渠道、管道周边环境边界条件进行补充调查，形成专题报告，通过组织评审，开展咨询等对线路及时调整优化，确保工程顺利推进，保障工程进展及投资。如核桃湾倒虹管涉及煤矿踩空塌陷区优化、化觉支渠涉及压覆矿优化、织金和纳雍供水管线涉及城镇发展导致末端优化、明渠调整优化等。相关专题报告均通过评审后进行优化实施。如图 8-145～图 8-148 所示。

图 8-145　核桃湾倒虹管设计优化报告

图 8-146　化觉支渠优化报告

图 8-147　织金供水管线优化报告

图 8-148　明渠优化报告

7. 超前预判难点、技术分级管控

工程建设初期，根据工程设计情况，结合工程地形、地质实际情况，建设单位组织设计单位梳理工程重大技术难题、关键环节技术问题，对工程建设中的技术问题提前预判，超前谋划，商定设计及施工方案，提出管理流程及办法，扫除工程建设技术"拦路虎"。

根据对工程重大技术难题、关键环节技术问题梳理情况，建设单位制定《技术管理实施细则》，明确技术管理职能部门，对技术问题划分为主要、重大及关键技术问题和一般技术问题，采取分级管控，明确管理要点、流程及具体措施。对涉及技术管理工作的相关内容进一步细化，使工程技术管理工作能够具有系统性、针对性及可操作性。加强了工程设计质量，使工程设计质量、安全、进度和投资得到有效控制。对技术问题分级管控如下：

（1）重大技术难题、关键环节技术问题

重大技术难题、关键环节技术问题主要为技术复杂，对工程进度、投资及安全影响大的技术问题。通过梳理，并经专题讨论，明确水源工程大坝左岸潘家岩脚大沟左岸洞室群进口边坡稳定分析及处理、输配水区深埋长隧洞穿岩溶暗河系统涌水、涌泥和瓦斯等不良地质处理、白甫河倒虹管管桥设计及施工等近20项重大技术难题、关键环节技术问题。对重大技术难题、关键环节技术问题的处理采取强化勘察、重视方案、重点跟踪的思路。

1)强化勘察：源头管理，要求设计单位根据前期勘察资料，在施工图设计阶段进一步开展补充必要地质、水文勘察，并进行分析，有必要时进行仿真计算，针对地质问题，提出不同不良地质问题的预判及对策报告，组织专家评审。如在对深埋长隧洞的技术管控中，通过要求设计单位补充勘察和分析，提出了《隧洞瓦斯及有害气体影响分析及对策措施》《夹岩深埋长隧洞（附廊前）复杂岩溶地质条件影响分析及对策分析报告》《理化暗河洞段排水方案及结构安全分析报告》《深埋长隧洞瓦斯洞段支护要求报告》《区域地质构造洞段结构安全性分析报告》《地应力集中成因影响分析报告》《夹岩深埋长隧洞超前地质预报开展要求分析报告》等，并经组织评审，为穿越不良地质的设计及施工方案的确定奠定坚实基础。如图8-149所示。

图8-149　部分补充勘察不良地质情况分析与处理对策专题报告

2)重视方案：在明确勘察情况，并经充分分析和预判情况下，高度重视设计及施工等各方的方案，采取对方案组织专家评审、或委托咨询机构把关问诊等方式，确保方案具有针对性，科学、经济合理、可操作，为工程建设推进提供保障。如图8-150～图8-152所示。

图8-150　大坝截流施工方案评审　　　　　　图8-151　咨询会议

图 8-152 咨询专家组踏勘现场

3)加强跟踪:重大技术难题、关键环节技术加强建设过程跟踪,及时收集工程进展及处理情况,对深埋长隧洞等地质问题采取引入超前地质预报手段对工程地质进行跟踪预报,保障施工安全,重点部位采取安全监测实施监控工程治理情况,确保工程安全。在各类重大技术难题、关键环节技术问题处理中,进行阶段总结,对发现的问题及时进行方案优化调整。

(2)一般技术问题

主要为技术相对简单,投资增减较少,安全风险小,对工期影响不大等技术问题。如水源工程左岸潘家岩脚堆积体、大坝堆石体碾压质量控制、一般隧洞地质问题处理、部分渠道调整等一般性技术问题。建设过程中组织设计及施工方案评审确定。

8. 引入咨询机构、保障设计质量

结合工程夹岩工程点多、面广、战线长,涉及建筑物较多,沿线工程地形地质实际情况复杂,存在技术难点,同时涉及跨行业建筑结构,如高大跨管桥等,建设单位在工程初期寻求国内先进技术资源开展咨询解决,保障技术科学性、先进性。

(1)依托优势资源加强管控,确保方案科学合理

针对工程水利水电行业技术重难点问题与水规总院签订了《贵州省夹岩水利枢纽及黔西北供水工程重大技术难题及关键环节技术咨询》合同开展技术咨询。每年不少于两次集中咨询,咨询采取踏勘现场,查看资料,听取参建各方汇报,召开咨询会议形式开展。对工程围堰结构设计、大坝基础覆盖层利用、深埋长隧洞施工超前地质预报、毕大供水王家坝隧洞原 2# 支洞因瓦斯突出重新调整方案、核桃湾倒虹管跨新安煤矿采空区调整、织金供水管线线路调整专题设计、支渠设计调整、水打桥隧洞瓦斯施工技术方案等多个重大技术难题及关键环节技术问题开展咨询,并及时出具咨询意见。设计及施工单位根据意见对方案进行完善。有力解决了工程建设过程的难题,对问题的解决提供了有力的技术支持,为工程建设推进和安全管理提供保障。

(2)认识不足,取长补短

对工程涉及的交通行业高大跨渡槽、管桥等水利工程跨行业重要特殊结构,如白浦河 180 m 跨拱式倒虹管管桥采取悬臂挂篮现浇工艺目前在国内水利水电工程尚属首例,西溪河 108 跨拱式倒虹管管桥采取钢拱架现浇在国内水利工程也属少见。世界桥梁看中国,中国桥梁看贵州,为确保高大跨管桥设计及施工质量,保障施工安全,采取委托行业技术力量开展设计咨询,保障质量,在 2016 年与贵州具有大型桥梁及类似桥梁设计经验的设计单位签订了《高

大跨管桥设计咨询》协议，对管桥设计方案、结构计算、施工方案的开展咨询。如图8-154所示。

（3）建设管理补短板，设计监理促提高

在工程建设管理中，结合工程需要，对金属结构、水力机械、电气、自动化调度管理系统、暖通、消防等专业相关内容项目进行设计监理招标，强化技术管理。监理单位全程参与工程招标文件评审把关、合同谈判、设计联络会、对施工图设计审查咨询、参加设计交底、参与重要、关键设备的监造、设备出厂、开箱验收检查、设备安装过程质量把控、监督管理、施工过程变更咨询、参加技术方案评审等

图 8-153　组织高大跨拱式管桥
拱圈挂篮悬浇施工方案评审

过程提供技术支持，同时对采购及安装过程中存在的问题提出问题解决措施，提出工程建设中合理化建议，参与调试、试运行阶段的监管，参与各阶段验收等，确保设计科学合理。

8.8.4　产研结合、推动技术发展

工程建设单位高度重视技术创新管理，技术就是第一生产力，是工程建设的有力保障。

1. 管理科学、责任落实、推动创新

在工程建设推进的同时，结合工程进展情况在工程建设初期制定了《夹岩水利枢纽及黔西北供水工程技术管理实施细则》《夹岩水利枢纽及黔西北供水工程技术创新管理办法》，并以正式文件下发。《夹岩水利枢纽及黔西北供水工程技术创新管理办法》中明确了创新工作目标、责任部门、创新考核内容、奖惩内容等。结合工程建设实际，按年度编制有创新工作计划，对计划内容、创新活动次数等。

2. 走出去、请进来，挖掘创新

为提高工程现代化建设水平，建设单位"走出去、请进来"方式全面了解掌握行业新动态，技术新方向，全面挖掘工程建设创新点，积极推进新技术在夹岩工程建设中的应用。

（1）在2017组织工程技术人员参加中国大坝工程学会2017学术年会，对我国水库大坝建设和水利水电发展的新形势，重大水利水电工程建设和运行管理经验，以及行业普遍关注的跨流域引调水、大坝安全管理、生态环境保护、筑坝新技术、水下检测修补加固等前沿技术问题学习。如图8-154和图8-155所示。

图 8-154　中国大坝工程学会2017学术年会主会场　　图 8-155　中国大坝工程学会2017学术年会分会场

(2)为借鉴类似工程建设管理及技术先进经验,在2018组织工程技术人员到国内类似大型工程,广西大藤峡水利枢纽工程、四川雅砻江两河口水电站参加交流学习。

(3)为了加强技术成果管理,营造工程建设技术创新氛围,做好技术及科技创新成果策划,同时结合夹岩建设实际情况,在2018年邀请贵州省管专家到工程现场开展技术及科技创新成果策划座谈会,通过座谈会积极地推动工程建设中技术及科技创新工作,如图8-156所示。

图8-156 省管专家勘察水源大坝现场

(4)2018年由建设单位组织工程技术人员到中国电建集团贵阳勘测设计研究院参加了"BIM建设交流会",并邀请了贵阳院专家到工程建设现场调研交流,"BIM建设交流会"的开展为下一步夹岩工程运维阶段信息化的BIM运用指明了方向,如图8-157和图8-158所示。

图8-157 BIM运用学习交流　　　　　　图8-158 向专家介绍工程建设情况

(5)建设单位积极组织人员参加行业主管部门开展的技术推广交流会或培训班,如"胶结颗粒料新型筑坝技术推广培训班""大坝渗流安全监测设计与资料整理分析管理培训班""水利部科技推广中心举办贵州省水利新技术精准对接会"等。提高工程技术人员自身专业技能,及时了解掌握新技术、新材料,更好地为工程建设服务。

(6)2017年8月17日组织设计、监理、施工等参建单位人员到涪陵乌江大桥项目进行交流学习,吸取各行业先进施工工艺,为白浦河高大跨管桥采用"斜拉扣挂＋悬臂挂篮浇筑＋缆索吊装"施工做好技术准备。

(7)2016年6月12日至2016年6月14日,组织深埋长隧洞施工参建各方到山西引黄工程进行交流学习,主要针对深埋长隧洞斜井施工,洞内不良地质处理进行交流。对工程深埋长隧洞斜井支洞优化提供借鉴经验。

3. 积极谋划,强化组织,创新活动有成果

建设单位结合工程建设推进情况,采取工程建设促创新,促科研,科研创新促建设,紧密结合工程建设需求,通过谋划和组织,创新活动,"四新"应用,科研活动全面开展,部分取得成果。

截至目前,建设单位组织各参建单位共上报科研项目(课题)27个,其中《岩溶峡谷区复杂地质条件下隧洞关键技术研究》《水工隧洞瓦斯施工工法及治理技术研究》《夹岩水利枢纽工程数字大坝及碾压质量实时监控技术开发及应用》等13个科研项目获得省科学技术厅、省水利厅、省水投(集团)有限责任公司立项,见表8-2,各科研项目依托工程建设实际正在有序开展研究中。

表8-2 夹岩工程科研项目统计表

序 号	科研项目名称	立项批准	立项时间
1	岩溶峡谷区复杂地质条件下隧洞关键技术研究	省科学技术厅	2017年
2	面板堆石坝堆石料力学特性的缩尺规律研究	省科学技术厅	2017年
3	基于InSAR技术的天-地协同库岸滑坡监测研究	省科学技术厅	2017年
4	Karst地区伏流水沙输移及泥沙淤积问题研究	省科学技术厅	2017年
5	夹岩水利枢纽工程鱼类保护和水库生态调度关键技术研究	省科学技术厅	2017年
6	库首区左岸顺向多夹层高边坡变形及稳定控制关键技术研究	省科学技术厅	2017年
7	夹岩水利枢纽工程数字大坝及碾压质量实时监控技术及应用	省水投集团公司	2017年
8	水工隧洞瓦斯施工工法及治理技术研究	贵州省水利厅	2018年
9	大型水利工程安全生产标准化、信息化平台研究开发及推广应用	省水投集团公司	2018年
10	夹岩水利工程输水隧洞岩体水力劈裂破坏机理研究	省水投集团公司	2018年
11	夹岩水利枢纽及黔西北供水工程坝后绿化生态护坡研究	贵州省水利厅	2019年
12	水工隧洞浅埋段溶塌角砾岩富水泥化地层施工技术研究	贵州省水利厅	2019年
13	风光互补自供电智能测控系统在输水工程中的应用研究	贵州省水利厅	2019年

由建设单位牵头组织参建各方结合工程建设实际,总结工程建设经验,编写论文,并于2019年在国内刊物《水利水电快报》上出版发行了《夹岩水利枢纽工程建设论文专辑》,如图8-159所示。

8.8.5 取得的成效

通过在招投标阶段对投标人实力及业绩的设定,工程保障了设计的源头质量;通过采取对

● 第8章 建设管理

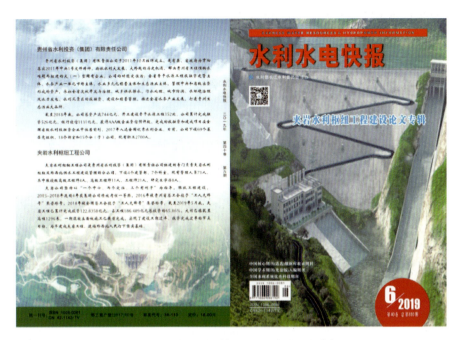

图 8-159 夹岩水利枢纽工程建设论文专辑

勘察设计单位人员及项目机构的严格要求及服务过程考核,进一步确保工程施工阶段的服务质量;通过对工程技术重难点研判分析,超前谋划,制定管理措施,在依托勘察设计单位自身技术实力的同时,采取依托国内优势技术资源进行过程咨询,进一步保障了工程设计计时工质量。至目前工程所遇隧洞瓦突防治技术、隧洞穿暗河大流量涌水治理、隧洞软岩浅埋施工技术、高大跨管桥设计及施工技术、水源大坝高顺向边坡治理等重难点技术得到科学、合理的方案解决,提前扫清工程建设技术"拦路虎",为工程建设保驾护航。

8.9 建设施工单位管理

工程具有工程规模大、施工战线长、深埋长隧洞多、地质条件复杂、建设周期长、标段多的特点,建设管理难度大,而工程施工管控又是工程建设管理的重中之重,其管理效果的好坏直接关系到工程建设进度,为加强对工程施工的管控管理,确保各项建设任务顺利完成,采取了以下措施。

8.9.1 建立完善项目部组织机构及职责

项目施工是否正常,与施工项目部的组织管理紧密相关;一个优秀的项目团队,可以做到内部分工明确、权责清楚,从而确保项目部的各项工作有效开展。因此,组建一个好的项目团队是项目成功履约的关键。为此,自承包人中标进场开始,建设单位就一直按合同文件要求督促承包人建立一个优秀的项目团队,要求项目经理、技术负责人、各个部门或专业主要负责人均具备较高的素质和能力,并明确内部分工及职责,见表 8-3。工程深埋长隧洞各标段项目部常见组织机构及部门职责如图 8-160 所示。

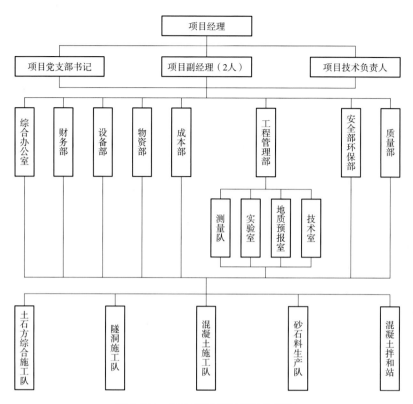

图 8-160　常规项目部组织机构框图

表 8-3　建设单位内部职责及分工

序号	职能部室	职责
1	工程管理部	负责技术、进度、文明施工、文物保护、征地拆迁等工作。 在项目技术负责人的领导下,合理安排施工衔接,确保每道工序按技术要求施工,最终形成优质产品;负责项目施工过程控制,制定施工技术管理办法;负责项目施工组织设计及调度、勘探工作,参加技术交底、过程监控,解决施工技术疑难问题;组织推广新技术、新工艺、新设备、新材料应用,负责对合格产品进行计量、验工计价工作;组织竣工资料编制和进行技术总结,组织实施竣工保修和后期服务。及时掌握工程建设动态,负责施工配合和协调,重点是隧洞施工时各工序间的协调与调配,负责工程调度统计快报。服从发包人信息化工程管理的要求,配齐相应设备和人员。 工程管理部下设技术室、测量队、地质预报室、调度中心,其职责如下: (1)技术室负责图纸的审核,总体方案的制定和优化;负责建立技术管理日志,做好项目技术档案管理工作;进行重点技术问题攻关,负责技术交底,检查指导作业队的技术工作;编制施工进度计划,合理安排施工衔接,确保每道工序按技术要求施工,最终形成优质产品;组织竣工资料编制和进行技术总结。 (2)测量队负责控制测量、放线定位测量和对工程进行复核、检查及其他抽查性测量工作。负责测量桩橛的交接;根据发包人和设计部门给定的控制点,布置施工阶段的测量控制网;负责实施竣工测量,并按规定做好相关的测量记录;参与验工计价。 (3)地质预报室负责隧洞超前地质预测预报和补充地质勘探等工程地质技术工作,特别是隧洞的超前地质预测预报,包括地质素描、物探、超前探孔等的计划、实施,并提出综合性的信息反馈,为修正设计及施工方法提供依据,为防止突发险情提供第一手资料。负责地质资料的收集、整理、分析等工作,并及时、真实、完整地向发包人、监理单位和设计单位提供地质预报资料,以便优化设计和指导施工生产。 (4)调度中心及时掌握工程建设动态,负责统一调度施工配合和协调,负责工程调度统计快报;无条件服从发包人信息化工程管理的要求,配齐相应设备和人员;处理与征地拆迁等有关的外部关系

续上表

序号	职能部室	职　责
2	成本部	负责计划统计、验工计价、合同、造价、计量支付等工作。 负责项目施工预算、验工计价和计划统计工作以及竣工结算、成本核算工作;负责项目合同管理并按时向发包人报送有关报表和资料;负责工程项目施工进度计划的制定、实施,根据进度计划和工期要求提出施工计划修正意见报发包人审批执行;组织项目施工网络计划的编制和优化,并在施工过程中根据工、料、机资源变动和施工条件的动态变化随时调整网络计划,组织施工现场按网络计划安排施工;向主管领导、作业队提供降低成本措施;
3	安全质量环保部	负责完善本项目各类安全生产制度,消防保卫工作制度,并有针对性地制定安全生产细则和安全生产规划,及时分析安全形势,提出预防事故的措施和建议,对施工生产安全进行监督和检查,编制安全技术措施;定期组织安全生产检查评比工作,及时掌握施工场所和设备安全状况,采取有效措施消除事故隐患;对职工进行安全教育和技术培训,对特种作业人员进行考核;负责总体质量计划的编制工作;组织制定各分部分项工程的质量验收标准;按质量文件与合同要求,实施全过程的质量检查监督工作;在项目经理和技术负责人的领导下负责对项目施工质量全面控制和施工工序质量的掌握,拟定、实施质量事故预防措施和质量控制办法;负责全面质量管理并组织项目部的QC小组各项活动;制定环境保护计划,监督作业队认真执行国家及当地环保法规、条例、标准和规定的实施,切实搞好环保工作
4	财务部	负责本项目财务管理工作,按合同要求向发包人和上级上报有关报表。组织整理与工程有关的资料,保证资料的完整性、连续性和可追溯性;协助研究和开展项目成本核算工作,指导和监督资金的合理使用
5	物资部	根据工程需要与工程管理部共同制定材料的进场计划。负责材料进场接受与管理,其他物资的采购与管理,制定和实施物资管理办法、参与验工计价工作,对单位工程材料消耗的情况提出计量意见,评价各单位物资管理情况
6	设备部	根据工程需要与工程管理部共同制定机械、设备的进场计划。负责设备进场接受与管理,其他设备的采购与管理,制定和实施设备管理办法、组织安装设备的检验、验证、标识及记录;参与验工计价工作,对单位工程机械使用费情况提出计量意见,评价各单位机械设备管理情况
7	综合办公室	确立内部基础管理流程,制定岗位责任制,积累各种资料。负责项目经理部日常工作,协调各部室之间的合作关系,负责接洽外来人员,协调外部关系、帮助项目经理处理日常事务

8.9.2　科学合理规划和布置临建设施

科学合理地规划和布置临建设施,可以最大限度地做到资源的合理配置和利用,既有利于加快工程施工进度,又可以节约工程投资。工程北干渠2标在进场后就结合现场实际情况,对原设计的水打桥隧洞4#支洞进行了优化,将斜井改为平洞;同时对施工总平面布置进行了调整(图8-161)。既保证了工程施工安全和节约了工程投资,又加快了工程施工进度,结合目前的实际施工进度情况,北干渠2标预计将比原合同工期提前半年以上。

1. 水打桥隧洞4#支洞优化原因

(1)原设计4#支洞长445 m,支洞位置与隧洞高差175 m,综合坡度38.33%,为有轨运输。4#支洞承担的隧洞段下穿落水洞暗河系统和荒田至老屋基岩溶管道,隧洞施工存在导通暗河和管道的可能,加之岩溶造就的溶腔,施工期间可能突水突泥问题严重,施工安全风险高。

(2)项目所在地马场镇政府提出,设计5#弃渣场(为4#支洞弃渣场)压覆马场到鼠场主供水管路,涉及几万人生活用水,而且该处四周为居民区,弃渣后可能造成洪水危及房屋,镇政府不主张在该处设置弃渣场。

(3)设计地质资料显示,4#施工支洞及其承担施工的隧洞段地下水丰富(枯季日涌水量11 232 m³、汛期日涌水量45 792 m³、最大日涌水量112 320 m³),且4#支洞往上游的施工任

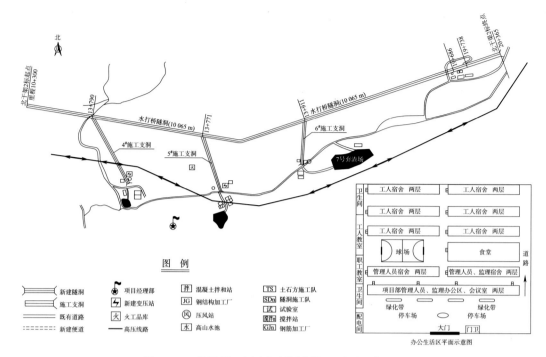

图 8-161 北干渠 2 标水打桥隧洞施工总平面布置图

务是该标段控制工期的关键线路;但是,在地下水丰富的隧洞内用有轨运输方式施工效率极低,特别是支洞进入正洞后两个掌子面施工,施工干扰大,施工进度没有保障。另一方面,有轨运输系统本身操控性能差,一旦遇到紧急情况,不能及时撤离,安全风险高。

(4)4# 施工支洞洞口为洼地,距洞口左侧 15 m 左右有一个落水洞,经现场实地调查,712 县道右侧沟谷雨季地表水都流入该洞,4# 支洞口汛期施工遭遇涌水风险大,且雨季也是洞内排水高峰期,洞内水排出洞口在洼地汇集后又渗流入洞内,形成恶性循环,施工安全风险高。

2. 优化方案与原设计方案的对比

4# 支洞优化前后安全风险对比:

(1) 有轨运输在运输过程中易出现脱钩溜车、掉轨、刹车盘不正常抱死等安全事故;无轨运输只需按时保养机械,安全驾驶,在运输过程中不会出现安全事故,其组织简单,使用灵活,可操作性强,安全度高。

(2) 有轨运输应对地质灾害的能力较差,一旦遇到暗河、岩溶管道、溶腔、渗水通道等不良地质而发生突水突泥的地质灾害事故,人员、机械很难在短时间内撤离,易酿成安全事故。无轨运输可弥补斜井抵御突水突泥等自然灾害的能力,一旦发生地质灾害事故,人员、机械能在短时间内撤离,避免酿成安全事故。

(3) 无轨运输施工只要抓住钻爆、通风、支护、出渣四大工序就抓住了主要矛盾,组织管理方便,劳动强度比有轨运输低。而且,无轨运输机动灵活,施工干扰小,作业效率高,在施工组织和施工进度上有很明显的优势,有利于安全管理。

3. 优化前后工期对比

招标工期为 57 个月,投标工期为 56.5 个月,优化后经过分析计算工期为 51.4 个月,总工期将提前 5.1 个月(工期分析每个月考虑 5 天的机动时间,包括大规模的涌水及地质灾害引发的长时间的停工时间)。结合目前的实际施工进度情况,北干渠2标预计将比原合同工期提前半年以上。工期的缩短,既有利于目标任务的完成,同时也节约了社会资源。

8.9.3 强化落实,做好每年春节后的按期复工工作

俗话说,一年之计在于春。工程位于毕节市境内,汛期雨水较多,每年最好的施工时段就是春季和冬季。而春季又正好面临春节放假,如不将复工工作提前安排和组织好,则可能损失掉近两个月的黄金施工时间。为此每年都在春节前组织召开春节期间安排及节后复工工作专题会,同时在春节后及时组织召开节后复工专题会。

一是督促各施工单位按照已上报的复工计划,合理安排人员、材料、设备等资源配置,确保各施工工作面在规定时间内100%复工。

二是狠抓落实,强化督导。让监理单位积极开展复工督导工作,严格按照日调度、日上报的工作机制,开展好督查调度工作。

三是严格检查,严格考核。各相关部门根据调度情况对施工单位复工工作所采取的措施、日调度台账、人员到位情况、投资完成情况及现场形象进度等进行认真检查,若发现虚报项目复工等行为,严格按照相关规定予以处罚。

8.9.4 做好任务分解,保障责任落实

围绕每年的投资任务目标,进一步抓好投资及进度管控工作,科学制定节点工期目标和落实保障措施,充分调动各方力量,积极协调解决工作中的困难,以更高的境界、更严的标准、更实的举措,更有效的真招实招,抓落实促推进,层层落实责任,严格考核制度。

8.9.5 超前谋划,确保安全无事故

一是进一步健全完善安全生产责任制,明确职责,分工负责,加强管理,措施到位,严格落实奖罚制度。

二是提前编制好每年的防洪度汛方案和应急预案,开展好汛前安全检查和风险踏勘,做好度汛安全风险点管控,配备、配齐防洪度汛队伍、器材、物资、设备等保障措施,并适时组织度汛应急演练。

三是坚持定期开好各项安全会议,开展好隐患排查工作,按"五落实"要求,切实做到闭环管理,确保排查、治理、整改到位。

四是高度重视深埋长隧洞、易发生涌水、涌泥、瓦斯突出等特殊地段和重点关键环节,同施工单位一起,进一步严格落实好超前地质预测预报等措施,继续完善安全生产应急预案。

五是不定期开展好各种专项整治行动,开展好各种形式的安全宣传教育培训活动,进一步强化、提高全员安全生产意识,形成良好的安全生产氛围,做好各项安全基础管理工作。

8.9.6 强化过程管控,保证工程质量

一是进一步督促各单位建立完善自检体系,加强质量控制。实行"全过程、全方位"控制,落实工程质量连带追究责任制。

二是严把材料关,进一步做好原材料进场报验、抽检,严格落实三检制和监理旁站,充分发挥中心试验室和物探检测作用,确保工程质量可控。

三是推行典型示范样板,以此带动整个工程质量不断提高。

四是各单位管理人员进一步确责、履责、问责、大胆负责,精细管理,抓好质量控制。

五是建立激励制度和措施,发动全员参与质量监督管理,形成齐抓共管的良好局面。

8.9.7 加强施工组织,狠抓施工进度

要求建设单位各职能部门深入一线,紧盯现场,做好服务和监督,及时发现、研究、解决工程推进中的困难和问题。

一是精心组织。督促施工单位加强现场施工组织与管理,精心组织调配劳动力、机械等施工资源,配齐配强项目部技术管理力量。

二是科学调度。要根据现场实际情况,采取不同的调度方式,确保按照工期完成时间节点任务;对于已经滞后于合同工期的标段,采取有效措施,坚持目标导向,精心安排,周密布置,细化任务,倒排工期,确保按期完成;督促未开工的标段,早筹划、早准备、早排查,提前消除影响开工的因素,确保按期开工。

三是严格奖惩措施。要求各部门根据目标责任书,制定阶段性考核目标,按照已签订的目标责任书,严格落实责任,强化奖惩力度,分阶段进行考核。

8.9.8 严格合同管理,确保规范运营

一是根据工程计划,充分、及时做好合同洽谈、签订的各项工作。

二是以保证现场工程进度为主要手段,严格做好合同履行跟踪服务,及时处理履约过程中出现的问题,做好合同履行完毕(终止)后的审计工作,及时做好评价和总结。

三是加强工程资金使用监管工作,严格按照《资金监管协议》《资金监管办法》开展承包人资金使用情况申报的审核工作,确保工程的工程款专款专用,严禁挪用,同时做好工程款支付、合同变更及索赔处理工作,确保规范运营,以确保每年投资计划的完成。

四是定期组织开展工程施工、监理和设计合同的检查工作,及时发现和解决合同履行过程中存在的问题。

8.9.9 落实保障措施,加大环保、水保管控力度

一是要求各参建单位,尤其是主要负责人,强化对环保、水保工作的认识,提高觉悟、更新观念、转变思维、细化措施,积极行动,主动作为,不折不扣地落实有关环保、水保的各项规定,努力开创工程环保、水保工作的新局面,为主体工程施工创造有利条件。

二是进一步建立健全环保、水保管理机制和管理体系,高度重视环保、水保管理体系建设和措施的落实,加大检查、考核力度,确保工作有人抓、措施能落实、效果达预期,做到资料完整规范,管理创新出亮点。

三是严格督促施工单位落实现场环水保措施,避免出现阳奉阴违、敷衍了事,真正把环保、水保工作融入主体工程建设中去,认真开展各项环保、水保治理工作,降低建设期间环境污染,减少水土流失,提高水土保护的质量,做到文明施工、环保施工,全力保护生态环境、自然环境和群众生活环境。

8.8.10 高度重视、切实解决好农民工工资问题

监督各参建单位进一步强化保障手段和措施,严格按照《夹岩工程农民工实名制管理办

法》落实农民工实名制管理制度,保障农民工工资专项账户资金专款专用,坚决杜绝因分包合同纠纷等类似问题影响农民工工资发放的现象发生。要求各施工单位必须按照中央、贵州省及相关部门规定,严格规范农民工工资专项管理。建管部主任为第一责任人,采取"谁片区谁监管、谁监管谁负责"的原则,严格执行责任追究。

8.9.11 加深同各参建单位的关系,加快施工进度

加深同各参建单位的交流、沟通,确保信息畅通,及时帮助参建各方解决施工过程中存在的需要协调解决的问题。激发各参建单位的工作热情,以使其认真履行合同,充分发挥主观能动作用,密切关注参建各方舆情,及时解决工程推进过程中出现的矛盾和问题。

8.9.12 定期召开建管例会

建设单位各片区建设管理部门定期召开建管例会,对重大工作进行及时有效的安排与跟进,对建管部内日常工作进行惯例性总结与协作交流,保证建管部各项工作高效有序开展。并充分利用业主通知单或函行使业主职责,督促设计、监理和施工单位按合同条款及相关法规规范开展工作,提出在施工过程中出现的供图滞后、人员配备、安全、质量、进度管控等问题,并督促其整改落实。

8.9.13 加强制度建设

夹岩工程开工以来,一直高度重视制度建设,多次组织人员,系统学习研究国家规程规范和集团公司的各项规章制度,对公司现有的各项管理制度进行梳理,进一步查缺补漏、修改完善,不断建立健全安全生产管理体系、安全应急管理体系和质量保障体系,不断提升员工的制度意识和规范意识,努力使各项工作有章可循、有规可依。先后制定、修改完善《合同管理实施细则》《安全管理制度汇编》《质量管理办法》《进度管理办法》《夹岩工程质量处罚细则》《夹岩工程不合格产品控制管理办法》《夹岩工程首件工程认可实施细则》《工程价款结算支付管理实施细则》《工程变更管控细则》《夹岩工程环境保护管理办法》《夹岩工程水土保持管理办法》《夹岩工程突发环境风险应急管理办法》《夹岩工程环境保护考核及处罚实施细则》《夹岩工程水土保持考核及处罚实施细则》《档案管理办法》《资金监管办法》和《夹岩工程农民工实名制管理办法》等近百项管理制度,在汇编成册的基础上还组织参建各方进行了宣贯学习。在完善自身制度建设的同时,还督促各参建单位也建立如《安全管理办法》《安全操作规程汇编》《质量管理体系》《管理制度汇编》等近百项管理制度,确保了各项工作有章可循、有规可依。

8.10 施工用电管理

有效的施工建设用电的保障是工程建设的关键性保障环节,现阶段行业内大多线性工程项目建设中,大多将施工用电相关纳入相应土建施工标段中,由该标段自行设计、施工、并办理接入、搭伙等许可手续,并自行运行管理,一般未进行专门的管理。工程灌区骨干输水工程,总长648.19 km,其中隧洞长约总长约185 km,深埋长隧洞长约80 km,跨域地域较广,电网覆盖情况复杂,多为10 kV农网,供电负荷不足,电力不稳定。在深埋长隧洞施工用电管理中,通过集中规划,专项招标并集中统一管理管理、永临深度结合方案优化,提供稳定优质的电源,保

障建设进度的同时确保斜井工区工程建设的安全。

8.10.1 主要用电基本情况

工程主要施工用电集中于水源枢纽区、深埋长隧洞施工区域、高大跨管桥施工区域,其余渠道、管道等主要为零星用电。深埋长隧洞施工用电较为分散,集中于主洞和支洞洞口。隧洞施工涉及施工通风、开挖用风、抽排水、照明、斜井提升设备、衬砌设备等大用电设备,用电量大,对电力稳定要求高。工程深埋长隧洞施工用电负荷见表8-4。

表8-4 夹岩工程隧洞集中施工用电负荷情况表

隧洞名称	用电负荷(kW)	备 注
大、中、小天桥伏流隧洞	2 900	
王家坝隧洞	8 700	
猫场隧洞	8 100	
水打桥隧洞	9 600	
长石板隧洞	9 800	
两路口隧洞	4 800	
余家寨隧洞	5 200	

8.10.2 施工用电管理难点

工程深埋长隧洞施工用电较为分散,用电量大,如采取将施工用电纳入隧洞土建施工标段中,由该标段自行设计、施工、并办理接入、搭伙等许可手续,并自行运行管理,存在如下难点:

(1)建设时间周期长,主体施工时间将滞后:中标单位进场后组织施工用电设计、手续办理、线路施工等,手续办理时间长,进场后需等用电,主体施工时间将滞后。

(2)电力不稳定,影响施工进度及安全:中标单位出于利益出发,势必采取就近原则,选择与10 kV农网搭伙。地方农网电力不稳定,隧洞施工对电力稳定要求高,且深埋长隧洞通风、抽排水对持续电力要求较高,特别是瓦斯等不良地质段的安全对电力稳定高度依赖,稳定的电源是隧洞施工和安全的保障。

8.10.3 统筹规划、重点保障

为确保深埋长隧洞施工工点保障和斜井工区施工用电安全保障,工程可研和初步设计阶段就提前谋划,因地制宜地将涉及深埋长隧洞的区域施工用电作为重点保障,将施工用电建设纳入公开招标管理,通过公开招标选用专业的人做专业事,源头把控工程概算的同时提高了对施工单位的服务保障工作。通过顶层设计,解决涉及工点多、供电范围广、用电负荷大、电源接入点多、协调管理部门多等客观问题。通过提前招标,加快了工程建设。供电规划中以大坡度斜井、瓦斯工区为重点保障部位,选择性的将35 kV变电站设置于大坡度斜井、瓦斯工区重要工区附近,重点保障重点工区,全面发散坚固相邻工区。

8.10.4 统一规划配置施工用电情况

按照重点保障、兼顾工区原则,将深埋长隧洞施工用电统一规划为王家坝施工变供电区、猫场施工变供电区、水打桥施工变供电区、长石板施工变供电区等4个供电区域,现场设置

35 kV 集中变电站。主供电线路均采用 35 kV 供电线路，接入地方电网 110 kV 变电站，作为供电保障源。从集中变电站布置 10 kV 专用线路线路向各个工作面提供电源。35 kV 变电站及 10 kV 线路规划设计情况见表 8-5 和表 8-6。

表 8-5　各施工变供电区 35 kV 线路建设规模表

序　号	工程名称	线路长度(km)
1	35 kV 毕大变至王家坝施工变 35 kV 线路工程	10
2	110 kV 维新变至猫场施工变 35 kV 线路工程	9
3	110 kV 马场变至水打桥施工变 35 kV 线路工程	9
4	110 kV 马场变至长石板施工变 35 kV 线路工程	8
合计		36

表 8-6　各施工区 10 kV 线路建设规模表

序　号		隧洞名称	工程名称	架空线长度(km)	小计(km)
1	1	猫场隧洞	35 kV 猫场变电站至猫场隧洞进口 10 kV 线路工程	4.62	14
	2		35 kV 猫场变电站至猫场隧洞 1# 支洞 10 kV 线路工程	3.05	
	3		35 kV 猫场变电站至猫场隧洞 2# 支洞 10 kV 线路工程	1.66	
	4		35 kV 猫场变电站至猫场隧洞 3# 支洞 10 kV 线路工程	0.26	
	5		35 kV 猫场变电站至猫场隧洞 4# 支洞 10 kV 线路工程	1.45	
	6		35 kV 猫场变电站至猫场隧洞出口 10 kV 线路工程	2.96	
2	7	水打桥隧洞	35 kV 水打桥变电站至水打桥隧洞进口 10 kV 线路工程	4.01	15
	8		35 kV 水打桥变电站至水打桥隧洞 1# 支洞 10 kV 线路工程	2.63	
	9		35 kV 水打桥变电站至水打桥隧洞 2# 支洞 10 kV 线路工程	1.81	
	10		35 kV 水打桥变电站至水打桥隧洞 3# 支洞 10 kV 线路工程	1.11	
	11		35 kV 水打桥变电站至水打桥隧洞 4# 支洞 10 kV 线路工程	0.23	
	12		35 kV 水打桥变电站至水打桥隧洞 5# 支洞 10 kV 线路工程	0.67	
	13		35 kV 水打桥变电站至水打桥隧洞 6# 支洞 10 kV 线路工程	1.90	
	14		35 kV 水打桥变电站至水打桥隧洞出口 10 kV 线路工程	2.64	
3	15	长石板隧洞	35 kV 长石板变电站至长石板隧洞进口及 1# 支洞 10 kV 线路工程	5.62	15
	16		35 kV 长石板变电站至长石板隧洞 2# 支洞及 3# 支洞 10 kV 线路工程	2.19	
	17		35 kV 长石板变电站至长石板隧洞 4# 支洞及 5# 支洞 10 kV 线路工程	1.70	
	18		35 kV 长石板变电站至长石板隧洞 6# 支洞及出口 10 kV 线路工程	5.50	

续上表

序号		隧洞名称	工程名称	架空线长度(km)	小计(km)
4	19	两路口隧洞	长石板隧洞出口至两路口隧洞进口 10 kV 线路工程	1.28	9
	20		35 kV 黄泥塘变至两路口隧洞 1# 支洞 10 kV 线路工程	3.57	
	21		余家寨隧洞进口至两路口隧洞出口及 2# 支洞 10 kV 线路工程	4.15	
5	22	余家寨	110 kV 林泉变至余家寨隧洞 2# 支洞、3# 支洞及出口 10 kV 线路工程	5.88	10
	23		余家寨隧洞 2# 支洞至 1# 支洞及进口 10 kV 线路工程	4.12	
6	24	王家坝	35 kV 毕大变至王家坝隧洞进口 10 kV 线路工程	0.55	15
	25		35 kV 王家坝变至王家坝隧洞 3#、2#、1# 支洞 10 kV 线路工程	6.05	
	26		35 kV 王家坝变至王家坝隧洞 4#、5#、6# 支洞 10 kV 线路工程	7.85	
	27		王家庙 10 kV 农网线路至隧洞出口 10 kV 线路工程	0.55	
7	28	大中、小天桥	110 kV 野马川变至大中天桥隧洞进、出口 10 kV 线路工程	14.72	20
	29		碗厂分支点至小天桥隧洞 10 kV 线路工程	5.28	
合计				98	98

8.10.5 专业化管理,高效运行

工程隧洞施工用电建成后,对变电站及线路的运行维护采取统一招标,集中管理。建设单位负责对项目全过程的管理工作和运行维护。施工用电建成后,委托电力行业专业运行维护公司进行施工期运行维护,管理相对集中,专业设备统一配置,方便上级管理部门的管理,同时便于施工过程的工点保障的日常维护管理。管理内容主要包括:

(1)王家坝施工变电站、猫场施工变电站、水打桥施工变电站、王家坝隧洞施工变电站、水源施工变电站所有设备、35 kV 线路的日常运行维护管理,包含大修、抢修、大型设备更换(不包含设备材料);

(2)按相关规程规范定期对变电站(含 35 kV 线路)所有电气设备进行预防性试验、仪表和保护定检以及设备一年一度的防腐工作;

(3)施工变电站运行维护的运行规程、检修规程、设备台账、消缺记录及巡检记录、检修记录、安全学习记录、运行日(月)报表、规章管理制度等的建立及执行;

(4)协调建设、监理及施工单位等有关施工用电单位的停送电,并监督各施工单位规范用电;

(5)承担变电站(含 35 kV 线路)设备检修和维护,并做好相关协调工作,如图 8-162 所示。

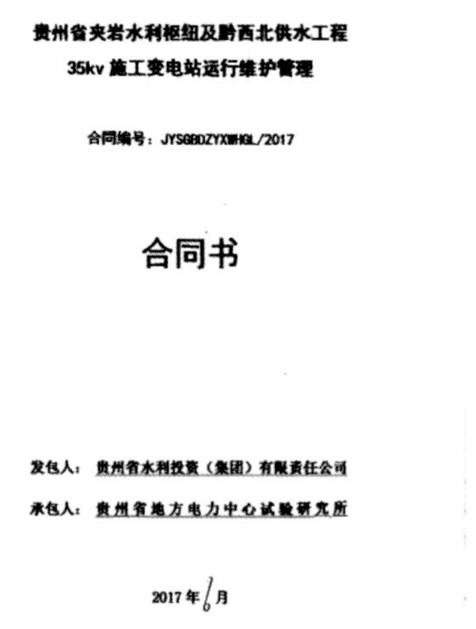
贵州省夹岩水利枢纽及黔西北供水工程
35kv 施工变电站运行维护管理

合同编号：JYSGBDZYXWHGL/2017

合同书

发包人：贵州省水利投资（集团）有限责任公司
承包人：贵州省地方电力中心试验研究所

2017 年 6 月

图 8-162 施工用电运行维护合同

8.10.6 管理优化出成效,保障进度和安全

通过对隧洞施工用电采取提前集中招标施工,委托专业公司运行维护的优化管理,为深埋长隧洞施工提供了优质稳定的电源,解决施工单位后顾之忧,对工程建设推进提供充足的动力,也有力保障是施工安全。同时由于施工用电稳定网络的规划架设,对地方电网的稳定也起到促进作用,地方县级政府来函商请将地方 10 kV 末端负荷接入猫场、长石板 35 kV 施工变,通过运行期负荷使用情况,经建设单位同意,批准接入,在满足工程施工需求的同时,也为地方生产生活提供便利,促进工程建设与地方的和谐发展。变电站建设完成效果如图 8-163~图 8-166 所示。

图 8-163　建成后的 35 kV 变电站

图 8-164　35 kV 变电站电气设备维护保养

图 8-165　日常巡线检查

图 8-166　线路隐患处理

8.11　本章小结

工程建设的顺利,离不开科学、高效的管理,夹岩工程建设单位高度重视管理,结合工程实际选择适合的管理模式,组建科学合理的管理机构,并在实施过程中不断优化管理制度及措施,为工程建设保驾护航,全面实现了本工程建设的各项目标。

工程建设过程中通过安全标准化的建设,加强培训及教育,强化各参建单位安全管理,工程安全管理得到提升,至目前未发生责任事故,安全可控;通过严格质量管理,强化监督监管,紧抓原材料、中间产品质量控制,推行工程"首件制"规范质量行为,工程未发生质量事故;通过有计划实施招投标,年度投资任务科学分解,严格合同管理,积极解决各类问题,保障了施工进度,截至目前圆满完成国家下达的任务;通过认真解读国家政策,加强与地方政府沟通协调,使移民征地有序开展;高度重视水环保管理工作,践行"绿水青山就是金山银山"理念,在满足整个工程建设进度需求的同时,从环境保护及水土保持的角度对工程进行监督管理,协调工程建设与环保、水保的关系;加强对监理、施工的管理使工程全面受控;强化设计单位管控,技术先行,委托咨询保障设计及施工方案的科学合理性,为工程建设扫清技术障碍,提供了源头保障。

工程建设中,通过对安全、质量、进度、合同的科学管理,同在对参建各方的管控中采取系列有效措施。在参建各方的共同努力下,攻坚克难,工程自开工以来圆满完成国家下达的年度计划。确保工程建设有序推进中,有力保障工程下闸蓄水、灌区骨干输水工程通水润泽黔西北的目标实现。

参 考 文 献

[1] 杜雷功.长大深埋水工隧洞设计关键技术研究与实践[J].水利水电技术,2017,48(10):1-9.

[2] 中华人民共和国水利部.SL 725—2016 水利水电工程安全监测设计规范[S].北京:中国水利水电出版社,2016.

[3] 中华人民共和国水利部.SL 279—2016 水工隧洞设计规范[S].北京:中国水利水电出版社,2016.

[4] 中华人民共和国发展和改革委员会.DL/T 5195—2004 水工隧洞设计规范[S].北京:中国电力出版社,2004.

[5] 殷世华,王玉洁,周晓刚,等.岩土工程安全监测手册[M].北京:中国水利水电出版社,2013.

[6] 国家能源局.DL/T 1736—2017 光纤光栅仪器基本技术条件[S].北京:中国电力出版社,2017.

[7] 中华人民共和国水利部.SL 530—2012,大坝安全监测仪器检验测试规程[S].北京:中国水利水电出版社,2016.

[8] 中华人民共和国水利部.SL 531—2012,大坝安全监测仪器安装标准[S].北京:中国水利水电出版社,2012.

[9] 中华人民共和国水利部.SL 62—2014 水工建筑物水泥灌浆施工技术规范[S].北京:中国水利水电出版社,2014.

[10] 梅锦煜,郑道明,郑桂斌,等.爆破技术[M].北京:中国水利水电出版社,2017.

[11] 徐林生.川藏公路二郎山隧道高地应力与岩爆问题研究[J].岩石力学与工程学报,1999(05):577.

[12] 钟石鸣.关于水利工程施工合同管理的探讨[J].中国高新技术企业,2010(19):172-173.

[13] 孙文杰,李云,朱国金,卢江龙.不良地质区浅埋隧洞处理方案研究[J].人民长江,2013,44(12):44-46.

[14] 何发亮.隧道地质超前预报[M].西南交通大学出版社,2006.

[15] 谭天元,王波,楼加丁,叶勇.复杂地质条件隧洞超前地质预报技术[M].中国水利水电出版社。

[16] 中华人民共和国铁道部.TB 10120—2002 铁路瓦斯隧道技术规范[S].北京:中国铁道出版社,2002.

[17] 卢鉴章,刘见中.煤矿灾害防治技术现状与发展[J].煤炭科学技术,2006(05):1-5.

[18] 王佑安.煤和瓦斯突出危险性预测方法[J].煤矿安全,1984(04):1-7.